Wolfgang Lienemann/Ulrich Ratsch/ Andreas Schuke/Friedhelm Solms (Hrsg.)

Alternative Möglichkeiten für die Energiepolitik

Wolfgang Lienemann · Ulrich Ratsch
Andreas Schuke · Friedhelm Solms (Hrsg.)

Alternative Möglichkeiten für die Energiepolitik

Argumente und Kritik

Springer Fachmedien Wiesbaden GmbH

CIP-Kurztitelaufnahme der Deutschen Bibliothek

Alternative Möglichkeiten für die Energiepolitik:
Argumente u. Kritik / Wolfgang Lienemann . . .
(Hrsg.). – Opladen: Westdeutscher Verlag, 1978.
ISBN 978-3-531-11463-7
NE: Lienemann, Wolfgang [Hrsg.]

Ursprünglich erschienen bei Westdeutscher Verlag GmbH, Opladen 1978
Umschlaggestaltung: Ursula und Dieter Gielnik, Wiesbaden
Satz: Vieweg, Wiesbaden

ISBN 978-3-531-11463-7 ISBN 978-3-322-83864-3 (eBook)
DOI 10.1007/978-3-322-83864-3

Inhalt

KRITIKEN

Vorwort

Seit der Debatte über die Wiederbewaffnung in der Bundesrepublik Deutschland und den Auseinandersetzungen über die Notstandsgesetze hat es in diesem Lande kein Thema gegeben, über das so erbittert gestritten worden ist und weiter gestritten wird wie über das Problem der langfristigen Energieversorgung. Der Dissens über die Rolle, die der Kernenergie in diesem Zusammenhang zukommt, geht quer durch alle Parteien und gesellschaftlichen Gruppen. Er hat auch die Wissenschaften nicht unangetastet gelassen. Sie haben nicht verhindern können, daß beide Seiten unter oft bedenkenloser Verwendung wissenschaftlicher Argumente ihre jeweiligen Positionen vertreten; denn Befürworter wie Gegner der Kernenergie finden sich heute in jeder Fachwissenschaft. Das gilt selbst für die Naturwissenschaften. Früher als andere gesellschaftliche Gruppen sind die Kirchen, ob sie es nun wollten oder nicht, in diese Auseinandersetzung hineingezogen worden. Viele Gemeindemitglieder und auch Pfarrer haben sich auf die Seite von Bürgerinitiativen gestellt, die sich gegen den Bau weiterer Kernkraftwerke wenden.

In dieser Situation, die geprägt war von einer kaum zu überbrückenden Polarisierung der Gesellschaft, wachsendem Zweifel an der Unabhängigkeit wissenschaftlichen Sachverstandes und einem unausweichlich gewordenen politischen Entscheidungsdruck wandte sich Ende 1975 die Evangelische Landeskirche in Baden an die Forschungsstätte der Evangelischen Studiengemeinschaft (F.E.St.) mit der Bitte um ein wissenschaftliches Gutachten zur Energieproblematik. Entsprechend der satzungsgemäßen Aufgabe des Instituts haben daraufhin Vorstand, wissenschaftliches Kuratorium und Kollegium der FEST gemeinsam beschlossen, dieser Anfrage zu entsprechen und ein Projekt durchzuführen, das die wissenschaftlichen Grundlagen für ein solches Gutachten erarbeiten sollte.

Träger der mehr als fünfzehnmonatigen Forschungsarbeit war ein interdisziplinär zusammengesetzter Kreis von 25 wissenschaftlichen Mitarbeiterinnen und Mitarbeitern aus verschiedenen Fachrichtungen. Dazu gehörten neben den beteiligten Mitgliedern des Kollegiums der F.E.St. 12 Mitarbeiter aus Instituten und Institutionen, zu denen die F.E.St. seit langem ständige Arbeitskontakte unterhält und die fachwissenschaftlich auf dem Energiesektor tätig sind. Ohne deren umfassende Sachkompetenz und spontane Bereitschaft, für die Laufzeit des Projekts zum Teil unentgeltlich feste Arbeitsverpflichtungen zu übernehmen, hätte das Projekt schon wegen der komplexen Problemlage und der Heterogenität der zu berücksichtigenden Forschungsergebnisse nicht durchgeführt werden können. Es erwies sich als sachlich notwendig, darüber hinaus zu thematisch zentralen Fragestellungen der Energieproblematik Konsultationen durchzuführen, zu denen aus dem In- und Ausland jeweils Experten aus Wissenschaft, Wirtschaft und Verwaltung mit möglichst unterschiedlichen Standpunkten eingeladen wurden. Diese Kosultationen hatten in der Regel die Form eines Hearings und dienten vor allem der kritischen Prüfung dessen, was in der energiepolitischen Diskussion wissenschaftlich gesichert und was offen oder kontrovers ist. Daneben gab es zahlreiche Einzelgespräche mit Fachleuten über Detailfragen. Das Ergebnis dieser Arbeit war ein Gutachten, das im Mai 1977 in den „Texten und Materialien der Forschungsstätte der Evangelischen Studiengemeinschaft, Reihe A, Nr. 1" der Öffentlichkeit vorgelegt wurde.

Seit dem Frühjahr 1977 lassen sich indes Korrekturen an der bisher verfolgten Energiepolitik beobachten. Die noch Mitte der 70er Jahre vorgelegten Prognosen über die mutmaßliche Entwicklung des Energiebedarfs der Bundesrepublik Deutschland sind alle erheblich nach unten korrigiert worden. Dazu haben gewiß auch die bescheideneren Erwartungen hinsichtlich des künftigen Wirtschaftswachstums beigetragen.

Ebenso aber spiegelt sich darin die wachsende Einsicht, daß die Anstrengungen zur Ausschöpfung aller Potentiale des Energiesparens Priorität verdienen. Die Bundesregierung legt zwar ihrer Zweiten Fortschreibung des Energieprogramms vom 14.12.1977 nach wie vor die quantitativen Abschätzungen ihrer „Grundlinien und Eckwerte" vom 23.3.1977 zugrunde, aber sie bekennt sich in der Formulierung ihrer Prioritäten zu der Aufgabe, „den langfristigen Zuwachs der Energienachfrage zu verringern" (Tz. 4). Dieser Kurs wurde wohl nicht zuletzt unter dem Eindruck der Fachkonferenz der SPD im April 1977 zum Thema „Energie – Beschäftigung – Lebensqualität" eingeschlagen.

Man kann beobachten, daß die Einsicht in die Notwendigkeit langfristigen Energie-Nullwachstums und „stabiler" Energieszenarien allmählich wächst. Nahezu unvermittelt steht daneben aber die Unfähigkeit der Wirtschaftspolitik, den konjunkturellen Krisenerscheinungen anders zu begegnen als mit den alten Rezepten der Politik des Wirtschaftswachstums. Eine Energiepolitik, die vor allem den kurzfristigen Zielen des wirtschaftspolitischen Krisenmanagement dient, muß aber angesichts der von ihr notwendig erzeugten Folgeprobleme als höchst fragwürdig gelten. Es wird in der nächsten Zeit viel davon abhängen, ob es gelingt, daß die Gegner im Streit um die künftige Energieversorgung sich dieser Verantwortung nicht entziehen. Weil in dem Gutachten der F.E.St. gerade diese langfristigen Probleme dargestellt und zur Diskussion gestellt werden sollten, verdienen die einzelnen Argumente auch heute noch unverminderte Beachtung.

Eine überarbeitete Fassung der Einleitung und der Teile I–III dieses Textes, die kritische Anmerkungen und Anregungen während der ersten Diskussionsphase berücksichtigt, bildet den ersten Teil dieses Buches. Diese Studie ist mit dem Gutachten der F.E.St. also nicht identisch. Für sie tragen die Herausgeber, die das Projekt als Team geleitet und koordiniert haben, die alleinige Verantwortung. Der zweite Teil enthält Einzelstudien zu wichtigen Argumentationen. Die Beiträge sind in ihren Grundzügen während der Projektarbeit entstanden. Zusammen mit weiteren Studien, die in drei Bänden ebenfalls in den „Texten und Materialien der Evangelischen Studiengemeinschaft" erschienen sind, dienen sie der Begründung für die einzelnen Aussagen des ersten Teils. Den dritten Teil schließlich bilden Kritiken von prominenten Energieexperten, die auf Bitten der Herausgeber eigens für dieses Buch geschrieben worden sind. Sie sind vor Drucklegung zwischen den Autoren und den Herausgebern nicht diskutiert worden und erscheinen hier in ihrer authentischen Fassung. Darauf im Rahmen dieses Buches noch einmal einzugehen, hielten die Herausgeber aus Gründen der Fairneß und um der Offenheit der Kontroverse willen für unangemessen.

Allen, die an diesem Projekt und insbesondere an diesem Auswahlband mitgearbeitet, seinen Fortgang durch Anregungen und Kritik gefördert und damit die Veröffentlichung in dieser Form ermöglicht haben, danken die Herausgeber auch an dieser Stelle.

Wolfgang Lienemann
Ulrich Ratsch
Andreas Schuke
Friedhelm Solms

THESEN

Wolfgang Lienemann, Ulrich Ratsch, Andreas Schuke, Friedhelm Solms

Alternative Möglichkeiten für die Energiepolitik

Einleitung

(1) Die Energieversorgung ist eines der entscheidenden Strukturprobleme aller Staaten während der letzten Jahrzehnte dieses Jahrhunderts. Ihr kommt zugleich eine zentrale Bedeutung für das Verhältnis zwischen den hochindustrialisierten Ländern und den Ländern der Dritten und Vierten Welt zu. Erst in den vergangenen Jahren ist der Öffentlichkeit bewußt geworden, daß die Reserven der Erde an fossilen Energieträgern (Kohle, Erdöl, Erdgas) begrenzt sind. Man hat angefangen zu begreifen, daß eine Ökonomie, die auf einer ständig wachsenden Ausbeutung dieser Energieträger beruht, sich selbst zum Kollaps verurteilt. Vor dem Ölschock des Jahres 1973 hatten die Völker, die Träger der wirtschaftlichen Entscheidungen und die Regierungen diesen einfachen Zusammenhang nahezu vollständig verdrängt. Allmählich aber kann man sich nicht mehr der Erkenntnis verschließen, daß einige privilegierte Länder natürliche Ressourcen, die in Jahrmillionen der Erdgeschichte entstanden sind, innerhalb von rund 150 Jahren so schnell verbrauchen, daß die Erschöpfung dieser Vorräte absehbar ist. Die zunehmende Verknappung von Bodenschätzen, vor allem aber die Begrenztheit der Reserven an fossilen Energieträgern, treibt die Preise in die Höhe. Lebensnotwendige Energie wird damit für viele Länder der Dritten und Vierten Welt unbezahlbar.

(2) Die Energiepreissteigerungen der letzten Jahre waren ein verstärkender Faktor in einer weltweiten Wirtschaftskrise, von der auch die Volkswirtschaft der Bundesrepublik Deutschland aufgrund ihrer starken internationalen Verflechtung und ihrer hohen Abhängigkeit von Rohstoffimporten betroffen ist. Die mittelbaren Folgen dieser Weltwirtschaftskrise zeigen sich an der erheblich gestiegenen Arbeitslosenquote der vergangenen Jahre, von der niemand weiß, ob und wann sie sich verringern läßt. Manche erklären, daß ein kontinuierliches Wachstum des Energieeinsatzes zur Senkung der Arbeitslosigkeit unbedingt erforderlich sei. Diese Behauptung, die in energiepolitischen Diskussionen gerne und häufig wiederholt wird, ist jedoch keineswegs so stichhaltig, wie sie klingt. In den letzten Jahren jedenfalls hat das Überangebot an Energie zu einem nennenswerten Abbau der hohen strukturellen Arbeitslosigkeit nicht beigetragen.

(3) Die Notwendigkeit, in verstärktem Maß Kernenergie einzusetzen, wird von deren Befürwortern aus den erwähnten krisenhaften Entwicklungen hergeleitet. Die Begrenztheit an fossilen Energieträgern, so wird argumentiert, nötigt dazu, in größerem Umfang zu Kernenergie als alternativer Energiequelle überzugehen. Gerade gegen den forcierten Ausbau der Kernenergie aber richtet sich der zum Teil massive Widerstand von Bürgerinitiativen. Für sie symbolisiert die Kernenergie die verhängnisvollen Konsequenzen eines ausbeuterischen Umgangs mit der Natur, der sich in der neuzeitlichen Technik ausgebildet hat. In dem verbreiteten Protest gegen den Bau von Kernkraftwerken kommt also ein Krisenbewußtsein zum Ausdruck, das nicht leichthin übergangen werden darf. Das Unbehagen vieler Bürger erwächst zum einen aus dem Mißtrauen gegenüber einer neuen Energieform, deren mögliche weitreichenden Folgen für die Zukunft der Menschheit ihnen nicht hinreichend durchdacht erscheinen. Diese Energieform stellt das herausragende Beispiel für großtechnische Systeme dar, die von immer mehr Menschen zunehmend als inhuman erfahren werden. Zum anderen zeigt sich am Protest gegen den Bau weiterer Kernkraftwerke der Unmut an einer Verwaltungspraxis, die dem Anspruch der Bürger auf Mitsprache nicht gerecht wird. Dadurch wachsen Zweifel an der Funktionsfähigkeit des Rechtsstaates. Es wächst eine Staatsverdrossenheit, die für ein demokratisches Gemeinwesen auf Dauer unerträglich sein muß.

(4) Die Kernenergie unterscheidet sich von anderen Großformen der Technik dadurch, daß sich bei ihr langfristige Probleme mit besonderer Intensität stellen. Dazu gehören die Endlagerung der radioaktiven Abfälle, die besondere Gefährlichkeit des Plutoniums, dessen Radioaktivität erst nach mehr als 100 000 Jahren auf unbedenkliche Werte abklingt, und die Erhöhung der Wahrscheinlichkeit genetischer Schäden, die sich erst nach Generationen zeigen. Man hätte deshalb erwarten müssen, daß einer Entscheidung für den Einsatz dieser Energiequelle besonders gründliche Untersuchungen über mögliche Auswirkungen auf die natürliche Umwelt wie auf die Gesellschaft vorausgehen. Dies ist in einem gewissen Umfang in Fachkreisen wohl auch geschehen. Doch die politischen Entscheidungen kamen keineswegs auf der Basis eindeutiger und einhelliger wissenschaftlicher Einsichten zustande. Und es wurde versäumt, die Öffentlichkeit über den Stand der wissenschaftlichen Kontroverse angemessen zu informieren. Der „Dialog mit den Bürgern" über Kernenergie wurde erst gesucht, als diese sich dagegen wehrten, fortwährend vor vollendete Tatsachen gestellt zu werden. Kennzeichnend für die gegenwärtige Situation ist, daß die Auswirkungen der Kernenergie von verschiedenen Wissenschaftlern höchst unterschiedlich beurteilt werden. In jeder Fachwissenschaft finden sich sowohl Befürworter als auch Gegner der Kernenergie. Beide Gruppen versichern, daß sie über fundierte Argumente für ihre Beurteilung verfügen. Dabei übersehen sie leicht, daß auch jedes wissenschaftliche Urteil von geschichtlichen, sozialen und biographischen Voraussetzungen mitgeprägt ist. Eine abstrakte Objektivität, die unabhängig von den historischen Prozessen und losgelöst von der Dynamik der Gesellschaft in einem geschichtslosen Vakuum angesiedelt ist, gibt es nicht. Deshalb gehört zu jedem Urteil über Kernenergie eine Analyse des Standorts, von dem aus gesprochen wird.

(5) Die wissenschaftliche Ungewißheit spiegelt sich wider in der Unsicherheit der öffentlichen Diskussion; der Absolutheitsanspruch, mit dem manche Positionen gelegentlich vertreten werden, ist oft nur ein Ausdruck für diese Unsicherheit. Die Grenze zwischen Befürwortern und Gegnern der Kernenergie verläuft quer durch alle gesellschaftlichen Gruppen und Parteien. Auch die Kirchen können sich dieser Diskussion nicht entziehen. Sie sind längst praktisch beteiligt, denn viele ihrer Mitglieder sind unmittelbar oder mittelbar engagiert. Als Christen sind sie mit guten Gründen davon überzeugt, daß es bei den Problemen der Kernenergie um grundsätzliche Fragen der Lebensorientierung geht, denen die Kirchen nicht unbeteiligt gegenüberstehen können.

(6) Den Kirchen kommt aber in der gegenwärtigen Lage eine besondere Aufgabe zu. In den bisherigen Diskussionen ist deutlich geworden, daß jede Gruppe, die hier Stellung bezieht, lediglich diejenigen Argumente berücksichtigt, die der Stärkung ihrer eigenen Position dienen. Wer Strom produziert, spricht von Versorgungssicherheit, verharmlost aber oft die Gefährdungen durch Terror und Sabotage. Wer den weiteren Ausbau der Kernenergie verhindern will, betont die Gefahren der Radioaktivität, übergeht aber meist die Notwendigkeit, daß auch der schon jetzt vorhandene radioaktive Abfall auf Jahrhunderte und Jahrtausende sicher gelagert werden muß. Die Politiker, deren Aufgabe es wäre, die unterschiedlichen Gesichtspunkte in einem umfassenden Urteil zum Ausgleich zu bringen, sind in der Regel selbst Partei und argumentieren deshalb ebenfalls nur verkürzt und oft unsachlich. Daher stellt sich zunächst die Aufgabe, auf den realen Zusammenhang der Probleme aufmerksam zu machen und dafür Sorge zu tragen, daß es nicht bei der willkürlichen Isolierung von Einzelargumenten bleibt, sondern daß das Problem in seiner Komplexität sorgfältig analysiert wird.

(7) Es ist bedrückend zu sehen, wie Politiker aller Parteien Entscheidungen, deren Folgen auf Jahrhunderte hin das Geschick der Menschheit mitbestimmen werden, lediglich aufgrund kurzfristiger Erwägungen treffen. Es ist eine dringende und legitime Aufgabe der Kirchen, die Politiker an ihre Verantwortung auch gegenüber den kommenden Generationen zu erinnern. Wenn man in diesem Sinne die politische Verantwortung betont, muß man die grundsätzlichen Zusammenhänge erörtern, die den Spielraum der Politik bestimmen.

(8) Die Verantwortung, aus der heraus Christen sich an dieser Erörterung beteiligen, gilt vorzugsweise denen, die keine Stimme haben oder ihre Lebensinteressen nicht ausreichend zu Gehör bringen können; dies ist grundlegend für die Weise, in welcher der christliche Glaube von dem Verantwortungszusammenhang spricht, in den Gott den Menschen einweist (vgl. z.B. 1. Mose 1, 26ff. oder Matthäus 25, 31ff.). Im Hinblick auf das Energieproblem bezieht sich diese Verantwortung vor allem auf die außermenschliche Natur, auf die Lebenschancen wirtschaftlich unterprivilegierter Völker und auf die Lebensmöglichkeiten künftiger Generationen. Gegen die verbreitete Tendenz zurückliegender Jahrhunderte, die Ausbeutung der Natur durch den Menschen in Mißdeutung des Wortes „Machet euch die Erde untertan" christlich zu legitimieren, gilt diese Verantwortung der Erhaltung der außermenschlichen Natur. Gegen die

heutige Tendenz, die Grenzen politischer Verantwortung nationalstaatlich oder regional zu begrenzen, gilt diese Verantwortung den Millionen von Menschen, die durch die gegenwärtige Asymmetrie der weltwirtschaftlichen Beziehungen in ihren Lebenschancen elementar beeinträchtigt werden. Gegen die herrschende Tendenz, die Erhöhung des Lebensstandards und der Konsummöglichkeiten von Teilen der heute lebenden Generation zum maßgeblichen Kriterium politischer Entscheidungen zu machen, richtet sich diese Verantwortung auf die Erhaltung der Lebensmöglichkeiten für künftige Generationen.

(9) Aus diesen Überlegungen könnten Konsequenzen gezogen werden, die über das hinausgehen, was in dieser Studie vorgeschlagen wird. Vergleicht man den in unserem Land erreichten Lebensstandard, auf dessen Erhaltung und Sicherung sich die gesamte Energiedebatte weitgehend konzentriert, mit der Not in vielen Teilen der Welt, so wird fraglich, ob irgendeine der in der heutigen Debatte vorgeschlagenen Alternativen den wachsenden Disparitäten in der einen Weltgesellschaft auch nur im Ansatz Rechnung trägt. Doch die zurückhaltendste Konsequenz, die aus unseren Überlegungen jedenfalls gezogen werden muß, ist, daß die in der Bundesrepublik Deutschland lebenden Menschen mit den heute noch zur Verfügung stehenden Ressourcen verantwortlich umgehen und alle Einsparmöglichkeiten beim Verbrauch von Energie und anderen Ressourcen nutzen müssen.

(10) Wenn von der politischen Verantwortung der Christen und der Kirchen die Rede ist, so kann es nicht darum gehen, daß Christen im Namen ihres Glaubens kurzschlüssig bestimmte politische Entscheidungen als allein richtig anerkennen, andere dagegen von vornherein verwerfen. Denn der Grund, auf den sich der Glaube beruft, ist die Verkündigung Jesu Christi, dessen Tod am Kreuz alle Programme dieser Welt in eine Krise führt und dessen kommendes Reich in den Möglichkeiten menschlichen Handelns nicht aufgeht. Deshalb können Christen alle Machtkonstellationen, denen sie konfrontiert sind, und alle politischen Programme nur als etwas Vorläufiges ansehen, das aus sich selbst keinen Bestand hat. Kein angeblicher Sachzwang, keine Überlebensstrategie, keine innerweltliche Logik kann so viel Gewicht beanspruchen, daß sie der letzte Grund christlichen Handelns sein könnte. Für den Christen bleibt es immer eine offene Frage, ob seine Bemühungen um die Entwicklung von Staat und Gesellschaft, ja um die Erhaltung der menschlichen Gattung mit dem Willen Gottes übereinstimmen.

(11) Diese Distanz des christlichen Glaubens zu allen politischen Programmen ermöglicht jedoch gerade eine vorbehaltlose Prüfung dessen, was zu tun ist. Diese Prüfung geschieht aus der Verantwortung heraus, die im christlichen Glauben eröffnet ist. In der Wahrnehmung dieser Verantwortung kommen Christen mit Nichtchristen in vielen Fragen überein, auch wenn der Horizont, aus dem sich ihre Verantwortung begründet, jeweils verschieden ist. Statt nur zu warnen, tun Christen und Kirchen in der gegenwärtigen Lage sicher gut daran, denen aufmerksam zuzuhören und ihre Unterstützung zu gewähren, die versuchen, mitten in den Gefahren der Gegenwart neue Möglichkeiten zu erkunden. Es kann durchaus sein, daß Kirche und Theologie dann bei anderen finden, was sie selbst rechtzeitig vorzubereiten versäumt haben.

(12) Was zu tun ist, prüft der christliche Glaube im Lichte des Gebots der Nächstenliebe. Dieses aber ist weder räumlich auf die Angehörigen einer Nation oder Region noch zeitlich auf die Angehörigen der gerade lebenden Generation beschränkt. Daraus ergibt sich, daß die Christen, die sich an der Diskussion über die zukünftige Energieversorgung der Bundesrepublik Deutschland beteiligen, nicht von dem Horizont weltweiter Verantwortung absehen können, der in der ökumenischen Gemeinschaft der Christenheit bruchstückhaft Gestalt gewinnt. Eine grundlegende Bestimmung des Gebots der Nächstenliebe liegt darin, daß man kein eigenes Recht zu Lasten anderer behauptet. Diese Einsicht allein sollte ausreichen, dem Christen zu verwehren, durch sein gegenwärtiges Handeln künftigen Generationen die Lebensmöglichkeiten zu schmälern. Nach allem, was man heute wissen kann, ist die Mißachtung ökologischer Grenzen ein nicht oder kaum wiedergutzumachender Schritt in dieser Richtung. Deshalb haben Christen und Kirchen Einspruch zu erheben gegen jede kurzfristig orientierte und nur den Ansprüchen der Gegenwart verpflichtete Energiepolitik. Dagegen ist dringend zu raten, alle Alternativen zu erkunden, welche auch langfristig die Überlebensmöglichkeiten der Menschheit auf diesem Planeten erhalten können.

(13) Solche Alternativen müssen auf der Erkenntnis beruhen, daß dem menschlichen Handeln ökologische Grenzen gesetzt sind. Die Mißachtung dieser Grenzen kann zu Schäden und Katastrophen führen, die durch menschliche Mittel nicht zu beheben oder aufzuhalten sind. Durch diese Einsicht verändert sich die Auffassung von der Natur und von der Geschichte, die spätestens seit dem 17. Jahrhundert Europa beherrscht hat und von hier aus weltweit verbreitet wurde. Die Revision von Denkgewohnheiten und Verhaltensweisen, die sich im Zusammenhang des Energieproblems als notwendig aufdrängt, wird auch vor Theologie und Kirche nicht Halt machen; denn von dem Bewußtseinswandel, zu dem sie beitragen wollen, sind sie zugleich selbst mitbetroffen. Doch die Frage, welche Veränderungen sich daraus für Kirche und Theologie ergeben, geht über den Rahmen dieser Studie hinaus.

(14) Die Kriterien, die sich aus den vorangehenden Überlegungen ergeben, sind unter den Gesichtspunkten christlicher und kirchlicher Verantwortung formuliert. Über sie kann jedoch Einverständnis über die Grenzen christlicher Glaubensgemeinschaften hinaus hergestellt werden. Dazu müssen diese Kriterien eingebracht werden in die öffentliche Urteilsbildung über grundlegende Entscheidungen, die langfristig die wirtschaftliche, gesellschaftliche und politische Entwicklung bestimmen werden. Die vorliegende Studie tritt deshalb in eine sachliche Prüfung der wichtigsten Fragen ein, die sich mit dem Problem der Energieversorgung der Bundesrepublik Deutschland verknüpfen. Ausgehend von einer umfassenden Bestandsaufnahme der gegenwärtigen Energiepolitik setzt sie sich zum Ziel, deren Implikationen zu erörtern und nach möglichen Alternativen zu fragen. Soweit solche Alternativen plausibel gemacht werden können, skizzieren sie einen Spielraum möglicher politischer Entscheidungen. Ein nächster Schritt, der hier aber selbst nicht mehr vollzogen wird, würde darin bestehen, die Machtkonstellationen zu untersuchen, die die Durchsetzung alternativer Entscheidungen ermöglichen oder verhindern. Dazu finden sich im Gang der Überlegungen einige Hinweise; ihre detaillierte Erörterung hätte den Rahmen dieses Buches jedoch gesprengt.

(15) In überraschender Parallelität zu einem gerade erschienenen Bericht der Ford Foundation[1] ergeben sich aus unserer Studie einige grundlegende Einsichten: wenn die notwendige Kurskorrektur der Energiepolitik schon jetzt eingeleitet wird, kann man sich trotz aller gegenteiligen Beteuerungen die Zeit nehmen, die schwerwiegende Frage eines massiven Ausbaus der Kernenergie gründlicher als bisher zu durchdenken. Insofern beschränkt sich die Argumentation nicht auf die Forderung einer Denkpause nach Art eines Moratoriums. Der heute noch bestehende Handlungsspielraum muß genutzt werden, um eine alternative Energiepolitik durchzusetzen, bevor durch forcierten Ausbau der Kernenergie vollendete Tatsachen mit weitreichenden Folgen geschaffen werden. Die Wahrnehmung dieses Handlungsspielraums, der nicht zugunsten kurzfristiger Vorteile preisgegeben werden darf, setzt einen tiefgreifenden Bewußtseinswandel voraus. Nur so werden Entscheidungen möglich, die der Verantwortung für das Überleben künftiger Generationen entsprechen.

(16) Die vorliegende Studie versucht nicht, endgültige Antworten zu geben; ihr Ziel besteht nicht darin, ein komplettes politisches Programm zur Lösung des Energieproblems zu entwerfen oder die theologisch-ethischen Fragen, die sich in diesem Zusammenhang stellen, umfassend zu erörtern. Sie versteht sich als kritischer Versuch der Ausarbeitung eines Rahmens, innerhalb dessen dann über eine bedrängende Zeitfrage sachlich angemessen diskutiert und politisch entschieden werden kann. Leitende Absicht ist es, dem Leser die Bildung eines eigenen Urteils zu ermöglichen, nicht dieses vorwegzunehmen.

I. Die gegenwärtige Energiepolitik der Bundesrepublik Deutschland

Die Ziele der offiziellen Energiepolitik

(1) In jeder arbeitsteilig organisierten Volkswirtschaft hat der Energiesektor eine Schlüsselfunktion; denn nahezu alle Produktionsprozesse benötigen neben der menschlichen Arbeitskraft den Einsatz von Energie. Dazu kommt, daß es üblich geworden ist, den Lebensstandard an einem Konsum zu messen, zu dessen Befriedigung in der Regel viel Energie benötigt wird. Nach einer weit verbreiteten Vorstellung besteht daher ein enger Zusammenhang zwischen Energiebedarf und Wirtschaftswachstum. Dies ist der Hintergrund für die besondere Aufmerksamkeit, die die staatliche Wirtschaftspolitik seit jeher dem Energiesektor gewidmet hat.

(2) Die Bundesregierung hat in der ersten Fortschreibung des Energieprogramms von 1974 folgende Grundziele ihrer Energiepolitik formuliert:

- „Ausreichendes und preisgünstiges Energieangebot für Verbraucher in allen Teilräumen der Bundesrepublik.
- Mittel- und langfristige Sicherung dieses Energieangebotes.
- Bereitstellung der Energie zu günstigen volkswirtschaftlichen Gesamtkosten auf lange Sicht.
- Sachgerechte und frühzeitige Berücksichtigung der Erfordernisse des Umweltschutzes, um die energie- und umweltpolitischen Belange miteinander in Einklang zu bringen.“[2]

Die vorliegende Studie skizziert zunächst den volkswirtschaftlichen Rahmen dieser Energiepolitik. Anschließend wird geprüft, ob sie ihren eigenen Zielen entspricht.

Volkswirtschaftliche Rahmenbedingungen

(3) Die Energiepolitik der Bundesregierung muß im Kontext der allgemeinen Wirtschaftspolitik gesehen werden, deren Hauptziele nach dem Stabilitätsgesetz von 1967 Stabilität des Preisniveaus, hoher Beschäftigungsstand, außenwirtschaftliches Gleichgewicht und stetiges und angemessenes Wirtschaftswachstum sind.[3] Nach der in der Öffentlichkeit und bei Politikern vorherrschenden Meinung ist die Erreichung dieser Ziele ohne ein ausreichendes, steigendes und preiswertes Energieangebot gefährdet. Zwar überschreiten die Aufwendungen der Industrie für Energie im allgemeinen nicht 5 % der Gesamtkosten der Produktion[4], aber unabhängig von diesem geringen Kostenanteil würden Ausfälle in der Energie-, besonders in der Stromzufuhr zumindest kurz- und mittelfristig viele mechanisierte und automatisierte Produktionsprozesse lahmlegen. Beschäftigungseinbrüche wären die Folge.

(4) Die Mechanisierung der Arbeitsprozesse war eine wesentliche Grundlage für die Erhöhung der industriellen Produktivität. Dies war eine Voraussetzung dafür, daß alle gesellschaftlichen Gruppen am steigenden Realeinkommen, d.h. wachsenden Einkommen bei relativ stabilen Preisen, teilhaben konnten. In der Vergangenheit ließen sich die sozialen Konflikte zwischen Kapital und Arbeit damit entschärfen.

(5) Die hochindustrialisierte westdeutsche Wirtschaft ist von Rohstoffeinfuhren nahezu vollständig abhängig. Diese notwendigen Importe müssen aus Exporterlösen für Güter und Dienstleistungen finanziert werden. Angesichts des im internationalen Vergleich hohen Lohnniveaus in der Bundesrepublik Deutschland, so wird argumentiert, läßt sich die Wettbewerbsfähigkeit deutscher Güter auf den Weltmärkten nur durch eine ständige Erhöhung der Arbeitsproduktivität, d.h. des Produktionsergebnisses pro Beschäftigtem, erhalten. Dazu sind Rationalisierungsmaßnahmen notwendig, die in der Regel darauf abzielen, menschliche Arbeitskraft durch Maschinen und Energie zu ersetzen. Die dadurch freigesetzten Arbeitskräfte können aber nur dann im Beschäftigungs- und Einkommenskreislauf verbleiben, wenn in Erwartung steigender Nachfrage neue Produktionskapazitäten und Arbeitsplätze geschaffen werden. Zusätzliche Arbeitsplätze werden weniger durch Rationalisierungs- als durch Erweiterungsinvestitionen auch für neue Produkte eingerichtet. Auch hierfür muß Energie eingesetzt werden. In einem Land mit begrenzten Binnenmärkten jedoch wird diese Investitionstätigkeit weitgehend von den Nachfrageimpulsen des Exportes angeregt.

(6) Lohnerhöhungen veranlassen die Unternehmer in der Regel, arbeitssparende Rationalisierungen vorzunehmen. Dadurch werden die Arbeitsproduktivität und der Einsatz von Energie im Verhältnis zur Summe der geleisteten Arbeitsstunden erhöht. Aus diesen Zusammenhängen wurde für die gesamte Volkswirtschaft die Faustregel abgeleitet, daß nicht nur das Bruttosozialprodukt und die Arbeitsproduktivität, sondern auch der Energieverbrauch um ungefähr denselben Prozentsatz wachsen muß, um bei gleichbleibender Zahl von Beschäftigungswilligen und Arbeitsstunden

pro Periode einen bestimmten Beschäftigungsstand zu halten. Theoretisch ist diese Faustregel zwar kaum begründet, aber für die Bundesrepublik Deutschland durch die Statistiken der letzten 25 Jahre recht gut bestätigt.

(7) Der Primärenergieverbrauch ist in der Bundesrepublik Deutschland in der Vergangenheit insgesamt exponentiell gewachsen. Das Energieprogramm der Bundesregierung geht davon aus, daß sich der Wachstumstrend fortsetzt, wobei lediglich berücksichtigt wird, daß die Energienachfrage weltweit deutlich langsamer steigt.[5] Im folgenden soll geprüft werden, ob es mit den Zielen der Energiepolitik der Bundesregierung vereinbar ist, wenn dieser Trend weitergeführt wird, und zwar nicht nur für den Zeitraum bis 1985, auf den das Energieprogramm sich bezieht, sondern darüber hinaus bis 2050. Dieser Zeitraum entspricht ungefähr der Lebenserwartung der heute jüngsten Generation. Es wird dabei, wie auch in allen offiziellen Verlautbarungen, vorausgesetzt, daß der beschriebene Rahmen und die Regulationsmechanismen der Energiewirtschaftspolitik auch für diesen Zeitraum unverändert bleiben.

Szenario I

(8) Aus diesen Prämissen und der zusätzlichen Annahme, daß sich – wie bisher – die Anstrengungen im Energiesektor vorwiegend auf die Bereitstellung von Primärenergie richten und weniger auf die Beeinflussung des Endenergieverbrauchs, lassen sich Konsequenzen herleiten, die im folgenden beschrieben werden. Diese gedankliche Konstruktion einer möglichen zukünftigen Entwicklung wird nach einem mittlerweile eingeführten Sprachgebrauch Szenario I genannt. In Teil III unserer Studie wird ein zweites Szenario entwickelt[6], das von veränderten Prämissen ausgeht. Beide Szenarien sind aus einer Vielzahl denkbarer zukünftiger Entwicklungen ausgewählt. Sie markieren verschiedene, aber jeweils plausible zukünftige Entwicklungspfade der Energiepolitik. Mit keinem der beiden Szenarien ist beabsichtigt, eine exakte Prognose zu erstellen. Die Szenarien haben die Funktion, die Konsequenzen zu ermitteln, die sich aus alternativen Prämissen der Energiepolitik ergeben.

(9) Für beide Szenarien bildet die Situation des Jahres 1973 den Ausgangszustand. In den Tabellen 1 und 2 sind die Energieströme und Verbrauchsziffern für dieses Bezugsjahr dargestellt. Es kann für Szenario I angenommen werden, daß sich die in Tabelle 2 angegebene Aufteilung der Endenergie auf Verbrauchssektoren und Nutzungsarten künftig nur unwesentlich ändern wird. Wohl aber wird sich die in Tabelle 1 dargestellte Aufteilung des Primärenergieeinsatzes nach Energiequellen ändern. Im folgenden wird vorwiegend vom Primärenergieverbrauch die Rede sein.

Szenario I geht von der Annahme aus, daß bis zum Jahre 2000 der Primärenergieverbrauch im Mittel um 3 % pro Jahr steigt. Später wächst der Primärenergieverbrauch jährlich um etwa 2 %. Von 1950 bis 1973 stieg dagegen der Primärenergieverbrauch im Mittel um 4,5 % pro Jahr. Das in Szenario I angenommene Wachstum ist demgegenüber geringer. Es entspricht ungefähr der Steigerung, die im Energieprogramm der Bundesregierung genannt wird, liegt aber unter dem von den Energieversorgungsunternehmen erwarteten Anstieg von 4 bis 5 % pro Jahr. Die Wachstumsrate, die für

Tabelle 1: Primärenergie-Verbrauch der BRD, 1973

	Mio t SKE	%	Industrie und nichtenergetischer Verbrauch Mio t SKE	Verkehr Mio t SKE	Haushalte und Kleinverbraucher Mio t SKE	Verluste Mio t SKE
Steinkohlen	84,2	22,2	} 19	1		86
Braunkohlen	33,1	8,7				
Mineralöle	208,9	55,2	61	42		37
Naturgase	38,5	10,2	ca. 12	–		14
Wasserkraft u. Außenhandelssaldo Strom	8,2	2,2	ca. 4,2	ca. 4,2	ca. 3,4	1)
Kernenergie	3,9	1,0	ca. 0,7	–	ca. 0,6	ca. 2,6
Sonstige Energieträger	1,7	0,5	1)	1)	1)	1)
Gesamt	378,5	100				

1) Keine statistischen Angaben

Quellen: Energiebilanzen der BRD, Hrsg.: Arbeitsgemeinschaft Energiebilanzen; Programmstudie Sekundärenergieträger, KFA Jülich, Jül-1148-SE, Dezember 1974

Tabelle 2: Endenergieverbrauch in der BRD, 1973

<table>
<tr><th>a) nach Energieträgern</th><th>1)
Mio t SKE</th><th>%</th><th>Industrie
Mio t SKE</th><th>Verkehr
Mio t SKE</th><th>Haushalte</th><th>Kleinverbraucher</th></tr>
<tr><th></th><th></th><th></th><th></th><th></th><th colspan="2">Mio t SKE</th></tr>
<tr><td>Steinkohlen und Steinkohlenprodukte</td><td>26</td><td>10,2</td><td>16</td><td>0,9</td><td colspan="2">8</td></tr>
<tr><td>Braunkohlen und Braunkohlenprodukte</td><td>5</td><td>2,0</td><td>1</td><td></td><td colspan="2">5</td></tr>
<tr><td>Heizöl</td><td>103</td><td>40,6</td><td>35,9</td><td></td><td colspan="2">65,2</td></tr>
<tr><td>Kraftstoffe</td><td>48</td><td>18,9</td><td rowspan="2">1,1</td><td>43,2</td><td colspan="2" rowspan="2">2,2</td></tr>
<tr><td>sonstige Mineralölprodukte</td><td>0,3</td><td>0,1</td><td>0,4</td></tr>
<tr><td>Gas</td><td>36,2</td><td>14,3</td><td>24,4</td><td></td><td>8,6</td><td>3,2</td></tr>
<tr><td>Strom</td><td>30,6</td><td>12,1</td><td>16,4</td><td>1,1</td><td></td><td></td></tr>
<tr><td>Fernwärme</td><td>4,7</td><td>1,8</td><td>1,3</td><td></td><td>7,4</td><td>5,7</td></tr>
<tr><td>Gesamt</td><td>253,9</td><td>100,0</td><td>95,6</td><td>45,7</td><td colspan="2">108,2</td></tr>
</table>

Verluste bei der Umwandlung Endenergie → Energiedienstleistung werden in den Statistiken nicht ausgewiesen

b) nach Nutzungsarten (aufgrund mehrerer Quellen geschätzte Werte in Mio t SKE und in %)

	Industrie	Verkehr	Haushalte	Kleinverbraucher
Raumheizung	13,5 (5,3 %) (Raumheizung und Warmwasser)	1,5 (0,6 %) (Raumheizung und Warmwasser)	47,1 (18,6 %)	36,3 (14,3 %) (Raumheizung und Warmwasser)
Warmwasser			7,1 (2,8 %)	
Prozeßwärme bzw. Kochen und Backen	75,2 (29,6 %)		1,8 (0,7 %)	9,1 (3,6 %)
Licht, Kraft, Elektronik	10,4 (4,1 %)	46,2 (18,2 %)	2,9 (1,1 %)	2,8 (1,1 %)

1) Da die Werte aus verschiedenen Quellen entnommen werden mußten, ergeben die Angaben der nachfolgenden Spalten nicht exakt die Summe in dieser Spalte.

Quellen: Energiebilanzen der BRD, Hrsg.: Arbeitsgemeinschaft Energiebilanzen;
Programmstudie Sekundärenergieträger, KFA Jülich, Jül-1148-SE, Dezember 1974
H. Schäfer in: VDI-Berichte Nr. 250, Düsseldorf 1975
H. u. U. Bossel in: Kernenergie, Mensch, Umwelt, 1976

die Zeit nach 2000 angenommen wird, darf nach weit verbreiteter Meinung nicht nennenswert unterschritten werden, ohne die Gefahr einer drastischen Wirtschaftskrise heraufzubeschwören.

(10) Aus den genannten Wachstumsraten sind für den Primärenergieverbrauch in Szenario I die in Tabelle 3 angegebenen Werte errechnet.

Tabelle 3: (Angaben in Mio t SKE)

Jahr	Primärenergieverbrauch	davon: Kernenergie	fossile Brennstoffe	Sonstige
1973	375	5	360	10
1985	555	81	463	11
2000	760	320	420	20
2020	1140	670	430	40
2050	2050	1400	500	150

Der Aufteilung des Primärenergieverbrauchs auf die Energieträger Kernenergie, fossile Brennstoffe (Kohle, Gas und Öl) und Sonstige (Sonne, Wind, Wasser und Geothermie) liegen folgende Annahmen zugrunde:

a) Die Nutzung regenerierbarer Energiequellen wird weiterhin, auch nach dem Jahre 2000, nicht stärker gefördert als gegenwärtig. Bei einer Beibehaltung dieser Politik spricht aber nichts dafür, daß bis zum Jahre 2050 mehr als 150 Mio t Steinkohleneinheiten (SKE) mit regenerierbaren Energiequellen erreicht werden.

b) Die Verfügbarkeit fossiler Brennstoffe ist begrenzt. Daher soll ihr Verbrauch möglichst gering gehalten werden. Man muß davon ausgehen, daß der Anteil der Bundesrepublik Deutschland am Weltverbrauch fossiler Energieträger 450 bis 500 Mio t SKE pro Jahr nicht übersteigen kann.

c) Die verbleibende Lücke beim Primärenergiebedarf muß demnach mit Kernenergie gedeckt werden. Dem Ausbau der Kernenergie sind aber wirtschaftliche und technische Grenzen gesetzt. Höhere als die in Szenario I angenommenen Ausbauraten sind unrealistisch.

Die Angaben in Tabelle 3 stimmen bis zum Jahre 1985 mit dem Energieprogramm der Bundesregierung in der Fassung von 1974 überein. Bis zum Jahre 2000 weichen sie nur geringfügig von Projektionen der Kernforschungsanlage Jülich[7] ab. Über das Jahr 2000 hinausreichende Angaben finden sich in diesen Quellen nicht. Die entsprechenden Werte in Tabelle 3 sind gemäß den oben genannten Angaben berechnet.

(11) In Szenario I wird ferner angenommen, daß auch künftig ein immer größerer Teil der Primärenergie zur Stromerzeugung verwendet wird. Das aber ist mit besonders hohen Umwandlungsverlusten verbunden, wie das Schema des Energieflusses und der Energieumwandlung auf der folgenden Seite ausweist. Den Steigerungen des Primärenergieverbrauchs entsprechen also keineswegs gleich große Steigerungen der Endenergie, weil ein wachsender Anteil des Primärenergieeinsatzes ungenutzt bleibt.

(12) Zu dem in Szenario I mit überdurchschnittlichen Zuwachsraten steigenden Anteil der Kernenergie sind einige Detailangaben notwendig. Danach wären im Jahre 2000 in der Bundesrepublik Deutschland etwa 160 Kernkraftwerke in Betrieb, und zwar fast ausschließlich Leichtwasserreaktoren. In diesem Zeitraum würden unter

Aggregiertes Energieflußdiagramm der Bundesrepublik Deutschland (in %)[8]

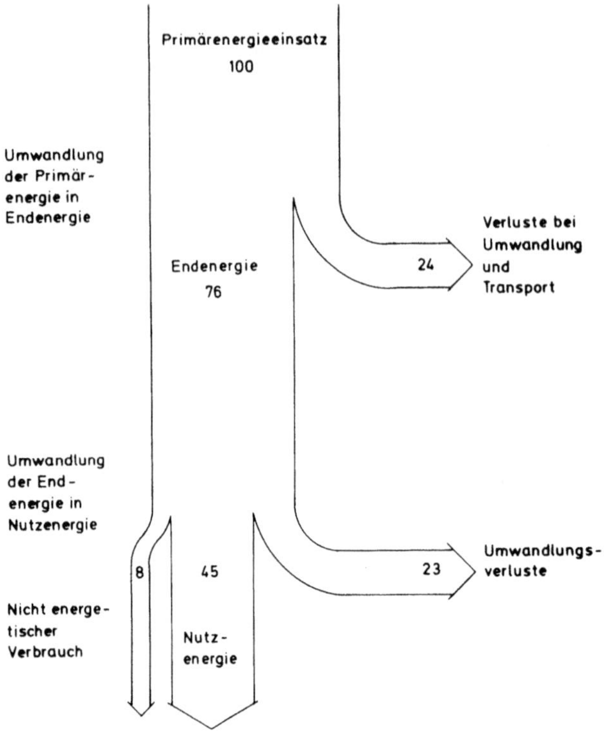

diesen Annahmen insgesamt 350 bis 380 Tonnen Plutonium erzeugt[9]. Bis zum Jahre 2020 steigt diese Menge auf 1400 Tonnen Plutonium, bis zum Jahre 2050 auf über 4700 Tonnen Plutonium. Damit würde durch die friedliche Nutzung der Kernenergie vermutlich mehr Plutonium erzeugt werden als zur Zeit in den Kernwaffenarsenalen der Welt vorhanden ist. 10 kg Plutonium reichen aus, um eine Bombe mit einer Sprengkraft von 20 kt TNT, also von der Größe der Nagasaki-Bombe, zu bauen[10].

(13) Unter den Annahmen des Szenario I wären im Jahre 2020 etwa 330, im Jahr 2050 etwa 700 Kernkraftwerke in Betrieb. Nahezu 600 Reaktoren wären bis zu diesem Zeitpunkt bereits stillgelegt. Dann müßten jährlich mindestens 150 bis 200 Tonnen Plutonium in abgebrannten oder wiederaufgearbeiteten Brennelementen mit einem Gesamtgewicht von rund 20.000 Tonnen über Hunderte von Kilometern zwischen den Reaktoren und den Wiederaufarbeitungsanlagen hin- und hertransportiert werden. Die erste in der Bundesrepublik Deutschland geplante Wiederaufarbeitungsanlage soll jährlich 1500 Tonnen abgebrannte Brennelemente verarbeiten können. Das ist die Menge, die in 45 bis 50 Kraftwerken des Typs Biblis A (1000 Megawatt) anfällt. Im Jahre 2050 würden also 15 Wiederaufarbeitungsanlagen dieser Betriebsgröße benötigt.

(14) In Szenario I kann der Anteil der Kernenergie am Primärenergieverbrauch nicht allein aus Leichtwasserreaktoren gewonnen werden, da sonst die heute für abbauwürdig gehaltenen Uranreserven schon bald nach dem Jahr 2000 erschöpft wären. Zwar werden Thoriumreserven vermutet, die die Menge der vermuteten Uranvorräte um den Faktor 3 bis 4 übersteigen. Abgesehen davon, daß es sich hierbei um Abschätzungen handelt, ist kaum zu erwarten, daß der Hochtemperaturreaktor mit der zugehörigen Thoriumverarbeitungstechnologie dann schon großtechnisch verfügbar ist, wenn die heute für abbauwürdig gehaltenen Uranreserven ausgebeutet sind. Unter diesen Voraussetzungen ist spätestens zu Beginn des nächsten Jahrhunderts die Einführung von Schnellen Brutreaktoren, deren Brennstofftechnologie weiter entwickelt ist, aus wirtschaftlichen Gründen notwendig. Dies erfordert den Betrieb von Wiederaufarbeitungsanlagen, die das Erstinventar an Plutonium für diese Brüter aus den abgebrannten Brennelementen der Leichtwasserreaktoren separieren, sei es innerhalb der Bundesrepublik Deutschland oder in einer international betriebenen Anlage im Ausland. Wenn bei der Untersuchung der Konsequenzen, die sich aus Szenario I ergeben, von Kernenergie die Rede ist, müssen deshalb neben dem Reaktor auch alle anderen Stationen des Brennstoffflusses berücksichtigt werden, insbesondere die Wiederaufarbeitungsanlagen.

(15) Aus den Annahmen, die Tabelle 3 zugrunde liegen, ergibt sich, daß in Szenario I langfristig selbst durch hohe Anstrengungen beim Ausbau der Kernenergie der Verbrauch an fossilen Energieträgern nicht gesenkt werden kann. Noch höhere Zuwachsraten für die Kernenergie aber sind unrealistisch. Schon um die in Szenario I genannten Ausbauraten zu verwirklichen, müssen um das Jahr 2000 jährlich 8 neue Kernkraftwerke, um das Jahr 2020 jährlich 10 Kernkraftwerke und um das Jahr 2050 jährlich 15 neue Reaktoren in Betrieb genommen werden. Zusätzlich sind etwa vom Jahre 2000 an stillgelegte Reaktoren durch neue Anlagen zu ersetzen. Dadurch wird die Zahl der pro Jahr zu bauenden Kernkraftwerke noch größer. Einen stärkeren Ausbau könnten auch Schwierigkeiten bei der Versorgung mit Uran verhindern. Aus diesen Annahmen ergibt sich, daß ein Wachstum des Primärenergieverbrauchs langfristig nicht nur zu einem forcierten Ausbau der Kernenergie, sondern auch zu verstärkten Anstrengungen bei der Ausbeutung der Vorräte an fossilen Energieträgern nötigt.[11]

Diskussion der gegenwärtigen Energiepolitik und ihrer Konsequenzen

(16) Die Schätzungen des Primärenergiebedarfs in Szenario I stützen sich weitgehend auf die Projektionen des Energieprogramms der Bundesregierung. Im folgenden wird nun die Frage geprüft, ob diese Annahme eines weiteren Energiewachstums mit den vier Grundzielen der Energiepolitik der Bundesregierung vereinbar ist.

Sicherung der Versorgungskapazitäten

(17) Wie in allen anderen Industrieländern bleibt auch in der Bundesrepublik Deutschland die Sicherung der Energieversorgungskapazitäten nicht allein den privatwirtschaftlichen Kräften am Markt überlassen. Eine Vielzahl staatlicher Steuerungsmaßnahmen greift regulierend in die Energiewirtschaft ein. So hat etwa die Mineralölwirtschaft einen Brennstoffvorrat für 65 Tage zu lagern. Nur durch Gesetzesauflagen und Subventionen kann die deutsche Steinkohlenförderung auf einem Niveau von 90 Mio t pro Jahr gehalten werden.

(18) Besondere Auflagen und Regulierungen gelten für den Bereich der leitungsgebundenen Energieträger Strom und Gas, für die Energieversorgungsunternehmen (EVU). Diese Unternehmen sind Beispiele für „natürliche Monopole". Wegen technischer und ökonomischer Besonderheiten des Energiesektors und im Interesse einer gleichmäßigen Versorgung der Bevölkerung und der Wirtschaft in allen Regionen mit Strom und Gas zu relativ einheitlichen Tarifen schuf bereits das Energiewirtschaftsgesetz von 1935 Gebietsmonopole. Darin wird den Energieversorgungsunternehmen zur Auflage gemacht, mit ihren Kapazitäten jedem zu erwartenden Energiebedarf gewachsen zu sein und alle Verbraucher zu beliefern. Innerhalb der jeweiligen Region sind sie die alleinigen Anbieter, unterstehen aber einer staatlichen Preis- und Investitionsaufsicht. Sie werden in der Regel als privatrechtliche Gesellschaften geführt. Faktisch gibt es in diesen gemischtwirtschaftlichen Unternehmen allerdings eine starke Personalverflechtung zwischen kommunalen und staatlichen Verwaltungen einerseits sowie den Vorständen und Aufsichtsräten der Energieversorgungsunternehmen andererseits[12].

(19) Energieversorgungseinrichtungen erfordern einen hohen Kapitaleinsatz. Dazu kommt, daß die Fristen für Planung und Errichtung derartiger Anlagen sehr lang sind; bei einem Kraftwerk rechnet man mit acht bis zehn Jahren. Außerdem ist elektrischer Strom nur in geringem Umfang speicherfähig, während die Nachfrage stark schwankt. Daher erreichen die Energieversorgungsunternehmen erst bei einer erheblichen Betriebsgröße das Minimum an Durchschnittskosten, von dem die Rentabilität abhängt.

(20) Von dem gesetzlichen Auftrag, Kapazitäten vorzuhalten, die am erwarteten Spitzenbedarf orientiert sind, und von dem ökonomischen Ziel der Energieversorgungsunternehmen, vorhandene Kapazitäten möglichst gleichmäßig und damit kostengünstig auszulasten, gingen zumindest in der Vergangenheit Wachstumsimpulse besonders für den Stromverbrauch aus. Die Werbeanstrengungen der Energieversorgungsunternehmen richteten sich parallel dazu nicht nur darauf, „Nachttäler" aufzufüllen, sondern den Stromabsatz generell auszuweiten. Durch geschickte Marketingstrategien wurde zusammen mit den Herstellern von Elektrogeräten der vollelektrische Haushalt propagiert. Die auf diese Weise auf einem hohen Niveau stabilisierte Nachfrage nach elektrischem Strom gab den Energieversorgungsunternehmen besonders seit Anfang der 70er Jahre auch die Möglichkeit, Preiserhöhungen durchzusetzen, ohne nennenswerte Absatzeinbußen befürchten zu müssen. Die Genehmigung der Preise durch die zuständigen Aufsichtsbehörden konnte man durch den Hinweis auf gestiegene Betriebskosten leicht erlangen.

Sicherung der Brennstoffversorgung

(21) Auf längere Sicht wird die Sicherung der Energieversorgung durch zwei Faktoren gefährdet: Die natürliche Begrenztheit an Energievorräten auf diesem Planeten und die Abhängigkeit von denjenigen Ländern, die im Besitz dieser Energiequellen sind. Generell gilt, daß die Verfügbarkeit der natürlichen Ressourcen davon abhängt, welchen Preis man zu ihrer Erschließung und Förderung zu bezahlen bereit ist. Ihre Zugänglichkeit ist zudem durch die nationalen Verfügungsrechte beschränkt. Gegenwärtig ist jedoch die Bundesrepublik Deutschland hinsichtlich ihres Primärenergieverbrauchs zu etwa 57 % von Importen abhängig. Angesichts sinkender Energiepreise ist diese Tatsache bis Anfang der siebziger Jahre weithin nicht als problematisch empfunden worden. Die Importabhängigkeit wurde vielmehr noch verstärkt durch den Verdrängungswettbewerb, den das Mineralöl der heimischen Steinkohle während der letzten beiden Jahrzehnte geliefert hat.

(22) Unter diesen Voraussetzungen wird man fragen müssen, ob die von der Bundesregierung mit der ersten Fortschreibung ihres Energieprogramms eingeschlagene Politik ein „ausreichendes und preisgünstiges Energieangebot für alle Verbraucher in allen Teilräumen der Bundesrepublik Deutschland" sicherstellen kann. Unter der Bedingung eines weiter wachsenden Energiebedarfs jedenfalls, wie er in Szenario I auf der Basis offizieller Vorausschätzungen dargestellt ist, läßt sich der Anteil fossiler Energieträger allenfalls relativ verringern. Mengenmäßig wird der Importbedarf an Öl und Gas eher noch zunehmen; denn selbst bei zur Neige gehenden Öl- und Gasvorräten und den damit verbundenen Preiserhöhungen kann die inländische Steinkohlenförderung mit konventionellen Techniken nur begrenzt ausgeweitet werden. Versorgungsengpässe sind daher nicht auszuschließen.

(23) Das Probelm verringert sich auch dann nicht, wenn neue Techniken zur Kohleförderung durch Unter-Tage-Vergasung und zur Kohleveredelung unter Einsatz von Prozeßdampf aus Hochtemperaturreaktoren großtechnisch realisierbar und konkurrenzfähig werden. Derartige Techniken verschlechtern nämlich den Gesamtnutzungsgrad des Energiesystems, weil jetzt vermehrt Primärenergie benötigt wird, um eine bestimmte Menge Endenergie, etwa Synthesegas, zu produzieren. Die Importabhängigkeit läßt sich also durch Stärkung der heimischen Energieproduktion nur in engen Grenzen verringern.

(24) Bei weiterhin steigendem Primärenergiebedarf kann daher, so wird meist argumentiert, nur der vorgesehene forcierte Ausbau der Kernenergie vom Druck der Einfuhrabhängigkeit entlasten. Dabei wird jedoch leicht übersehen, daß die Bundesrepublik Deutschland sowohl bei Natururan als auch bei angereichertem Uran, dem Brennstoff für die heute üblichen Leichtwasserreaktoren, nahezu völlig von Importen abhängig ist. Auch die Zahlungsbilanz wird nur so lange entlastet, wie der Uranpreis im Vergleich zum Ölpreis relativ niedrig ist. Seit 1972 ist jedoch der Uranpreis um das Achtfache gestiegen. Es gibt vorerst keine Anzeichen dafür, daß sich diese Preisentwicklung abflacht oder umgekehrt.

(25) Auch das Argument, Uran sei sicherer verfügbar als Öl, weil die Vorräte geographisch breiter gestreut seien, verliert bei einem Blick auf die mineralogischen Land-

karten an Gewicht. Die größten zur Zeit bekannten und unter kostengünstigen Bedingungen abbaubaren Lagerstätten außerhalb der UdSSR finden sich in den USA, Kanada, Südafrika, Frankreich sowie im Niger und in Australien[13]. Einer Politik der Diversifizierung der Lieferländer sowie der Energiequellen, die die Importabhängigkeit mildern könnte, sind also enge Grenzen gesetzt. Den Gefahren einer Kartellierung des Welturanmarktes, die sich nach dem Vorbild der Erdöl exportierenden Länder (OPEC) bereits anbahnt, sucht sich die Bundesregierung dadurch zu entziehen, daß sie in Exportverträgen bereit ist, „politische Preise" zu zahlen. Prominentes Beispiel dafür ist das Brasilien-Geschäft. Hier hat sich die Bundesrepublik Deutschland bereiterklärt, neben Kernreaktoren auch Anlagen zur Anreicherung und Wiederaufarbeitung von spaltbarem Material zu liefern, um dann im Gegenzug an den nur vermuteten und daher erst noch zu explorierenden Uranvorkommen beteiligt zu werden.

(26) Ob sich das Brasilien-Geschäft und die daran geknüpften Erwartungen einer verbesserten Uranversorgung überhaupt realisieren lassen, ist aus außenpolitischen Gründen fraglich geworden. Insgesamt wird man daher davon ausgehen können, daß sich das Grundproblem einer auch langfristig gesicherten Brennstoffversorgung, die Minderung der Importabhängigkeit, auch durch einen forcierten Ausbau der Kernenergie nicht dauerhaft beheben läßt. Im übrigen werden die heute für abbauwürdig gehaltenen Uranvorräte, gemessen am gegenwärtigen Bedarf, zu Beginn des 21. Jahrhunderts erschöpft sein, wenn man den Kernenergieausbau auf der Basis der Leichtwasserreaktoren vorantreibt. Die Schätzungen über die ausbeutbaren Uranvorkommen schwanken zwischen weniger als einer Million[14] und etwa 10 Mio. Tonnen.[15]

(27) Auch nach der Einführung der Schnellen Brüter wird es schwierig sein, den in Szenario I vorgesehenen Ausbau der Kernenergie zu realisieren. Ein Schneller Brutreaktor benötigt, je nachdem, ob Oxid oder Carbid als Brennstoff benutzt wird, mindestens 20 bzw. 10 Jahre, um das Erstinventar an Plutonium für einen weiteren Reaktor zu produzieren. Das bedeutet, daß man während der kommerziellen Einführungsphase der Schnellen Brüter zusätzlich auf Plutonium aus einer großen Anzahl von Leichtwasserreaktoren angewiesen ist, die ihrerseits laufend mit angereichertem Uran versorgt werden müssen. Aus diesen Gründen ist der Nachweis kaum zu führen, daß Kernenergie langfristig eine versorgungssichere Energiequelle für einen Szenario I entsprechenden Energiebedarf ist.

Wirtschaftlichkeit der Energieversorgung

(28) Das Energieprogramm der Bundesregierung geht davon aus, daß sich die Wirtschaftlichkeit der Energieversorgung nicht ermitteln läßt, indem man lediglich einzelwirtschaftlich zu kalkulierende Gestehungskosten, also Rohstoff-, Arbeits- und Kapitalkosten, für verschiedene Energiearten miteinander vergleicht. Gemeint ist vielmehr eine Minimierung der langfristigen volkswirtschaftlichen Gesamtkosten, die auch die sozialen Kosten der Energieproduktion einschließen. Dazu gehören unter anderem die Kosten zur Vermeidung und Behebung von Umweltbelastungen, die nach dem Verursacherprinzip den Energieproduzenten zuzurechnen wären, sowie die direkten und

indirekten Subventionen für einzelne Energieträger. Wenn man diesen Wirtschaftlichkeitsbegriff ernst nimmt, müssen über diese schon im Energieprogramm genannten Faktoren hinaus weitere Kosten in die Wirtschaftlichkeitsrechnung eingehen. Dazu gehören als sogenannte dynamische Alternativkosten auch zukünftige Zielverzichte, die aufgrund der heutigen Energieproduktion von kommenden Generationen hingenommen werden müssen. Das sind vor allem diejenigen Kosten, die infolge heute ausgelöster ökologischer Belastungen in Zukunft entstehen werden einschließlich der für kommende Generationen nicht mehr möglichen Nutzung derjenigen Ressourcen, die heute bereits verbraucht werden. Die energiepolitische Strategie der Bundesregierung ließe sich erst dann als langfristig wirtschaftlich sinnvoll ausweisen, wenn diese Kostenfaktoren stärker als bisher berücksichtigt würden.

(29) Darüber hinaus sollten in eine Wirtschaftlichkeitsrechnung möglichst viele alternative Optionen einbezogen werden. Nach diesem Grundsatz ist aber bei der einseitigen Bevorzugung der Kernenergie in der Vergangenheit nicht verfahren worden. Daher kann man sich heute auch nicht nur auf einen Vergleich der Kernenergie mit der fossilen Energie beschränken, die wegen der Begrenztheit der Vorräte noch teurer wird. Wenn das Kriterium für eine wirtschaftlich optimale Energieversorgung die Minimierung der oben definierten langfristigen Alternativkosten ist, dann muß es auch auf die Kernenergie angewendet werden.

(30) Die gegenwärtige Diskussion über die Wirtschaftlichkeit der Energieversorgung konzentriert sich im allgemeinen auf einen Vergleich der betriebswirtschaftlichen Kosten zwischen der Stromerzeugung aus Steinkohle oder aus Kernenergie. Unbestritten ist, daß bisher die Brennstoffkosten bei der Kernenergie niedriger liegen als bei Steinkohle, während umgekehrt das Investitionsvolumen pro Kernkraftwerk heute erheblich höher liegt als für ein fossil beheiztes Kraftwerk. Ob jedoch die von der Bundesregierung in ihrer „Bürgerinformation Kernenergie" angegebene Kostenrelation von 0,04 DM pro kWh bei Kernenergie gegenüber 0,07 DM bei Steinkohle, die von der Kernforschungsanlage Jülich[16] auf der Basis von 1974 errechnet wurde, auch in Zukunft noch gelten wird, ist fraglich geworden, weil die Kostenentwicklung für die Kernenergie insgesamt ungünstiger verläuft als zunächst angenommen.

(31) Das ist vor allem auf den Anstieg der Investitionskosten pro Kernkraftwerk zurückzuführen, der in den letzten vier Jahren mehr als 50 % betrug. Es haben sich jedoch auch die Kosten der nuklearen Brennstoffversorgung in den letzten vier Jahren sprunghaft erhöht. So sind zum Beispiel der Weltmarktpreis für Uran um das Achtfache, die Kosten für Anreicherung um das Dreifache und die Kosten für die Wiederaufarbeitung in den letzten fünf Jahren um das Zehnfache gestiegen.[17] Demgegenüber haben sich die Kosten für Steinkohle und Kohlekraftwerke nicht so stark verändert. Die Kalkulationen für die Steinkohleverstromung werden allerdings durch die Kosten der Entschwefelung belastet, die den Preis der kWh um etwa einen Pfennig erhöht.

(32) Ein fundierter Kostenvergleich wird zudem dadurch erschwert, daß noch zu wenig Erfahrungswerte über die durchschnittlichen Betriebs- und Nutzungszeiten bei Kernkraftwerken vorliegen. Schließlich wären dabei auch diejenigen Forschungs- und Entwicklungsaufwendungen einzubeziehen, die für die Lösung der großtechnisch

noch unbewältigten Probleme der Wiederaufarbeitung zusätzlich benötigt werden. Auch vermag noch niemand die Kosten für eine sichere Entsorgung, Zwischen- und Endlagerung, Verwahrung und Überwachung des radioaktiven Abfalls einschließlich der Beseitigung stillgelegter Kernkraftwerke anzugeben. Zusammenfassend muß man feststellen, daß gegenwärtig für jeden Versuch einer ökonomischen Kostenkalkulation die exakten Daten fehlen. Auch wenn alle anderen Energiearten künftig teurer werden, kann Kernenergie jedenfalls nicht länger als die vergleichsweise billigste Energiequelle der Zukunft gelten, als die sie bis heute propagiert wird.

Umweltverträglichkeit der Energieversorgung[18]

(33) Zivilisatorische Tätigkeit ist ohne Energieeinsatz nicht denkbar. Jede Form der Energienutzung und -umwandlung ist jedoch mit Belastungen der Umwelt verbunden. Alle Entscheidungen über Art und Höhe des Energieverbrauchs sollten deshalb daran orientiert sein, die Umweltbelastungen möglichst gering zu halten, auf keinen Fall aber irreparable Schäden zuzulassen. Die Umwelt ist an vielen Stellen bereits so stark belastet, daß auch einzelne geringfügig erscheinende zusätzliche Störungen zu gravierenden Dauerschäden führen können. Der kritische Zustand vieler Gewässer ist dafür ein unübersehbares Beispiel. Um entscheiden zu können, ob die energie- und umweltpolitischen Ziele der Bundesregierung miteinander in Einklang zu bringen sind, wird im folgenden geprüft, wie die nach Szenario I vorwiegend eingesetzten Energieträger Kernenergie und fossile Brennstoffe auf die Umwelt einwirken, und insbesondere, welche Rückwirkungen auf die Menschen zu erwarten sind.

(34) Bei der Verbrennung von fossilen Energieträgern in Kraftwerken, Heizungsanlagen und Kraftfahrzeugen entstehen Schadstoffemissionen wie Schwefeldioxid, Stickoxide, Kohlenmonoxid, Kohlenwasserstoffe, Kohlendioxid und andere. Die Nutzung der Kernenergie führt unvermeidlich zur Freisetzung von Radionukliden. Die dadurch gegebene radiologische Belastung addiert sich zu der natürlichen und der medizinisch bedingten Strahlenbelastung. Es ist bekannt, daß einige der genannten Schadstoffe ebenso wie die radiologischen Emissionen Krankheiten, besonders Krebs, hervorrufen oder fördern können. Die Diskussion in der Medizin über Ausmaß und Art der Gefährdung ist noch offen.

(35) Im Falle der Kernenergie beginnt der wissenschaftliche Streit bereits bei der Ermittlung der Strahlenbelastung. Das Maß für die Schädigung biologischen Gewebes durch eine bestimmte Strahlendosis ist das rem bzw. das mrem (1 Tausendstel rem). Die natürliche Belastung beträgt in der Bundesrepublik Deutschland im Mittel 110 mrem pro Jahr. Die Strahlenschutzverordnung[19] setzt als Grenze für Ganzkörperbelastungen, die über die Luft oder über das Wasser aufgenommen werden dürfen, jeweils 30 mrem fest. Für die Umgebung von kerntechnischen Anlagen, in denen ein Störfall eintritt, liegt aber die Grenze für den ungünstigsten Fall bei jeweils 5 rem pro Jahr[20] Einzelorgane dürfen auch höher belastet werden; für die Schilddrüse z.B. sind 90 mrem im Normalbetrieb und 15 rem bei Störfällen erlaubt.

(36) Zur Ermittlung des rem-Wertes wird die physikalische Strahlendosis mit einem Faktor multipliziert, der die biologische Wirksamkeit berücksichtigen soll. Die Bewertung der biologischen Wirksamkeit einzelner Strahlenarten auf die verschiedenen Gewebe und Organe aber ist ebenso heftig umstritten wie die Abwägung zwischen Teilkörperbelastungen und Ganzkörperbelastungen. Die Festlegung von Grenzwerten für Strahlenbelastungen beruht daher weitgehend auf Schätzungen. Insbesondere ist die wissenschaftliche Meinungsbildung über die Wirkung von Dauerbestrahlungen mit geringen Dosisleistungen, wie sie durch die Freisetzung von Radionukliden aus Kernkraftwerken hervorgerufen wird, noch nicht abgeschlossen.

(37) Sowohl chemische Schadstoffe wie Radionuklide können in Nahrungsketten angereichert werden. Die Mechanismen und Anreicherungsfaktoren sind aber im einzelnen nur schlecht erforscht. Gänzlich ungeklärt ist außerdem das Gefährdungspotential, das sich aus synergistischen Effekten von Schadstoffen und radiologischen Emissionen ergibt.

(38) Angesichts dieser durch mehr offene als geklärte Fragen charakterisierten Situation ist es wenig sinnvoll, radiologische und von fossilen Energieträgern stammende Emissionen gegeneinander aufzurechnen oder zu vergleichen. Unter den Annahmen von Szenario I würden zudem langfristig beide Arten von Belastungen steigen. Es ist nicht auszuschließen, daß bei einer so großen Anzahl von Kernkraftwerken, wie sie in Szenario I angenommen wird, die in der Strahlenschutzverordnung festgelegte Grenze von je 30 mrem pro Jahr für Luft und für Wasser voll ausgeschöpft oder sogar überschritten werden wird. Denn mit Störfällen in Kernkraftwerken muß, wie die bisherige Erfahrung lehrt, jederzeit gerechnet werden. Dafür läßt aber, wie oben erwähnt, die Strahlenschutzverordnung einen Spielraum von jeweils 5 rem.

(39) Risiken von bislang nicht bekannter Höhe sind zudem mit der Verarbeitung und dem Transport von Plutonium[21] verbunden; denn nach den Annahmen von Szenario I wird diese hochtoxische Substanz in Leichtwasserreaktoren in großen Mengen erzeugt und für den Betrieb von Schnellen Brütern separiert.

(40) Es ist also zweifelhaft, ob das erklärte Ziel der Bundesregierung, eine unter Umweltgesichtspunkten akzeptable Energieversorgung zu sichern, unter diesen Umständen erreichbar ist, selbst wenn hohe Investitionen in Rückhaltetechniken oder entsprechende Anstrengungen zur Beseitigung und Vermeidung von Umweltschäden unternommen werden.

(41) Bei allen Arten der Energienutzung wird Wärme freigesetzt. Das folgt aus einem Naturgesetz, das sich durch keine technische Maßnahme aufheben läßt. Jedes Kraftwerk gibt Wärme an Flüsse und Atmosphäre ab. Wird der in Szenario I vorgesehene Ausbau an Kraftwerkskapazität realisiert, so wird langfristig die Belastung der Umwelt durch Abwärme zum schwerwiegendsten Problem. Spätestens Mitte der 90er Jahre können Grenzen der ökologischen Belastbarkeit der Gewässer erreicht sein. Diese sind gegeben durch die maximal vertretbare Aufwärmung der Gewässer von 3 bis 5 Grad Celsius sowie den Wasserverlust bei Verdunstungskühlung, der 3 % der mittleren jährlichen Niedrigstwasserführung nicht überschreiten darf[22]. Bei zusätzlichen Belastungen durch andere Emissionen können diese Grenzen noch enger sein.

In der Umgebung von Kraftwerksstandorten können zudem Veränderungen des Kleinklimas durch Wärme und Wasserdampfemissionen nicht ausgeschlossen werden.

(42) Der zweite Faktor, der in diesem Zusammenhang eine wichtige Rolle spielt, ist die Emission von Kohlendioxid (CO_2) bei der Verbrennung fossiler Brennstoffe, die, gemäß den Annahmen von Szenario I, noch zunehmen wird. Es ist nachgewiesen, daß schon jetzt die natürlichen Regulationsmechanismen nicht mehr ausreichen, um den CO_2-Gehalt der Atmosphäre konstant zu halten[23]. Dazu trägt die ebenfalls zunehmende Verschmutzung der Meeresoberfläche mit Öl oder Erdölprodukten wesentlich bei. Es ist ferner bekannt, daß ein steigender CO_2-Gehalt der Luft zu einer Aufwärmung der Atmosphäre führt (Treibhauseffekt). Dieser Effekt wird noch dadurch verstärkt, daß die gesamte anthropogene Wärmeabgabe an die Umwelt unter den Bedingungen von Szenario I steil ansteigt. Da Energie nicht vernichtet werden kann und alle Energie schließlich in Wärme übergeht, ist die gesamte Wärmeabgabe etwa gleich dem Primärenergieeinsatz. Dieser beträgt in der Bundesrepublik Deutschland zur Zeit etwa 1 % der mittleren Sonneneinstrahlung und würde im Jahre 2050 unter diesen Annahmen auf fast 7 % steigen. Das klimatische System Festland – Atmosphäre – Ozean – Polareis ist jedoch labil und gegen Schwankungen im Wärmehaushalt empfindlich. Von Experten wird nicht mehr ausgeschlossen, daß die heute allgemein akzeptierten globalen Wachstumsraten der Wärmeemission schließlich jene kritische Grenze erreichen könnten, an der eine globale langfristige Klimaverschiebung eintreten müßte[24]. Beim heutigen Stand der Kenntnisse ist zwar unsicher, wo diese Grenze exakt verläuft. Sie kann aber im zeitlichen Rahmen von Szenario I erreicht werden und liegt damit im Bereich der Auswirkungen heutiger Energieplanung.

Sicherheitsrisiken der Energieversorgung

(43) Jede Nutzung von Energiequellen ist mit Sicherheitsrisiken verbunden. Das gilt in unterschiedlichem Maße sowohl für die konventionellen und nuklearen Energienutzungsverfahren als auch für diejenigen, die noch erforscht werden. Dabei darf man den Sicherheitsbegriff schon für den Normalbetrieb, ganz zu schweigen vom Störfall, nicht so eng fassen, wie das oft versucht wird. Sicherheit läßt sich nicht auf die Betriebssicherheit der Anlagen reduzieren. Mit einbezogen werden müssen die Probleme der Umweltverträglichkeit im weitesten Sinne ebenso wie die Gefährdungen durch Sabotage und Terror sowie schließlich die Frage, ob und in welchem Umfang insbesondere Kernenergieanlagen den militärstrategischen Sicherheitsbereich berühren. Die öffentliche Diskussion hat sich bisher weitgehend auf die Betriebssicherheitsprobleme nuklear betriebener Anlagen konzentriert. Trotz erheblicher Anstrengungen, den Reaktorbetrieb störungsfrei und bei eventuellen Störfällen sicher für die Umgebung zu gestalten, läßt sich nicht übersehen, daß auch technische Systeme versagen können. Das belegen die zahlreichen Betriebsstörungen, die in der relativ kurzen Zeit seit dem ersten Einsatz eines Kernreaktors bekannt geworden sind. Mit großem technischen Aufwand hat man immer wieder versucht, solche Risikofaktoren

auszuschließen. Trotzdem scheint es, als seien bisher die Probleme schneller gewachsen als die Lösungsmöglichkeiten. Für Wiederaufarbeitungsanlagen stellen sich hinsichtlich der Betriebssicherheit vermutlich noch schwierigere Probleme. Da mit diesen Anlagen zuwenig Betriebserfahrungen vorliegen, ist die Zahl der hier offenen Fragen eher noch größer als beim normalen Reaktorbetrieb.

(44) Über das Ausmaß der Gefährdung der Bevölkerung gibt es keine allgemein anerkannte Meinung. Unbestritten aber ist, daß der sogenannte „größte anzunehmende Unfall" (GAU) nicht ausgeschlossen werden kann, der zum Durchschmelzen des Reaktorkerns führen könnte. In einer Studie des Instituts für Reaktorsicherheit wurde ein Unfall mit noch größeren möglichen Schadenswirkungen für die Bevölkerung untersucht: das Bersten des Reaktorsicherheitsbehälters bei gleichzeitigem Schmelzen des Reaktorkerns. Es läßt sich prinzipiell nicht bestreiten, daß auch ein derartiger Unfall möglich ist. Kontrovers ist in beiden Fällen lediglich die Wahrscheinlichkeit für das Eintreten solcher Unfälle. Studien, die mit Hilfe von Wahrscheinlichkeitsberechnungen die Möglichkeiten technischer Störfälle und deren Auswirkungen untersuchen, können jedoch aus drei Gründen nicht überzeugen. Zum einen weiß man aus Erfahrung, daß es Ereignisse gibt, an die man bisher noch nicht gedacht hat. Man muß davon ausgehen, daß dies auch in Zukunft der Fall sein wird. Zum anderen läßt sich die Häufigkeit menschlichen Versagens und mutwilliger Eingriffe nicht zuverlässig voraussagen[26]. Drittens schließlich müssen Naturkatastrophen wie Erdbeben und Meteoreinschläge als „höhere Gewalt" aus exakten Berechnungen ausgeklammert werden[27]. Diese Situation wird sich auch durch weitere Studien nicht verbessern lassen. Aus methodischen Gründen ist es prinzipiell ausgeschlossen, derartige Faktoren in Wahrscheinlichkeitsberechnungen hinreichend zu berücksichtigen. Die exakteste Wahrscheinlichkeitsberechnung für Reaktorsicherheit kann die faktische Möglichkeit einer Katastrophe nicht ausschließen.

Diskussion der innen- und außenpolitischen Rahmenbedingungen der gegenwärtigen Energiepolitik

(45) Eine kritische Prüfung der gegenwärtigen Energiepolitik kann sich nicht auf die Frage beschränken, ob sie den offiziellen Zielen des Energieprogramms der Bundesregierung entspricht. Darüber hinaus sind weitere Beurteilungsgesichtspunkte geltend zu machen. Weil jede Energiepolitik weite Bereiche von Staat und Gesellschaft beeinflußt, müssen auch die gesamtgesellschaftlichen Voraussetzungen, Zusammenhänge und Folgen bis hin zu den außenpolitischen Konsequenzen bedacht werden. Jede energiepolitische Stellungnahme, die diesem Anspruch nicht genügt und einzelne Aspekte nur isoliert betrachtet, muß zu einseitigen und damit falschen Folgerungen führen.

Arbeitsplatzsicherheit im Sozialstaat[28]

(46) In fortgeschrittenen Industriegesellschaften ist jeder Bürger angewiesen auf eine Vielzahl staatlicher Leistungen. Gesundheitsvorsorge, Bildungswesen, Straßenbau, Sozialversicherung und anderes wären ohne kontinuierliche staatliche Leistungen undenkbar. Das Sozialstaatsgebot des Grundgesetzes konkretisiert sich unter anderem in der Verantwortung des Staates für die Wirtschaftspolitik. Auch das Stabilitätsgesetz von 1967 gehört in diesen Zusammenhang. Durch staatliche Leistungen sollen so Voraussetzungen dafür geschaffen werden, daß der Bürger seine durch das Grundgesetz garantierten Rechte wahrnehmen kann. Damit sind nicht sogleich rechtliche Ansprüche begründet. Wohl aber ist dadurch ein funktionaler Zusammenhang bestimmt. Wie viele andere Grundrechte läßt sich zum Beispiel das Recht der freien Berufswahl nicht ohne weiteres verwirklichen, sondern bedarf dazu einer Wirtschafts- und besonders Arbeitsmarktpolitik, die hinreichende Beschäftigungsmöglichkeiten sichert.

(47) Im Rahmen dieser sozialstaatlichen Aufgabe ist der Zusammenhang von Wirtschaftswachstum, Arbeitsplatzsicherheit und Energieverbrauch nach wie vor umstritten. In offiziellen Äußerungen gehen die Politiker davon aus, daß eine Stagnation des Energieverbrauchs zwangsläufig viele Arbeitsplätze gefährden würde. Dieses Argument hält in dieser Form aus verschiedenen Gründen einer kritischen Prüfung nicht stand.

(48) Oben wurde darauf hingewiesen, daß in der Vergangenheit arbeitssparende Rationalisierungsmaßnahmen durch reichlich und preiswert verfügbaren elektrischen Strom begünstigt wurden. Die dabei freigesetzten Arbeitskräfte können nur dann weiter beschäftigt werden, wenn neue Arbeitsplätze in Wachstumsbranchen bereitgestellt werden. Dieser Sachverhalt gilt aber für jede Form der Rationalisierung, unabhängig vom Energieverbrauch.

(49) Zwar steigt der Energiebedarf derjenigen Branchen, welche freigesetzte Arbeitskräfte aufnehmen. Es ist jedoch zu beobachten, daß die Industrie erhebliche Anstrengungen darauf verwendet, den Energiebedarf je Produkteinheit zu verringern[29]. Ferner zeigen sich gewisse Sättigungserscheinungen in einigen energieintensiven Produktionsbereichen wie zum Beispiel der Grundstoffindustrie. Schließlich spricht vieles dafür, daß der Dienstleistungssektor, dessen Anteil an der Volkswirtschaft wächst, weniger energieintensiv ist als der Produktionssektor, dessen Anteil sinkt. Der größte Anteil künftig zu schaffender Arbeitsplätze liegt also wahrscheinlich in Bereichen, deren relativer Anteil am Gesamtenergiebedarf nicht steigt.

(50) Weiter ist daran zu erinnern, daß Arbeitsplätze in den letzten Jahren vor allem durch den verstärkten Einsatz elektronischer Datenverarbeitungsanlagen in den Bereichen von Organisation und Verwaltung wegrationalisiert worden sind. Ein positiver Zusammenhang von Energiewachstum und Arbeitsplatzsicherheit läßt sich daraus schwerlich herleiten, sondern eher das Gegenteil: preiswert verfügbare Energie, vor allem Strom für die weitere Automatisierung, ist ein wichtiger Faktor, der die Vernichtung von Arbeitsplätzen fördert. Mengenmäßig erhöht sich aber durch den Einsatz von Datenverarbeitungsanlagen der Stromverbrauch nur unbedeutend.

Im übrigen hängt ein hoher Beschäftigungsstand weniger von der verfügbaren Energie als von einer Vielzahl anderer Faktoren ab insbesondere von der Entwicklung der Lohnkosten sowie der Nachfrage auf den verschiedenen Märkten

(51) Ein weiteres Argument besagt, daß knappe und damit vermutlich teure Energie indirekt Arbeitsplätze insofern gefährden könnte, als ein erhöhter Anteil der Energiekosten an den gesamten Produktionskosten die internationale Konkurrenzfähigkeit der westdeutschen Industrie schwächt. Demgegenüber ist aber auf die bereits genannten Berechnungen[30] hinzuweisen, denen zufolge der Anteil der direkten Energiekosten am Bruttoproduktionswert lediglich ca. 5 % beträgt und in den besonders exportintensiven Industriezweigen eher noch darunter liegt. Für die Konkurrenzfähigkeit auf dem Weltmarkt ist vielmehr die Entwicklung der Lohnkosten einschließlich der Sozialleistungen entscheidend. Zweifellos würde es der Versachlichung der energiepolitischen Diskussion dienen, wenn hier sorgfältig differenziert und die Frage der Lohnkosten nicht mit der der Energiekosten vermengt würde. Dann würde sich zeigen, daß allein die Bereitstellung von Energie zu niedrigen Preisen weder Erfolge auf den Exportmärkten noch die Sicherung von Arbeitsplätzen garantieren kann.

(52) Allerdings ist damit zu rechnen, daß eine Rücknahme der Energiewachstumsraten zu Beschäftigungseinbrüchen im konventionellen wie im nuklearen Kraftwerksbau führen kann. Auch hier gilt es zu differenzieren. Die Kapazitäten in diesem Produktionssektor sind orientiert an einem angenommenen Strombedarf mit einer Wachstumsrate von über 6 % pro Jahr. Auch wenn dieser erwartete Zuwachs nicht erreicht wird, ist es möglich, veraltete Kraftwerke vorzeitig durch neue Anlagen mit verbessertem Wirkungsgrad zu ersetzen bzw. eine zurückgehende Nachfrage auf dem Binnenmarkt durch verstärkte Anstrengungen im Export wettzumachen. Für den besonderen Bereich des Kernkraftwerkbaus gilt, daß die spezifisch nuklearen Anlagen nur einen Teil der Gesamtkapazitäten dieser Industrie betreffen. Ein Verzicht auf Uran als Primärenergieträger muß daher nicht zum Verlust von Arbeitsplätzen im Kraftwerksbau führen, wenn sich die Energiewirtschaft auf andere Primärenergieträger umstellt. Es darf aber nicht verschwiegen werden, daß eine derartige Umorientierung für einen besonders qualifizierten Teil der Belegschaft wie etwa Kerntechniker große berufliche Härten mit sich bringen würde.

(53) Diejenigen Firmen, die Kraftwerke bauen, produzieren zum Teil auch die Geräte, mit denen Strom in Haushalten verbraucht wird. Dabei beeinflußte das Angebot von preiswertem Strom die Nachfrage nach elektrischen Geräten. Dieser Trend zur forcierten Elektrifizierung, bei der zuerst die Nachfrage geweckt wird, um dann als Grund für den Bau weiterer Kraftwerke angeführt zu werden, entspricht zwar sowohl den Interessen der Stromerzeuger als auch denen der Hersteller von Elektrogeräten und Kraftwerken, ist aber, wie die ersten Prüfungen ergaben, volkswirtschaftlich problematisch. Jedenfalls läßt sich aus diesem Zusammenhang nicht zwingend begründen, daß sinkende Zuwachsraten der Energieversorgung Arbeitsplätze gefährden müssen; denn die Möglichkeiten der Industrie, Elektrogeräte mit geringerem Stromverbrauch zu entwickeln, sind noch keineswegs erschöpft. Energiesparende Modellvarianten, die heute zum Teil schon angeboten werden, könnten künftig noch wachsende Marktanteile gewinnen.

(54) Aus diesen Überlegungen ergibt sich, daß ein strenger Zusammenhang von wachsendem Primärenergieeinsatz und Sicherung der Arbeitsplätze nicht nachzuweisen ist. Deshalb kann mit dem Hinweis auf das Sozialstaatsgebot des Grundgesetzes eine Energiepolitik mit den gegenwärtig projektierten Wachstumsraten nicht ohne weiteres begründet werden.

Individueller Rechtsschutz, Verwaltung und gerichtliche Kontrolle, parlamentarische Verantwortung[31]

(55) Jede Prüfung der gegenwärtigen Energiepolitik, die dem Zusammenhang der realen Probleme gerecht werden will, muß auch Rechtsfragen erörtern. Dabei sind vor allem verfassungs- und verwaltungsrechtliche Aspekte zu berücksichtigen. In den gegenwärtigen Auseinandersetzungen um Kernkraftwerke sind die besonderen Probleme der Justiz lediglich ein Ausschnitt einer allgemeinen Problematik. Zu deren Merkmalen gehört, daß moderne großtechnische Entwicklungen immer komplexer werden, langfristige Planung erfordern und eine Vielfalt oft gar nicht oder nur schwer vorauszusehender Folgeprobleme nach sich ziehen. Die Bürger, die sich dieser Entwicklung ausgesetzt sehen, die Verwaltungen, die großtechnische Anlagen zu genehmigen, und die Gerichte, die die Rechtmäßigkeit von Verwaltungsentscheidungen zu überprüfen haben, sind oft überfordert. Am Beispiel kerntechnischer Anlagen werden diese Schwierigkeiten besonders deutlich.

(56) Der grundrechtlich verbürgte und einklagbare individuelle Rechtsschutz des Bürgers bleibt von der modernen Industrialisierung nicht unberührt. Das zeigt sich besonders an der Genehmigungspraxis für großtechnische Anlagen. Während nämlich die Verwaltung lediglich einzelne Anlagen gemäß geltendem Recht zu genehmigen hat, ist der Bürger betroffen von den Folgen einer Vielzahl von Anlagen, deren unkoordiniertes Zusammenwirken nur unzureichender verwaltungsgerichtlichen Nachprüfung unterliegt. Von der Verwaltung erteilte Einzelgenehmigungen können von den Verwaltungsgerichten nur in engen Grenzen aufgrund der Erörterung möglicher künftiger Folgeprobleme verworfen werden. Außerdem erstreckt sich der gerichtlich einklagbare Rechtsschutz bislang nur auf gegenwärtige Rechtsgüter.

(57) Die Folgeprobleme einer Genehmigung besonders im Bereich der Nukleartechnik sind sachlich, räumlich und zeitlich sehr weitreichend. Davon bleibt das Verhältnis von Parlamenten, Verwaltung und Justiz zueinander ebensowenig unberührt wie die Möglichkeit der Bürger, schutzwürdige Interessen geltend zu machen und einen gerichtlichen Rechtsschutz zu erwirken. Bei der Kernenergie bleiben immer noch zahlreiche ungeklärte Folgeprobleme des nuklearen Brennstoffzyklus ohne hinreichende verwaltungsgerichtliche Kontrolle, obwohl diese Fragen unlösbar verknüpft sind mit jeder einzelnen Kernkraftwerksgenehmigung. Der einzelne Bürger kann nur die Verletzung eigener Rechte durch eine einzelne Anlage und deren Auswirkungen auf ihn selbst in einer Klage rügen. Er kann eine solche Klage aber nicht begründen durch den Verweis auf Risiken, die ihn vielleicht selbst nicht unmittelbar, wohl aber unabhängig von ihm größere Bevölkerungsteile betreffen. Schon gar nicht lassen sich Verwal-

tungsentscheidungen zugunsten künftiger Generationen anfechten: Die Kinder und Enkel sind die schutz- und rechtlosen Erben gegenwärtiger Versäumnisse und Fehler. Die Verwaltungsgerichte wären überfordert, wenn sie diese Zusammenhänge zureichend berücksichtigen sollten; andererseits sind sie heute weitgehend der einzige Ort, an dem der Bürger seine Rechte geltend machen kann.

(58) Dieses Dilemma verweist auf Versäumnisse des Gesetzgebers. Die politischen Entscheidungen, welche der Energieplanung zugrunde liegen, fallen in seine Verantwortung und dürfen nicht auf Verwaltung und Justiz abgeschoben werden. Die Frage, wieweit in Verwaltungsentscheidungen die Auswirkungen auf künftige Generationen berücksichtigt werden müssen, können nicht die Gerichte entscheiden. Sie muß vom parlamentarischen Gesetzgeber beantwortet werden. Wenn es dann zu einer Kollision von Rechtsgütern kommt, so müßte die Sicherung des Überlebens kommender Generationen eine Schranke dagegen bilden, daß Rechtstitel in einer Weise in Anspruch genommen werden, welche dieses Ziel gefährden. Hinzunehmen wäre dann gegebenenfalls auch, daß Garantien wie die der privaten Verfügung über das Eigentum (Art. 14 GG) relativiert werden müssen. Diese verfassungsrechtlichen Aspekte der Energiepolitik bedürfen noch eingehender Erörterung.

(59) Schutzwürdige Interessen der Bürger, die der Rechtsstaat garantiert, konkretisieren sich unter anderem in Verwaltungsverfahren. An den Problemen der Kernenergie wird paradigmatisch deutlich, was auch in anderen Bereichen das Verhältnis zwischen Industrie, Behörden und Bürgern belastet. Zunächst gibt die häufig zu beobachtende personelle Überschneidung zwischen Antragstellern und Genehmigungsbehörden Anlaß zur Kritik. Überall sitzen leitende Beamte in Aufsichtsräten von Energieversorgungsunternehmen. Zunehmend haben in der letzten Zeit die Bürger auf diesen Mißstand hingewiesen, der den Grundsatz der Unparteilichkeit der öffentlichen Verwaltung immer wieder verletzt. Die Besorgnis der Befangenheit kann auch nicht durch das Verwaltungsverfahrensgesetz vom 26.5.1976 ausgeräumt werden, das sogar ausdrücklich eine derartige Personalunion legalisiert. Das Vertrauen der Bürger in die korrekte Abwicklung von Genehmigungsverfahren nach streng rechtsstaatlichen Grundsätzen ist dadurch in den letzten Jahren erheblich erschüttert worden.

(60) In Genehmigungsverfahren für kerntechnische Anlagen muß ein ungewöhnlich hohes Maß an wissenschaftlichen Informationen aus zum Teil weit auseinanderliegenden Fachgebieten sachverständig beurteilt werden. Das hat zur Folge, daß nicht einmal die Experten untereinander alle Argumente vollständig nachvollziehen können, weil ihnen für eine fächerübergreifende wissenschaftliche Auseinandersetzung gewöhnlich die Erfahrung fehlt. Trotz dieser unsicheren Bedingungen muß in Verwaltung und Justiz entschieden werden. Zwar ist die Abhängigkeit von gutachterlichen Stellungnahmen keine neue Erscheinung; jedermann kennt die prekäre Funktion psychiatrischer Gutachten in Strafprozessen. Wegen der langfristigen und zum Teil irreversiblen Folgewirkungen großtechnischer Entwicklungen, nicht nur der Nukleartechnik, verschärfen sich aber die Probleme dadurch, daß an die Gesamtbeurteilung der heterogenen und divergierenden Gesichtspunkte besonders strenge Maßstäbe anzulegen sind. Naturgemäß können derartige Entscheidungen immer nur von wenigen

überprüft werden. Damit gewinnt die selbst noch unsichere Expertenmeinung eine nahezu beherrschende Stellung gegenüber den Entscheidungen der Verwaltung und der Kontrolle durch die Justiz.

(61) Verwaltung und Justiz stehen angesichts drohender Entschädigungsansprüche unter dem ständigen Druck von seiten der Hersteller und Betreiber energietechnischer Anlagen. In dieser Situation pflegt die Verwaltung bisher vor einer abschließenden Prüfung aller Gesichtspunkte und Einwendungen Teilgenehmigungen zu erteilen und ihre sofortige Vollziehbarkeit anzuordnen. Diese Entscheidungen werden in der Regel nur summarisch begründet unter Hinweis auf ein nicht näher präzisiertes öffentliches Interesse an gesicherter Energieversorgung, das durch die Unterlagen der Antragsteller als hinreichend begründet gilt. So werden ständig vollendete Tatsachen geschaffen. Angesichts der Bürgerproteste besonders in Wyhl und Brokdorf wird immerhin überlegt, an die Voraussetzungen der Anordnung der sofortigen Vollziehbarkeit künftig strengere Maßstäbe anzulegen[32]. Das könnte ein erster Schritt zur fälligen Revision der gegenwärtigen Praxis sein mit dem Ziel, die Verwaltungsgerichte durch einen Ausbau des Genehmigungsverfahrens davon zu entlasten, selbst über technische und wirtschaftliche Sachfragen entscheiden zu müssen. Wenn man dagegen das gegenwärtige Genehmigungsverfahren mit allen seinen Problemen beibehält, kann weder eine spezielle Zusatzausbildung für Verwaltungsrichter noch die Einführung besonderer Gerichte Abhilfe schaffen. Die Überforderung bleibt, und die politische Verantwortlichkeit läßt sich nicht umgehen. Angesichts dieser Schwierigkeiten liegt die Frage nahe, ob das gegenwärtige Rechtssystem den komplexen Problemen der modernen Industriegesellschaft noch gewachsen ist.

(62) Von Verwaltung und Justiz kann man nicht mehr erwarten als vom Gesetzgeber, der politisch verantwortlich ist. Überblickt man die Geschichte der friedlichen Nutzung der Kernenergie in der Bundesrepublik Deutschland[33], so läßt sich die Feststellung nicht vermeiden, daß es eine nennenswerte parlamentarische Kontrolle nicht gegeben hat. In der Atomkommission fielen in einem Kreis von interessierten Industriellen, Gewerkschaftlern, Wissenschaftlern und Politikern aller Parteien die Entscheidungen für die folgenschwere Planung und Durchsetzung der Kerntechnik praktisch unter Ausschluß der Öffentlichkeit. Lange Zeit fehlte den meisten Parlamentariern neben dem Sachverstand offensichtlich auch das Interesse, sich in die Probleme der Energieversorgung wirklich einzuarbeiten. Daher hat auch in Wahlkämpfen das Energieproblem kaum eine Rolle gespielt. Das blinde Vertrauen in die Leistungsfähigkeit von Wissenschaft, Technik und Industrie ersetzte die öffentliche Kontrolle. Politisch kontrovers war lediglich die Frage, ob der neue Wirtschaftszweig Kerntechnik privatwirtschaftlich, wie die Industrie und die CDU/CSU es wollten, oder staatlich organisiert werden sollte, wie die damals oppositionelle SPD und die Gewerkschaften es vorschlugen. Auch die staatliche Wissenschaftsförderung zugunsten der Kernenergie, die von 1956 bis 1976 rund 17 Milliarden DM betrug, wurde lediglich unter dem Gesichtspunkt verschiedener technischer Entwicklungslinien für Reaktoren diskutiert. Seit aber Hinweise auf technische Rationalität immer weniger als Antwort auf die Frage nach politischer Legitimität akzeptiert werden, ist die frühere Technikfreundlichkeit der öffentlichen Meinung erheblicher Skepsis gewichen. Dieses politische Legi-

timationsdefizit könnte sogar noch wachsen. Was daraus langfristig für das öffentliche Leben in einem demokratischen Staat folgt, kann heute niemand sagen. Die Möglichkeit ist nicht von der Hand zu weisen, daß die Kernenergie, selbst wenn sie die gegenwärtigen technischen Probleme überwindet, endgültig daran scheitern könnte, daß die öffentliche Bereitschaft, technische Entwicklungen als Sachzwänge hinzunehmen, noch weiter zurückgeht.

(63) Politisch weitgehend unkontrolliert hat die bisherige Technikentwicklung bereits heute eine neue gesellschaftliche Qualität erreicht, die das Resultat der industriellen Expansion der letzten Jahrzehnte ist. Ließen sich frühere Techniken noch sehr weitgehend als technische Mittel begreifen, die werkzeugähnliche Verbesserungen, Ergänzungen und Verlängerungen menschlicher Fähigkeiten darstellten, so sind moderne Techniken, besonders die Kerntechnik, hiervon schon dadurch qualitativ unterschieden, daß sie die natürliche und soziale Umwelt und Nachwelt des Menschen irreversibel verändern. Dies läßt keinen Bereich der Gesellschaft unangetastet. Die immer weitere Lebensbereiche erfassende Abhängigkeit aller Bürger von den gesamtgesellschaftlichen Einrichtungen der Daseinsvorsorge und Lebenssicherung hat bewirkt, daß die Chancen des Einzelnen, relativ unabhängig von diesem Sachzusammenhang sein Leben einzurichten, immer weiter beschnitten werden. Es ist nicht auszuschließen, daß mit Umfang und Interdependenz dieser Strukturen auch die individuelle Orientierungslosigkeit sowie Apathie, Angst und Aggressivität wachsen. Für das, was man nicht durchschaut, kann man aber keine Verantwortung übernehmen. Großtechnische Systeme sind zudem auf langfristige, raumübergreifende Planungen angewiesen, die die heute noch verbliebenen Reste lokaler und regionaler politischer Autonomie gänzlich aufzulösen drohen.

(64) Welche Folgen diese Entwicklung für das demokratische Bewußtsein der Bürger haben wird, ist noch nicht abzusehen. Aber es spricht vieles dafür, daß die wachsende Diskrepanz zwischen technischen Großstrukturen und der sozialen Lebenswelt als immer unerträglicher erfahren wird. Der Unmut weiter Bevölkerungskreise über diese Entwicklung, die hinter ihrem Rücken und über ihre Köpfe hinweg verläuft, artikuliert sich immer nachhaltiger in Bürgerinitiativen. Von großtechnischen Entwicklungen, die das Ziel haben, einen wirklichen, vermuteten oder erst zu weckenden Bedarf zu befriedigen, verlangen sie, daß diese nicht nur langfristig wirtschaftlich und umweltverträglich sein müssen, sondern auch vereinbar sein sollen mit lange eingelebten sozialen Strukturen. Diese Sozialverträglichkeit kann man aber, wie die Proteste allenthalben zeigen, nicht mehr ohne weiteres als gegeben unterstellen. Man muß daher kein Prophet sein, um zu behaupten, daß es zu sozialen Eruptionen kommen kann, wenn diese Zusammenhänge wie bisher weiter vernachlässigt werden.

Gefahren durch Sabotage und Terrorismus[34]

(65) Kaum absehbar sind die Folgen insbesondere im Bereich kerntechnischer Anlagen, die sich aus politisch motivierten und bewußt geplanten subversiven Aktionen ergeben. Denn trotz aller Sicherheitseinrichtungen sind Reaktor, Wiederauf-

arbeitungsanlage und vor allem die Transporte des vom Schnellen Brüter benötigten Plutoniums durch Sabotageakte und terroristische Anschläge verwundbar. Daß es ausländischen Mächten möglich ist, ihre Agenten in die Wach- und Bedienungsmannschaften von Kernkraftwerken einzuschleusen, ist bekannt.

(66) Es ist ferner nicht mehr nur denkbar, daß Verbindungen zwischen hochspezialisierten Fachleuten in kerntechnischen Anlagen und terroristischen Gruppen möglich sind. Solche Kontakte können schon dann zu potentiell gefährlichen Kenntnissen von Terroristen beitragen, wenn diese Verbindung nicht direkt und ohne Wissen des kerntechnischen Fachmanns besteht. Es ist schon jetzt absehbar, daß der ungestörte Betrieb großtechnischer Anlagen, besonders bei Massierung von Kernkraftwerken, vorbeugende Sicherheitsmaßnahmen erforderlich macht, die vermutlich eine weit strengere staatliche Überwachung in vielen privaten Lebensbereichen nach sich ziehen müßten, als sie der liberale Rechtsstaat je gekannt hat. Intensive Personalkontrollen und verstärkter Polizeischutz für Anlagen und Transporte wären unvermeidlich. Es ist unter Sicherheitsgesichtspunkten, die den vorbeugenden Schutz gegen Sabotage und Terror betreffen, inkonsequent, wenn man nicht bereit ist, um des Schutzes des Lebens von Millionen von Menschen willen grundrechtliche Prinzipien weitgehend aufzugeben. Wären die energiewirtschaftlichen Ziele der Bundesregierung trotz aller in diesem Gutachten dargelegten Einwände zwar erreichbar, aber nur unter Preisgabe geltender rechtsstaatlicher Prinzipien, so wäre zu fragen, wer diesen Preis zu zahlen bereit ist.

(67) Selbst mit weitgehenden Sicherungs- und Überwachungsmaßnahmen durch Polizei und Verfassungsschutz lassen sich gerade die Anschläge nicht verhindern, die aus sozialpathologisch bedingtem Fehlverhalten resultieren. Diese könnten nämlich durch ein nahezu lückenloses Überwachungssystem, wie es bei forciertem Ausbau der Kernenergie auf lange Zeit notwendig würde, geradezu provoziert werden. Der in kerntechnischen Anlagen beschäftigte Experte, der, wie die technischen Einrichtungen, einer ständigen Kontrolle und Überwachung unterworfen werden muß, um den sicheren Ablauf des Reaktorbetriebs oder des Betriebs einer anderen nuklearen Anlage zu gewährleisten, könnte sich dem ihn umgebenden Sicherheitsperfektionismus so ausgeliefert sehen, daß er dagegen revoltiert. Es ist nicht auszuschließen, daß sich die Auflehnung in zerstörerischen Aktionen manifestiert, durchgeführt mit dem Wissen und der Sachkenntnis des Experten, dem auch die Manipulationen bekannt sind, mit denen technische Sicherheitsvorkehrungen jederzeit außer Kraft gesetzt werden können.

Militärstrategische Konsequenzen[35]

(68) Lange Zeit hat man den Zusammenhang des Ausbaus der Kernenergie mit militärstrategischen Problemen gar nicht gesehen oder für vernachlässigbar gehalten. Zu fragen ist dennoch, ob sich im Spannungs- oder gar Kriegsfall die ohnehin ungünstige militärstrategische Lage der Bundesrepublik Deutschland durch eine größere Anzahl von Kernreaktoren und anderen nukleartechnischen Anlagen nur geringfügig

oder grundlegend verändert. Ob und mit welchem Ergebnis das Verteidigungsministerium diese Frage im Detail überprüft hat, ist bisher nicht bekannt geworden, obwohl die Öffentlichkeit daran ein großes Interesse haben dürfte. Vereinzelte beschwichtigende Äußerungen von offizieller Seite, die die Frage herunterzuspielen versuchen, helfen da wenig. Sie verstärken nur die Sorge, daß dieses Problem bisher noch nicht hinreichend durchdacht worden ist.

(69) Die derzeit gültige NATO-Verteidigungsstrategie (flexible response) geht davon aus, im Falle eines feindlichen Angriffs auf das Territorium der Bundesrepublik Deutschland nicht sofort mit strategischen Atomwaffen zu antworten, sondern zunächst flexibel mit militärischen Maßnahmen zu reagieren, die von konventioneller Kriegführung bis zum Einsatz taktischer atomarer Waffen reichen. Von diesem Verteidigungskonzept muß man bei der Überprüfung der Frage ausgehen, ob mit dem Bau einer großen Anzahl von Kernenergieanlagen die durch einen Krieg drohenden Schadenswirkungen signifikant wachsen.

(70) Im Falle eines Schlagabtausches mit strategischen Atomwaffen kann man sich nicht mit der amerikanischen Auffassung beruhigen, für Atomwaffen gäbe es lohnendere Ziele als kerntechnische Anlagen; denn die strategische Situation Mitteleuropas ist wegen der ungleich höheren Bevölkerungsdichte wesentlich schlechter als diejenige der USA. Die Ballungszentren von Bevölkerung und Industrie liegen in der Bundesrepublik Deutschland so dicht nebeneinander, daß selbst eine räumliche Trennung von Kernkraftwerken und Ballungsgebieten im Falle eines großen Atomkriegs militärstrategisch keine durchgreifende Entlastung bietet. Wenn es das Kriegsziel eines potentiellen Gegners ist, die Bundesrepublik Deutschland zu zerstören, so bieten sich die aus wirtschaftlichen Gründen zu Blocks zusammengefaßten Kernenergieanlagen anders als in den USA daher als strategische Ziele nahezu an. Trifft man nämlich, was bei der Präzision moderner Waffensysteme kaum ein Problem ist, einen Reaktor genau und voll, dann potenziert sich die Zerstörungswirkung des atomaren Sprengkopfes noch durch die langlebige Radioaktivität, die vom Reaktorkern freigesetzt wird und sich über eine verhältnismäßig große Fläche ausbreitet.

(71) Wahrscheinlicher freilich als ein Schlagabtausch mit strategischen Waffen, bei dem die Bundesrepublik Deutschland Zielgebiet wäre, ist nach der Logik der NATO-Strategie ein moderner Bewegungskrieg. In einem solchen Falle gilt hinsichtlich der potenzierten Zerstörungswirkung nichts anderes, weil in einem Bewegungskrieg, der wahrscheinlich immer die Verwendung taktischer Atomwaffen einschließt, eine oder mehrere nukleare Anlagen auch dann einmal getroffen werden können, wenn nicht präzis darauf gezielt worden ist.

(72) Denkbar und im Rahmen der von den beiden Supermächten weitgehend akzeptierten Militärdoktrin plausibel ist darüber hinaus eine Strategie, die militärische Mittel mit der allmählichen Einschleusung von technisch versierten Agenten in das Bewachungs- und Bedienungspersonal kombiniert. Ein solches Konzept hätte für einen potentiellen Gegner den Vorteil, die für die beiden Supermächte sensitive atomare Schwelle im strikt militärischen Sinne zu vermeiden, aber wirksam mit einer eskalierenden Sequenz von Maßnahmen drohen zu können, die vom Abschalten des erzeugten Stroms über die kontrollierte Abgabe langlebiger Radioaktivität an Luft und Wasser

bis zur Zerstörung über ferngesteuerte Zeitzünder reichen könnte. Beim Betrieb von Wiederaufarbeitungsanlagen erhöhen sich die hier angedeuteten strategischen Möglichkeiten für die Absichten eines potentiellen Gegners noch wegen der mengenmäßig größeren Konzentration von radioaktivem Material, insbesondere von Plutonium. Eine neuerdings diskutierte Möglichkeit zur Schadensbegrenzung ist der Bau unterirdischer kerntechnischer Anlagen. Zweifellos würden dadurch einige Sicherheitsrisiken verringert. Offen aber bleibt, ob damit allen genannten militärstrategischen Gefahren begegnet werden kann.

Außenpolitische Probleme[36]

(73) Jede Entscheidung über nationale Energiepolitik muß außenpolitische Zusammenhänge berücksichtigen und außenpolitische Konsequenzen mitbedenken. Auf dem Kernenergiesektor ist der Handlungsspielraum der Bundesregierung durch eine Reihe von außenpolitischen Verbindlichkeiten und Auflagen begrenzt, die sich aus ihrer Mitgliedschaft in internationalen Gremien ergeben. Sie ist Mitglied der Internationalen Atomenergieagentur, der Europäischen Atomgemeinschaft, der Internationalen Energie-Agentur und des Zusammenschlusses der Lieferländer für Nuklearanlagen, des sogenannten "Suppliers' Club", der sich seit 1975 regelmäßig zu nichtöffentlichen Sitzungen trifft. Außerdem ist die Bundesrepublik Deutschland als Mitglied der Europäischen Gemeinschaft verpflichtet, ihre Energiepolitik mit der ihrer Nachbarländer in einem gewissen Umfang zu koordinieren. Trotz des Ölpreisschocks von 1973 stecken alle entsprechenden Bemühungen innerhalb der Europäischen Gemeinschaft jedoch noch in den Anfängen. So konnte bisher nicht einmal die Forderung des Europaparlaments nach einer gemeinsamen europäischen Standortplanung für Kernkraftwerke durchgesetzt werden.

(74) Nachdem bisher die Folgen der Ölpreiserhöhung die wirtschaftspolitische, finanzpolitische und entwicklungspolitische Diskussion beherrschten, tritt seit 1975 die Problematik der Kernenergie immer stärker in den Vordergrund. Das hat verschiedene Ursachen. Durch die indische Atomexplosion von 1974 wurde der Weltöffentlichkeit bewußt, daß es unmöglich ist, friedliche Kerntechnik und Atomwaffenherstellung scharf zu trennen. Die Verhandlungen und Verträge zwischen Frankreich und Südkorea, Frankreich und Pakistan sowie der Bundesrepublik Deutschland und Brasilien über die Lieferung von „sensitiven Technologien" sowie die rasche Zunahme derjenigen Staaten in der Dritten Welt, die jetzt oder in absehbarer Zukunft über Nukleartechniken verfügen (sogenannte Schwellenmächte), machen deutlich, daß den Supermächten die Kontrolle über die Verbreitung von spaltbarem Material immer mehr zu entgleiten droht.

(75) Als Lieferland für Nukleartechnologie wird die Bundesrepublik Deutschland zunehmend in die internationalen Auseinandersetzungen über die Vereinbarkeit des Exports von Kernreaktoren einschließlich der Anreicherungs- und Wiederaufarbeitungsanlagen mit dem Vertrag über die Nichtverbreitung von Kernwaffen hineingezogen. Bei den Supermächten wächst die Sorge, daß die Grenzen zwischen friedlicher

und militärischer Nutzung der Kernenergie zunehmend fließender werden. Dadurch gerät die Bundesrepublik Deutschland wie andere Lieferländer zunehmend in außenpolitische Schwierigkeiten, weil sie den Export von kerntechnischen Anlagen aus binnenwirtschaftlichen Gründen forciert. Bei der zivilen Nutzung der Kernspaltung im Reaktor fällt nämlich das Ausgangsmaterial für die Herstellung atomarer Waffen an. Plutonium entsteht während des Betriebs der meisten Reaktortypen und kann während der Wiederaufarbeitungsphase abgezweigt werden. Waffenfähiges Uran 235 läßt sich, wenn auch unter erheblichen Kosten, im Anreicherungsprozeß gewinnen. Um einen möglichen Mißbrauch dieses Materials für die Waffenherstellung zu vermeiden, haben sich daher die Staaten, die den Nichtverbreitungsvertrag unterschrieben haben, einer Spaltstoffflußkontrolle durch die Internationale Atomenergiebehörde in Wien unterworfen. Diese Institution kann jedoch mit ihren nur 75 Inspektoren mißbräuchliche Abzweigungen von Materialien für die Waffenherstellung nur nachträglich entdecken, sie aber nicht verhindern, weil ihr dazu wirksame Sanktionsmittel fehlen. Außerdem erfassen ihre Kontrollen keine Nuklearanlagen, die für militärische Zwecke arbeiten. Auch kann jeder Staat, wenn er es aus nationalen Sicherheitsgründen für geboten hält, den Vertrag mit einer Frist von drei Monaten einseitig kündigen[37].

(76) Wirksamere Möglichkeiten hat demgegenüber die Euratom-Kommission. Der Euratom-Vertrag regelt die Belieferung von nuklearem Material für Betreiber kerntechnischer Anlagen in der Europäischen Gemeinschaft durch eine weitgehend selbständige Versorgungsagentur. Dem entspricht die Bestimmung des Euratom-Vertrags, daß die Europäische Gemeinschaft Eigentümerin des nuklearen Materials bleibt und auch für dessen Verwendung verantwortlich ist. Bei ihren Überwachungsmaßnahmen übt Euratom ohne Zwischenschaltung nationaler Behörden direkte Kontrollrechte bei den Betreibern kerntechnischer Anlagen aus. Gegen Anlagebetreiber, die ihren Kontrollverpflichtungen nicht nachkommen, kann die Euratom-Kommission vor dem Europäischen Gerichtshof Klage erheben und Zwangsmaßnahmen ergreifen, die von einer Verwarnung bis zum vollständigen Entzug von Kernmaterial reichen[38].

(77) Jeder Staat, der Kernenergieanlagen betreibt, kann sich, wenn er dazu entschlossen ist, den für die Atomwaffenherstellung benötigten Grundstoff beschaffen[39]. Der technische Bau einer Atombombe ist längst kein Geheimnis mehr. Amerikanische Studenten haben demonstriert, daß man alle dazu erforderlichen Kenntnisse aus Fachzeitschriften lückenlos gewinnen kann[40]. Die Entschiedenheit, mit der die amerikanische Regierung im Zusammenhang der Diskussion um den Brasilienvertrag zu verhindern sucht, daß immer mehr Staaten in den Besitz kompletter kerntechnischer Anlagen gelangen, resultiert aus der Sorge, daß lokale Atomkriege und Atomkriegsdrohungen sowie Aktionen nationaler wie internationaler Terroristen sonst nicht mehr ausgeschlossen werden können.

(78) Die Befürworter der Kernenergie weisen gerne darauf hin, daß deren forcierter Ausbau in den Industrieländern die einzige Möglichkeit sei, Wirtschaftswachstum zu fördern und damit jene Mittel zu erwirtschaften, mit denen man die permanenten Hungerkatastrophen in den Ländern der Dritten und Vierten Welt mildern könne. Andere wieder betonen, gerade diesen Ländern könne man mit der Kernenergie

eine zukunftsträchtige Energiequelle zur Verfügung stellen. Abgesehen davon, daß durch Aufbau, Betrieb und Überwachung solcher Anlagen ein großer Anteil sowohl des Kapitals als auch der qualifizierten einheimischen Arbeitskräfte gebunden würde, die in anderen Bereichen dringender gebraucht werden, können solche Länder diese Anlagen nur mit Krediten kaufen. Schon die Mehrausgaben für das seit 1973 verteuerte Öl haben zu einer hohen zusätzlichen Verschuldung gerade der ärmsten Länder geführt. Die ohnehin bestehende Abhängigkeit von den Industrieländern würde sich also nur noch verstärken.

(79) Mit der Lieferung von Kernkraftwerken an solche Länder werden die am Beispiel der Bundesrepublik Deutschland erörterten Folgeprobleme zwangsläufig mitexportiert. Schon durch die technische Revolution sind viele dieser Länder in einen Zustand hoher Instabilität versetzt worden, dessen Konsequenz immer häufiger die Etablierung von Militärdiktaturen ist. Die Einführung der Kerntechnik zwingt zu dauernder Überwachung und Kontrolle von Anlagen und Personal und verstärkt so den Trend zu autoritären Regimen. Diese Probleme bedürfen ausführlicher Erörterung im Dialog der Industriestaaten mit den Ländern der Dritten und Vierten Welt. Dabei kann es weder darum gehen, diesen Ländern Ratschläge für ihre Entwicklung zu erteilen, noch darum, ihnen Technologien vorzuenthalten, die die hochindustrialisierten Staaten für unverzichtbar halten. Man kann vielleicht die Hoffnung haben, daß die Länder der Dritten und Vierten Welt die Fehler der Industrienationen nicht wiederholen.

(80) Weitere außenpolitische Probleme können der Bundesrepublik Deutschland daraus erwachsen, daß 1985 etwa 50 % des in den EG-Staaten benötigten Urans in der UdSSR angereichert werden wird. Daraus ergibt sich möglicherweise ein Druckmittel, wenn die UdSSR, ähnlich wie die USA, den Export sensitiver Nukleartechnologien verhindern will.

(81) Im Rahmen der gegenwärtigen internationalen Ordnung ist eine gerechte Verteilung der knappen Energiereserven nicht möglich ohne eine Beendigung der Energieverschwendung in wenigen privilegierten Industrieländern. Ein internationaler Ausgleich, wie er im Nord-Süd-Dialog ausgehandelt werden soll, ist ohne Vereinbarungen über eine globale Energiepolitik schwer vorstellbar. Die Konzentration der Verfügungsgewalt über moderne Energiequellen auf wenige Länder hat zur Ausbildung staatlicher und privater Machtmonopole geführt, für deren Kontrolle das politische Instrumentarium noch weithin fehlt. Die bereits vorhandenen destabilisierenden Wirkungen der bisherigen Energiepolitik der Industrienationen auf die Weltgesellschaft werden durch die Probleme der Nutzung der Kernenergie jedenfalls noch verstärkt.

II. Notwendigkeit und Prioritäten einer alternativen Energiepolitik in der Bundesrepublik Deutschland

(1) Im folgenden wird aufgrund der bisherigen Erörterungen nach den Konsequenzen gefragt, die sich aus dem wahrscheinlichen Scheitern der gegenwärtigen Energiepolitik der Bundesregierung ergeben. Es ist dann unausweichlich, sich auf neue

Prioritäten zu besinnen und Möglichkeiten einer alternativen Energiepolitik zu erwägen. Teil III dieses Gutachtens wird diese Überlegungen dann vertiefen und näher begründen.

Zwischenbilanz

(2) Blickt man auf den bisherigen Argumentationsgang zurück, so ist die Einsicht kaum abweisbar, daß sich die Bundesrepublik Deutschland wie die meisten anderen Industrienationen in energiepolitische Sackgassen manövriert hat. Es läßt sich kaum noch bestreiten, daß die vom Energieprogramm des Jahres 1973 festgelegte und in der ersten Fortschreibung nur unwesentlich modifizierte Politik ihren eigenen Zielkriterien nur unvollkommen entspricht. Die Sicherheit der Versorgung mit Rohstoffen aller Art, besonders aber mit Brennstoffen, ist unwiderruflich von der Lage auf den Weltmärkten abhängig. Man kann diese Abhängigkeit allenfalls dadurch mildern, daß man sich auf eine Vielzahl von Lieferländern stützt. Der Ausbau der Kernenergie ändert an der Tatsache dieser Abhängigkeit gar nichts. Sogar verbündete Nationen wie die USA und Kanada haben mit der Verzögerung von Uranlieferungen demonstriert, daß die Sicherung der Brennstoffversorgung nicht jederzeit gewährleistet ist. Die denkbare, aber großtechnisch noch nicht ausreichend erprobte Alternative, der Schnelle Brutreaktor, wird aus außenpolitischen Gründen immer fragwürdiger. Auch wenn es auf der ganzen Erde für viele Jahrzehnte ausreichend Uran und auch Thorium gäbe, so wären doch diese Rohstoffe nur unter ständig wachsendem Kapitaleinsatz für Prospektion und Förderung zu gewinnen. Damit aber verschieben sich die ökonomischen Kalkulationsgrundlagen. Unsicher ist ebenfalls das Ausmaß der Umweltrisiken, die mit dem weiteren Ausbau fast aller Energiesysteme zwangsläufig verbunden sind. Ein allgemeiner Anstieg der Umweltbelastungen ist kaum vermeidbar und niemand weiß, welche Schädigungen die Natur und damit die Menschheit noch vertragen können.

(3) Aber diese Aporien werden noch verschärft durch die lange Zeit weitgehend ignorierten innen- und außenpolitischen Probleme, die besonders mit dem forcierten Ausbau der Kernenergie verbunden sind. Die Bereitschaft eines großen Teils der Bürger dieses Staates, die Energieplanungen und ihre Folgen hinzunehmen, ist erschüttert. Parlamente und Parteien haben darauf lange Zeit keine Rücksicht genommen. Ihre Glaubwürdigkeit in energiepolitischen Fragen hat darunter erheblich gelitten. Eine nicht mehr zu übersehende Staatsverdrossenheit greift um sich. Wenn die Kernenergie gegen den Willen großer Teile der Bevölkerung weiter ausgebaut wird, dann kann das zu Loyalitätseinbrüchen führen, die den Bestand der freiheitlichen Demokratie nachhaltig gefährden müßten.

(4) Zudem wachsen die außenpolitischen Schwierigkeiten. Das Brasiliengeschäft hat die Beziehungen der Bundesrepublik Deutschland zu den USA mehr als jede andere Auseinandersetzung der letzten Jahre belastet. Der Ausbau der Kernenergie läßt zudem die innere und äußere Sicherheit nicht unberührt. Einerseits wächst die Anfälligkeit gegen Sabotage und Terror, andererseits wird die Verteidigungsfähigkeit der Bundes-

republik Deutschland, wenn es sie überhaupt gibt, in einem militärischen Konflikt dadurch noch weiter eingeschränkt, daß die potentiellen Angriffsziele und Schäden erheblich vermehrt werden. Sieht man diese jeder technischen Zivilisation eigene außerordentliche militärische Verwundbarkeit im Zusammenhang mit den zunehmenden Gefahren innenpolitischer Destabilisierung, so wird immer zweifelhafter, ob es sich rechtfertigen läßt, die bisherige Energiepolitik lediglich fortzusetzen, ohne nach Alternativen Ausschau zu halten.

Engpässe jeder Energiepolitik

(5) Die Gründe dieser Dilemmata heutiger Energiepolitik liegen freilich noch tiefer. Man stößt bei genauer Betrachtung auf ein entscheidendes Strukturproblem aller Industriegesellschaften: die Unvereinbarkeit von hohen Wachstumsraten des Sozialprodukts mit den natürlichen Grenzen des ökologischen Systems.[41] Die Brisanz der heutigen Situation liegt darin, daß sich dieser Widerspruch nicht länger verbergen läßt. Auf der einen Seite, das ist politischer Konsens quer durch alle Parteien, benötigt das Wirtschaftssystem der Industriegesellschaften zur Aufrechterhaltung seiner politischen und sozialen Stabilität ein bestimmtes Wachstum. Auf der anderen Seite jedoch geraten Wirtschaft und Gesellschaft bei fortgesetztem Wachstum immer näher an ökologische Grenzen.

(6) In den letzten zweihundert Jahren haben moderne Wissenschaft und Technik ständig neue Kenntnisse und Fertigkeiten entwickelt und angewendet, so daß die Menschen, vor allem in den hochindustrialisierten Gebieten der Erde, gemeint haben, es werde ihnen gelingen, sich von den Bedingungen und Einflüssen ihrer natürlichen Umwelt zu emanzipieren, also ökologische Grenzen immer weiter hinauszuschieben. Ökologische Grenzen sind die Grenzen der Fähigkeit eines Systems, sich gewandelten Bedingungen in seinem Inneren wie in seiner Umwelt anzupassen. Sie werden sowohl verletzt, wenn es einem System nicht mehr gelingt, durch seine eigenen Regelmechanismen fremde Einflüsse so zu kontrollieren, daß seine grundlegenden Strukturen und Eigenschaften erhalten bleiben, als auch dann, wenn ein System versucht, seiner Umwelt die eigenen Regeln aufzuzwingen. Das Wirtschaftswachstum der Industriegesellschaften in Ost und West und künftig vermutlich auch in der Dritten Welt war am Anfang zweifellos von dem Antrieb bestimmt, der bedrohlichen Natur die notwendigen Lebensräume abzugewinnen. Es ist aber längst in ein Stadium gelangt, in dem diese Natur vergewaltigt wird. Vielleicht ist es nützlich, sich daran zu erinnern, daß der Begriff des Wachstums ursprünglich Prozesse in der organischen Natur bezeichnet. Jedes Lebewesen, vermutlich sogar jedes ökologische System, wächst nicht unbegrenzt, sondern lediglich bis zu einem Optimum, das durch äußere Grenzen, genetische Programme und die Fähigkeit der Systeme zur Selbstregulierung bestimmt ist. „Grenzen des Wachstums" sind daher in der Natur kein Mangel, sondern Zeichen maßvoller Entfaltung eines balancierten Wachstums.

(7) Je komplexer ein System ist, um so schwieriger wird es freilich, Grenzen des Wachstums, die ein optimales Maß darstellen könnten, zu bestimmen. Hochkomplexe

Systeme haben einen außerordentlich weiten Möglichkeitshorizont, innerhalb dessen es für die meisten Ausfälle und Engpässe Ersatzmöglichkeiten und Alternativen gibt. Gleichwohl läßt sich in einem umfassenden Sinn sagen, daß das System des Planeten Erde begrenzt ist durch die Regelmäßigkeit und Menge der Zufuhr von Sonnenenergie und der Abgabe von Wärme. In diesen „natürlichen" Zusammenhang ist die menschliche Arbeit eingebunden, welche in der Aneignung der Natur diejenigen Energien zusätzlich freisetzt, welche sich über Jahrmillionen im Schoße der Erde gebildet haben. Dieser Abbau ist in ständig wachsendem Maß schneller und umfassender erfolgt als die Prozesse natürlicher Regeneration der Ressourcen der Erde. Es ist leicht einzusehen, daß diese Art des Umgangs mit der Natur nicht auf Dauer gestellt werden kann, ohne das Gesamtsystem zu gefährden. Bereits heute sind aufgrund der ständig wachsenden Wärmebelastung, wie sie sich aus dem Energiewachstum gemäß Szenario I ergibt, einschneidende Veränderungen des Klimas auf der Erde schon innerhalb der nächsten 20 bis 50 Jahre zu erwarten[42] – also in einem Zeitraum, der im Bereich der Auswirkungen heutiger Energieplanungen liegt. Diese Folgewirkungen des eingreifenden und steuernden menschlichen Handelns auf die natürlichen Prozesse nehmen in der Gegenwart säkulare Größenordnungen an.

Notwendigkeit einer Selbstbegrenzung

(8) Die Menschheit hat sich durch die Steigerung des Energieeinsatzes auf ein in keiner Epoche ihrer Geschichte erreichtes Niveau technischer Naturbeherrschung gleichsam katapuliert. Vereinfachend ließe sich sagen, daß mit der Einführung des Ackerbaus erstmalig ökologische Grenzen durch menschliche Eingriffe durchbrochen wurden. Damit erreicht die menschliche Energienutzung ein Plateau leicht oberhalb der natürlichen Regeneration, wobei diese Differenz jedoch über Jahrtausende vernachlässigbar gering blieb. Erst im Zuge der industriellen Expansion der Neuzeit wurde dieses Plateau immer stärker und immer schneller überboten. Da aber dieser exponentielle Wachstumsprozeß nicht beliebig fortsetzbar ist, muß gefragt werden, wie der Energieverbrauch auf einem hohen Plateau konstant gehalten werden kann. Dabei gibt es nur die Alternative, ob man aus Einsicht schon jetzt handeln oder ob man warten will, bis die Notwendigkeit dazu sich aufzwingt. Folgt man der Einsicht, so ist es unumgänglich, in Zukunft die Energieflüsse auf der Erde wieder an der natürlichen Zufuhr von Sonnenenergie auszurichten. Irgendwann wird die Menschheit in jedem Falle wieder auf regenerierbare Energieträger angewiesen sein. Offen ist, ob sie sich rechtzeitig darauf einstellt. Die einzige für menschliche Vorstellungen auf unbegrenzte Zeit verfügbare Energiequelle ist die Sonnenenergie. Daher spricht alles dafür, diese Option schon heute als Basis jeder künftigen Energiepolitik systematisch zu fördern.

(9) Die Grenzen der Selbstregulierung eines Systems betreffen aber nicht nur die Beziehungen zur äußeren natürlichen Umwelt. Wenn diese Beziehungen gestört sind, bleibt das nicht ohne Folgen für die inneren Strukturen des Systems. Die Menschheit verfügt heute über Mittel, ihre eigenes Ökosystem zu zerstören. In der Atomspaltung sieht man zurecht das Symbol einer menschheitsgeschichtlich einmaligen negativen

Verfügungsgewalt über die geschichtliche Zukunft. Diesen Machtzuwachs schon innerhalb jener Bereiche, die man Nationen nennt, zu kontrollieren und Vorkehrungen gegen die negative Verfügung zu treffen, wird immer schwieriger.

(10) Kerntechnische Anlagen machen Sicherheitsmaßnahmen erforderlich, die der Größe eines möglichen Schadens entsprechen müssen. Dies läßt, wie dargelegt wurde, die Rechte der Bürger nicht unberührt. Es zeigt sich immer mehr, daß Energiewachstum und industrielle Expansion die Stabilität gesellschaftlicher Strukturen gefährden. Um dieser Destabilisierung entgegenzuwirken, müssen anscheinend auch immer stärker die bürgerlichen Freiheitsrechte eingeengt werden. Obwohl diese Folgen gewiß nicht diejenigen gewollt haben, die sich von der Kernenergie die Lösung vieler gesellschaftlicher Probleme versprechen, entspringen sie der Logik des Wachstumsdenkens. Wer aber diese Folgen vermeiden will, muß sich die Prämissen klarmachen, aus denen sie sich ergeben haben.

(11) Es ist aufgrund dieser Überlegungen evident, daß die Tatsache ökologischer Grenzen nicht auf unabsehbare Zeit ignoriert werden darf, auch wenn man noch nicht genau angeben kann, wann sie erreicht oder überschritten sind. Auf jeden Fall lassen sich diese Probleme nicht dauerhaft durch eine Politik des exponentiellen Wachstums überspielen. Andererseits würde ein abruptes Absinken des Wirtschaftswachstums gegenwärtig vor allem zu Kapazitätsschrumpfungen der Investitionsgüterindustrie und zu erheblichen weiteren Verlusten von Arbeitsplätzen führen. Bleibt das reale Sozialprodukt über einen längeren Zeitraum auch nur konstant, verliert die Gesellschaft ihr bisher wirksamstes Mittel zur Regulierung sozialer Konflikte. Konkurrierende Ansprüche gesellschaftlicher Gruppen lassen sich dann nicht mehr durch wachsende Entschädigungen aus einem steigenden Sozialprodukt befriedigen. Auch die Funktionen des Staates als Garant bestimmter Rahmenbedingungen für Wirtschaft und Gesellschaft sind zunehmend schwieriger zu erfüllen, wenn die Entwicklung des Sozialprodukts stagniert. Und schließlich haben die jüngsten Auseinandersetzungen um die Rentenversicherung demonstriert, daß auch das gesamte Netz sozialer Sicherheit auf kontinuierliches Wirtschaftswachstum angelegt ist.

(12) Sicher läßt sich die Entscheidung über die Frage, ob man ökologische Grenzen verletzen darf oder stattdessen schärfere soziale Konflikte riskieren will, noch ein Stück weit dadurch umgehen, daß die Tatsache dieser Grenzen ohne Rücksicht auf drohende Gefahren weiter ignoriert wird. Wer eine solche Politik langfristig für vertretbar hält, sollte das klar sagen und zugleich die damit verbundenen politischen und sozialen Kosten, zumal angesichts des gewachsenen Umweltbewußtseins der Bürger, deutlich machen. Einer derartigen Politik böten sich zwei Möglichkeiten, Man könnte bestimmte Grenzwerte etwa des Bleigesetzes, des Immissionsschutzgesetzes, der Strahlenschutzverordnung und anderer Maßnahmen heraufsetzen. Faktisch liefe das auf eine Zurücknahme derjenigen Gesetze hinaus, die wenigstens im Ansatz die Einsicht signalisieren, daß ökologische Belastungsgrenzen sich nicht beliebig hinausschieben lassen. Eine Folge derartiger Maßnahmen wäre mit Sicherheit ein noch kostspieligeres kuratives Gesundheitssystem. Denkbar wäre auch, ökologische Grenzwerte durch Vermehrung technischer Mittel einzuhalten, für die freilich überproportional steigende finanzielle Aufwendungen erforderlich wären, etwa für die Gewinnung

von Rohstoffen aus dem Meeresuntergrund, zusätzliche Filteranlagen zur Rückhaltung von Abgasen aus Industrieanlagen und vieles andere mehr. In beiden Fällen kann das Sozialprodukt im statistischen Sinne noch wachsen, allerdings um den Preis eines steigenden Anteils derjenigen Aufwendungen, die für die Produktion von Grundstoffen und die Beseitigung unerwünschter „Ungüter" nötig sind. Eine Berechnung des Sozialprodukts, die Aufwendungen für Güter und „Ungüter" unterschiedlos addiert, erweist sich jedoch immer weniger als zuverlässiger Indikator für Lebensstandard und Lebensqualität.

Neue Prioritäten

(13) Betrachtet man diese Gesichtspunkte im Zusammenhang, so wird eine Umorientierung der Energiepolitik unausweichlich. Neue Prioritäten müssen gesetzt werden. Dabei muß man wissen und aussprechen, daß die zu erwartenden Schwierigkeiten zeitweise die bisherigen Probleme übersteigen können. Wenn diese jedoch zutreffend analysiert waren, dann ist absehbar, daß nichts zu ändern noch weniger zu verantworten ist. Neue Prioritäten ergeben sich nicht aus Sachzwängen, sondern sind das Ergebnis politischer Entscheidungen, die ihrerseits einen präzisen Überblick über die Sachprobleme voraussetzen. Prioritäten konkretisieren sich in einer Wahl zwischen realen Möglichkeiten. Die Rahmenbedingungen einer möglichen Alternative zur gegenwärtigen Energiepolitik werden im folgenden Teil dieses Gutachtens skizziert. Prioritäten werden dabei jedoch nicht willkürlich gewählt, sondern lassen sich in dem Maße rechtfertigen, wie sie den erkannten Sachproblemen entsprechen.

(14) Die bisherigen Argumentationsgänge dieses Gutachtens haben gezeigt, daß die offizielle Energiepolitik in der Bundesrepublik Deutschland gravierende Einzelprobleme völlig ausblendet oder verdrängt. Dabei handelt es sich, wie bei der globalen Wärmebelastung, dem Abbau erschöpfbarer Ressourcen oder der Gefährdung der gesellschaftlichen und besonders der rechtlichen Ordnung, um Probleme, deren Lösung schon mittelfristig, auf jeden Fall aber langfristig überlebensnotwendig ist. Daher plädiert das vorliegende Gutachten dafür, diese bisher vernachlässigten Probleme zum Leitfaden der Bestimmung der Prioritäten jeder künftigen Energiepolitik zu machen.

(15) Neue Prioritäten der Energiepolitik müssen in längerfristiger Perspektive daran gemessen werden, ob und wieweit sie dazu tauglich sind, die nicht beliebig verschiebbaren ökologischen Grenzen einzuhalten und eine weitere Destabilisierung der politischen und sozialen Ordnung zu verhindern. Eine Politik, die die begrenzenden ökologischen Bedingungen jeder wirtschaftlichen Tätigkeit des Menschen vernachlässigt oder technisch für beliebig manipulierbar hält, anstatt innerhalb dieser Grenzen nach technisch machbaren, ökonomisch sinnvollen und politisch durchsetzbaren Alternativen zu suchen, kann, schon aus Verantwortung sowohl für die Lebenschancen der Völker in den Entwicklungsländern wie der zukünftigen Generationen, in diesem Lande nicht länger unterstützt werden. Es ist schon jetzt zu beobachten, daß immer größere Teile der Öffentlichkeit einem Wirtschaftswachstum zu Lasten der Umwelt

zunehmend skeptisch gegenüberstehen. Hier wächst auch die Bereitschaft, die eigenen Bedürfnisse unter ökologischen Gesichtspunkten kritisch zu prüfen und gegebenenfalls zu ändern. Macht man sich klar, daß die fällige grundlegende Revision der gegenwärtigen Energiepolitik ihre Zeit braucht, um politisch durchsetzbar zu sein, dann ist bereits heute ein allmähliches Abbremsen des Wachstums der materiellen Güterproduktion und des Energieverbrauchs in den Industrieländern nur ein erster Schritt.

(16) Verringertes Wirtschaftswachstum erlaubt, den Ausbau der Energiesysteme zu überdenken. Langfristig wird allein der Sonnenenergie und den mit ihrer Hilfe zu gewinnenden Sekundärenergieformen Priorität zukommen können. Vermutlich wäre es gleichwohl nützlich, das nukleartechnische know-how zu erhalten und weiterzuentwickeln, ohne es zwangsläufig im großtechnischen Maße zur Energieerzeugung nutzen zu müssen. Eine Kurskorrektur in diesem Sinne erfordert freilich eine aktive Politik, die unverzüglich damit beginnen müßte, solchen Prioritäten entsprechend zu planen. Je länger man damit wartet, die Konsequenzen aus der bisherigen Energiepolitik und ihren unvermeidbaren Schwierigkeiten zu ziehen, um so schmerzhafter muß der Versuch einer Umkehr werden. Daher ist heute nichts gewonnen, wenn man lediglich ein Moratorium für die Kernenergie fordert. Eine grundlegende Neuorientierung der gesamten Energiepolitik ist unabweisbar.

(17) Geht man von der Prämisse aus, daß die Menschheit ihre Lebensgrundlagen nicht zerstören darf, wenn sie überleben will, so ergibt sich zwingend die Forderung, in dieser Gesellschaft nach neuen Methoden sozialer Konfliktregelung zu suchen und neue Verhaltensformen zu entwickeln. Notwendig wird eine neue Einstellung zum Verbrauch von Gütern, zum Konsum. Bisher interessierte den Verbraucher ein Konsumgut nur vom Zeitpunkt des Kaufs bis zum Ende der gewünschten Nutzung. Im übrigen sind aufgrund der gesellschaftlichen Arbeitsteilung sowohl Produktion als auch Abfallbeseitigung dem Aufmerksamkeitsbereich des Konsumenten entzogen. Jeder Konsum ist jedoch mehrfach mit einem Eingriff in die Ökosphäre verbunden. Für den Umgang mit Gütern muß daher gelernt werden, in stofflichen Kreisläufen zu denken. Diese Einsichten sollten freilich kein Anlaß zu sozial-romantischer Maschinenstürmerei sein. Aber man kann schon heute damit beginnen, die Konsequenzen aus der Einsicht zu ziehen, daß unbegrenztes Wachstum auf der Erde nicht möglich ist. Die Ökonomie wird dann einer Bestimmung der jeweiligen Grenzen des Wachstums im Sinne der Festlegung eines immer nur relativen Optimums nicht ausweichen können.

(18) Wer sich auf Wachstumsgrenzen besinnt, versucht mögliche Schäden zu begrenzen. Er handelt aus der Erkenntnis, daß es angesichts der Fülle unbekannter Risiken verantwortungslos wäre, noch zusätzliche Gefährdungen in der fortschrittsgläubigen Hoffnung hinzunehmen, man werde die auftauchenden Probleme schon rechtzeitig technisch lösen. Heute ist deshalb zu fordern, angesichts der ökologischen Grenzen keine zusätzlichen Risiken einzugehen, sondern Alternativen zu erforschen und zu prüfen. Die Frage, wieviel Energie notwendig ist, ist selbst schon falsch gestellt. Entscheidend ist vielmehr die Frage, welcher Energieeinsatz überhaupt zulässig ist.

III. Umrisse einer alternativen Energiepolitik in der Bundesrepublik Deutschland

Ansätze zur rationellen Energienutzung

(1) Folgt man den vorangegangenen Überlegungen, so muß es das leitende Ziel aller Planungen und Maßnahmen im Energiesektor sein, nicht mehr Energie umzusetzen, als ökologisch vertretbar ist. Aus dieser Zielperspektive sind die verschiedenen energiepolitischen Optionen zu beurteilen. Ökologisch zweckmäßige Optionen müssen aber auch nach den oben[43] entwickelten Kriterien volkswirtschaftlich annehmbar sein. Aus diesen zwei Gesichtspunkten ergibt sich die Frage, ob und unter welchen Bedingungen für eine gewisse Übergangszeit eine Entkoppelung von Energie- und Wirtschaftswachstum möglich ist. Sie würde die Ausarbeitung derjenigen energiepolitischen Maßnahmen erleichtern, die langfristig eine ökologisch sinnvolle und rationelle Energienutzung zum Ziel haben.

(2) In der Vergangenheit hing die Parallelität von Energie- und Wirtschaftswachstum vor allem damit zusammen, daß es ein weltweites Überangebot an Öl gab, wodurch das gesamte Energiepreisniveau relativ niedrig gehalten wurde. Zudem sanken in den 60er Jahren die Energiepreise nicht nur relativ, sondern absolut. Gleichzeitig wurde erfolgreich für die umfassende Elektrifizierung der Haushalte geworben. Dies alles führte zu überdurchschnittlich hohen Zuwachsraten des Endenergieverbrauchs bei den privaten Haushalten und Kleinverbrauchern. So wuchs deren Stromverbrauch in den Jahren 1950 bis 1965 im Durchschnitt um 11 % pro Jahr. Demgegenüber bemüht sich die Industrie seit Jahren um sparsameren Energieverbrauch. Trotz dieser Anstrengungen in zahlreichen Branchen der Industrie stieg aber der Gesamt-Energieverbrauch bisher ungefähr proportional zum Wirtschaftswachstum. Verbraucher, die betriebswirtschaftlich kalkulieren, haben also schon in der Vergangenheit in einem gewissen Umfang Energie rationell eingesetzt. Die dadurch erzielten Einsparungen wurden jedoch durch Energieverschwendung anderer Verbraucher wieder aufgehoben.

(3) Die energiewissenschaftlichen Institute rechnen schon jetzt damit, daß künftig für 1 % Wirtschaftswachstum nur noch ein Energiezuwachs von 0,6 % benötigt wird[44]. Dabei ist unter anderem berücksichtigt, daß der Stromverbrauch der privaten Haushalte und Kleinverbraucher in den Jahren 1965 bis 1973 um 10,2 %, von 1973 bis 1975 dagegen nur noch um 5,5 % stieg. Es ist zu erwarten, daß sich dieser Trend als Folge weiterhin steigender Energiepreise fortsetzt. Die Erwartung weiterer Preissteigerungen sollte daher schon jetzt einen Anreiz für intensive Bemühungen um Energieeinsparungen bilden. Dies stünde in Übereinstimmung mit entsprechenden Absichten in Industrieländern wie Schweden, aber auch den USA, die versuchen, den Energieverbrauch vor allem in den privaten Haushalten und im Straßenverkehr drastisch zu reduzieren.

(4) Immer noch werden auch die begrenzt vorhandenen Energieressourcen nur sehr schlecht ausgenutzt. Schon bei der Förderung von Öl und Gas in der Region um den Persischen Golf werden pro Jahr etwa 150 Milliarden Kubikmeter Erdgas abge-

fackelt oder entweichen in die Atmosphäre. Von der nach der Förderung verfügbaren Primärenergiemenge wird ungefähr ein Drittel für Transport und Umwandlung in Endenergie benötigt oder geht dabei verloren. Weitere Umwandlungsverluste derselben Größenordnung entstehen bei der Nutzung der Endenergie durch den Verbraucher, so daß gegenwärtig der Wirkungsgrad des gesamten Energiesystems von bereitgestellter Primärenergie bis zur Endenergienutzung im Durchschnitt nur etwa 33 % beträgt[45].

(5) Weitere Einsparpotentiale liegen, besonders bei elektrischer Energie, zweifellos im Bereich der Organisation, der Verteilung und der Preisgestaltung. So ist die Stromabgabe der industriellen Kraftwerke an das öffentliche Netz seit 1971 drastisch zurückgegangen, weil sich die Energieversorgungsunternehmen immer mehr weigern, den Eigenerzeugern von Strom ihre Überproduktion zu annehmbaren Preisen abzunehmen. Da die Energieversorgungsunternehmen zudem aufgrund von § 6 Absatz 3 des Energiewirtschaftsgesetzes den Eigenerzeugern die Preise für den benötigten Zusatz- und Reservestrom diktieren können, muß die Industrie aus Kostengründen zunehmend auf eigene Stromproduktion verzichten. Damit werden Möglichkeiten rationeller Energienutzung vertan: die kombinierte Nutzung von Primärenergie zu Prozeßwärme und Stromerzeugung (Kraft-Wärme-Kopplung). Hier bleibt ein Stromerzeugungspotential ungenutzt, das nach öffentlich nicht zugänglichen Berechnungen in einer Größenordnung von 15 bis 20 Gigawatt liegt und damit ungefähr dem Anteil entspricht, der nach den Plänen der Bundesregierung bis 1985 zusätzlich durch Kernenergie gedeckt werden soll.

(6) Diese Möglichkeiten rationeller Energienutzung sind bekannt, werden aber gegenwärtig wenig oder gar nicht gefördert. Ein entscheidender Hinderungsgrund liegt in der Struktur der öffentlichen Energieversorgung, bei der auch die gegenwärtige staatliche Preisaufsicht Diskriminierungen der Anbieter und Abnehmer nicht verhindern kann. Die Monopolkommission hat deshalb in ihrem „Hauptgutachten 1973–1975" vorgeschlagen, eine der Bundesregierung verantwortliche Bundesbehörde zu gründen, bei der Preis- und Fachaufsicht zusammengefaßt werden[46]. Dies könnte ein Schritt auf dem Wege zu dem Ziel sein, systematisch weitere Einsparpotentiale zu erforschen.

(7) Nach Meinung von Fachleuten lassen sich die Wirkungsgrade bei der Stromerzeugung oder bei der Verarbeitung von Rohöl in Raffinerien nicht mehr erheblich verbessern. Demgegenüber sieht man größere Möglichkeiten für rationelle Energieverwendung vor allem beim Endverbraucher. Eine technisch bessere Verwendung der Endenergie ist nämlich möglich, ohne den Nutzen des Verbrauchers zu schmälern. Da hier beträchtliche Einsparpotentiale liegen, kann man zeigen, daß der Nutzen aus der Endenergie sich erhöhen läßt, ohne daß deren eingesetzte Mengen steigen müßten. Grundsätzlich gilt, daß der Bedarf des Verbrauchers sich in der Regel nicht auf Endenergie als solche richtet. Was er wünscht, sind nicht Strom, Gas oder Benzin, sondern z. B. eine geheizte Wohnung oder bequeme und angemessen schnelle Transportmöglichkeiten. Der Verbraucher benötigt also Energiedienstleistungen, die ihm die Endenergie durch Nutzung von Geräten und Einrichtungen, etwa Zentralheizung oder Fahrzeug bietet.

(8) Die Einführung des Begriffes der Energiedienstleistung hat den Zweck, die Möglichkeiten des Einsatzes der Energie vom gewünschten Endresultat her zu bewerten. Was gemeint ist, läßt sich am besten an einem Beispiel erläutern: Der größte Teil nachgefragter Endenergie ist Wärme. Sie soll z.B. dazu dienen, einen Raum bestimmter Größe auf einer gewünschten Temperatur zu halten. Dazu ist etwa eine bestimmte Menge Heizöl erforderlich, die von einer Heizungsanlage mit gegebenem Wirkungsgrad in Wärme umgewandelt wird. Wenn nun die Wärmeverluste, die wegen mangelhafter Wärmedämmung der Wände oder Undichtigkeiten an Türen und Fenstern auftreten, durch Verbesserung der Isolierung halbiert werden können, läßt sich mit derselben Wärmemenge ein weiterer Raum heizen und damit die Energiedienstleistungen steigern, ohne daß der Wirkungsgrad der Heizungsanlage und die verbrauchte Heizölmenge sich ändern. Solange Heizöl billig war, gab es keine finanziellen Anreize, besondere Sorgfalt auf die Wärmedämmung beheizter Räume zu verwenden. Da die Ölpreise seit 1973 deutlich gestiegen sind und künftig wahrscheinlich stärker als die Inflationsrate steigen werden, wird eine bessere Wärmeisolierung zunehmend attraktiver.[47]

Weitere Beispiele für Energieeinsparungen durch ökonomisch sinnvollere Bereitstellung der benötigten Energieleistungen lassen sich vor allen für den Sektor der privaten Haushalte und Kleinverbraucher nachweisen. Besondere Beachtung verdienen dabei die Raumheizung und die Warmwasserbereitung, weil auf diese Nutzungsarten zusammen etwa 92–94 % der vom Sektor Haushalte und Kleinverbraucher benötigten Endenergie entfallen.

(9) Inwieweit die technisch möglichen Einsparungspotentiale ökonomisch ausgeschöpft werden können, wird unterschiedlich beurteilt. So schwanken die Schätzungen für das wirtschaftliche Einsparpotential durch bessere Raumisolierung zwischen 20 und 45 % der für Heizwerke aufgewendeten Energie. Man muß allerdings damit rechnen, daß diese Einsparungen nur über einen längeren Zeitraum hinweg realisiert werden können, da energiesparende Nachrüstungen an vorhandenen Gebäuden und Geräten kostspieliger sind als eine entsprechende Berücksichtigung bei Neuinvestitionen oder bei fälligen Ersatzinvestitionen. Zusätzliche Möglichkeiten ergeben sich durch den auch in gemäßigten Breiten möglichen Einsatz von Sonnenenergiekollektoren für Raumheizung und Warmwasserbereitung. Über 50 % der für diese Zwecke mit konventionellen Heizanlagen eingesetzten Endenergie lassen sich bei gleicher Energiedienstleistung und konstanten Kosten einsparen, wenn eine Solarheizung mit verbesserter Isolierung kombiniert wird[48]. Noch vielseitiger einsetzbar ist die Wärmepumpe, deren breite wirtschaftliche Verwendung zu erwarten ist.

(10) Die Einsparungsgewinne an Primär- und Endenergie durch optimale Nutzung beim Endverbraucher können jedoch durch Verschlechterung der Wirkungsgrade auf anderen Stufen der Energiebereitstellung und -umwandlung zum Teil wieder verloren gehen. Ein charakteristisches Beispiel dafür ist die bisherige Politik der forcierten Elektrifizierung, die Nachfrage nach Strom auch dort weckte, wo spezifische Energiedienstleistungen ebensogut durch den Einsatz anderer Energieträger erreicht werden können. Die Umwandlungsverluste bei der Stromerzeugung betragen nämlich im Durchschnitt 65 %. Bei der Raumheizung hat Strom einen erheblich schlechteren

Wirkungsgrad als Gas. Mit Strom heizen heißt also, Energieverschwendung zum Prinzip machen.

(11) Bei zunehmender Ausschöpfung der Energiereserven, wie sie besonders nach Szenario I zu erwarten ist, könnte sich der Gesamtwirkungsgrad des Energiesystems von der Förderung bis zur Nutzung zudem durch den notwendigen Übergang zu energieaufwendigeren Methoden der Energiebereitstellung und -umwandlung verschlechtern, etwa dann, wenn Rohöl unter hohem Energieeinsatz aus Teersänden oder Synthesegas und benzin durch Kohlehydrierung gewonnen werden müssen. Auch aus diesem Grunde ist es notwendig, die Möglichkeiten rationeller Energienutzung beim Endverbraucher voll auszuschöpfen. Je weniger Endenergie benötigt wird, um den Bedarf an Energiedienstleistungen zu befriedigen, desto geringer ist schon gegenwärtig der Zwang, auf energiewirtschaftlich ungünstigere und ökologisch gefährlichere Energieversorgungssysteme überzugehen.

(12) Rationellere Energienutzung schafft jedoch nur einen Zeitgewinn. Der so gewonnene Handlungsspielraum muß konsequent dazu benutzt werden, den Anteil regenerierbarer Energieträger am Primärenergieeinsatz erheblich zu erhöhen; denn der Zeitpunkt ist abzusehen, an dem die Potentiale der Verbesserungen der Energieumwandlungs- und -nutzungstechniken ausgeschöpft sein werden. Ein weiter, im gleichen Maße wie bisher steigender Bedarf an Energiedienstleistungen müßte dann zu einem wieder stärker ansteigenden Primärenergieeinsatz und einer raschen Annäherung an ökologische Grenzen führen. Man sähe sich dann wieder denselben Schwierigkeiten gegenüber, die im Anschluß an Szenario I deutlich gemacht wurden.

(13) Zu vermeiden sind diese Gefahren nur durch ein Abflachen der Kurve des Energiedienstleistungsbedarfs in der Weise, daß der Primärenergieverbrauch langfristig auf einem möglichst niedrigen Niveau konstant gehalten wird. Die kommenden Jahrzehnte müssen also auch dazu genutzt werden, die zur Erreichung dieses langfristigen Ziels notwendigen Änderungen des Wirtschaftssystems vorzubereiten und einzuleiten. Dies wird nicht ohne wirtschaftliche Probleme und soziale Spannungen abgehen. Wartet man aber untätig ab, bis durch ständig wachsenden Ressourcenverbrauch die ökologischen Grenzen überschritten werden, verspielt man die Möglichkeit, in einer knapp bemessenen Übergangszeit die Chance zum Umdenken und Umsteuern wahrzunehmen.

Es gibt freilich keine Garantie, daß sparsamer Energieeinsatz schon kurzfristig volkswirtschaftlich sinnvoll ist. Struktur und Höhe der Energiepreise werden heute weitgehend durch politische Maßnahmen wie etwa Steuern bestimmt. Die Energiepreise scheinen nicht die schon in absehbarer Zeit zu erwartenden Knappheitsverhältnisse zu berücksichtigen. Sollte sich die Einsicht durchsetzen, daß politisch nur verantwortet werden kann, was langfristig unter ökologischen Gesichtspunkten als sinnvoll erwiesen werden kann, dann wäre eine energiepolitische Kurskorrektur, wie sie im folgenden näher skizziert werden soll, nicht zu „teuer".

Szenario II

(14) Im letzten Abschnitt wurde der Bezugsrahmen entwickelt, an dem sich eine alternative Energiepolitik orientieren muß, wenn sie den Konsequenzen entgehen will,

die sich unter den Annahmen von Szenario I zwingend ergeben. Szenario II beschreibt einen möglichen Weg, dem eine alternative Energiepolitik folgen könnte. Daneben sind Varianten denkbar.

Folgende Prämissen liegen Szenario II zugrunde. Die Bevölkerungszahl in der Bundesrepublik Deutschland bleibt annähernd konstant. Die Energiedienstleistung soll bis zum Jahr 2000 etwa im gleichen Maße steigen, wie es auch den Szenario I zugrundliegenden Annahmen entsprechen würde. Vom Jahre 2000 an steigt dann das Angebot an Energiedienstleistungen geringer als in Szenario I. Dafür wird durch Verbesserung der Umwandlung der Endenergie in Energiedienstleistung ein gegenüber Szenario I deutlich geringerer Anstieg des Primärenergieeinsatzes benötigt. Etwa in der Mitte des nächsten Jahrhunderts erreicht der Primärenergieeinsatz einen Sättigungswert. Auch die Energiedienstleistung steigt dann nicht mehr oder nur noch sehr schwach. Sehr wahrscheinlich hat sich jedoch bis dahin die Struktur der Energiedienstleistung qualitativ verändert. Zu den Annahmen gehört auch, daß die Nutzung regenerierbarer Energiequellen durch Forschungsmittel und durch unterstützende Maßnahmen der Energiewirtschaftspolitik stark gefördert wird. Ferner wird der Anstieg des Stromverbrauchs dadurch gebremst, daß Strom elektrizitätsspezifischen Verbrauchsarten (Radio, Fernsehen, Beleuchtung u.ä.) vorbehalten bleibt.

(15) Die in Tabelle 4 angegebenen Werte entsprechen diesen Prämissen.

Tabelle 4: (Angaben in Mio t SKE)

Jahr	Primärenergieverbrauch	davon: Kernenergie	fossile Brennstoffe	Sonstige
1973	375	5	360	10
1985	445	30	385	30
2000	530	30	410	90
2020	550	30	350	170
2050	600	30	320	250

Die Zahlenwerte dieses Szenarios ergeben sich allerdings im Gegensatz zu Szenario I nicht aus einer rechnerisch exakten Extrapolation bestehender Trends und Programme. Sie sind vielmehr der numerische Ausdruck einer möglichen zukünftigen Entwicklung, die mit den genannten Prämissen in Einklang steht.

Der Kernenergieanteil in Szenario II ist durch die Anlagen gegeben, die 1977 in Betrieb sind oder bereits gebaut werden[49]. Diese Anzahl von Kernkraftwerken wird nicht erhöht. Stillgelegte Kraftwerke werden durch neue ersetzt. Dabei ist es auch möglich, Hochtemperaturreaktoren einzubeziehen, die Prozeßwärme für industrielle Verfahren und insbesondere für die Kohleveredelung liefern. Wenn in Szenario II ein gewisser Anteil von Kernenergie an der Energieversorgung beibehalten wird, so nur deshalb, um möglichst viele Optionen für die Zukunft offenzuhalten. Damit wird aber keineswegs behauptet, daß nur durch Kernenergie eine vermeintliche Energielücke zu schließen sei. Innerhalb der Annahmen von Szenario II läßt sich der Primärenergiebedarf prinzipiell auch anders decken.

(16) Eine zunehmende Bedeutung wird in Szenario II den Energiequellen beigemessen, die nur in geeigneten geographischen Gebieten verfügbar und nur für regional

beschränkte Versorgung einsetzbar sind. Beispiele dafür sind Windkraftwerke und die Nutzung der Erdwärme. In besonderem Maße wird die Nutzung der Sonnenenergie zunehmen. Diese wird zunächst nur zur Erzeugung von Wärme eingesetzt, später aber auch zur direkten Umwandlung in elektrischen Strom und zur Spaltung von Wasser in Wasserstoff und Sauerstoff verwendet. Die Wasserstofferzeugung eignet sich besonders in Ländern mit hoher Sonneneinstrahlung. Der so gewonnene Wasserstoff kann von diesen Ländern in Rohrleitungen oder Tankschiffen in die Bundesrepublik transportiert werden. Unter den Annahmen von Szenario II müssen um die Mitte des nächsten Jahrhunderts 270 Milliarden Kubikmeter Wasserstoff pro Jahr, die einer Energie von 100 Mio Tonnen SKE entsprechen, aus den Mittelmeerländern, Nordafrika und dem Vorderen Orient importiert werden. Der Transport von Wasserstoff ist in der Bundesrepublik Deutschland in einem Rohrleitungsnetz von mehr als 300 km Länge seit vielen Jahren erprobt.

(17) Die Energieträger, die in Tabelle 4 unter „Sonstige" zusammengefaßt sind (Sonne, Wind, Geothermie, Wasserkraft), werden die herkömmlichen nur langsam ersetzen können. Gerade deshalb muß ihre Verwendung schon jetzt mit Nachdruck gefördert werden. Im übrigen liegen die in der Spalte „Sonstige" der Tabelle 4 angegebenen Werte nur wenig über den von der KFA Jülich als wirtschaftlich nutzbar errechneten Mengen.[50] Als technisch realisierbar werden dort weit höhere Zahlen angegeben. Durch verstärkte Förderung dieser regenerierbaren Energiequellen kann langfristig der Verbrauch an fossilen Brennstoffen reduziert und auf einen weiteren Ausbau der Kernenergie verzichtet werden. Die in Szenario II langfristig erreichbare Reduktion des Verbrauchs an fossilen Brennstoffen erhält nicht nur den bisher privilegierten Industrienationen, sondern auch den Ländern der Dritten und Vierten Welt sowie kommenden Generationen eine Chance, diese Rohstoffquellen zu nutzen. Der verbleibende Bedarf an fossilen Energieträgern in der Bundesrepublik Deutschland wird zu einem hohen Anteil durch Kohle gedeckt. Dabei lassen sich durch Kohlevergasung sogar die spezifischen Schadstoffemissionen verringern.

Diskussion einer alternativen Energiepolitik und ihrer Konsequenzen

(18) Im Unterschied zu Szenario I gehen die Schätzungen des Primärenergiebedarfs in Szenario II von der Annahme aus, daß alle als technisch machbar bekannten Möglichkeiten rationellen Energieeinsatzes konsequent genutzt und große Anstrengungen auf die Erschließung regenerierbarer Energiequellen verwendet werden. Der Entwurf dieses Szenarios orientiert sich an dem Ziel, die problematischen Konsequenzen einer Entwicklung zu vermeiden, wie sie in Szenario I abgebildet ist. Im folgenden wird geprüft, ob eine solche alternative Energiepolitik nach der in Teil II begründeten Bewertung der Urteilskriterien ökologisch tragbar, ökonomisch möglich und politisch durchsetzbar ist. Dabei bezieht sich die Darstellung implizit auf die Erläuterung des Zusammenhangs der verschiedenen Problemaspekte in Teil I. Viele der dort beschriebenen Gesetzmäßigkeiten und Rahmenbedingungen gelten auch unter den Prämissen von Szenario II und werden deshalb hier nicht eigens wiederholt.

Umweltverträglichkeit

(19) Den neuen Prioritäten der Urteilskriterien folgend ist als erstes die Frage zu stellen, ob bei einer nach Szenario II verlaufenden Entwicklung die Belastung der Umwelt in vertretbaren Grenzen bleibt. Gegenwärtig sind in der Bundesrepublik Deutschland als Konsequenz dichter Besiedlung, hoher industrieller Güterproduktion und unbeherrschten Konsumverhaltens weite Teile der Umwelt bereits so stark geschädigt, daß zusätzliche Belastungen früher oder später zu einem Zusammenbruch dieser Ökosysteme führen müssen. Nur ein Teil der Schäden läßt sich direkt über eine rationellere Energienutzung verringern. In Szenario II wird angenommen, daß bis zum Jahre 2000 das Sozialprodukt etwa so stark wächst wie nach Szenario I. Umweltbelastungen, die von produktionsspezifischen Rückständen und Emissionen herrühren, werden also ebenfalls zunehmen. Daraus folgt, daß auch unter den Annahmen von Szenario II Anstrengungen unternommen werden müssen, durch Rückhaltetechniken, verstärktes Recycling und andere geeignete Maßnahmen die Abgabe von Schadstoffen an die Umwelt einzudämmen. Szenario II geht jedoch davon aus, daß um die Jahrtausendwende die Möglichkeiten einer rationellen Energienutzung weitgehend erschöpft sein werden. Soll danach aus ökologischen Gründen der Primärenergieverbrauch langfristig konstant gehalten werden, so muß eine Stabilisierung der materiellen Güterproduktion und eine entsprechende Änderung des Konsumverhaltens angestrebt werden. Nur unter dieser Bedingung gibt es eine Chance, die Umweltbelastungen nicht zu steigern und beim Übergang zu einer konsequenten Recycling-Wirtschaft im Sinne eines „ökonomisch-ökologischen Gesamtsystems"[51] sogar zu senken.

(20) Die spezifisch der Nutzung und Umwandlung von Energie zuzuschreibenden Emissionen sind dagegen schon unter den Annahmen von Szenario II deutlich geringer als in Szenario I. Das trifft in besonderem Maße für die radiologischen Belastungen zu, da die Nutzung der Kernenergie auf einem relativ niedrigen Niveau gehalten wird. Unter den Annahmen von Szenario II spielen für die Energieversorgung Schnelle Brutreaktoren keine nennenswerte Rolle. Dadurch entfällt die Notwendigkeit, in großem Umfang Plutonium zu verarbeiten. Langfristig geht außerdem die Menge der eingesetzten fossilen Brennstoffe zurück, die kontinuierlich durch regenerierbare Energiequellen, insbesondere Sonnenenergie, ersetzt wird. Selbst ohne den Einsatz zusätzlicher Rückhaltetechniken würde sich so auch die entsprechende Schadstoffemission verringern.

(21) Besonders positive Auswirkungen hätte die Realisierung von Szenario II auf den Wärmehaushalt. Durch die Reduktion der Nutzung fossiler Brennstoffe sinkt die Abgabe von Kohlendioxid an die Atmosphäre. Dadurch kann den Gefahren von Temperaturerhöhung und Klimabeeinflussung entgangen werden. Zwar steigt der Primärenergieeinsatz auf nahezu das Doppelte des heutigen Wertes, aber der Zuwachs wird langfristig direkt oder indirekt von der Sonnenstrahlung und von der Erdwärme geliefert. Global wird der Atmosphäre und der Erdoberfläche keine zusätzliche Wärme zugeführt. Klimatisch könnte aber von Bedeutung sein, daß bei hoher Nutzung der Solarstrahlung, z.B. zur Gewinnung von Wasserstoff durch Wasserspaltung, Energie aus sonnenreichen Zonen der Erde in mitteleuropäische Breiten gebracht wird. Die

Gewinnung der Energie und ihre Freisetzung als Wärme würden also an geographisch getrennten Orten erfolgen. Selbst für den Fall, daß der gesamte Primärenergieeinsatz, der langfristig in Szenario II mit 600 Mio t SKE erreicht wird, auf diese Weise bereitgestellt würde, wären jedoch kaum klimatische Änderungen zu erwarten. Da zur Versorgung der Bundesrepublik Deutschland eine Kollektorfläche von weniger als 1 Promille der Fläche der Sahara benötigt würde, kann der Eingriff in das Strahlungsgleichgewicht der sonnenreichen Zonen als vernachlässigbar angesehen werden. Die Wärme, die in diesem Fall in der Bundesrepublik Deutschland an die Atmosphäre abgegeben würde, läge bei ungefähr 2 % der mittleren Sonneneinstrahlung, bliebe jedoch weit unter den Werten, die nach Szenario I erreicht würden.

Ökonomische Konsequenzen

(22) Jede Energiepolitik, die entsprechend den Annahmen von Szenario II einen möglichst rationellen und sparsamen Energieverbrauch anstrebt, hat gesamtwirtschaftliche Konsequenzen. Sie werden im folgenden unter der Annahme diskutiert, daß der Primärenergieeinsatz im Jahre 2050 einen Sättigungswert erreicht. Szenario II nennt dazu die energiepolitischen Eckdaten einer Gesellschaft im Übergang zum Energie-Null-Wachstum. Diese Strategie zur Abbremsung des Energiewachstums ist daraufhin zu überprüfen, welche Konsequenzen sich daraus für Wirtschaftswachstum und Beschäftigung ergeben.

(23) In der Diskussion der gegenwärtigen Energiepolitik im Anschluß an Szenario I wurde schon darauf hingewiesen, daß Energiewachstumspolitik nicht der entscheidende Hebel zur Beeinflussung des gesamtwirtschaftlichen Beschäftigungsniveaus ist, wenn man von den Arbeitsplätzen in der Energiewirtschaft und bei deren Zulieferindustrien absieht. Da die Bevölkerung in der Bundesrepublik Deutschland auch in Zukunft eher leicht abnehmen und der private Konsum nur noch mit sinkenden Zuwachsraten expandieren wird, hängen das Niveau der Wirtschaftstätigkeit und die Sicherung der Arbeitsplätze in verstärktem Umfang von geeigneten Investitionen ab.

(24) Eine Szenario I entsprechende Wirtschaftsentwicklung würde einen steigenden Anteil des gesamtwirtschaftlichen Investitionsvolumens an den Ausbau der Energiekapazitäten binden. Ein Hauptträger des Wirtschaftswachstums wäre damit die Energiewirtschaft, die jedoch gerade nicht zu den arbeitsplatzintensiven Sektoren der Volkswirtschaft zählt. Rationelle Energieverwendung dagegen könnte einen erheblichen Teil der für einen solchen Ausbau der Energiekapazitäten erforderlichen Investitionen überflüssig machen. Nur ein Teil des freiwerdenden Kapitals würde zur Finanzierung der Energieeinsparungsmaßnahmen benötigt, während der andere Teil für den Ausbau alternativer Energiequellen zur Verfügung stünde. Solche Kapitalanlagen, die ökologisch unbedenklich sind und kaum Kosten zur Beseitigung von Umweltschäden nach sich ziehen, müssen keineswegs Lebensstandard und Beschäftigung beeinträchtigen, auch wenn das Wirtschaftswachstum im statistischen Sinne gedämpft wird. Amerikanische Untersuchungen deuten sogar darauf hin, daß energiesparende Maßnahmen positive Beschäftigungseffekte haben[52]. Allerdings wird es Umstellungsprobleme

besonders bei denjenigen Unternehmen geben, die ihre Produktionskapazitäten auf eine weitere Expansion des Energiesektors eingerichtet haben.

(25) Eine konsequente Ausschöpfung der Möglichkeiten zur rationellen Energienutzung würde schon jetzt beobachtbare Tendenzen verstärken. Während der Primärenergieverbrauch in den letzten 25 Jahren ungefähr im gleichen Maße wie das gesamtwirtschaftliche Wachstum gestiegen ist, lagen die Wachstumsraten des Energieverbrauchs der Industrie deutlich unter denen des industriellen Produktionsergebnisses. Bei steigenden Energiepreisen kann angenommen werden, daß sich dieser Trend zur Entkoppelung verstärkt. Der spezifische Energieverbrauch pro Produkteinheit in der Industrie wird also weiter sinken. Zwar ist so gut wie ausgeschlossen, daß selbst ein erheblich steigender Strompreis die Unternehmen veranlassen wird, Maschinen wieder durch Arbeitskräfte zu ersetzen. Doch ist damit zu rechnen, daß von steigenden Energiepreisen ein verstärkter Anreiz zu energiesparendem und nicht, wie bisher, vorwiegend arbeitssparendem technischen Fortschritt ausgehen wird.

Angeregt werden dürften auch Nachfrage und Angebot von Konsumgütern, die weniger Energie verbrauchen, beispielsweise benzinsparende Autos. Unter veränderten energiepolitischen Prämissen lohnt sich auch die Erhöhung der Lebensdauer von Gütern, zu deren Produktion viel Energie benötigt wird. Ein qualitativ höherwertiges Konsumgut kann dem Verbraucher länger dienen. Die Dienstleistung eines Konsumguts für den Verbraucher muß also nicht notwendig an seiner Umschlaghäufigkeit gemessen werden.

(26) Infolge steigender Energiepreise werden sich auch die Preise für Produkte energieintensiver Wirtschaftszweige überdurchschnittlich erhöhen. Das betrifft neben der Energiewirtschaft selbst vor allem die eisenschaffende Industrie sowie die Branchen Steine und Erden, Glas, einige Sparten der Chemie und die Nahrungsmittelindustrie. Der in allen hochindustriellen Volkswirtschaften zu beobachtende Strukturwandel zu weniger energieintensiven Produktionen und Dienstleistungen dürfte sich daher beschleunigen.

(27) Weitere Einsparpotentiale lassen sich erschließen, wenn mehr als bisher Abfälle rezykliert und als Rohstoffe für die Produktion zurückgewonnen werden. Dadurch schont man auch die natürlichen Ressourcen. So erfordert z.B. die Produktion von Stahl aus Schrott etwa 15 % der Energiemenge, die bei der Verhüttung von Erzen eingesetzt werden muß. Auch die vermehrte Nutzung von kompostiertem Hausmüll und Klärschlamm als Dünger in der Landschaft wird zur Entlastung der Energiebilanz beitragen. Diese Beispiele ließen sich noch vermehren[53]. Energiewachstum und Wirtschaftswachstum stehen in keinem starren Verhältnis. Nichts spricht dagegen, daß beide stärker als bisher angenommen entkoppelt werden können.

(28) Das Überangebot an preiswerter Energie hat erkennbar nicht dazu geführt, daß neue Arbeitsplätze geschaffen worden sind. Zweifellos wird es immer schwieriger, die technologisch bedingte Arbeitslosigkeit mit den herkömmlichen Mitteln der Globalsteuerung und der Wachstumspolitik abzubauen. Offensichtlich handelt es sich also bei den gegenwärtigen Beschäftigungsproblemen um Strukturfragen aller westlichen Industrieländer. Sie verschärfen sich in der Bundesrepublik Deutschland noch dadurch,

daß die geburtenstarken Jahrgänge der fünfziger Jahre zusätzlich in den Arbeitsprozeß eingegliedert werden müssen.

(29) Für eine dauerhafte Lösung des Arbeitsplatzproblems gibt es gegenwärtig keine überzeugenden Konzepte. Auch eine Wirtschaftspolitik, die sich an den Eckdaten von Szenario II orientiert, wird langfristig zur Lösung dieses Problems nur beitragen können, wenn sie einen gezielten Strukturwandel der Arbeitsmärkte ermöglicht. Eine wichtige Voraussetzung dafür wäre es, das gegenwärtige System der Verteilung der Arbeit und des Einkommens auf die Mitglieder der Gesellschaft vorbehaltlos zu überdenken. In die Diskussion einbezogen werden müßten dann auch die Vorstellung vom Arbeitsplatz und die Einstellung zur Arbeit. In jedem Falle wird jedoch eine solche Politik nur Erfolg haben, wenn sie unterstützt wird durch Maßnahmen zur regionalen und sektoralen Mobilität der Arbeitskräfte. Weiterbildungsmöglichkeiten, Umschulungsmaßnahmen sowie verstärkte Unterstützung beim Wechsel des Arbeitsplatzes auch über größere Entfernungen hinweg müßten aber schon jetzt eingeleitet werden, damit sich auf dem Arbeitsmarkt der notwendige Wandel ohne unzumutbare soziale Härten vollziehen kann.

(30) Eine künstliche Verknappung des Energieangebots durch eine gezielte Anhebung des Preisniveaus muß solange nicht zu Beschäftigungseinbrüchen führen, wie das Energieangebot mengenmäßig zuverlässig verfügbar ist. Eine Politik, die langfristig verbindliche Daten insbesondere für die künftige Entwicklung des strategisch wichtigen Strompreises setzt, gibt den Unternehmern die Möglichkeit, ihre Investitionsentscheidungen rechtzeitig darauf einzustellen und in Antizipation zukünftiger Kostenverhältnisse energiesparenden statt arbeitssparenden technischen Fortschritt zu realisieren.

Rechtsschutz, parlamentarische Verantwortung, staatliche Planung und Forschungspolitik

(31) Vieles spricht dafür, daß man schon heute Kurskorrekturen in der Entwicklung der technisch-industriellen Systeme einleiten muß, wenn man die in Szenario II angelegten Chancen nicht verspielen will. Es ist wahrscheinlich, daß während dieser Übergangszeit manche rechtspolitischen Probleme, etwa bei Personalüberprüfungen und -übrwachungen, die notwendig mit den Sicherheitsrisiken großtechnischer Anlagen verbunden sind, ihre Brisanz verlieren. Man würde sich aber täuschen, wenn man annähme, alle diese Fragen entfielen mit dem Verzicht auf den weiteren Ausbau der Kernenergie automatisch. Die Bedingungen der technischen Zivilisation lassen sich nicht beliebig ändern. Deshalb brauchen großtechnisch-industrielle Komplexe in jedem absehbaren Zeitraum Sicherheitsvorkehrungen und -maßnahmen, die immer in sich die Gefahr bergen, gegen liberal-rechtsstaatliche Grundsätze zu verstoßen.

(32) Es ist wahrscheinlich, daß nur im Gefolge einer verlangsamten energiepolitischen und industriellen Entwicklung der Rechtsschutz der Bürger gestärkt werden kann. Erst eine Energieversorgung, die nicht die gegenwärtig angenommenen Wachstumsraten des Primärenergieverbrauchs voraussetzt, gestattet es, die Investitionen

zur Verbesserung oder Erneuerung von Anlagen langfristig und in überschaubaren Formen zu planen. Eine derartige Planung stünde jedenfalls unter geringerem Zeitdruck als gegenwärtig. Sie könnte sich den lebenswichtigen Luxus größerer Sorgfalt erlauben. Das ist die entscheidende Voraussetzung dafür, die Rationalität des planenden Verwaltungshandelns zu erhöhen und zugleich diese Vorgänge für die Bürger wieder durchsichtig zu machen. Nur wenn es gelingt, die Verwaltungen aus der Umklammerung von Energieversorgungsunternehmen, kerntechnischer Industrie und drängenden Politikern zu befreien, ist eine wichtige Voraussetzung dafür geschaffen, daß sie wieder zum unparteiischen Sachwalter des Gemeinwohls werden können. Eine solche Verwaltung spricht nicht nur vom Bürgerdialog, sondern organisiert ihr Handeln selbst so, daß der Bürger auch wirksam seine Interessen und Rechte geltend machen kann.

(33) Freilich muß gerade dann, wenn man langfristig ein stabiles Niveau der materiellen Güterproduktion und des Energieeinsatzes anstrebt, versuchen, mit großer Sorgfalt und in öffentlicher Diskussion zu klären, was sinnvoll unter den subjektiv-öffentlichen Rechten, die es zu gewährleisten gilt, zu verstehen ist. Gerade in der jüngsten Vergangenheit, die durch die industrielle Expansion und die Verschwendung der natürlichen Ressourcen bestimmt war, drängte sich in der Öffentlichkeit eine Auffassung der Grundrechte in den Vordergrund, die primär Ausdruck ungehemmten und kurzfristigen privaten Anspruchsdenkens war. Die zukünftige Entwicklung aber wird keine ständig wachsenden Befriedigungsmöglichkeiten für immer weiter steigende beliebige Erwartungen und Ansprüche kennen. Die Einsicht in diesen Zusammenhang wird auch den Spielraum der offenen Möglichkeiten im Rahmen von Szenario II bestimmen müssen; sie sollte zugleich jede künftige Grundrechtsinterpretation leiten. Deshalb ist es sinnvoll, sich auf ursprüngliche und zugleich zukunftsmächtige Auffassungen von Grundrechten zu besinnen. Diese nämlich betonten in der Epoche ihrer Durchsetzung einerseits die Abwehr aller Übergriffe des Staates und der Gesellschaft auf die Privatsphäre des einzelnen; zugleich damit enthielten sie elementare Bestimmungen einer rechtlichen Grundordnung des Gemeinwesens, in welchem Freiheit, Gleichheit und Teilhabe für alle Bürger gewährleistet sein sollten. Diese Rechtsordnung sollte dem einzelnen die Möglichkeit geben, eigene Zwecke verwirklichen zu können, ohne dabei diejenigen anderer zu verletzen. So verstanden, dienen die Grundrechte dazu, einen Handlungsspielraum zu bestimmen und offenzuhalten, in dem Verantwortung wahrgenommen werden kann. Diese Grundfigur hat freilich nur dann eine Zukunft, wenn unter den Rechten anderer, die die Verfolgung der eigenen Zwecke begrenzen, auch und gerade die Rechte künftiger Generationen verstanden werden.

(34) Die Fortsetzung einer Energiepolitik, die auf ständiges Wachstum des Energieeinsatzes gerichtet ist, führt, wie oben gezeigt, zu Konsequenzen, die gesamtgesellschaftlich nicht verantwortet werden können. Sie gefährdet die Lebenschancen künftiger Generationen und widerspricht insofern Prinzipien des Grundgesetzes. Zu dieser Einsicht müssen auch alle Überlegungen zur Funktion und zum Inhalt der Grundrechte in Beziehung gesetzt werden. Die Grundrechte markieren den Raum, in dem der Bürger einen offenen Bereich eigener Entscheidungen wahrnehmen kann und in dem nicht über ihn verfügt werden darf. Sie bilden zugleich objektive Prinzipien

einer Rechtsordnung, an denen die rechtlichen Bestimmungen für das politische und gesellschaftliche Zusammenleben kritisch zu prüfen sind. Dabei sind nicht nur die Lebenschancen und Handlungsmöglichkeiten der heute lebenden Generationen zu sichern. Jede rechtliche Regelung muß auch hinsichtlich ihrer Auswirkungen auf künftige Generationen überprüft werden. Die Forderung, Lebenschancen und Grundrechte längerfristig zu sichern und zu erhalten, wird damit zu einem zentralen Kriterium für Planungsentscheidungen. Dies gilt mit besonderem Nachdruck für das Feld der Energiepolitik. Die politische Verantwortung, die sich hieraus ergibt, kann dem parlamentarischen Gesetzgeber nicht abgenommen werden. Vielmehr folgt aus diesen Überlegungen die Pflicht des Gesetzgebers, seine Entscheidungs- und Kontrollfunktionen in der Energiepolitik wirkungsvoller als bisher wahrzunehmen. Dabei wird er berücksichtigen müssen, daß der Erhaltung und Sicherung von Lebenschancen und Grundrechten ein Vorrang vor partikularen Ansprüchen, beispielsweise auf ständig steigenden Energieverbrauch, zukommt. Nur wenn man die Verfügungsansprüche allgemein einschränkt und einseitige private Forderungen auch dann abwehrt, wenn diese auf bestimmte Grundrechtstitel (z.B. den des Eigentums) gestützt werden, lassen sich jene Grundrechte erhalten, die im Sinne des abendländischen Rechtsdenkens Humanität bewahren sollen.

(35) Analog ist im Blick auf die Planungsaufgabe des Staates zu argumentieren. Fast jede staatliche Planung, die langfristige Ziele festlegte und dafür Mittel bereitstellte, ist bislang durch die Folgeprobleme, die sie selbst erzeugte, überrollt worden. Nicht zu planen, ist freilich keine sinnvolle Alternative. Diese Einsicht hat sich in der Bundesrepublik Deutschland seit den 60er Jahren zunehmend durchgesetzt, und vor allem die sozialdemokratische Politik im entwickelten Kapitalismus forderte einen Ausbau der sogenannten „Staatsfunktionen zweiter Ordnung“: mehr und bessere Infrastrukturleistungen, Entwicklung der Instrumente der Globalsteuerung, Ausbau der staatlichen Umverteilungs- und Wohlfahrtsfunktionen[54]. Doch die ungewollten Folgeprobleme vieler Planungen haben die Ambivalenz und das Dilemma dieser Absichten erkennbar gemacht. Wer beispielsweise Energiesysteme plant und bestimmte Zuwachsraten vorsieht, muß den steigenden Primärenergieeinsatz ebenso mitplanen wie die Lösungen für ebenfalls mit Notwendigkeit kontinuierlich wachsende Umweltprobleme.

(36) Energieplanung sollte differenzierter begriffen und durchgeführt werden. Analog zu der erwähnten Grundrechtsfunktion, Handlungsspielräume zu bestimmen und offenzuhalten, läßt sich ein Typ politischer Planung denken, der an der Sicherung der langfristigen Bedingungen des Überlebens der Menschheit und der Erhaltung zukünftiger Entscheidungsspielräume orientiert ist. Nicht alles, was bei gegebenen Gesetzen, Instrumenten und Machtmitteln als planbar erscheint, muß auch wirklich geplant werden. Vielmehr gilt es, Kriterien der Planungsbedürftigkeit zu bestimmen. Planungsbedürftig sind die Verwendung knapper Ressourcen und die Mittel zum Schutz der Umwelt, ohne daß man dabei schon jede einzelne Maßnahme und Aufgabe festlegen müßte. Festzulegen ist eine begrenzte Anzahl von Zielen, die überlebensnotwendig sind, aber nur erreicht werden können, wenn sie schon heute in Angriff genommen werden[55]. In allen anderen Bereichen besteht oft die zweck-

mäßigste Art der Planung darin, schlechte Planungen zu verhindern. Nur restriktive Bedingungen für alle Planungen, die langfristig entbehrlich sind, nötigen zu phantasievoller Suche nach Alternativen und helfen auf diese Weise, einen gesellschaftlichen und indirekt auch jeden einzelnen betreffenden Spielraum zu erhalten. Eine überlegte Planung sucht nach Alternativen, ohne daß sogleich alle Optionen verwirklicht werden müssen. Sie sichert Freiheit, indem sie sich in der Verwirklichung des Möglichen selbst Schranken auferlegt.

(37) Diese allgemeinen Überlegungen zur Problematik politischer Planung gelten in gewissen Grenzen auch für die staatliche Forschungspolitik, ohne die bekanntlich die moderne Energieplanung ihrerseits unmöglich gewesen wäre. Vorwiegend aufgrund gesetzlicher Bindungen fließen besonders in diesem Bereich Forschungsmittel zunehmend in anwendungsorientierte Fragestellungen und Projekte. Im gleichen Maße verringern sich aber die Möglichkeiten, unabhängig von ökonomischen, politischen und militärischen Interessen diejenigen Forschungsrichtungen zu fördern, die es erlauben würden, die Methoden und Resultate der anwendungsbezogenen Forschung einer kritischen Prüfung zu unterwerfen[56]. Grundlagenforschung dieses Typs müßte im Energiebereich auf interdisziplinärer Basis eine Gesamtanalyse der komplizierten Zusammenhänge vor dem Hintergrund gesellschaftlicher Prioritäten erarbeiten. Solange eine solche interdisziplinäre Grundlagenforschung jedoch nicht systematisch und gleichgewichtig gefördert wird, fehlen der staatlichen Forschungspolitik gerade diejenigen Erkenntnisse, die für eine unvoreingenommene Kontrolle der Ergebnisse der vom Staat selbst finanzierten Großforschung benötigt werden. Eine solche Forschung ist aber nur realisierbar, wenn ihre volle Unabhängigkeit garantiert ist und der Staat darauf verzichtet, durch finanzielle oder politische Pressionen Einfluß auszuüben. Ein Kernphysiker beispielsweise, der in einem Großforschungsinstitut arbeitet und öffentlich gegen die Kernenergie argumentiert, riskiert seinen Arbeitsplatz. Der Staat wird erst dann die grundgesetzlich verbürgte Freiheit der Forschung wiederherstellen können, auf die er selbst angewiesen ist, wenn er darauf verzichtet, sie seinen Machtinteressen zu unterwerfen. Ein erster Schritt zur Umorientierung könnte die Verpflichtung sein, alle wissenschaftlichen Ergebnisse, besonders der Großforschung, prinzipiell öffentlich zugänglich zu machen.

Sabotage, Terrorismus, militärstrategische Aspekte

(38) Solange es Ursachen für Terrorismus und Sabotageakte gibt, muß man mit subversiven Aktionen rechnen. Der Staat kann lediglich versuchen, die Anzahl verwundbarer Punkte zu verringern und durch Schutz- und Überwachungsmaßnahmen im Umkreis „lohnender Ziele" die Gefahren so gering wie möglich zu halten. Hochindustrialisierte Gesellschaften sind an vielen Stellen leicht verletzbar. Man liefert potentiellen Terroristen keine neuen Erkenntnisse, wenn man in diesem Zusammenhang auf Verkehrsnetze, Fernleitungen für elektrischen Strom, Rohrleitungen für flüssige und gasförmige Brennstoffe und Anlagen der chemischen Industrie hinweist. Unter Sachkennern ist jedoch kaum strittig, daß Nuklearanlagen in der öffentlichen

Meinung zum Symbol für eine neue Stufe der Gefährdung geworden sind, die Angst erzeugt. Zwangsläufig und nicht ganz zu Unrecht weckt die Vorstellung der möglichen Gefahren im Umgang mit radioaktivem Material Assoziationen an die Schrekken eines atomaren Krieges. Das macht kerntechnische Anlagen für den Mißbrauch zu erpresserischen Gewaltaktionen so attraktiv. Auch unter den Annahmen von Szenario II ändert sich daran grundsätzlich nichts. Sieht man einmal von der notwendigen Ersetzung stillgelegter Reaktoren ab, bleibt insgesamt die Anzahl kerntechnischer Anlagen konstant. Da außerdem durch die Reduktion des Erdölverbrauchs weniger Raffinierien benötigt werden, wird die Summe der Gefahrenpunkte wenigstens nicht erhöht und langfristig sogar eher verringert.

(39) In militärstrategischer Hinsicht entspannt sich im Anschluß an Szenario II die problematische Situation für die Bundesrepublik Deutschland nur insoweit, als die Anzahl strategischer und taktischer Ziele, die zudem die Zerstörungswirkung moderner Waffen noch verstärken, wenigstens nicht wächst. Die bereits erwähnte Möglichkeit, kerntechnische Anlagen unterirdisch zu bauen, läßt sich aus technischen und wirtschaftlichen Gründen wahrscheinlich nur für eine kleine Anzahl von Reaktoren realisieren. Nach Szenario I würde das bedeuten, daß sich für den größten Teil der benötigten Anlagen diese auch militärisch relevante zusätzliche Sicherheitsmaßnahme nicht verwirklichen läßt. Demgegenüber wäre es unter den Annahmen von Szenario II leichter möglich, beim Ersatz stillgelegter Reaktoren die Neubauten unterirdisch zu errichten.

Außenpolitik

(40) Die Bundesrepublik Deutschland ist auch unter den Annahmen von Szenario II sowohl bei fossilen Primärenergieträgern als auch bei Uran fast vollständig von Importen und damit in hohem Maße vom politischen Wohlwollen und den wirtschaftlichen Interessen der Länder abhängig, die diese Rohstoffreserven besitzen. Das gilt selbst dann, wenn es gelingen sollte, den Energieverbrauch nicht über den gegenwärtigen Stand hinaus zu steigern. Will sich die Bundesregierung trotzdem ihren außenpolitischen Spielraum erhalten, dann muß sie sowohl eine Diversifizierung der Primärenergieträger als auch der Lieferländer anstreben.

Je größer die Abhängigkeit von einem oder wenigen Lieferanten und von nur einem Primärenergieträger ist, desto labiler ist heute die politische Stellung jeder Regierung, deren Land nicht selbst über Energievorräte verfügt.

(41) Eine breite Förderung der verschiedenen Forschungsansätze und Entwicklungslinien im Energiesektor könnte hier Entlastung bringen. Die dafür benötigten Finanzmittel überfordern jedoch die Finanzkraft der meisten Länder innerhalb der Europäischen Gemeinschaft. Eine integrierte Planung der Energieforschung innerhalb der Europäischen Gemeinschaft könnte dazu beitragen, eine breite Palette umweltschonender Energieformen zu entwickeln und rechtzeitig allgemein einzuführen.

(42) Schon heute kann das Energieproblem nicht mehr im Bezugsrahmen eines einzelnen Landes oder einer Region wie Westeuropa angemessen erörtert werden, denn

die Energieversorgung ist bereits ein wichtiger Verhandlungsgegenstand im Nord-Süd-Dialog geworden. Die Vereinigten Staaten gehen ebenso wie die OECD und deren Internationale Energieagentur davon aus, daß fast alle längerfristigen Energiefragen nur im Zusammenhang mit den Problemen der Dritten und der Vierten Welt zu lösen sind. Dabei tragen zur Zeit neben den ölexportierenden Ländern die reichen und hochindustrialisierten Staaten wie die Bundesrepublik Deutschland eine besondere Verantwortung, weil sie nicht nur durch Geld, sondern auch durch Experten und Vermittlung technischen Wissens helfen könnten. Dieser Verantwortung für die Entwicklungsländer sollte sich die Bundesrepublik Deutschland nicht dadurch entledigen, daß sie diesen Ländern auf Kredit Kernkraftwerke verkauft.

(43) Viele der armen Länder liegen in den heißen Zonen der Erde. Ihre wirtschaftliche Unabhängigkeit könnte dadurch gefördert werden, daß man sie dabei unterstützt, Sonnenenergie zu erschließen. Länder mit unbesiedelten sonnenreichen Regionen besitzen gute natürliche Voraussetzungen für die Erprobung und großtechnische Nutzung von Sonnenenergie, die sie langfristig nicht nur zur Deckung ihres Eigenbedarfs verwenden, sondern in Form von Wasserstoff auch exportieren könnten.

(44) Zu den vordringlichsten Aufgaben einer Energiepolitik, die sich auch an globalen sicherheitspolitischen Zielen orientiert, gehört die Eindämmung der sich bedrohlich ausweitenden Erzeugung und Verwendung von spaltbarem Material. Dazu wäre die verschärfende Revision des Nichtverbreitungsvertrages für Atomwaffen ein erster Schritt mit dem Ziel, Zeit zu gewinnen für die Ausarbeitung weitergehender Sicherheitsmaßnahmen. Möglicherweise würden viele Regierungen zögern, kerntechnische Anlagen aus machtpolitischem Kalkül und mit der Aussicht auf die Gewinnung waffenfähigen atomaren Sprengstoffs auf ihrem Territorium zu installieren, wenn sie detailliert und umfassend über die möglichen Folgen derartiger Entscheidungen informiert wären. Die Bundesregierung setzt einer gefährlichen Entwicklung keinen Widerstand entgegen, wenn sie die kerntechnische Industrie dabei unterstützt, ihre Weltmarktstellung gezielt auszubauen. Sie verspielt so die Chance, ihre internationale Glaubwürdigkeit dadurch zu erhöhen, daß sie Entwicklungsländern stattdessen bei der Implementierung von Energietechniken hilft, die deren Bedingungen und Bedürfnissen besser entsprechen als Kernreaktoren.

(45) Im Rahmen einer solchen Politik wäre vielleicht die Bundesrepublik Deutschland, die selbst keine Atomwaffen besitzt und deren Besitz auch nicht anstrebt, in der Lage, den festgefahrenen internationalen Dialog über das Problem der Verbreitung von Kerntechnik und besonders der „sensitiven Technologien" wieder in Gang zu bringen. Der friedensbedrohenden Entwicklung der letzten Jahre kann zur Zeit offenbar weder durch massiven politischen Druck noch durch die diskreten Bemühungen des "Suppliers' Club" Einhalt geboten werden. Nur geduldiges Verhandeln und sachliche Information der Entscheidungsträger kann die Einsicht fördern, wie gefährlich es ist, die Probleme hungernder Völker und instabiler Gesellschaften mit Kernreaktoren lösen zu wollen. Wenn in Verhandlungen ein Klima gegenseitigen Vertrauens entstünde, so wäre das ein erster Schritt zur Vorbereitung jener globalen Entscheidungen, die für die langfristige Lösung dieses Weltproblems notwendig sind.

Anhang

1. Abkürzungen und Erläuterungen

Anreicherung
siehe *Brennstoffzyklus*

Brennstoffzyklus
Kernkraftwerke benötigen als Brennstoffe Uran, Thorium oder Plutonium (siehe *Reaktortypen*). Führt man die Brennstoffanteile, die in abgebrannten Brennelementen noch enthalten sind, einer Wiederverwendung zu, so spricht man von einem Brennstoffzyklus. Er besteht aus den Stationen:
- Gewinnung des Natururans oder des Thoriums aus den in der Natur vorhandenen Lagerstätten.
- Anreicherung des im Natururan nur zu etwa 0,7 % enthaltenen Uran-Isotops mit der Masse 235 auf 3–95 % je nach Reaktortyp.
- Herstellung des Brennstoffes und der Brennelemente für den Einsatz im Kernkraftwerk.
- Wiederaufarbeitung der abgebrannten Brennelemente mit Abtrennung des in ihnen enthaltenen Urans und Plutoniums zum Einsatz in schnellen Brutreaktoren.
- Behandlung und Lagerung der radioaktiven Abfälle (dies und die Wiederaufarbeitung faßt man unter dem Begriff Entsorgung zusammen).
- Refabrikation neuer Brennelemente, Rezyklierung des zurückgewonnenen spaltbaren Materials (zur Zeit noch unwirtschaftlich).

Carbid
siehe *Reaktortypen*

Emissionen
Bei Energieumwandlungsprozessen spricht man von Emissionen, wenn luft- oder wasserverunreinigende Stoffe, Strahlungen, Lärm oder Abwärme von einer bestimmten Quelle an die Umwelt abgegeben werden (siehe auch *Immissionen*).

Endenergie
Die Energie, die dem Verbraucher zur Nutzung zugeleitet wird, bezeichnet man mit Endenergie oder Nutzenergie. Sie entsteht aus Primärenergie im allgemeinen durch einen oder mehrere Umwandlungsprozesse. In einigen Fällen können Primärenergie und Endenergie identisch sein (zum Beispiel bei Kohle). Zu den Endenergieträgern sind zu zählen: Strom, Benzin, Fernwärme, Stadtgas, Heizöl etc.

Energiedienstleistung
Hierunter versteht man die Dienstleistung, die der Verbraucher durch Einsatz von Endenergie in Energienutzungseinrichtungen erhält. Beispiele: Auf gewünschte

Temperatur geheizter Raum, Transport von Personen oder Gütern, beleuchtete Arbeitsfläche, Empfang von Rundfunk- oder Fernsehsendungen etc.

Energie- und Leistungseinheiten

Energiemengen werden in den Statistiken üblicherweise in Vielfachen von Tonnen Steinkohleeinheiten (t SKE) angegeben, zum Beispiel in Mio t SKE = 10^6 t SKE. Es gilt: 1 t SKE = 7 Millionen Kilokalorien = 8140 Kilowattstunden.

Vielfache von Maßeinheiten werden im allgemeinen durch Vorsatzzeichen gekennzeichnet:

Für das Tausendfache (1000 oder 10^3 fache) der Einheit: Kilo (Vorsatzzeichen k);

für das Millionenfache (1 000 000 oder 10^6 fache) der Einheit: Mega (Vorsatzzeichen M);

für das Milliardenfache (1 000 000 000 oder 10^9 fache) der Einheit: Giga (Vorsatzzeichen G);

für das Billionenfache (1 000 000 000 000 oder 10^{12} fache) der Einheit: Terra (Vorsatzzeichen T).

Im Falle der Kernenergie, der Wasserkraft und des Außenhandelssaldos für Strom gibt man in der Statistik diejenige Energiemenge an, die benötigt würde, um die gleiche Menge elektrischen Stroms in einem fossil beheizten Kraftwerk zu erzeugen. Danach ergibt sich für ein Kernkraftwerk mit einer installierten elektrischen Leistung von 1 Gigawatt ein jährlicher Primärenergieverbrauch von 2 Mio t SKE.

Energiewirtschaftsgesetz

siehe *EVU*

Entsorgung

siehe *Brennstoffzyklus*

EURATOM

Abkürzung für „Europäische Atomgemeinschaft", deren Mitglieder die Länder der Europäischen Gemeinschaft sind. Ihre Aufgaben sind: Förderung der Kernenergieforschung und -nutzung; supranationale Verwaltung von Importen und Exporten spaltbaren Materials für die Mitgliedsländer. Hinsichtlich der Spaltstofflußkontrolle bestehen Vereinbarungen zwischen Euratom und *IAEA*.

EVU

Die Energieversorgungsunternehmen (EVU) sind in der Bundesrepublik Deutschland die Hauptträger der öffentlichen Elektrizitätsversorgung. Diese Unternehmen werden aufgrund ihrer technischen und ökonomischen Merkmale als *natürliche Monopole* bezeichnet, da technische Besonderheiten und sinkende Durchschnittskosten große Betriebseinheiten erfordern und ein Wettbewerb verschiedener Anbieter desselben Produkts unpraktikabel ist. Die Rechtsvorschriften, denen die EVU als Unternehmen mit Gebietsmonopol unterliegen, sind im *Energiewirtschaftsgesetz* von 1935 geregelt. Die EVU werden in der Regel als *gemischtwirt-*

schaftliche Unternehmen geführt, das heißt als Unternehmen in der Rechtsform privater Gesellschaften, deren Kapitalanteile bei Privatpersonen und der öffentlichen Hand liegen.

GAU
Abkürzung für „größter anzunehmender Unfall". Er ist für die Auslegung der Sicherheitseinrichtungen eines Kernkraftwerks bestimmend. Die Sicherheitseinrichtungen sollen im Falle des GAU zuverlässig sowohl die Freisetzung radioaktiver Stoffe als auch Folgeschäden am Reaktor selbst verhindern. Als GAU gilt bei den heutigen Reaktoren das Auseinanderbrechen einer Hauptkühlmittelleitung.

Gemischtwirtschaftliche Unternehmen
siehe *EVU*

GWA
GWA = Gigawattjahr (siehe auch *Energie- und Leistungseinheiten*)

Halbwertzeit
siehe *Radioaktivität*

IAEA
Abkürzung für „Internationale Atomenergieagentur". Eine Behörde im Rahmen der Vereinten Nationen, deren Ziel die Förderung der friedlichen Nutzung der Kernenergie ist. Eine ihrer wichtigsten Aufgaben ist die sog. Spaltstoffflußkontrolle, das heißt die Überwachung der Verwendung spaltbaren Materials, um mißbräuchliche Abzweigung zur Waffenherstellung zu verhindern.

IEA
Abkürzung für „Internationale Energieagentur", eine Unterorganisation der OECD (= Organisation für Wirtschaftliche Zusammenarbeit und Entwicklung).

Immissionen
Als Immissionen bezeichnet man die Menge der in einem bestimmten Raum (zum Beispiel ein Wohngebiet) auftreffenden Schadstoffe, Strahlungen, Lärm und Abwärme. Im allgemeinen setzt sich die Immission eines bestimmten Raumes zusammen aus *Emissionen* verschiedener Quellen.

Isotope
Atome des gleichen chemischen Elements mit verschieden schwerem Atomkern.

Kernenergie
siehe *Primärenergieträger, Reaktortypen*

Kernreaktor
siehe *Reaktortypen*

Natürliche Monopole
siehe *EVU*

Nichtverbreitungsvertrag
Im Nichtverbreitungsvertrag des Jahres 1968, in Kraft getreten 1970, verpflichten sich die unterzeichnenden Kernwaffenmächte, weder nukleare Waffen noch Technologien zur Waffenherstellung weiterzugeben. Kernwaffenfreie Staaten verzichten mit der Unterzeichnung dieses Vertrags auf Erwerb und Produktion von Kernwaffen.

Nutzenergie
siehe *Endenergie*

Oxid
siehe *Reaktortypen*

Plutonium
siehe *Brennstoffzyklus*

Primärenergieträger
Primärenergieträger sind Energieträger, die keinen Umwandlungsprozeß durchlaufen haben. Hierzu gehören:
- Fossile Energieträger (Kohle, Rohöl, Erdgas): Die in diesen Stoffen gespeicherte chemische Energie wird im allgemeinen durch Verbrennung in Wärme umgewandelt.
- Geothermische Energie: Die Wärme des Erdinnern kann in besonderen geologischen Formationen schon nahe unter der Erdoberfläche genutzt werden, indem kaltes Wasser in Bohrlöcher geleitet und erwärmt wieder heraufgepumpt wird.
- Gezeitenenergie: An einigen Stellen der Erde kann der Niveauunterschied des Meerwassers zwischen Ebbe und Flut genutzt werden, um Turbinen zu betreiben und elektrische Energie zu erzeugen.
- Kernenergie: Bei der Spaltung schwerer Atomkerne, zum Beispiel der *Isotope* Uran-233, Uran-235 und Plutonium-239, wird Energie in Form schnellbewegter Kerne und Neutronen freigesetzt und in Kernreaktoren (siehe *Reaktortypen*) in Wärme umgewandelt.
- Sonnenenergie: Die Energie der Sonnenstrahlung kann mit Solarkollektoren in Wärme oder mit Sonnenzellen in elektrischen Strom umgewandelt werden. Außerdem kann die Sonnenstrahlung direkt zur Spaltung von Wasser in Wasserstoff und Sauerstoff genutzt werden (Photolyse).

- Windenergie: Die Bewegungsenergie der Luft kann mit Rotoren in elektrische Energie oder in Wärme (Reibungswärme) umgewandelt werden.

Rad
siehe *Radioaktivität*

Radioaktivität
Mit Radioaktivität bezeichnet man die Eigenschaft von Atomkernen, zu zerfallen und dabei energiereiche Strahlung auszusenden. Atomkerne, die diese Eigenschaft besitzen, nennt man *Radionuklide*. Man unterscheidet:
- α-Strahlung: Zweifach positiv geladene Teilchen, identisch mit Heliumkernen.
- β-Strahlung: Negativ geladene Teilchen (Elektronen).
- γ-Strahlung: Hochenergetische elektromagnetische Strahlung ohne elektrische Ladung.

Die Zeit, in der von einer vorgegebenen Menge radioaktiver Kerne die Hälfte zerfallen ist, bezeichnet man als *Halbwertszeit*.
Die radioaktive Strahlung ruft in biologischen Geweben Schädigungen hervor, man spricht von der *radiologischen Belastung* der Gewebe. Sie wird bestimmt durch die absorbierte *Strahlendosis*, das heißt durch die absorbierte Energie pro Gramm Materie. Die Einheit der Dosis ist das *Rad* (radiation absorbed dose), abgekürzt rd. Die unterschiedliche Wirkung der verschiedenen Strahlenarten auf biologische Gewebe wird durch einen Faktor berücksichtigt, der die relative biologische Wirksamkeit (RBW) angibt. Durch Multiplikation der Strahlendosis mit dem RBW-Faktor erhält man die Äquivalentdosis, gemessen in *rem* (radiation equivalent man).

Radionuklide
siehe *Radioaktivität*

Reaktortypen
Es gibt eine große Zahl verschiedener Konzepte zur Nutzung der Kernspaltung in Reaktoren. Hier seien nur die wichtigsten genannt.
- Leichtwasserreaktoren (LWR): In der Bundesrepublik Deutschland werden gegenwärtig vorwiegend Reaktoren gebaut, die normales Wasser als Kühlmittel verwenden. Man unterscheidet Druckwasserreaktoren (DWR) und Siedewasserreaktoren (SWR). Im SWR siedet das Kühlwasser im Reaktorkern, im DWR steht es unter so hohem Druck (etwa 160 Atmosphären), daß es nicht sieden kann. Die Kernspaltung wird in LWR von langsamen Neutronen eingeleitet; das Kühlmittel dient gleichzeitig zum Abbremsen der Neutronen. Als Brennstoff wird Uran*oxid* benutzt, das auf einen Anteil von 3–4 % des spaltbaren Uranisotops U-235 angereichert ist.
- Schnelle Brutreaktoren (SBR): Im Gegensatz zu LWR arbeiten SBR nicht mit abgebremsten Neutronen, sondern unmittelbar mit den bei der Kernspaltung entstehenden schnellen Neutronen. Als Kühlmittel wird Natrium verwendet.

Als Spaltstoff wird Plutonium eingesetzt, außerdem befindet sich im Reaktorkern Uran. Das Uranisotop U-238 wird durch die bei der Spaltung des Plutoniums entstehenden Neutronen in das spaltbare Plutoniumisotop Pu-239 umgewandelt (Brutprozeß). Dabei entsteht mehr neues Plutonium als beim Spaltprozeß verbraucht wird. Es kann entweder das *Oxid* oder das *Carbid* des Urans bzw. des Plutoniums verwendet werden.

– Hochtemperaturreaktoren (HTR): Im HTR wird als Spaltstoff Uran eingesetzt, das zu 95 % mit dem Uranisotop U-235 angereichert ist. Im Verlaufe des Spaltprozesses wird aus dem Thoriumisotop Th-232 durch Neutroneneinfang das spaltbare Uranisotop U-233 gebildet. Im Gegensatz zum SBR wird im HTR weniger spaltbares Material erzeugt als bei der Spaltung verbraucht wird. Die Neutronen werden im HTR durch Graphit abgebremst, als Kühlmittel dient Helium.

Recycling

Als Recycling bezeichnet man die Rückführung von Abfällen aus Industrie, Gewerbe und Haushalten als Rohstoffe in die Produktion.

rem

siehe *Radioaktivität*

Strahlendosis

siehe *Radioaktivität*

Synergistische Effekte

Von synergistischen Effekten spricht man im Falle des additiven oder potenzierenden Zusammenwirkens von verschiedenen Einflüssen, zum Beispiel Schadstoffen, auf den Organismus.

Thorium

siehe *Reaktortypen, Brennstoffzyklus*

Uran

siehe *Reaktortypen, Brennstoffzyklus*

Wiederaufarbeitung

siehe *Brennstoffzyklus*

2. *Verzeichnis der Kernkraftwerke in der Bundesrepublik Deutschland* (Stand März 1977)

a) in Betrieb

Name Standort	Typ	Elektr. Leistung (MWe)
VAK Kahl	SWR	16
MZFR Karlsruhe	SDWR	58
KRB Gundremmingen	SWR	250
KWL Lingen	SWR	252
AVR Jülich	HTR	15
KWO Obrigheim	DWR	345
KKS Stade	DWR	662
KWW Würgassen	SWR	670
KNK Karlsruhe	Na-gekühlt	21,35
Biblis A Biblis	DWR	1204
GKN 1 Neckarwestheim	DWR	855
Biblis B Biblis	DWR	1300
KKB Brunsbüttel	SWR	805
KKP-1 Philippsburg	SWR	864

b) im Bau

Name Standort	Typ	Elektr. Leistung (MWe)
KKI Ohu	SWR	870
KKU Rodenkirchen/Esenshamm	DWR	1230

KKK Krümmel/Geesthacht	SWR	1260
KKG Grafenrheinfeld	DWR	1229
Mülheim-Kärlich Mülheim-Kärlich	DWR	1215
KRB II-B und -C Gundremmingen Gundremmingen	SWR	2 x 1244
THTR-300 Uentrop-Schmehausen	HTR	300
SNR-300 Kalkar	SBR	295

c) geplant

Name Standort	Typ	Elektr. Leistung (MWe)
KKH Hamm-Uentrop	DWR	1231
KKP-2 Philippsburg	DWR	1281
Biblis C Biblis	DWR	1232
GKN-2 Neckarwestheim	DWR	796
Neupotz Neupotz	DWR	2 x 1230
Vahnum Vahnum	DWR	2 x 1230
KKI-2 Ohu	DWR	1250
KBR Brokdorf	DWR	1350
KWS-1 Wyhl	DWR	1350
KRL Rehling	LWR	2 x 1230
KKPt Pleinting	DWR	1240
KWB Borken	DWR	1240

d) stillgelegt

KKN Niederaichbach	SDWR	100

DWR = Druckwasserreaktor
HTR = Hochtemperaturreaktor
LWR = Leichtwasserreaktor
SBR = Schneller Brutreaktor
SWR = Siedewasserreaktor
SDWR = Schwerwasser-Druckwasserreaktor

3. *Anmerkungen*

1 Vgl. Nuclear Power Issues and Choices. Report of the Nuclear Energy Policy Study Group, Cambridge (Mass.) 1977. Deutsch: Das Veto. Der Atombericht der Ford Foundation, Frankfurt 1977.
2 Erste Fortschreibung des Energieprogramms der Bundesregierung, herausgegeben vom Referat Presse und Information des Bundesministeriums für Wirtschaft, Bonn, November 1974.
3 Stabilitätsgesetz im Bundesgesetzblatt Jahrgang 1967, Teil I, 582.
4 Mehr Wettbewerb ist möglich. Hauptgutachten der Monopolkommission, I, Baden-Baden 1976, 301 ff.
5 Erste Fortschreibung des Energieprogramms der Bundesregierung, herausgegeben vom Referat Presse und Information des Bundesministeriums für Wirtschaft, Bonn, November 1974, Tz 16.
6 Vgl. unten 53.
7 Vgl. KFA Jülich, Programmstudie Sekundärenergieträger, Jül-1148-SE, Dezember 1974, 11–15.
8 Angaben nach Programmstudie Sekundärenergieträger KFA Jülich, Jül-1148-SE, Dezember 1974. Basis ist die in der Bundesrepublik Deutschland eingesetzte Primärenergie ohne die Verluste bei Förderung und Transport der Primärenergieträger. Nutzenergie ist die Energie, die dem Endverbraucher zur Nutzung zugeführt wird. Verluste, die bei der Umwandlung durch den Verbraucher, z.B. durch schlechte Hausisolation, entstehen, sind nicht berücksichtigt. Aus der unterschiedlichen statistischen Bestimmung von Nutzenergie erklären sich die abweichenden Angaben über die Umwandlungsverluste auf Seite 50 dieser Studie.
9 Pro GWa werden ungefähr 200 Kg Plutonium erzeugt.
10 SIPRI-Yearbook 1975, herausgegeben vom Stockholm International Peace Research Institute, 28 f.
11 Eine ausführliche Begründung und Darstellung der Szenario findet sich im Beitrag von Ulrich Ratsch in diesem Band.
12 Zu Struktur und Konzentration in der Energiewirtschaft vgl.: Mehr Wettbewerb ist möglich, Hauptgutachten der Monopolkommission, I, Baden-Baden 1976, 299–461.
13 Uranium Resources, Production and Demand. Joint Report by the OECD Nuclear Energy Agency and the International Atomic Energy Agency, Paris 1975.
14 Vgl. Nuclear Power Issues and Choices. Report of the Nuclear Energy Policy Study Group, Cambridge (Mass.) 1977. 72 ff. Deutsch: Das Veto. Der Atombericht der Ford Foundation, Frankfurt 1977, 79 ff.
15 Bundesanstalt für Geowissenschaften und Rohstoffe, Die künftige Entwicklung der Energienachfrage und deren Deckung – Perspektiven bis zum Jahr 2000, Manuskript 1977, 5.
16 KFA Jülich, Programmstudie Sekundärenergiesysteme, Jül-1148-SE, Dezember 1974, 25.
17 Vgl. die Studie der Ruhrkohle AG: „Kostenvergleich Kernstrom/Steinkohlestrom" v. 25.11. 1976.
18 Vgl. dazu auch die Beiträge von Roman Bauer und Manfred Fischer in diesem Band, 91 ff. bzw. 105 ff.
19 Vgl. Strahlenschutzverordnung, § 45, in: Bundesgesetzblatt Jahrgang 1976, Teil I, 2921.

20 Vgl. Strahlenschutzverordnung, § 28, Abs. 3, in: Bundesgesetzblatt Jahrgang 1976, Teil I, 2915.
21 Vgl. The Toxicity of Plutonium, Medical Research Council, London: HMSO, 1975.
22 KFA Jülich und GfK Karlsruhe, Kernenergie und Umwelt, Jül-929-HT-WT KFK 1366, März 1973, 15 ff.
23 Vgl. Nuclear Power Issues and Choices, Report of the Nuclear Energy Study Group, Cambridge (Mass.) 1977, S. 201.
24 Vgl. H. Flohn, Energieproblem und Klima im 21. Jahrhundert, Atominformation 5/75, hrsg. vom Deutschen Atomforum, S. 3 ff.
25 Institut für Reaktorsicherheit. Untersuchungen zum Vergleich größtmöglicher Störfallfolgen in einer Wiederaufarbeitungsanlage und in einem Kernkraftwerk. Arbeitsbericht Nr. 290, August 1976.
26 Vgl. Reactor Safety Study (Rasmussen Report), WASH-1400 (Draft), 1974, 241.
27 Vgl. On Earthquake Risk for Nuclear Power Plants. Proceedings of the European Seismic Commission Symposium, Luxembourg 20.–22.10.1975, published by The Royal Netherlands Meteorological Institute, Publication Nr. 153.
28 Vgl. zum folgenden den Beitrag von Andreas Schuke in diesem Band, 119 ff.
29 Vgl. Vereinigung Industrielle Kraftwirtschaft (Hrsg.), Statistik der Energiewirtschaft 1975/76, Düsseldorf 1976, Tafel 12, 29 ff.
30 Vgl. die vorige Anmerkung sowie Statistisches Jahrbuch 1976 für die Bundesrepublik Deutschland, 178 ff.
31 Vgl. zum folgenden die Beiträge von Wolfgang Lienemann und Siegfried de Witt in diesem Band, 157 ff. bzw. 146 ff.
32 Vgl. Grundlinien und Eckwerte für die Fortschreibung des Energieprogramms, in: Bulletin des Presse- und Informationsamts der Bundesregierung Nr. 30 vom 25.3.1977, 278, Textziffer 33.
33 Vgl. ausführlich Hans-Joachim Biebers Beitrag in diesem Band, 130 ff.
34 Vgl. dazu und zum folgenden Abschnitt den Beitrag von Friedhelm Solms in diesem Band, 179 ff.
35 Vgl. dazu Carl Friedrich von Weizsäcker, Wege in der Gefahr, München/Wien, 1976, 30 ff.
36 Vgl. dazu den Beitrag von Bernhard Moltmann in diesem Band, 204 ff.
37 Vgl. Günter Howe (Hrsg.), Nichtverbreitung von Kernwaffen (Forschungen und Berichte der Evangelischen Studiengemeinschaft, Band 22), Witten 1968, sowie Beate Kohler, Der Vertrag über die Nichtverbreitung von Kernwaffen und das Problem der Sicherheitsgarantien (Schriften des Forschungsinstituts der Deutschen Gesellschaft für Auswärtige Politik, Reihe Rüstungsbeschränkungen und Sicherheit, Band 9), Frankfurt 1972.
38 Vgl. Karl Kaiser und Beate Lindemann (Hrsg.), Kernenergie und internationale Politik (Schriften des Forschungsinstituts der Deutschen Gesellschaft für Auswärtige Politik, Reihe Internationale Politik und Wirtschaft, Band 37), München/Wien, 1975, 52 und 192 ff. Zur Problematik vgl. Hans Peter Ipsen, Europäisches Gemeinschaftsrecht, Tübingen 1972, 233 ff. und 889 ff.
39 All African Conference of Churches, The Nuclear Conspiracy, Nairobi, 1977.
40 Vgl. Facing up to Nuclear Power, ed. by John Francis and Paul Abrecht, Edinburgh/Philadelphia, 1976, 104. Dazu auch Gerhard Lucke, in: Reaktortagung 1976, hrsg. vom Deutschen Atomforum, Bonn (1976), 432 ff.
41 Vgl. dazu besonders den Beitrag von Manfred Fischer in diesem Band, 109 ff.
42 H. Flohn, Energieproblem und Klima im 21. Jahrhundert, Atominformation 5/75, hrsg. vom Deutschen Atomforum, 3 ff.
43 Vgl. 26 f. u. 32.
44 Zu diesem „Elastizitätskoeffizienten" vgl. Bulletin des Presse- und Informationsamtes der Bundesregierung, Nr. 30 v. 25.3.1977, 267 f.
45 Vgl., 22.
46 Mehr Wettbewerb ist möglich. Hauptgutachten der Monopolkommission, I, Baden-Baden 1976, 422.
47 Vgl. dazu besonders die Argumente im Beitrag von Andreas Schuke in diesem Band, 123 ff.
48 Vgl. Hans Matthöfer (Hrsg.), Energiequellen für morgen?, Frankfurt 1976, 22.
49 Neben den im Jahre 1977 in Betrieb befindlichen Anlagen sind folgende im Bau befindliche Anlagen berücksichtigt: die Kernkraftwerke Isar (in Ohu), Unterweser (in Esensham), Philippsburg, Krümmel, Grafenrheinfeld, Mülheim-Kärlich, Gundremmingen II B und C, Uentrop und

Kalkar. Eine Liste der im Betrieb, im Bau oder in der Planung befindlichen und der stillgelegten Reaktoren findet sich im Anhang.

50 Hans Matthöfer (Hrsg.), Energiequellen für morgen?, Frankfurt 1976, 130 ff.

51 Vgl. Bruno S. Frey, Umweltökonomie, Göttingen 1972.

52 Vgl. A Time to Choose. America's Energy Future. Final Report by the Energy Policy Project of the Ford Foundation, Cambridge 1974, 72 sowie 131 ff.

53 Vgl. Recycling in der Materialwirtschaft. Stoffkreisläufe, Rückgewinnung, Abfallnutzung (Expandierende Märkte, Band 5), hrsg. vom Spiegel-Verlag, Hamburg 1975.

54 Vgl. F. W. Scharpf, Planung als politischer Prozeß, Frankfurt/M. 1973, 163 ff.

55 Scharpf, a.a.O., 56.

56 Vgl. zum folgenden die Vorschläge im „Gutachten zur geeigneten Organisationsform der wissenschaftlichen Beratung der Bundesregierung in Umweltfragen und zur geeigneten Form der Beratung bei der Durchführung von nichtministerieller Tätigkeit", in: Materialien zum Umweltprogramm der Bundesregierung, hrsg. vom Bundesminister des Innern, 1971, 574 ff.

ARGUMENTE

Ulrich Ratsch

Energieszenarien

1. Die Ausgangssituation

Um die Voraussetzungen eines möglichst reibungslosen Ablaufs all der Prozesse, die das Leben einer Industriegesellschaft ausmachen, auch für die Zukunft zu gewährleisten, muß heute dafür Vorsorge getroffen werden, daß die jetzt lebende und die kommenden Generationen auch künftig über Energiequellen verfügen.

Bau und Planung von Energieumwandlungsanlagen, wie z.B. Raffinierien oder Kraftwerken, erstrecken sich über Zeiträume bis zu 10 Jahren. Als Basis der Planung wird daher versucht, Prognosen des künftigen Energiebedarfs zu erstellen. Wegen der großen Zahl von Faktoren, die auf unterschiedliche Art den Energieeinsatz beeinflussen, sind solche Prognosen mit großer Unsicherheit behaftet. In Tabelle 1 sind einige Prognosen aufgeführt; man sieht, wie stark zu verschiedenen Zeiten oder von verschiedenen Autoren publizierte Prognosen voneinander abweichen.

Ein wesentliches Defizit vieler Prognosen besteht darin, daß in ihnen lediglich die erwartete Nachfrage an verschiedenen Energieformen aufgeführt wird. Die möglichen Auswirkungen und Konsequenzen der Realisierung der Prognosezahlen werden nicht untersucht. Anders ausgedrückt: Bei der Erstellung einer Prognose wird versucht möglichst genau vorherzusagen, welche Energiemengen in Zukunft benötigt werden, nicht aber, was es für den einzelnen Menschen, die Gesellschaft und die Umwelt bedeuten würde, wenn sich die Prognose als richtig herausstellte.

Bei Szenarien, von denen im folgenden die Rede sein soll, wird ein anderer Weg beschritten. Szenarien sind gedankliche Konstruktionen möglicher zukünftiger Entwicklungen, die aber nicht den Anspruch erheben, die tatsächlich sich ergebende Entwicklung richtig vorherzusagen. Die in Gedanken vorgenommenen Entwürfe der Zukunft sollen es ermöglichen abzuschätzen, welche Folgerungen ökologischer, gesellschaftlicher und ökonomischer Art sich aus dieser Entwicklung ergäben. Bildlich gesprochen, es soll abgeschätzt werden, wohin der Zug fährt, wenn Weichen auf eine bestimmte Weise gestellt werden.

In der Studie „Alternative Möglichkeiten für die Energiepolitik" werden zwei Szenarien vorgestellt, die extreme Positionen im gesamten Feld möglicher Szenarien markieren. Die einzelnen Aussagen dieser Szenarien, die in der Studie zum Teil nur

Tabelle 1
Prognosen des Energieverbrauchs (alle Angaben in Mio t SKE)

Quelle	1985	2000
Prognose der Europäischen Gemeinschaft von 1973 in: Deutscher Bundestag (1974)	(ca. 800)	1350
Bundesministerium für Wirtschaft (1973)	610	(ca. 920)
Mittelwert der Angaben von 10 Experten, 1974 in: Deutscher Bundestag (1974)	(ca. 600)	900
Bundesministerium für Wirtschaft (1974)	555	(ca. 760)
Kernforschungsanlage Jülich (1974)	550	760
H. Bossel et al. (1974) Szenario „Einsparung"	520	700
Szenario „bessere Nutzung"	460	440
Bundesministerium für Forschung und Technologie (1975)	590	890
Fichtner (1975), ohne Einsparmaßnahmen	590	860
mit Einsparmaßnahmen	550	760
Ziesing (1976)	494	683
H. Bossel und R.V. Denton (1976)		
Szenario „Mittlere Einsparung"	450	540
Szenario „Starke Einsparung"	440	400
Bundesregierung, Presse- und Informationsamt (1977)	496	(ca. 650)
ESSO (1977)	500	(ca. 650)
BP (1977)	480	625
Bundesministerium für Wirtschaft (1977)	482,5	600

Zahlenangaben in Klammern wurden durch Extrapolation oder Interpolation ermittelt, da für die jeweilige Jahreszahl in der zitierten Quelle keine Werte genannt sind.

aufgeführt und nicht begründet werden konnten, sollen in diesem Beitrag etwas ausführlicher erörtert werden.

2. Szenario I

Prämissen

a) Ständiges Wirtschaftswachstum ist für das Funktionieren unseres Wirtschafts- und Gesellschaftssystems unumgänglich. Zwischen Wirtschaftswachstum und Steigerung des Energieeinsatzes besteht eine enge Korrelation, daher muß auch der Primärenergieeinsatz ständig steigen.
b) Um die fortwährend zunehmende Nachfrage nach Endenergie zu befriedigen, muß für die Zufuhr steigender Primärenergiemengen gesorgt werden und die Zahl der technischen Anlagen zur Energieumwandlung (Raffinerien, Kraftwerke) vergrößert

Tabelle 2
Naturuuranbedarf und Plutoniumbilanz für verschiedene Kernenergiestrategien

	1985	2000	2025	2050
Kernenergie-Einsatz insgesamt (Mio t SKE)	81	320	780	1400
Strategie a: kein Einsatz von SBR SBR-Anteil	0	0	0	0
Strategie b: geringer Einsatz von SBR SBR-Anteil (Mio t SKE):	0	10	240	600
Strategie c: hoher Einsatz von SBR SBR-Anteil (Mio t SKE):	0	20	400	1300
Strategie d: extremer Einsatz von SBR SBR-Anteil (Mio t SKE):	0	20	540	1400
Natururanbedarf für die LWR bei				
Strategie a (Tausend t):	40	260	1200	3000
Strategie b (Tausend t):	40	260	940	2000
Strategie c (Tausend t):	40	250	800	1200
Strategie d (Tausend t):	40	250	680	850
Kumulierter Pluoniumbedarf für die SBR bei				
Strategie a (t):	0	0	0	0
Strategie b (t):	0	60	1440	3600
Strategie c (t):	0	120	2400	7800
Strategie d (t):	0	120	3240	8400
Kumulierte, verfügbare Pluoniummenge, erzeugt in LWR und SBR bei allen Strategien (t):	0	200–250	1500–1800	4000–5000

werden. Mit Energieeinsparung kann der Gefahr einer Energielücke nicht begegnet werden.

c) Alternative Energiequellen wie Sonnenenergie, Wind, Geothermie oder andere sind entweder nicht in ausreichender Menge vorhanden oder noch nicht technisch erschließbar oder zu teuer.

Erläuterung der Prämissen

Zu a: Die großen politischen Parteien, Gewerkschaften, Arbeitgeberverbände, Regierungen von Bund und Ländern sind sich darin einig, daß ohne stetiges Wachstum der Güterproduktion und -konsumtion ernste Krisen der Wirtschaft und der Beschäftigungslage zu erwarten seien[1]. Sie gehen weiterhin davon aus, daß zur Gewährleistung eines bestimmten Wirtschaftswachstums ein prozentual etwa gleich großer Zuwachs des Primärenergieeinsatzes unabdingbar sei. Lediglich die Höhe der mindestens erforderlichen Zuwachsraten wird unterschiedlich beurteilt; die Angaben liegen zwischen etwa 2 % pro Jahr[2] und 4 % pro Jahr[3]. In Szenario I wird, wie in der offiziellen Energiepolitik, die Richtigkeit der Wachstumsargumentation unterstellt. Nimmt man dies ernst, so bedeutet es, daß man ständiges Wachstum nicht nur für die nächsten zehn Jahre sondern weit darüber hinaus annehmen muß, solange zumindest, wie sich das Wirtschafts- und Gesellschaftssystem in der Bundesrepublik Deutschland nicht ändert. Denn in diesem Fall kann die Argumentation, mit der begründet wird, daß eine Reduktion der Wachstumsraten zu gefährlichen Krisen führen wird, morgen nicht falsch sein, sofern sie heute richtig ist. In Szenario I wird deshalb von stetigem Wachstum während des gesamten Zeitraumes ausgegangen, für den das Szenario entwickelt wird. In Zahlen ausgedrückt: Bis zum Jahre 2000 steigt der Primärenergieeinsatz in Szenario I durchschnittlich um knapp 3 % pro Jahr, dies entspricht der mittelfristigen Vorstellung der Bundesregierung[4], nach 2000 jährlich um 2 %. Diese Steigerungsrate liegt an der unteren Grenze der Werte, die von den Befürwortern ständigen Wachstums als notwendig angesehen werden, um krisenhafte Entwicklungen zu vermeiden. Die genannten Steigerungsraten bilden die numerische Darstellung von Prämisse a in Szenario I.

Zu b: Der Prämisse a liegt die Annahme zugrunde, daß der Bedarf an Energiedienstleistungen[5] stetig anwächst. Er wird durch den Einsatz von Endenergie in geeigneten Nutzungsgeräten und -einrichtungen gedeckt. Ein erhöhter Bedarf an Energiedienstleistungen kann prinzipiell auf zwei verschiedene Arten befriedigt werden. Entweder wird die Menge an Endenergie erhöht, die dem Energienutzungssystem zugeführt wird oder das Nutzungssystem wird so verändert, daß gleicher Endenergieeinsatz zu erhöhter Energiedienstleistung führt, z.B. durch bessere Isolierung von Hauswänden. Im zweiten Fall spricht man von rationellerer Energienutzung oder, weniger exakt, von Energieeinsparung.

Die Möglichkeiten zur Erhöhung der Energiedienstleistungen durch Steigerung des Nutzungsgrads bei gleichbleibendem Energieeinsatz werden unterschiedlich beurteilt. In der Argumentation der Befürworter stetigen Wachstums des Energieeinsatzes, an die sich Szenario I anlehnt, wird im allgemeinen der Möglichkeit rationellerer Energienutzung wenig Bedeutung beigemessen[6]. Die befürchtete Energielücke kann nach dieser Meinung nur durch Anstrengungen zur erhöhten Bereitstellung von Primärenergie vermieden werden. Von dieser Annahme geht Szenario I aus, in den oben genannten Steigerungsraten ist dieser Gedanke bereits berücksichtigt.

Zu c: Sofern man sich dafür entscheidet, steigender Nachfrage nach Energiedienstleistungen durch erhöhte Bereitstellung von Primärenergieträgern gerecht zu werden, hat man noch die Wahl zwischen verschiedenen Energiequellen. Man hat sich zu entscheiden zwischen

- fossilen Brennstoffen, also den konventionellen Energielieferanten, die zur Zeit fast ausschließlich zur Deckung der Energienachfrage herangezogen werden,
- der Kernspaltungsenergie, von der ihre Befürworter annehmen, daß sie in der Lage sei, die Energieversorgung auf lange Zeit sicherzustellen und
- regenerierbaren Energiequellen, wie Sonne, Wind, Wasserkraft und Geothermie, die den Vorteil haben, nicht erschöpflich zu sein und außerdem die Umwelt weit weniger zu belasten, als die nuklearen und fossilen Energieträger.

Trotz der unbestreitbaren Vorteile der zuletzt genannten Energiequellen stößt ihre Nutzung auf Schwierigkeiten. Zum einen ist das Angebot an diesen Energiearten pro Zeit- und Flächeneinheit auf der Erde verhältnismäßig gering und schwankt zeitlich sowie je nach geographischer Lage stark. Zum anderen wurde die technische Entwicklung zur Nutzung dieser Energiequellen bislang vernachlässigt. Dies hat zur Folge, daß die entsprechenden Umwandlungstechniken teilweise noch nicht voll ausgereift oder noch nicht wirtschaftlich konkurrenzfähig oder einfach zu wenig bekannt sind. Die Tatsache, daß die regenerierbaren Energiequellen zur Zeit noch nicht in hohem Maße genutzt werden können und – vor allem wegen der mangelnden Forschungsarbeit in der Vergangenheit – noch nicht exakt angegeben werden kann, wann und wieviel Energie aus diesen Primärenergiequellen gewonnen werden wird, führte häufig zu der Schlußfolgerung, diese Energieträger seien in Prognosen vernachlässigbar. In der Tat, wenn man von ständigem Wachstum der nachgefragten Energiemenge ausgeht, so muß man schon für die nahe Zukunft einen so hohen Primärenergieeinsatz erwarten, daß die regenerierbaren Energieträger nur einen kleinen Anteil zu decken in der Lage wären. Man kommt dann ohne aufwendige Investitionen und Forschungsmittel, etwa für die Kernenergienutzung, nicht aus. Dann fehlen nahezu zwangsläufig die Mittel zur Entwicklung der regenerierbaren Energiearten. Diese spielen daher in allen Prognosen, die von ständigem Wachstum ausgehen, eine sehr geringe Rolle oder sie werden gar nicht erwähnt[7].

Entwicklung des Energieeinsatzes in Szenario I

Aus den erläuterten Prämissen des Szenario I lassen sich Zahlenangaben für die Energiemengen ableiten. Diese sind in Tabelle 3 der Studie „Alternative Möglichkeiten für die Energiepolitik" (Seite 21 in diesem Band) angegeben.

Die Zahlen für den Primärenergieeinsatz ergeben sich auf der Basis der Zahlen von 1973 streng rechnerisch aus den unter Prämisse a angegebenen Wachstumsraten. Die übrigen Zahlen, also die Aufteilung der Primärenergie auf die einzelnen Energieträger, lassen sich nicht streng rechnerisch ermitteln. Vielmehr beruhen diese Zahlen, wie es bei der Entwicklung von Szenarien üblich ist, letztlich auf einer Festsetzung, die selbstverständlich im Einklang mit den Prämissen des Szenarios sein muß. Es muß im übrigen darauf hingewiesen werden, daß Zahlen nur dem Zweck dienen, Größenordnungen anschaulich zu machen, sie erheben nicht den Anspruch mathematischer Exaktheit. Bis zum Jahre 1985 stimmen die Werte überein mit den Angaben in der ersten Fortschreibung des Energieprogramms der Bundesregierung, bis zum Jahre 2000 entsprechen sie einer Energieprognose der Kernforschungsanlage Jülich[8]. Die Werte für die Zeit nach dem Jahre 2000 ergeben sich aus folgender Überlegung. Der bei Annahme eines ständigen Wachstums steil steigende Primärenergieeinsatz (Prämissen a und b) kann langfristig nur gedeckt werden, wenn die eingesetzten Mengen sowohl der fossilen Brennstoffe als auch der Kernenergie und der regenerierbaren Energieträger zunehmen[9]. Da in Szenario I angenommen wird, daß den regenerierbaren Energiequellen wenig Aufmerksamkeit gewidmet wird (Prämisse c), bleibt der Anteil dieser Energien am gesamten

Tabelle 3
Beispiele Geschätzter bzw. realisierter Energieeinsparungsmöglichkeiten

Verbrauchssektor	Einsparpotential	
Raumheizung	a) Durch technische Maßnahmen erreichbar: Bei Neubauten durch Mehrinvestitionen von 1–3 % der gesamten Baukosten	50 %[a]
	Bei Altbauten im Zuge von Renovierungen mit Mehrkosten von DM 3000–4000 (100 m² Wohnfläche)	bis 40 %[b]
	Davon z.T. in Heimarbeit durchführbare Maßnahmen	bis 25 %[c]
	b) Durch Änderung des Verbraucherverhaltens: Durch Wartung der Heizanlage, Temperaturregelung, Nachtabsenkung u.ä.	25–40 %[d]
Kfz-Verkehr	a) Durch konstruktive Änderungen mittelfristig erreichbar (Entwicklungszeitraum 5–15 Jahre)	10–15 %[e] bzw. 30–50 %[f]
	b) Durch Änderung des Fahrverhaltens und bessere Wartung erreichbar	30–50 %[g]
Industrie	Innerhalb von 4 Jahren verwirklichte Einsparung (Mittelwert aus über 20 Betrieben)	30 %[h]

a Bundesministerium für Forschung und Technologie (1976), 66–67
b a.a.O., 69–71
c a.a.O., 27–32
d a.a.O., 109–131
e Krell (1975), 32
f Bundesverband der Deutschen Industrie (1976), 23 ff.
g Frenzel (1975), 39
h Peter (1977), 30–33

Energieeinsatz gering. Die in Szenario I angesetzten Werte liegen allerdings etwas über denen, die in den gängigen Prognosen genannt werden[10]. Nur bei massiver Förderung des Einsatzes der regenerierbaren Energieträger ist eine stärkere Nutzung dieser Energien zu erwarten als in Tabelle 3 der Studie angegeben. Da dies, entsprechend Prämisse c, in Szenario I nicht angenommen ist, müssen fossile Brennstoffe und Kernenergie den Hauptteil der benötigten Primärenergiemenge liefern. Daher müssen in Szenario I auch die Beträge der Kernenergie und der fossilen Brennstoffe anwachsen. Bei beiden Energiearten aber stößt die Bereitstellung wachsender Energiemengen auf Schwierigkeiten.

Die verfügbare Menge fossiler Brennstoffe ist begrenzt durch die Knappheit der Reserven an Öl und Erdgas. Nach der jüngsten Studie der Bundesanstalt für Geowissenschaften und Rohstoffe[11] reichen die nachgewiesenen Reserven an Öl beim derzeitigen globalen Verbrauch bis zum Jahre 2010, bei einem Verbrauchsanstieg von 2 % pro Jahr nur bis 2002. Die nachgewiesenen Reserven an Erdgas werden im Jahre 2030 erschöpft sein, wenn der Verbrauch konstant bleibt, aber schon im Jahre 2012, wenn der Verbrauch weltweit um 2 % pro Jahr anwächst. Bei einem derartigen Verbrauchsanstieg wären die gesamten geschätzten Reserven an Erdöl im Jahre 2030 erschöpft, die gesamten geschätzten Erdgasvorräte im Jahre 2050. Dies bedeutet, daß die Kohle den Anteil der fossilen Brennstoffe spätestens vom Jahre 2050 an allein übernehmen muß. Da anzunehmen ist, daß der Energieverbrauch der Welt stärker ansteigen wird als mit 2 % pro Jahr, dürfte dieser Zeitpunkt noch früher liegen.

Der Verbrauch an Kohle würde sich also in der Bundesrepublik Deutschland um fast einen Faktor 4 erhöhen. Es muß bezweifelt werden, daß die inländische Förderung entsprechend ausgeweitet werden kann[12]. Es ist aber ebenfalls unsicher, ob die benötigte Menge an Kohle auf dem Weltmarkt beschafft werden kann, da man unter den Annahmen von Szenario I davon ausgehen muß, daß auch in anderen kohlefördernden Ländern der eigene Bedarf stark ansteigt und die Förderkapazität nicht beliebig erhöht werden kann[13]. In Szenario I wird unterstellt, daß es ungeachtet dieser Schwierigkeiten möglich sein wird, die in Tabelle 2 genannten Mengen an fossilen Brennstoffen aufzubringen. Würden geringere Werte angenommen, so müßten die Zahlen für Kernenergie entsprechend ansteigen.

Auch dem Ausbau der Kernenergie sind aber Schranken gesetzt. Ein Grund hierfür ist die Begrenztheit der Reserven an Uran (für Leichtwasserreaktoren) und Thorium (für Hochtemperaturreaktoren). Die Schätzwerte für die vermuteten, ökonomisch gewinnbaren Uranreserven liegen zwischen einer Million t Uran[14] und zwölf Millionen t Uran[15]. Der Uranbedarf aufgrund des geplanten Ausbaus der Kernenergie beträgt nach einer Schätzung der OECD[16] bis 2000 aber vier Millionen t Uran, bis 2025 zehn Millionen t Uran. Selbst wenn man die Thoriumreserven, die von der Bundesanstalt für Geowissenschaften und Rohstoffe auf etwa vier Millionen t geschätzt werden, hinzunimmt, sieht man, daß die Vorräte an Kernbrennstoffen ungefähr zur gleichen Zeit erschöpft sein werden wie die fossilen Energieträger, sofern die Nutzung spaltbaren Materials ausschließlich in Leichtwasserreaktoren und Hochtemperaturreaktoren erfolgt. Sollten z.B. die in Szenario I angegebenen Zahlen für die Kernenergie nur durch Einsatz von Leichtwasserreaktoren realisiert werden, so würden bis zum Jahre 2050 2,8 Millionen t Natururan benötigt. Mehr als 25 % der Reserven würden also in der Bundesrepublik Deutschland beansprucht, in der nach der Jahrhundertwende weniger als 1 % der Weltbevölkerung leben werden. Der Ressourcenengpaß, der in einem Szenario, das von ständigem Wachstum ausgeht, notwendigerweise auftritt, kann vielleicht durch Einführung des Schnellen Brutreaktors überwunden werden. Allerdings konnte bisher der Einwand nicht endgültig entkräftet werden, daß auch bei Einführung des Schnellen Brutreaktors, mit der frühestens 1995 zu rechnen ist, die vorhandenen Uranreserven den Zubau an Kernkraftwerken begrenzen werden. Der Grund hierfür liegt darin, daß das vom Schnellen Brüter benötigte Plutonium nicht in ausreichender Menge erzeugt wird, so daß noch lange nach dem Jahre 2000 neben den Schnellen Brütern auch Leichtwasserreaktoren gebaut und betrieben werden müssen. In Tabelle 2 sind für verschiedene Kernenergie-Zubaustrategien überschlägige Werte von Natururanbedarf, Plutoniumerzeugung in Leichtwasserreaktoren und Plutoniumbedarf der Schnellen Brüter zusammengestellt.

In Szenario I wird unterstellt, daß der vorgesehene Ausbau der Kernenergienutzung nicht durch Ressourcenerschöpfung verhindert oder auch nur begrenzt wird. Auch in diesem Fall aber kann der Zubau nicht beliebig schnell erfolgen. Grenzen des Zubaus sind gegeben durch die Belastung des Kapitalmarkts aufgrund der Investitionen beim Kraftwerksbau. Die Investitionskosten für einen Leichtwasserreaktor liegen bei etwa 1,5–2 Milliarden DM, für Schnelle Brutreaktoren werden mehr als 4 Milliarden DM geschätzt. Für den in Szenario I angenommenen Zuwachs der Kernenergienutzung wäre es erforderlich, daß im Jahre 2000 an Baustellen für vierzig Kraftwerksblöcke von 1000 Megawatt gearbeitet würde, im Jahre 2025 wären es mehr als fünfzig Baustellen, im Jahre 2050 schließlich mehr als fünfundsiebzig Baustellen. Mit diesen Zahlen soll darauf hingewiesen werden, daß ein Ausbau der Kernenergie wie er in Szenario I vorgesehen ist, keineswegs mühelos durchzuführen ist. Er ist mit ökonomischen Belastungen verbunden, die eine weitere Steigerung gegenüber den Daten von Szenario I unplausibel erscheinen läßt.

Da der Bereitstellung wachsender Energiemengen sowohl bei den fossilen Brennstoffen als auch bei der Kernenergie Schranken gesetzt sind, ist die Aufteilung des größten Teils der Primärenergie in Szenario I auf diese Energieträger als Kompromiß anzusehen. Jede Erniedrigung der Zahlen bei einer dieser Energieformen führt notwendig zu einer stärkeren Annäherung an die Schranken bei der anderen Energieart. Es wäre daher kaum sinnvoll, in Szenario I große Variationen der für Kernenergie oder fossile Brennstoffe genannten Zahlen anzunehmen. Kleine Änderungen sind freilich möglich, sie würden die Konsequenzen, die sich für Szenario I ergeben, aber nur unwesentlich modifizieren.

Folgerungen aus der Analyse von Szenario I

Im Teil „Thesen" und in einzelnen Beiträgen des Teils „Argumente" dieses Bandes sind die Konsequenzen ausführlich diskutiert, die sich aus einer Entwicklung gemäß Szenario I für die außenpolitischen Beziehungen einschließlich der Entwicklung der Länder der Dritten und Vierten Welt, für das Rechts- und Gesellschaftssystem der Bundesrepublik Deutschland und für die natürliche Umwelt ergeben. Man findet, daß eine Entwicklung entsprechend den Zahlen von Szenario I langfristig in eine Sackgasse führt, in äußerst problematische Situationen, die gekennzeichnet sind durch die Erschöpfung natürlicher Reserven, Bedrohung des rechtsstaatlichen Systems, irreversible Schädigung der Umwelt, die Gefahr einer nicht umkehrbaren Veränderung des Weltklimas und eine schwere Belastung internationaler Beziehungen.

Diesem Ergebnis wird entgegengehalten, die Zahlen von Szenario I seien völlig unrealistisch und entsprächen – vor allem für die Zeit nach dem Jahre 2000 – nicht der offiziellen Energiepolitik. In der Tat haben sich die Zahlen in verschiedenen Versionen des Energieprogramms der Bundesregierung[17] und auch in den Verlautbarungen nach der Veröffentlichung der „Grundlinien und Eckwerte für die Fortschreibung des Energieprogramms" stark verändert, die Prognosen wurden fortlaufend nach unten korrigiert. Aus eben diesem Grund aber war und ist es nicht möglich, ein Szenario zu entwickeln, das zahlenmäßig exakt die Regierungspolitik wiedergibt. Die Übereinstimmung in den einzelnen Zahlen ist aber gar nicht wichtig. Für die Ermittlung der langfristigen Konsequenzen der Energiepolitik anhand eines Szenarios ist es nur von Bedeutung, daß die Grundsätze, die ausgesprochen oder unausgesprochen die Richtung der Energiepolitik bestimmen, konsequent auch in dem Szenario befolgt werden. Die Grundzüge der Energiepolitik haben sich aber durch die Modifikation der Zahlen nicht verändert. Zwar wird von Politikern gelegentlich gesagt, daß die Energieverbrauchskurve abflachen und – in unbestimmter Zukunft – in eine Sättigung übergehen wird. Von den gleichen Politikern wird aber auch die These vertreten, daß ein Zuwachs des Primärenergieeinsatzes für unser Wirtschaftssystem unverzichtbar sei. Die beiden Aussagen stehen in einem offenen Widerstreit. Handlungsbestimmend für die gegenwärtige Energiepolitik ist allein die zuletzt genannte These. Planungen, die auf einen Übergang in eine Sättigung des Energieverbrauchs abzielen, werden auf unbestimmte Zeit vertagt. Daher muß ein Szenario, daß eine Extrapolation der gegenwärtigen Energiepolitik bei konstanten Handlungsmaximen darstellen soll, in der Art von Szenario I konzipiert sein.

Ein Ziel eines alternativen Ansatzes der Energiepolitik muß es sein, den Zuwachs des Energieverbrauchs zu bremsen. Szenario II soll einen möglichen Ansatz einer solchen Politik veranschaulichen.

3. Szenario II

Prämissen

Leitender Gedanke von Szenario II ist es, einen rationellen und ökologisch verantwortbaren Einsatz von Energie anzustreben. Dies drückt sich in den Prämissen von Szenario II aus.

a) Alle bekannten Techniken rationeller Energienutzung werden eingesetzt.
b) Die Nutzung regenerierbarer Energiequellen wird stark forciert.
c) Langfristig, etwa ab Mitte des nächsten Jahrhunderts, wird eine Stagnation des Energieverbrauchs erreicht.

Erläuterung der Prämissen

Zu a: Da jede Nutzung von Energie mehr oder weniger schädigend in die Ökosphäre eingreift, muß das Bestreben sein, so wenig Energie einzusetzen wie zur Bereitstellung einer bestimmten Dienstleistung erforderlich ist. So läßt sich zum Beispiel das Ziel, eine Wohnraumtemperatur von 20 °C aufrechtzuerhalten, erreichen durch

– Verbrennung von jährlich 6000 l Heizöl in der Heizung eines schlecht isolierten (aber den deutschen Bauvorschriften genügenden) Hauses oder
– Verbrennung von jährlich 3000 l Heizöl in der Heizung eines gut isolierten Hau-

ses, d.h. eines Hauses, in dem bekannte technische Methoden der Wärmedämmung angewendet wurden.

Beide Alternativen führen zu der gleichen Energiedienstleistung, der konstanten Raumtemperatur von 20 °C. Verallgemeinert man das Ergebnis dieses Beispieles, so kann man sagen, daß wachsender Bedarf an Energiedienstleistungen entweder durch steigende Energiemengen bei gleichbleibender Nutzungstechnik oder durch konstanten Energieeinsatz bei sukzessive verbesserter, d.h. rationellerer Energienutzung gedeckt werden kann.

In einer großen Zahl von Untersuchungen wurden die Möglichkeiten zur rationellen Energienutzung erforscht[18]. Sie kamen zu sehr unterschiedlichen Ergebnissen. Die Differenzen betreffen allerdings weniger die technische Realisierbarkeit von Potentialen rationellerer Energienutzung als die Abschätzung der Wirtschaftlichkeit und der Bereitschaft, diese Potentiale zu nutzen. Es ist nicht der Zweck dieses Beitrags, erneut alle bekannten Möglichkeiten rationellerer Energienutzung aufzulisten und die Realisierbarkeit abzuschätzen. Es wird aber insofern eine Wertung und Abschätzung des nutzbaren Potentials vorgenommen, als sich Szenario II insbesondere auf die genannte Studie von Bossel und Denton stützt und zwar speziell auf das dort entwickelte Szenario „mittlere Einsparung". Bossel und Denton nehmen relativ hohe Raten für die Verbesserung der Wirkungsgrade in der Energienutzung an. Sie kommen aufgrund ihrer Untersuchungen zu dem Ergebnis, daß es möglich ist, den Wirkungsgrad bei der Energienutzung allmählich so zu verbessern, daß zur Bereitstellung der gleichen Energiedienstleistung im Jahre 2000

in der Industrie	15 %
im Verkehr	20 %
im Sektor Haushalte und Kleinverbraucher	30 %

weniger Energie eingesetzt werden muß als heute. Bei Realisierung dieser Einsparpotentiale läßt sich der gleiche Anstieg des Bedarfs an Energiedienstleistungen verwirklichen wie in Szenario I, der dazu notwendige Primärenergieeinsatz ist aber um 33 % geringer.

Diese Werte müssen – entgegen einer häufig gehörten Ansicht – als realisierbar angesehen werden. In Tabelle 3 sind einige Beispiele berechneter oder in der Praxis realisierter Einsparpotentiale zusammengestellt. Die Beispiele betreffen die Heizenergie, die mehr als 80 % des Energiebedarfs in Haushalten und Kleinverbrauchern ausmacht, den Verkehrssektor und die Industrie. Die aufgeführten Beispiele aus der Industrie geben vielleicht kein repräsentatives Bild der Möglichkeiten rationellen Energieeinsatzes in der Industrie der Bundesrepublik Deutschland. Angesichts der großen Einsparerfolge, die dort in sehr kurzer Zeit erzielt wurden, erscheinen aber die Annahmen, die Szenario II zugrundeliegen, eher als vorsichtig. Dieser Eindruck verstärkt sich, wenn man berücksichtigt, daß bisher in der Industrie erhebliche Kapazitäten zur Stromerzeugung ungenützt bleiben. Es wurde abgeschätzt, daß durch Kopplung der Erzeugung von Prozeßwärme und von elektrischer Energie (Kraft-Wärme-Kopplung) eine elektrische Leistung von 15–20 Gigawatt verfügbar gemacht werden könnte[19]. Dies ist die elektrische Leistung von etwa 15–20 Kernkraftwerken.

Zu b: Die oben beschriebenen langfristigen Probleme und Risiken der Nutzung fossiler Brennstoffe und der Kernenergie nötigen dazu, alternative Energiequellen einzusetzen. Um Versorgungsschwierigkeiten vorzubeugen, sollte man regenerierbare Energieträger wählen. Unter diesen kommen der Sonnenenergie, der Windenergie und der Geothermie die größte Bedeutung zu.

Bevor auf diese Energien näher eingegangen wird, soll ein Wort zu den übrigen alternativen Energiequellen gesagt werden. Gemeint sind etwa die Gezeitenenergie, die Energie der Meereswellen, die thermische Energie der Meere, die Energie der Fließgewässer, die Müllverbrennung und die Biogaserzeugung[20]. Jede einzelne der genannten Energiearten könnte nur einen sehr bescheidenen Anteil unserer Energienachfrage decken. Sie werden deshalb meist gar nicht erwähnt. Dies ist aber nicht gerechtfertigt, da kleine, dezentralisierte Energieversorgungssysteme, eingebunden in ein großräumiges Verbundsystem, die Versorgungssicherheit auf lokaler Ebene erhöhen. Daher sollten alle Angebote regenerierbarer Energiequellen wahrgenommen werden, zum Beispiel ist daran zu denken, stillgelegte kleine Laufwasserkraftwerke zu reaktivieren.

Diese Maßnahmen können jedoch nur Ergänzungen zu einer forcierten Förderung der Energien bilden, die langfristig einen großen Anteil der Energienachfrage abdecken können.

Zunächst soll eine kurze qualitative Beschreibung der Anwendungsbereiche von Sonnenenergie, Wind und Geothermie erfolgen. Danach wird eine Abschätzung des nutzbaren Potentials gegeben.

Die Sonnenenergie wird, zumindest in naher Zukunft, fast ausschließlich für die Warmwasserbereitung und die Raumheizung eingesetzt werden. Die Kollektorsysteme, mit denen die Sonnenenergie für diesen Anwendungszweck aufgefangen wird, sind inzwischen auf dem Markt eingeführt. Auf längere Sicht wird auch die direkte Umwandlung in elektrischen Strom wirtschaftlich konkurrenzfähig werden. Es ist heute nicht möglich anzugeben, wann dies der Fall sein wird. Die Forschung auf diesem Gebiet macht aber schnelle Fortschritte und hat bereits Vorschläge erbracht, deren Realisierung innerhalb von 10–15 Jahren möglich erscheint[21]. Langfristig wird eine weitere Form der Sonnenenergienutzung an Bedeutung gewinnen: die Spaltung von Wasser in Wasserstoff und Sauerstoff. Hierzu sind verschiedene Verfahren denkbar, von denen nur zwei genannt werden sollen: die Photolyse, bei der das Wasser unter Verwendung von Katalysatoren direkt durch das Sonnenlicht gespalten wird und die Elektrolyse, bei der mit Hilfe der Sonnenenergie zunächst elektrischer Strom erzeugt wird, der das Wasser in Wasserstoff und Sauerstoff zerlegt. Das letztere Verfahren ist schon jetzt technisch einsetzbar, allerdings wirtschaftlich noch nicht konkurrenzfähig. Der Wasserstoff kann als Speicher- und Transportmedium der Energie der Sonnenstrahlen dienen. Wasserstoff kann wie Erdgas in Rohrleitungen transportiert werden. Dies haben Erfahrungen mit einem Wasserstoffverteilungsnetz von insgesamt 300 km Länge in der Bundesrepublik Deutschland gezeigt. In Szenario II ist angenommen, daß die Wasserstoffgewinnung mit Hilfe der Sonnenstrahlung nach dem Jahre 2000 zunehmend an Bedeutung gewinnt. Die Erzeugung von Wasserstoff in großen Mengen könnte zum

Beispiel in den Ländern des Mittelmeerraums, Nordafrikas und des Nahen Ostens erfolgen.

Die zweite bedeutende natürliche Energiequelle ist der Wind. Dieser wird heute auf die gleiche Weise genutzt, wie schon vor Jahrhunderten, nämlich durch Windräder, wenn auch die modernen Windenergiekonverter nur eine geringe Ähnlichkeit mit alten Windmühlen haben. Für die Windenergie gibt es verschiedene Anwendungsbereiche. Sie kann direkt als mechanische Energie genutzt werden, zum Beispiel zum Wasserpumpen, oder durch Reibung in Wärme verwandelt werden. Hauptsächlich aber wird sie zur Erzeugung von elektrischem Strom eingesetzt werden. Großanlagen zur Stromerzeugung sind, nach Angaben des Bundesministeriums für Forschung und Technologie, schon heute konkurrenzfähig[22]. Liest man dies, so fragt man sich, warum diese Energiequelle bisher kaum genutzt wird. Die Tatsache, daß Windenergie zeitlich nur unregelmäßig verfügbar ist, kann nicht als Erklärung dienen, denn die Schwankungen des Energieangebots lassen sich durch einen weiträumigen Verbund mehrerer Anlagen über das öffentliche Netz ausgleichen[23].

Die geothermische Energie könnte – wie die Sonnenenergie – einen Beitrag vor allem zur Versorgung mit Wärme bei niedrigen Temperaturen leisten (Raumheizung und Warmwasserbereitung). Durch Einspeisung in Fernwärmenetze könnte die Erdwärme in diesem Nutzungsbereich die fossilen Brennstoffe teilweise substituieren. Die zweite bereits realisierte Möglichkeit zur Nutzung der geothermischen Energie besteht darin, die Wärme in einem Kraftwerk in elektrischen Strom umzuwandeln[24]. Von den Problemen, die sich einer Nutzung der Geothermie in großem Maßstabe entgegenstellen, soll hier nur die Umweltbelastung kurz angesprochen werden; im übrigen wird auf die vom Bundesforschungsminister herausgegebene Studie verwiesen[25].

Gleichzeitig mit der Erdwärme werden umweltschädigende Stoffe, wie zum Beispiel Schwefelwasserstoff oder Salze, an die Erdoberfläche gefördert. Wird die Geothermie zur Stromerzeugung verwendet, so ergibt sich zusätzlich ein Abwärmeproblem. Wegen der relativ niedrigen Temperatur der Erdwärme sind die Umwandlungsverluste und damit die Abwärmebelastung der Umwelt sogar höher als bei konventionellen Wärmekraftwerken. Sofern die Nutzung der Geothermie mit der Ausbildung von Hohlräumen im Erduntergrund verbunden ist, könnte sie darüberhinaus zu einer Erhöhung des Erdbebenrisikos führen. Diese Probleme lassen sich teilweise dadurch lösen, daß die aus dem Erdreich geförderte Materie wieder zurückgepumpt und die Wärme in einem Sekundärkreislauf genutzt wird.

Da die Erforschung und die Entwicklung der regenerierbaren Energieträger bis zum Beginn der 70er Jahre stark vernachlässigt wurden, ist es heute schwierig, Angaben über das nutzbare Potential zu machen. Die Schätzungen liegen dementsprechend weit auseinander. Die Annahmen über den Einsatz regenerierbarer Energieträger in Szenario II stützen sich in auf die in Tabelle 4 wiedergegebenen Schätzungen. Bezugsjahr ist das Jahr 2000, aus den zitierten Studien sind also jeweils die für dieses Jahr zuttreffenden Zahlen aufgeführt. Die als „niedrige Schätzung" bezeichneten Werte beruhen auf einer Berechnung der Kernforschungsanlage Jülich[26]. Dort wurde das „wirtschaftlich nutzbare Potential" an Endenergie berechnet. Zur Ermittlung der entsprechenden Werte für die Primärenergie in Tabelle 4 wurden diese Zahlen durch den Gesamtwirkungsgrad

Tabelle 4
Beispiele für Schätzungen der nutzbaren Primärenergiemenge aus regenerierbaren Energiequellen für das Jahr 2000

	Sonnenenergie	Wind	Geothermie	Laufwasser	Summe
niedrige Schätzung	40–50	3–10	2	10	55–72
hohe Schätzung	70	40	2	10	122
technisch realisierbar	200	50	500	10	800

konventioneller Energienutzungssysteme dividiert. Diese betragen für die Warmwasserbereitung in einer Ölheizung im Sommer 10 %[27], im Winter 45 %[28], für die Raumheizung im Winter 50 %, für die Stromerzeugung 35 %. Bei der Bestimmung des „wirtschaftlich nutzbaren Potentials" wurde von den Autoren der zitierten Studie keine gezielte Förderung durch staatliche Maßnahmen vorausgesetzt, wie dies in Szenario II angenommen ist. Geht man von einer starken Förderung aus, so kommt man zu höheren Schätzungen des nutzbaren Potentials. Entsprchende Schätzungen sind in der zweiten Zeile von Tabelle 4 („hohe Schätzung") angegeben, soweit sie bekannt sind. Für die Geothermie sind mir solche Werte nicht bekannt, daher wurde die Zahl aus der ersten Zeile übernommen. In einer schweizer Studie[29], wird angenommen, daß im Jahre 2000 28 % des Bedarfs an Wärme bei niedrigen und hohen Temperaturen durch Sonnenenergie gedeckt werden kann. Überträgt man diese Prozentzahl auf den Bedarf an Niedertemperaturwärme der Bundesrepublik Deutschland, so erhält man im Rahmen der Annahmen von Szenario II den in Tabelle 4 genannten Wert von etwa 70 Millionen t SKE. Die „hohe Schätzung" für die Windenergie beruht auf Untersuchungsergebnissen, die auf einer Fachtagung der Deutschen Gesellschaft für Sonnenenergie vorgetragen wurden[30]. Um 40 Millionen t SKE aus Windenergie zu gewinnen, müßten allerdings etwa 10.000 Windenergieanlagen mit einem Rotordurchmesser von 100 m betrieben werden. In der Bundesrepublik Deutschland wären diese Anlagen in der Norddeutschen Tiefebene, und zwar vor allem in Küstennähe, sowie auf den Höhen der Mittelgebirge zu stationieren.

Die „technisch nutzbaren" Potentiale wurden der schon zitierten Studie des Bundesministeriums für Forschung und Technologie[31] entnommen. Die dort aufgeführten Endenergiemengen wurden in Primärenergiemengen umgerechnet, so wie es für die erste Zeile von Tabelle 4 beschrieben wurde. Diese Zahlen wurden in die Tabelle aufgenommen, um zu zeigen, daß bei entsprechendem politischen Willen noch weit größere Mengen an regenerierbaren Energieträgern erschlossen werden können als in Szenario II angenommen wird (vgl. Tabelle 4, oben S. 53). Mit diesen Zahlen kann außerdem gezeigt werden, daß die in Szenario II für das Jahr 2050 angenommenen Werte realisierbar sind. Eine Abschätzung des um die Mitte des nächsten Jahrhunderts wirtschaftlich nutzbaren Potentials erscheint nicht sinnvoll, da man davon ausgehen muß, daß sich bis zu diesem Zeitpunkt alle bestehenden Kostenrelationen verändern werden.

Alle genannten Zahlen beziehen sich auf die Nutzung der innerhalb der Bundesrepublik Deutschland zu gewinnenden Primärenergie. Die Möglichkeit, Sonnenenergie indirekt zu nutzen, indem Wasserstoff in ariden Zonen erzeugt und in die Bundesrepublik Deutschland transportiert wird, wurde schon erwähnt. In Szenario II wird angenommen, daß im Jahre 2050 etwa 270 Milliarden m^3 Wasserstoff importiert werden. *Zu c:* Auch bei fortwährenden Bemühungen um rationellere Energienutzung geht langfristig eine ständig steigende Produktion materieller Güter einher mit wachsendem Einsatz an Energie und Rohstoffen sowie stetig zunehmenden Eingriffen in die Natur. In der Studie „Alternative Möglichkeiten für die Energiepolitik" wird ausführlich diskutiert[32], daß dieser und eine Reihe weiterer Gründe dafür sprechen, die materielle Güterproduktion und den Energiefluß zu stabilisieren. Es wird gefolgert, daß eine Sättigung des Energieverbrauchs spätestens in der Mitte des nächsten Jahrhunderts erreicht sein muß. In Szenario II wird angenommen, daß der Energieeinsatz dann 600 Millionen t SKE beträgt (siehe Tabelle 4 der Studie).

4. Schlußbemerkungen

Mit Szenario II soll ein Ansatz der Energiepolitik zur Diskussion gestellt werden, der sich von der bisherigen Politik (dargestellt in Szenario I) deutlich unterscheidet. Im Hinblick auf die Verringerung der Energieverschwendung und auf den Einsatz regenerierbarer Energieträger werden Annahmen gemacht, die nur dann realisierbar sind, wenn Maßnahmen ergriffen werden, die heute allgemein als unpopulär angesehen werden. Der Übergang in eine Stabilisierung des Energieverbrauchs kann zeitweilig zu erheblichen Anpassungsschwierigkeiten führen. Dies wird in den Teilen „Thesen" und „Argumente" dieses Bandes dargelegt. Es wird aber ebenfalls begründet, daß es einer solchen grundlegenden Richtungsänderung der Politik bedarf, wenn noch tiefgreifendere Krisen vermieden werden sollen. Der Gegenüberstellung der beiden Szenarien liegt die Überzeugung zugrunde, daß es keine Energiepolitik gibt, die in Zukunft alle Krisen vermeidet. Es soll jedoch ebenfalls gezeigt werden, daß dies kein Grund sein kann zu resignieren und den gegenwärtigen Kurs der Energiepolitik für unabänderbar zu halten. In der Diskussion über die Möglichkeit einer Energiepolitik, die künftigen Generationen möglichst viele Optionen offenhält und möglichst wenige Restriktionen auferlegt, soll Szenario II einen Beitrag leisten.

Literaturverzeichnis

Arbeitsgemeinschaft der Großforschungsanstalten (AGF)/Angewandte Systemanalyse (ASA), Jahresbericht 1975, Köln 1976.

Barthelt, K., in: Forum SPD, Dokumente, Fachtagung „Energie, Beschäftigung, Lebensqualität", Köln 1977, 82–98.

Bossel, H. und Denton, R.V., Energiealternativen für die Bundesrepublik Deutschland: Drei Szenarien, in: H. Bossel u.a. (Hrsg.), Energie richtig genutzt, Karlsruhe: C.F. Müller 1976, 173–197.

Bossel, U., Möglichkeiten der Energiesparung im Haus und Haushalt, in: H. Bossel u.a. (Hrsg.), Energie richtig genutzt, Karlsruhe: C.F. Müller 1976, 20–56.

BP AG, (Hrsg.), Energie 2000. Tendenzen und Perspektiven, Hamburg 1977.

Bundesanstalt für Geowissenschaften und Rohstoffe (BGR), Kurzfassung des von der BGR erstellten Abschnitts III „Das Angebot von Energierohstoffen", in: Die künftige Entwicklung der Energienachfrage und deren Deckung – Perspektiven bis zum Jahr 2000, Hannover 1977.

Bundesministerium für Forschung und Technologie, (Hrsg), Auf dem Weg zu neuen Energiesystemen, Teil I, Bonn 1975.

Bundesministerium für Forschung und Technologie, (Hrsg.), Auswirkungen von Technik und Verhaltensweisen auf den Energieverbrauch. Daten und Fakten für energiesparende Maßnahmen in Haushalt und Kleinverbrauch, zusammengestellt von Dornier-System-GmbH, Friedrichshafen und Fichtner, beratende Ingenieure GmbH, Stuttgart, 1976, 1. Auflage.

Bundesministerium für Wirtschaft, (Hrsg.), Das Energieprogramm der Bundesregierung, Bonn 1973.

Bundesministerium für Wirtschaft, (Hrsg.), 1. Fortschreibung des Energieprogramms der Bundesregierung, Bonn 1974.

Deutsche Gesellschaft für Sonnenenergie, (Hrsg.), Tagungsbericht der Fachtagung „Energie vom Wind", Bremen 7./8.6.1977.

Deutscher Bundestag, Protokoll der energiepolitischen Anhörung des Deutschen Bundestags, Bonn, 6.11.1974.

Eidgenössische Kommission für eine Gesamtenergiekonzeption (GEK), Arbeitsgruppe Energie/Wachstum/Umwelt (EWU), Die Stabilisierungsvarianten, Studien zur schweizerischen Gesamtenergiekonzeption Band I Hauptbericht, Zürich 1975.

Energiesparbeirat, eingesetzt vom Österreichischen Bundesministerium für Handel, Gewerbe und Industrie, Tätigkeitsbericht, März 1975.

Esso AG, (Hrsg.), Energie nach Maß. Hinweise zur sinnvollen Energie-Verwendung in der Haustechnik, Hamburg 1977, 2. Auflage.

Fichtner, beratende Ingenieure GmbH, Abschätzung der Energie-Einsparungsmöglichkeit innerhalb der Bundesrepublik Deutschland, Stuttgart 1975.

Gesamtverband des deutschen Steinkohlenbergbaus, (Hrsg.), Steinkohle 1975/76. Jahresbericht 1975/76, Essen 1976.

Goetzberger, A. und Greubel W., Solar Energy Conversion with Fluorescent Collectors, in: Applied Physics Nr. 14, 1977, 123–139.

Grasse, W., Angewandte Systemanalyse (ASA), Jahresbericht 1976 der Programmleitung ASA in der Arbeitsgemeinschaft der Großforschungseinrichtungen (AGF), Köln 1977.

Gschwendtner, H., Mayer, H., Mückel, W.J., Ott, A.E., Wagner, A., Wirtschaftswachstum und Energieverbrauch in Baden-Württemberg, Gutachten in Auftrag des Staatsministeriums Baden-Württemberg, in: Forschungsberichte aus dem Institut für Angewandte Wirtschaftsforschung, Serie A Forschungsbericht Nr. 11, Tübingen 1975.

Höhr, H., Heizkraftkopplung spart Brennstoff und Devisen, in: Kraftanlagen AG, Rundbrief. Informationen aus der Praxis für die Praxis, Heidelberg 1975.

Kernforschungsanlage Jülich, Programmstudie „Sekundärenergiesysteme" (Kurzfassung) Jül/1148/SE, Jülich 1974.

Matthöfer, H., (Hrsg.), Energiequellen für morgen?, Frankfurt: Umschau 1976.

Organisation for Economic Co-Operation and Development/Nuclear Energy Agency (OECD/NEA), Uranium Resources, Production and Demand, Paris 1975.

Peter, R.W., Ein nationaler Energiesparplan (NESP), Gottlieb-Duttweiler-Institut, Rüschlikon/Zürich 1977.

Pfeiffer, A., in: Forum SPD, Dokumente, Fachtagung „Energie, Beschäftigung, Lebensqualität", Köln 1977, 45–51.

Presse- und Informationsamt der Bundesregierung (Hrsg.), Bulletin Nr. 30, Grundlinien und Eckwerte für die Fortschreibung des Energieprogramms, Bonn 1977.

Schmidt, A., in: Forum SPD, Dokumente Fachtagung „Energie, Beschäftigung, Lebensqualität", Köln 1977, 31–44.

Verein Deutscher Ingenieure (VDI), (Hrsg.), VDI-Berichte Nr. 250, Aktuelle Wege zu verbesserter Energienutzung, Düsseldorf 1975.

Ziesing, H.J., Der künftige Energieverbrauch in der Bundesrepublik Deutschland, in: Landeszentrale für politische Bildung Baden-Württemberg (Hrsg.), Der Bürger im Staat, 26. Jahrgang, Stuttgart 1976, 17–23.

Anmerkungen

1 Siehe z.B. Presse- und Informationsamt der Bundesregierung (1977), 267; A. Pfeiffer (1977), 45; A. Schmidt (1977), 31.
2 Gesamtverband des deutschen Steinkohlebergbaus (1976), 30.
3 H. Gschwendtner et al (1975), 66.
4 Presse- und Informationsamt der Bundesregierung (1977), 267.
5 Zum Begriff der Energiedienstleistung siehe die Studie „Alternative Möglichkeiten für die Energiepolitik" in diesem Band.
6 Siehe z.B. Barthelt (1977), 84–92.
7 Vgl. etwa die in Tabelle 1 zitierten Prognosen.
8 Kernforschungsanlage Jülich (1974), 11–18.
9 Hier wird nicht weiter untergliedert in z.B. Kohle, Öl, Gas und Sonne, Wind, Geothermie, da die mit Energienutzung verbundenen Probleme, wie Umweltbelastung und Verfügbarkeit für die einzelnen Energiearten innerhalb der Gruppe „fossile Brennstoffe" und „regenerierbare Energieträger" jeweils von gleicher Art sind.
10 Siehe z.B. Kernforschungsanlage Jülich (1974), 11–18; Bundesministerium für Forschung und Technologie (1975), I, 40–60; Arbeitsgemeinschaft der Großforschungseinrichtungen (AGF) (1976), II/66[1]; W. Grasse (1977), 15.
11 Bundesanstalt für Geowissenschaften und Rohstoffe (1977), 15.
12 Gesamtverband des Deutschen Steinkohlenbergbaus (1976), 26.
13 Ebda., 22.
14 OECD/NEA (1975), 17.
15 Bundesanstalt für Geowissenschaften und Rohstoffe (1977), 5.
16 A.a.O.,
17 Bundesministerium für Wirtschaft (1973), 4; Bundesministerium für Wirtschaft (1974), 18; Presse- und Informationsamt der Bundesregierung (1977), 268.
18 Als Beispiele seien hier genannt: Fichtner (1975); U. Bossel (1976); VDI (1975); Energiesparbeirat Österreich (1975); Eidgenössische Kommission für eine Gesamtenergiekonzeption (1975); BMFT (1976); H.-J. Ziesing (1976); R.W. Peter (1977); H. Bossel und R.V. Denton (1976).
19 H. Höhr (1975); zum gleichen Ergebnis kommt eine der Öffentlichkeit nicht zugängliche Studie der BP AG, Hamburg.
20 Die Kernfusion wird weder in der Studie „Alternative Möglichkeiten für die Energiepolitik" noch in diesem Beitrag gesondert behandelt. Dies liegt zum einen daran, daß es höchst unsicher ist, wann diese Energiequelle genutzt werden kann. Vor allem aber werden bei der Fusion ähnliche Probleme bezüglich der ökologischen und gesellschaftspolitischen Auswirkungen gesehen wie bei der Kernspaltungsenergie.
21 A. Goetzberger und W. Greubel (1977), 123.
22 H. Matthöfer (1976), 66.
23 Ebenda, 62.
24 Vgl. H. Matthöfer (1976), 102.
25 A.a.O., 91–111.
26 Wiedergegeben in H. Matthöfer (1976), 151.
27 U. Bossel (1976), 44.
28 Bundesministerium für Forschung und Technologie (1976), 171–174.
29 R.W. Peter (1977), A 7.
30 Deutsche Gesellschaft für Sonnenenergie (1977).
31 H. Matthöfer (1976), 151.
32 Vgl. insbesondere Teil II.

Roman Bauer

Ökologische Risiken durch Energieumwandlungsprozesse in Kraftwerken

Gewinnung, Umwandlung und Nutzung von Energie ist mit belastenden Nebenwirkungen für die Umwelt verbunden. Die in Szenario I der Thesen angenommene Entwicklung des Energiebedarfs, die sich weitgehend an das Energieprogramm der Bundesregierung[1,2] hält, sieht bis zum Jahre 2000 und darüber hinaus eine Energiebereitstellung durch *konventionelle* und *kerntechnische* Prozesse vor. Dementsprechend ist die Fortsetzung und wahrscheinlich auch eine Erhöhung bereits vorhandener Umweltbelastungen neben neu hinzukommenden radioaktiven Emissionen zu erwarten. Die Verwandlung von Primärenergie in Kraftwerken zu elektrischem Strom als Nutzenergie wird nach den offiziellen Prognosen[3] stärker ansteigen als andere Energieaufbereitungstechniken. Infolgedessen müssen als wichtigste umweltkritische Emissionen die drei Faktoren, Abwärme, Staub und Abgase, sowie radioaktive Nuklide in Betracht gezogen werden. Wärme, Staub und Abgase werden durch konventionelle Kraftwerke und Verbrennungsanlagen freigesetzt; Wärme und Radioaktivität durch Kernkraftwerke.

I. Konventionelle Emissionen: Wärme, Staub und Abgase

1. Wärmeabgabe an die Hydrosphäre – mögliche Folgen der Flußerwärmung

Durch Stromerzeugung in thermischen Kraftwerken entstehen prozeßbedingt große Mengen von Abwärme als Belastung für die Umwelt. Diese Abwärmemengen liegen bei dem jetzigen Stand der Technik zwischen 60 und 70 % der gesamten freigesetzten Primärwärme. Ihr Anteil kann durch entsprechenden technischen Aufwand nur geringfügig verringert, niemals aber ganz reduziert werden. Alle eingesetzte Primärenergie geht aus naturgesetzlichen Gründen letztlich in Wärme über, sie kann in dieser Form nicht vernichtet, sondern nur gleichmäßig in der Umwelt verteilt werden.

Die in Kraftwerken infolge der Kondensatorkühlung anfallenden Abwärmemengen werden entweder direkt in die Gewässer (Hydrosphäre) oder in die Luft (Atmosphäre) abgegeben. Die Abgabe in die Gewässer erfolgt in Form von *Frischwasserkühlung*, wobei einem Fluß oberhalb des Kraftwerks Wasser entnommen und nach Aufwärmung flußabwärts wieder eingeleitet wird. Die Aufwärmung des Flusses um eine bestimmte Temperaturspanne ist die Folge. Um diese Folgen in einem ökologisch vertretbaren Rahmen zu halten, wurden von der Länderarbeitsgemeinschaft Wasser[4] „Grundlagen für die Beurteilung der Wärmebelastungen von Gewässern" in Form verschiedener Restriktionen erarbeitet. Die erste Restriktionsbedingung besagt:

- Je nach Gewässerzustand darf die Aufwärmespanne Δ Tmax 3–5°C nicht überschreiten.
- Die maximale Temperatur des erwärmten Kühlwassers soll bei der Einleitung 30°C in der Regel nicht überschreiten, in Ausnahmefällen sind 35°C zulässig.
- Die Maximaltemperatur der Flüsse soll nach völliger Durchmischung 18°C bei quellnahen Salmonidengewässern und 28°C bei natürlich sommerwarmen Gewässern nicht überschreiten.

Verschiedene wissenschaftliche Institute rechnen nun das Kühlpotential der Oberflächengewässer in der BRD und die zeitlichen Grenzen seiner Ausschöpfung hoch. Sie legen dabei die von der Bundesregierung und den Elektrizitätsversorgungsunternehmen erwarteten Zuwachsraten bei Erzeugung und Verbrauch von elektrischer Energie (6–7 % pro Jahr) zugrunde. Eine Studie der Kernforschungsanlage Jülich[5] kommt unter diesen Voraussetzungen zu folgendem Ergebnis:

Die Frischwasserkühlkapazität des Rheins, für den als erstem Fluß ein genauer Wärmelastplan vorlag[6], ist mit 16.000–21.000 MWel installierter Kraftwerksleistung zwischen Aaremündung und holländischer Grenze im Zeitraum 1975 bis 1980 restlos ausgeschöpft. Eine grobe Abschätzung der Kühlkapazitäten aller übrigen binnenländischen Süßwasser ergibt, daß gegen Ende der 70er Jahre kein Kraftwerk mehr mit reiner Frischwasserkühlung errichtet werden kann.

- Eine ähnliche Studie des Kernforschungszentrums Karlsruhe[7] kommt unter optimistischen Annahmen (ΔT_{max} = 5°C) zu dem Ergebnis, daß die Frischwasserkühlkapazität des Rheins im Jahre 1982 erschöpft sein dürfte.
- Schließlich seien die Berechnungen des Frankfurter Battelle-Instituts[8] erwähnt. Dieses kommt zu dem Resultat, daß unter den gegebenen Restriktionen eine Kühlkapazität der binnenländischen Flüsse von 63 GWel genutzt werden könne und daß diese noch vor 1980 erschöpft ist.

An diesen Grenzen werden andere Kühlsysteme erforderlich. Solche sind zunächst die Frischwasserkühlung mit *Ablaufkühltürmen* und die *nasse Rückkühlung*. Hierbei wird die Abwärme über Kühltürme an die Atmosphäre abgegeben, wobei bei der nassen Rückkühlung durch direkten Luftkontakt des Kühlmittels ein Teil des Kühlwassers verdunstet. Die spezifischen Verdunstungsverluste bezogen auf 1 GWel Leistung werden von dem Battelle-Institut[9] mit 0,4 m^3/sec für fossile, und mit 0,66 m^3/sec für nukleare Leichtwasserkraftwerke beziffert. Die Studie der KFA-Jülich[10] nennt entsprechend 0,66 und 0,85 m^3/sec. Dies bedeutet einen ständigen Wasserverlust der Flüsse und deshalb wird eine zweite Restriktion ökologisch notwendig:

- Der Verdunstungsverlust durch Naßkühltürme soll die 3–5 %-Grenze des Mittels der jährlichen Niedrigstabflußrate (MNQ) nicht überschreiten.
- Die Jülicher Studie[11] kommt unter diesen Restriktionsbedingungen zu dem Ergebnis, daß aufgrund von Verdunstungsverlusten die Kühlwasservorräte in der BRD zwischen 1980 und 1985 erschöpft sein werden.
- Das Battelle-Institut[12] kommt zu dem Resultat, daß ab 1980 die zweite Restriktion (3 % MNQ) verletzt wird, daß bis 1985 4,6 % MNQ als Verdunstungsverlust wahr-

scheinlich sind, und daß bis zum Jahre 2000 9,5 % der Wasserführung der deutschen Flüsse durch Kühltürme und Oberflächenverdunstung infolge von Gewässererwärmung verdunsten, falls nicht vorher Trockenkühltürme installiert werden.

Die Wärmebelastbarkeit des Rheins erfährt durch die hohe Wasserverschmutzung eine weitere Restriktion. Dies hat seinen Grund in der *Sauerstoffkonzentration* als kritischer Größe. Ein physikalischer und ein biologischer Effekt verstärken sich hierbei in ihrer Wirkung. Im allgemeinen nimmt die Löslichkeit von Gasen mit steigender Temperatur ab. So beträgt unter Normalbedingungen die O_2-Sättigungskonzentration in Wasser bei 0°C 14,5 mg/l, bei 30°C nur noch 7,2 mg/l. Andererseits steigt mit höheren Temperaturen die Geschwindigkeit chemischer und physiologischer Prozesse, d.h. das Wachstum, und damit die Atmung.

Die Folge davon ist ein erhöhter Sauerstoffbedarf der atmenden Organismen. Nährstoffe und Substrate für Bakterien- und Algenwachstum sind in den mitteleuropäischen Flüssen reichlich vorhanden. Nach Schwoerbel[13] fielen in der BRD im Jahre 1970 über 100 m^3/sec Abwässer mit einer Trockensubstanz von 1 bis 1,3 g/l an, die zu 52 % überhaupt nicht, oder nur mechanisch gereinigt waren. Außerdem steigt der Gehalt an organischer Substanz infolge zunehmender Eutrophierung (Phosphateinleitung) der Gewässer durch beschleunigtes Zellwachstum weiter an. Durch diese Situation öffnet sich die „Sauerstoffschere", d.h. die Differenz von Angebot und Nachfrage derart, daß ganze Flußabschnitte „umkippen" können, und sauerstoffunabhängige Gärungs- und Faulprozesse überwiegen.

Als Beeinträchtigung des Lokalklimas durch Massierung von Naßkühltürmen müssen folgende Effekte in Betracht gezogen werden:

- Nebel- und Glatteisbildung in der Kraftwerksumgebung.
- erhöhte Niederschlagsneigung auf der Leeseite der Kühltürme.
- Erhöhung der atmosphärischen Gegenstrahlung durch die hohe Luftfeuchtigkeit und damit zunehmende Schwüle.
- Erhöhte Infektionsgefahr durch mengenmäßiges Versprühen von kontaminiertem Flußwasser (Bakterien).
- Geräuschbelästigungen durch Ventilator- oder Naturzugbetrieb der Kühltürme.
- Landschaftliche und eventuelle ästhetische Folgen: ein KKW der Leistung 1000 MWel benötigt zwei Kühltürme von je 125 m Höhe und ca. 100 m Durchmesser, wenn die Abwärme ausschließlich über Kühltürme abgegeben werden soll[14].

2. *Wärme, Staub und Abgasemissionen an die Atmosphäre: Mögliche Folgen der Erwärmung für das Großklima*

Die Belastung der Hydrosphäre durch Abwärme kann nur dann in ökologisch vertretbaren Grenzen gehalten werden, wenn bei weiterem Zubau von Kraftwerken ab Mitte der 80er Jahre *Trockenkühltürme* eingeführt werden. Dabei kommt aber bereits in langfristigen Perspektiven das Problem einer möglichen globalen Klimaveränderung in Sicht. Es sei nochmals daran erinnert, daß aus physikalischen Gründen letztlich der gesamte Betrag der eingesetzten Primärenergie (1973 = 3,75 x 10^8 t SKE in der

BRD) in Wärmeemissionen umgesetzt wird. Die durchschnittliche Sonneneinstrahlung in der BRD beträgt ca. 5×10^{10} to SKE[15] und damit kommt die anthropogene Wärmeentwicklung bereits an die 1 %-Grenze der natürlichen Sonneneinstrahlung heran. Globale Wärmeschwankungen von ca. 0,2 bis 0,6 % der globalen Sonneneinstrahlung bewirken aber nach Flohn[16] bereits *globale Klimaschwankungen* und langfristig *globale* Klimaveränderungen.

In diesem Zusammenhang müssen nun die Auswirkungen chemischer Emissionen aus konventionellen Verbrennungsanlagen mitberücksichtigt werden. Als deren wichtigste gelten: Schwefeldioxid (SO_2), Stickoxide (NO_x), ketten- und ringförmige Kohlenwasserstoffe (C_mH_n), Kohlenmonoxid (CO), Kohlendioxid (CO_2) und Stäube.

- SO_2 wird hauptsächlich durch Kohle- und Ölverbrennung in konventionellen Kraftwerken, in Haushalten und Industrie freigesetzt. In der BRD werden auf diese Weise etwa 4 Millionen t/Jahr emittiert[17]. Durch Brennstoff- und Rauchgasentschwefelung besonders bei großtechnischen Anlagen ist hier eine Verringerung der gesundheitlichen Gefährdung von Mensch und Natur in Zukunft prinzipiell möglich.
- Stickoxide, Kohlenwasserstoffe und Kohlenmonoxid werden bei allen Feuerungsanlagen, besonders aber im Verkehr durch Ottomotoren freigesetzt. Als Atemgift und Krebserreger[18] wirken sie nicht nur in Form von Primäremissionen, sondern vor allem auch durch wechselseitige fotochemische Reaktionen über ihre Sekundärprodukte in Form von Peroxyazethylnitraten (PAN), Aldehyden und Acrolein, als welche sie bei Inversionswetterlagen (photochemischer Smog) durch Anreicherung in der Atemluft besonders aggressiv auf den Gesundheitszustand wirken[19,20].
- Staub (Aerosole) und Kohlendioxid sind ebenfalls Emissionen konventioneller Verbrennungsprozesse. Die Zunahme des *CO_2-Gehaltes in der Atmosphäre* (normal 0,03 vol. %) ist mit der Verringerung der Vegetationsflächen und dem zunehmenden Verbrauch kohlenstoffhaltiger Brennstoffe korreliert. Von 1900 bis 1975 ist seine Konzentration in der Luft von 290 auf 330 ppm (parts per million) angestiegen. Bis zum Jahre 2000 ist global eine Konzentration von 400 ppm zu erwarten[21]. Die Auswirkungen von Staub und CO_2 auf die Umwelt sind in Verbindung mit der direkten Wärmeemission von Bedeutung. Denn als zweiter, nicht minder kritisch zu beurteilender zivilisatorischer Wärmeeffekt muß die indirekte Erwärmung durch den sogenannten *Treibhauseffekt* verschiedener vom Menschen in die Atmosphäre freigesetzter Chemikalien gelten. Einige solcher emittierter Substanzen haben starke Absorptionseigenschaften für elektromagnetische Strahlen im Infrarotbereich 7–14 μm, also gerade in jenem Wellenlängenbereich, in dem die Wärmerückstrahlung von der Erde in den Weltraum erfolgt. Sie „verstopfen" infolgedessen das „atmosphärische Fenster" und wirken so wie eine Wärmefalle, da dann aufgrund ihrer steigenden Konzentration in der Atmosphäre immer mehr Wärme von der Sonne eingestrahlt wird, als von der Erde im Gleichgewicht zurückgestrahlt werden kann.

Wang et al[22] zählen zu den primären Strahlungskomponenten, d.h. den unter dem Gesichtspunkt des Treibhauseffektes wichtigsten Stoffen, Kohlendioxid, Wasser und Ozon. Neben diesen verdienen aber auch eine Reihe von sog. Spurengasen aufmerksame Beachtung. Solche Spurengase sind zwar ihrer Konzentration nach in der Atmosphäre nur von geringer, ihren Absorptionseigenschaften im Infrarotbereich nach aber von stärkerer Bedeutung. Zu solchen Spurengasen zählen z.B. das Stickoxid (N_2O), Methan (CH_4), Ammoniak (NH_3), sowie die Salpetersäure (HNO_3). Zu den gasförmigen chemischen Stoffen kommen schließlich noch die sogenannten Aerosole, das sind Staubpartikel aus verschiedenen Komponenten, die als solche staubförmige Schwebestoffe in der Atmosphäre einen Abschattungseffekt und damit abkühlende Wirkung haben, durch ihre Absorptionseigenschaften für die Wärmestrahlung oft aber auch aufwärmend wirken können. Fischer[23] faßt summarisch die wichtigsten Effekte so zusammen:

– Mehr Wolken bedeutet Abkühlung.
– Mehr CO_2 bedeutet Erwärmung.
– Mehr Aerosol ist in seiner Auswirkung fraglich.

Es gilt als nicht sicher geklärt, welche Nettowirkung dieser verschiedenen einander zum Teil neutralisierenden, zum Teil verstärkenden Effekte in einem komplizierten Wirkungsgefüge letztlich und langfristig überwiegt, ob der Menschheit eine globale Eiszeit, oder eine Warmzeit bzw. Trockenzeit bevorsteht. Die größere Wahrscheinlichkeit scheint eine Weichenstellung in Richtung globaler Erwärmung zu besitzen[24]. Die direkte und indirekte anthropogene Wärmeproduktion kommt in absehbarer Zeit bei einem weiteren Ansteigen der Weltbevölkerung und des Energieverbrauchs pro Kopf in den Größenbereich, in dem über ein langsames Abtauen der polaren Eis- und Schneekappen eine Verschiebung tropischer und subtropischer Klimagürtel nach Norden möglich wird.

Nach Wang et al. bewirkt eine Verdoppelung der Spurengase N_2O, CH_4, NH_3, HNO_3 eine globale Temperaturerhöhung von ca. 1,2°C. Die Wirkung der Verdoppelung des atmosphärischen CO_2-Gehaltes allein liegt ebenfalls in dieser Größenordnung. Nach Flohn[25] bewirkt eine Verdoppelung des CO_2-Gehaltes zusammen mit den thermisch-hygrischen Wechselwirkungen und Rückkopplungen über das klimatische System (Erde-Ozean-Atmosphäre-Eis-Schnee) eine Erwärmung im globalen Mittel von 2,7°C, im Polargebiet sogar von 8–10°C. Die natürliche Klimalabilität und Schwankungsbreite ist nun aber bei einer Erdbevölkerung von 4 Milliarden Menschen kritischer zu betrachten als bei einer Milliarde, denn die künstliche Wärmeproduktion überlagert sich den natürlichen Schwankungen derart, daß die Warmphasen verstärkt, die Kaltphasen abgeschwächt werden.

Für den Meteorologen und Klimatologen ist das Risiko bei Energieerzeugung auf fossiler Brennstoffbasis höher zu veranschlagen als das auf der Basis der Kernspaltung, denn im ersten Falle entstehen Wärme und CO_2, im letzteren Falle nur die Wärme.

II. Radioaktive Emissionen aus Kernkraftwerken: Das Strahlenrisiko

1. *Größenordnung von natürlicher und künstlicher Strahlendosis*

Zur Berechnung und Abschätzung der bei den jeweiligen Ausbaustufen von nukleartechnischen Anlagen zu erwartenden Strahlenbelastung sind umfangreiche Prognoseberechnungen erforderlich. Hierzu werden als Einzelinformationen und Parameter unter anderem benötigt:

- Meßwerte von bereits betriebenen Anlagen und theoretische Berechnungen zum Emissionsausmaß über Luft- und Wasserweg aus Kernkraftwerken und Wiederaufarbeitungsanlagen im Normalbetrieb.
- Prognosen über die Bevölkerungsentwicklung sowie über den mutmaßlichen Pro-Kopf-Verbrauch an Energie im allgemeinen und elektrischen Strom im besonderen.
- Die daraus resultierende, den Bedarf abdeckende Kapazitätsberechnung in Form von Zahlenangaben über die benötigte elektrische Nettoleistung, sowie die Anzahl der auf 1000 MWel normierten konventionellen und nuklearen Kraftwerke und Wiederaufarbeitungsanlagen.
- Ausbreitungsberechnungen für die Emissionen bei verschiedenen Klima- und Wetterbedingungen in verschiedenen Standortklassen.
- Immissionsberechnungen, d.h. effektive Belastungsberechnungen für Mensch und Natur aufgrund angenommener und empirisch bereits ermittelter Belastungspfade über Nahrungsketten und Anreicherungsmechanismen.

Die Studie der KFA Jülich[26] kommt mit den Wachstumsprognosen für den Energie- und Strombedarf, die sich bis 1985 weitgehend mit der offiziellen Prognose der Bundesregierung decken[27], und unter Berücksichtigung der oben beschriebenen Randbedingungen zu folgenden Belastungsschätzungen:

Die über den Luftpfad zu erwartende Strahlenbelastung am ungünstigsten Ort der Umgebung kerntechnischer Einzelanlagen wird für Reaktoren (SWR, DWR, HTR, SBR) geschätzt auf:

Gesamtkörper	0,008–0,017 mrem/a
Schilddrüse	0,570–6,200 mrem/a

Für Wiederaufarbeitungsanlagen (Rückhaltefaktor RF=100):

Gesamtkörper	0,340–0,580 mrem/a
Schilddrüse	14,4– 15,7 mrem/a

Als kumulative Belastung durch ein dichter werdendes Kernkraftwerksnetz in der BRD, d.h. als integrierte, flächengemittelte *mittlere Strahlendosis* werden für die jeweilige Ausbaustufe folgende Werte berechnet:

Ausbaustufe 1985 – 100 GWel:

Gesamtkörper	0,002 mrem/a
H–3, Kr–85, XE–133	
Schilddrüse	0,5 mrem/a
J–133, J–129	

Ausbaustufe 2020 – 400 GWel:

Gesamtkörper	0,01 mrem/a
Schilddrüse	1–2 mrem/a

Ausbaustufe 2070 – 540 GWel:

Gesamtkörper	0,02 mrem/a
Schilddrüse	2,4 mrem/a

Die Hautdosis liegt bis zu einem Faktor 10 über der Gesamtkörperdosis, bleibt aber nach dieser Ausbaustufe immer noch unterhalb einem mrem/a.

Die Jülicher Studie geht dabei von einer künftig technisch realisierbaren 99 %igen Rückhaltung (RF=100) aus. Sie räumt ein, daß gegen Ende des Berechnungszeitraumes in der Nähe von Wiederaufarbeitungsanlagen ohne die genannten RF-Werte Gesamtkörperdosen von 50–100 mrem/a und Schilddrüsendosen von 160 mrem/a (RF-Wert für J–129 nur 100) erreicht werden.

Als Belastungen über den Wasserpfad wird errechnet, daß an Rhein und Donau die Jahresdosis hauptsächlich durch Trinkwassernutzung für Gesamtkörper und einzelne Organe von 1970 bis 2070 etwa von 0,001–1 mrem ansteigt.

Zu leicht abweichenden Ergebnissen aufgrund von Ausbreitungsberechnungen kommt eine Studie des Kernforschungszentrums Karlsruhe[28]. Diese errechnete für die Standorte am Oberrheingraben und Neckar zwischen Biblis und Basel folgende lokale maximale Erwartungswerte für 1985:

Kraftwerke:

Ganzkörper	ca. 0,1 mrem/a
Schilddrüse	ca. 2–5 mrem/a

Wiederaufarbeitungsanlage Karlsruhe:

Ganzkörper	ca. 20 mrem/a
Schilddrüse	ca. 20 mrem/a

Als Gesamttritiumkonzentration im Rhein bei Mainz werden für das Jahr 2000 etwa 10^{-6} Ci/m^3 erwartet.

Es sei betont, daß die Schlüssigkeit dieser komplizierten Berechnungen hier nicht nachvollzogen oder kontrolliert werden kann. Auch ist keine Stellungnahme zur statistischen Fehlerabschätzung oder zum Signifikanzniveau der Zahlenangaben möglich. Daß die Zahlen für die mittleren Jahresdosen in mrem bis zur dritten Stelle hinter dem Komma angegeben werden, dürfte diese Prognosen auch dem mathematischen Laien mehr als „theoretische Orientierungswerte“ erscheinen lassen.

Diesen Dosis-Erwartungswerten durch kerntechnische Anlagen müssen die übrigen Strahlenexpositionen im Alltag entgegengehalten werden. Solche sind vor allem die *natürliche Strahlung* sowie Belastungen durch *medizinische Behandlung*. Die natürliche Strahlenbelastung beträgt in Mitteleuropa je nach Standort zwischen 90 und 110 mrem/a und zwar als:

kosmische Strahlung	ca. 30 mrem/a
terrestrische Strahlung	ca. 60 mrem/a.
inkorporierte Strahlung	ca. 20 mrem/a

Die medizinische Bestrahlung durch Röntgendiagnostik wird auf 50 bis 60 mrem/a geschätzt[29]. Somit ist der Durchschnittsmensch in der BRD einer Strahlendosis von insgesamt etwa 170 mrem/a ausgesetzt. Die Strahlenbelastung wird vom Gesetzgeber durch Grenzwerte und Auflagen eingeschränkt. Diese sind in der jetzt gültigen Form in der neuen Strahlenschutzverordnung[30,31], die am 1. April 1977 in Kraft getreten ist, enthalten. Hierin werden als Ganzkörperdosis über den Luft- und Wasserpfad je 30 mrem/a und als Schilddrüsendosis 90 mrem/a festgesetzt. Kernkraftwerke müssen so konstruiert sein, daß selbst beim ungünstigsten Störfall Einzelpersonen in der Umgebung keine höhere Strahlenbelastung erhalten als sie für beruflich mit Strahlen umgehende Personen zugelassen ist, das sind 5 rem/a.

Die Frage ist berechtigt, inwiefern solche theoretischen Erwartungswerte und juristische obere Grenzwerte mit der Realität übereinstimmen. Erfreulicherweise liegen Erfahrungen durch größere Unfälle noch nicht vor. Die Jahresberichte der Landesanstalt für Umweltschutz Baden-Württemberg in Karlsruhe vom Oktober 1970 bis Oktober 1975 über die Überwachung des Strahlenpegels innerhalb und außerhalb des Betriebsgeländes des Kernkraftwerks Obrigheim und des Kernforschungszentrums Karlsruhe zeigen aber, daß örtlich und zeitweilig beim Normalbetrieb ein Mehrfaches des Dosisgrenzwertes erreicht wird und daß durch kleinere Unfälle ein Vielfaches der zulässigen Emissionsmengen für einzelne Nuklide in die Erde, das Abwasser oder die Luft gelangen können[32].

2. *Größenordnung der zu erwartenden Schäden*

Es gilt als gesichertes Erfahrungswissen der biologischen Wissenschaften, daß die Wechselwirkung energiereicher *ionisierender Strahlen* mit organischen Strukturen je nach Gewebeart zu somatischen, genetischen und embryonalen (teratogene) Strahlenschäden führt. Zu den schwerwiegendsten Folgen der Bestrahlung von Körperzellen gehören die verschiedenen Formen von *Krebs*. Die Bestrahlung von Keimzellen führt zu Mutationen, das sind in den meisten Fällen *Erbschäden*. Die Bestrahlung von embryonalem Gewebe erhöht das Risiko für *Mißbildungen*.

Drei Bereiche von Strahlenexpositionen lassen sich abgrenzen, die zu Untersuchungen über die Risikoerhöhung bei Menschen herangezogen werden können:

- Die Opfer der Atombombenexplosion von Hiroshima und Nagasaki.
- Die berufliche Exposition von Röntgenärzten und Uranbergarbeitern.
- Medizinische Strahlentherapie bei Patienten.

Eine der gründlichsten und umfassendsten Arbeiten hierzu ist der BEIR-Report[33]. Dieser wurde erstellt durch ein Komitee kompetenter Fachwissenschaftler aus den USA, das von der National Academy of Science zu dem Zweck berufen wurde, eine komplette Auswertung möglichst aller vorliegenden Bestrahlungsfälle der menschlichen Population vorzunehmen, um die Belastung durch die Energiegewinnung mit Kernkraft abzuschätzen und die Regierung bei der Festsetzung von Strahlenschutzrichtlinien zu beraten. Da Meßwerte für Strahlenbelastung im niedrigen Dosisbereich (mrem bis einige rem/a) kaum vorliegen, schätzt man den Effekt durch Rückextrapolation der im hohen Dosisbereich vorliegenden Meßwerte zu niedrigen Dosiswerten.

Krebs: Der BEIR-Report schätzt für Dauerbestrahlung im niedrigen Dosisbereich die Anzahl der Krebsfälle, die über die natürliche Hintergrundstrahlung und die Spontanrate hinaus pro Million rem-Jahr, das sind eine Million Einwohner, die über ein Jahr hinweg mit der Dosis von 1 rem bestrahlt werden, zu erwarten sind, und kommt zu folgendem Ergebnis:

letale Krebsfälle 175 Fälle/10^6 rem-Jahre
90 %ige obere und untere Erwartungsgrenze
90–450 Fälle/10^6 rem-Jahre
gesamte Krebsrate, d.h. letale, heilbare und chronische Fälle
350 Fälle/10^6 rem-Jahre
90 %ige obere und untere Erwartungsgrenze
180–90 Fälle/10^6 rem-Jahre
Jacobi[34] gibt als Erwartungswert im Dosisbereich unterhalb 50 rad an:
10 Gesamtfälle/10^6rad/Jahr
Schmitz-Feuerhake[35] gibt in einer Literaturauswertung für die wichtigsten Krebsarten (Brust, Lunge, Schilddrüse und Leukämie) an:
420 Fälle/10^6 rem
Als Häufigkeit aller Karzinome:
620 Fälle/10^6 rem
Die übrigen Literaturangaben liegen im Bereich dieser Größenangaben. Die relativ große Differenz zwischen 350 Gesamtfällen einerseits (BEIR-Report) und 10 andererseits (Jacobi) erklärt sich hauptsächlich daraus, daß der BEIR-Report von einer pessimistischen Schätzung ausgehend die lineare Extrapolation, Jacobi dagegen weniger pessimistisch eine linear-quadratische Extrapolation als genügend konservative Schätzung beurteilt.

Bei einem Anteil von Krebs an den gesamten Todesursachen von etwa ein Fünftel (Jacobi: 19 %) müssen diese Zahlen in ein Verhältnis mit der spontanen Krebsrate (ca. 200000/10^6 Todesfälle) gesetzt werden. Nach dem BEIR-Report beträgt dann das zusätzliche, *relative Krebsrisiko*, das ist der Prozentsatz, um den die spontane Krebsrate pro rem ansteigt, etwa 0,2 %/rem. Es liegt damit praktisch bei niedrigen Strahlungsdosen unterhalb der signifikanten Nachweisgrenze aufgrund der starken räumlichen und zeitlichen Fluktuation der spontanen und durch andere Ursachen (besonders Chemikalien) bewirkten Krebsrate.

Mutationen: Es herrscht Konsens unter den Genetikern darüber, daß Mutationen überwiegend schädliche Wirkungen haben. Im Gegensatz zu der somatischen Strahlenwirkung, dem Krebs, kommen die Mutationen nicht beim bestrahlten Individuum zum Vorschein, werden also nicht beim Tode des Mutationsträgers gelöscht, sondern werden nach Maßgabe der Reproduktionshäufigkeit des Trägers verschieden stark an die nachfolgenden Generationen weitergegeben. Hierdurch verbreiten sie sich, je nachdem ob es sich um dominante oder rezessive Mutationen handelt, verschieden weit und schwer kontrollierbar in der Population. Eine messende Verfolgung solcher Effekte und ihre Rückdatierung auf bestimmte auslösende Ursachen ist infolgedessen – wenn überhaupt – nur in Form von statistischen Aussagen, die möglichst viele Generationsabfolgen einbeziehen, möglich. Es ist unumgänglich bei dem relativ kurzen Beobachtungszeitraum für solche wissenschaftlichen Abschätzungen an der Spezies Mensch, auch die Ergebnisse von Tierexperimenten mitheranzuziehen. Der BEIR-Report kommt unter Annahme einer linearen Dosis-Wirkung-Beziehung zu folgender Schätzung:
Als *absolutes Mutationsrisiko* wurde bei der Maus eine Mutationsrate gemessen von
0,25 x 10^{-7}/rem, Gen und Generation.

Als *spontane Mutationsrate* für den Menschen wurde geschätzt:

$$0{,}5 \times 10^{-6} - 0{,}5 \times 10^{-5}\text{/Gen und Generation}$$

Daraus ergibt sich eine Verdoppelungsdosis von 20–200 rem. Das *relative Mutationsrisiko*, das ist die Erhöhung der spontanen Mutationsrate, beträgt demnach bei Verrechnung dieser Daten auf den Menschen:

0,5–5 %/rem, Gen und Generation.

Nach einzelnen, erblich bedingten Krankheitsgruppen aufgeschlüsselt kommt der BEIR-Report zu den in Tabelle 1 enthaltenen Angaben.

Tabelle 1: Geschätzter Dosis-Effekt von 5 rem/Generation (genetisch signifikante Gonadendosis in den ersten 30 Lebensjahren), aufgefächert in erblich bedingte Krankheitsklassen und bezogen auf eine Populationsgröße von einer Million Individuen (nach BEIR-Report).

Krankheitsklasse	gegenwärtiges Vorkommen	Zusätzlicher Effekt von 5 rem/Generation 1. Generation	genetisches Gleichgewicht
dominante Krankheiten	10.000	50–500	250–2.500
Chromosomale u. rezessive Krankheiten	10.000	relativ wenig	sehr geringe Zunahme
angeborene Anomalien	15.000	––	––
später auftretende Anomalien	10.000	5–500	50–5.000
konstitutionelle u. degenerative Krankheiten	15.000	––	––
Gesamt:	60.000	60–1.000	300–7.500

Es sei betont, daß ein großer Teil der Mutationseffekte, besonders solche von Chromosomen-Mutationen nie registriert werden können, da sie in Form von Spontanaborten im embryonalen Frühstadium (mehrzelliger Keim) ein weites Dunkelfeld darstellen. Der BEIR-Report setzt als oberen Grenzwert für die genetisch signifikante Gonadendosis 5 rem/Generation an, das sind auf den Menschen bezogen 5 rem in den ersten 30 Lebensjahren oder ca. 170 mrem/a.

Mißbildungen: Als Primärursache von Fehlentwicklungen kommt neben anderen Ursachen die Abtötung oder schwere Schädigung von undifferenzierten Mutter- und Stammzellen sowie somatische Mutationen durch energiereiche Strahlung in Frage. Ihre Hauptwirkungen sind je nach Organ und Gewebe *Zwergwüchsigkeit*, *Mikrozephalie* und Minderung geistiger Fähigkeiten. Zur Ergänzung der wenigen aussagefähigen humanmedizinischen Befunde auf diesem Gebiet zieht der BEIR-Report die Ergebnisse von Bestrahlungsexperimenten an Tieren mit heran.

Die Auswertungen entsprechender Fälle unter den japanischen Atombombenopfern deuten darauf hin, daß die gefährliche, strahlensensible Entwicklungsphase in den ersten 15 Schwangerschaftswochen liegt, und daß der Schwellenwert für morphologische Veränderungen infolge von Bestrahlung in der pränatalen Entwicklungsphase bei 25–50 rad anzusetzen ist. Einigen Untersuchungen zufolge muß bei Bestrahlung besonders während der späten Schwangerschaft mit einer Erhöhung des Risikos für Krebstod während der ersten 10 Lebensjahre gerechnet werden (1 Fall/2000 Kinder und rad). Gezielte Tierexperimente ermöglichen präzisere und reproduzierbarere Aussagen: Gelegentliche Abtötung von Keimzellen erfolgt in sensiblen Entwicklungsphasen schon bei wenigen rad. Leichte aber irreversible Veränderungen von Nervenzellen sind schon nach Bestrahlung mit 10 bis 20 rad festzustellen. Verhaltensänderungen wurden erst bei applizierten Dosen von mehr als 25 rad registriert[36]

Damit kann festgehalten werden: Wenn und insofern die Jahresdosis durch Kernkraftwerksemission beim unfallfreien, kontrollierten Normalbetrieb unterhalb der festgelegten Dosisgrenze von 30 mrem bleibt, so ist das zusätzliche Strahlenrisiko gegenüber dem spontanen Krebs-, Mutations- und Mißgeburtenrisiko gering und als statistisch signifikant schwer nachweisbar.

Die Einhaltung dieses Grenzwertes hat zur Voraussetzung, daß die bei der Festsetzung und Definition dieser Dosiswerte wissenschaftlich noch offenen, aber dem Informationsstand entsprechend zur sicheren Seite hin abgeschätzten Fragen nicht durch eine pessimistischere Einschätzung überholt werden müssen. Solche noch ungeklärten Fragen sind unter anderen: Synergistische Wirkung von radioaktiver Strahlung mit anderen Umwelteinflüssen und Lebensgewohnheiten (Chemikalien, Nahrungsmittel, Rauchen etc.), bisher unentdeckte Belastungspfade und Anreicherungsmechanismen für bestimmte Organe, die Dosis-Wirkung-Beziehung bei Dauerbelastung mit geringen Dosisraten, die relative biologische Wirksamkeit (RBW) verschieden harter Strahlenarten in Bezug auf verschiedene Gewebearten, die technische Realisierbarkeit der angestrebten Rückhaltefaktoren für leicht flüchtige Nuklide und andere mehr. Sollten sich einer oder gar mehrere dieser Punkte als zu optimistisch beurteilt herausstellen, so dürften die oben angegebenen Grenzwerte relativ schnell örtlich und zeitweilig um ein mehrfaches überschritten werden.

Das eigentliche Strahlenrisiko erwächst aber nicht sosehr aus dem störungsfreien Normalbetrieb von Kernkraftwerksanlagen der sogenannten 1. Generation, als vielmehr durch die Möglichkeit von Unfällen und Sabotagen aus dem mit der Einführung von Kraftwerken der 2. Generation gekoppelten integrierten Entsorgungsprojekt. Dieses läßt sich durch die Stichworte charakterisieren: Schneller Brüter, Wiederaufarbeitungsanlage, Plutonium-239, Zwischenlagerung von hoch radioaktivem Müll, Konditionierung, Endlagerung. In diesem Feld kann aber jede noch so detaillierte Sicherheitsberechnung ihren hypothetischen Charakter nicht abstreifen, d.h. konkret, daß die Menge der berücksichtigbaren Sicherungsfälle immer kleiner als die Menge der real möglichen Unfälle sein wird. Außerdem sind die Ausmaße der Auswirkungen von Unfällen hier im kontinuierlichen Übergangsfeld von ‚harmlos' bis ‚katastrophal' anzusetzen. Auch geringste Wahrscheinlichkeiten müssen hier mit einem Gewichtungsfaktor versehen werden, der die statistisch gegebene ‚Vernachlässigbarkeit' eines Störfalles wieder aufheben kann. Um das Gesagte zu verdeutlichen, sei folgender hypothetischer Fall skizziert:

Angenommen, es ereignen sich in einer Energie-Erzeugungslandschaft mit Anlagen der 2. Generation mehrere Unfälle, bei denen ausreichende Plutoniummengen freigesetzt und über größere Gebiete verteilt werden, und angenommen, es tritt nach entsprechender Inkubationszeit eine signifikante Erhöhung bestimmter Krankheiten auf (z.B. Knochenkrebs), sodaß die RBW für Plutonium diesbezüglich um einen Faktor 5 oder 10 nach oben korrigiert werden muß, daß also die RBW von Plutonium nicht 10, sondern 50 oder gar 100 ist, dann läßt sich dieses Gift in der Landschaft nicht mehr zusammenkratzen, vielmehr müssen dann alle Organismen mit dieser Situation auf die Dauer von mehreren Halbwertszeiten (T_h = 24 000 Jahre) ‚irgendwie fertigwerden'.

Abschließende Überlegungen

Die hier zitierten Daten und Analysen zeigen, daß mit stetig weiterwachsendem Energieverbrauch sukzessive ökologische Restriktionsschwellen in verschiedenen Umweltbereichen (Flüsse, Klima) erreicht werden. Unsere Erde mit ihrer wachsenden Bevölkerung läßt sich als System darstellen, in dem ökologische Randbedingungen und ökonomische Güterproduktion nur innerhalb gewisser Grenzen freie, relativ unabhängige Variable sind. Es gibt aber praktisch für jede Vorgabe fester ökologischer Randbedingungen einen Grenzwert des Wirtschaftens und Energie-Verbrauchens, von dem ab jeder erwirtschaftete Mehrwert in die Konstanthaltung dieser Randbedingungen gesteckt werden muß. Die ‚ökologische Wand' läßt sich zwar hinausschieben, aber nicht beliebig weit, wenn man nicht eine Regelkatastrophe riskieren will. Bis jetzt galt in unserer Gesellschaft mehr oder weniger der Grundsatz, daß sich ökologische Sanierungsmaßnahmen an den wirtschaftlichen Erfordernissen zu orientieren haben. Dieses Bedingungsverhältnis muß umgekehrt werden: Die Konstanz bestimmter ökologischer Randbedingungen muß den Rahmen abgeben, innerhalb dessen Ökonomie stattfindet. Das heißt hier konkret, daß wenigstens für Staaten wie die BRD möglichst bald ein stabiles Plateau im Primärenergieverbrauch anvisiert werden sollte, das dadurch ausgezeichnet ist, daß es im Rahmen menschlicher Planungszeiträume im Gleichgewicht steht mit der Regenerierbarkeit seiner Quellen, und mit der Entsorgung seines Endprodukts ‚Wärme', insofern diese sich nicht in der unteren Atmosphäre ansammelt, sondern kontinuierlich in die Wärmesenke des Weltalls entweicht. Wenn in dieser wichtigen Grundfrage ein Konsens erreicht werden könnte, so wäre das nachgeordnete Problem vergleichsweise einfacher und pragmatischer zu lösen, nämlich die Frage, aus welchen Quellen der Energiebedarf auf diesem stationären Plateau gedeckt werden soll, aus Sonnen-, Kern- oder Fusionsenergie, bzw. aus welchem Verhältnis von zweien oder allen dreien dieser Quellen. Diese Option bedeutet nicht unbedingt, daß dann jede Art von ‚Fortschritt' zum Stillstand kommen muß, sie kann vielmehr die Voraussetzung dafür sein, daß die Evolution noch Zukunft hat, Zukunft nicht im Sinne quantitativen Wachstums, sondern im Sinne qualitativer Entwicklung[37].

Anmerkung

1 Referat Presse und Information des BMWI (1974).
2 Presse- und Informationsamt der Bundesregierung (1977).
3 S. Anmerkungsziffer 1,2.
4 Länderarbeitsgemeinschaft Wasser (1971).
5 Kernforschungsanlage Jülich (1973).
6 S. Anmerkungsziffer 4.
7 Kernforschungszentrum Karlsruhe (1971).
8 Battelle-Institut (1976).
9 S. Anmerkungsziffer 8.
10 S. Anmerkungsziffer 5.
11 S. Anmerkungsziffer 5.
12 S. Anmerkungsziffer 8.
13 Schwoerbel (1974).
14 Arbeitsgruppe für Umweltfragen des Fachbereichs Energietechnik der Universität Stuttgart (1973), 216.
15 Luck (1976), 114.
16 Flohn (1975), 83–88.
17 Umschau-Nachrichten (1975), 481 ff.
18 S. Anmerkungsziffer 15, 108.
19 Esterbauer, Umschau 76, 349.
20 Lahmann, Umschau 76, 624.
21 S. Anmerkungsziffer 15.
22 Wang (1976), 685–690.
23 Fischer (1976), 603.
24 S. Anmerkungsziffer 16, 23.
25 S. Anmerkungsziffer 16.
26 Kernforschungsanlage Jülich (1975), 8 ff.
27 S. Anmerkungsziffer 1, 2.
28 Kernforschungszentrum Karlsruhe (1974).
29 Bundesregierung (1975), 311.
30 Bundesgesetzblatt (1976).
31 Umwelt (1977), 14 ff.
32 Teufel (1976).
33 Report of the Advisory Committee on the Biological Effects of Ionizing Radiation (BEIR), (1972/74).
34 Jacobi (1974), 278–283.
35 Schmitz-Feuerhake (1977).
36 S. Anmerkungsziffer 33, 74–80.
37 Bresch (1977).

Literaturverzeichnis

Arbeitsgruppe für Umweltfragen des Fachbereichs Energietechnik der Universität Stuttgart, Energie und Abwärme, Beiträge zur Umweltgestaltung, Bd. 8, Berlin: Erich Schmidt-Verlag, 1973.
Battelle-Institut e.V., Prognose des Wasserbedarfs in der Bundesrepublik Deutschland bis zum Jahre 2000, Zeitstandsbericht, Frankfurt 1976.
Bericht der Bundesregierung über „Umweltradioaktivität und Strahlenbelastung im Jahre 1975", Drucksache 8/311, 1977.
Bresch, C., Zwischenstufe Leben, München: Piper, 1977.
Bundesgesetzblatt vom 20.10.76, Teil I, Nr. 125.
Esterbauer, H., Biochemischer Wirkungsmechanismus von Abgasen, in: Umschau, 11, 1976, 349.
Fischer, H., Strahlungshaushalt und Klimaänderung, in: Umschau, 19, 1976, 603.

Flohn, H., Energie und Klima im 21. Jahrhundert, in: Bild der Wissenschaft, 11, 1975, 83–88.
Jacobi, W., Beziehungen zwischen der Strahlendosis und dem somatischen Strahlenrisiko in: Atomwirtschaft, Juni 1974, 278–83.
Kernforschungsanlage Jülich, Kernenergie und Umwelt, Jül 929, HT-WT, KFK-1366, März 1973.
Kernforschungsanlage Jülich, Zukünftige radioaktive Umweltbelastungen in der Bundesrepublik Deutschland durch Radionuklide aus kerntechnischen Anlagen im Normalbetrieb, 1. Bericht, Jül-1220, Juli 1975.
Kernforschungszentrum Karlsruhe, Beitrag zur Analyse der zulässigen Kraftwerksbelegung des Rheins im Hinblick auf die thermische Belastung, KFK 1511, Dezember 1971.
Kernforschungszentrum Karlsruhe, Energie und Umwelt in Baden-Württemberg, KFK 1966 UF. (Institut für angewandte Systemtechnik und Reaktorphysik in Zusammenarbeit mit dem Institut für Neutronenphysik und Reaktortechnik), April 1974.
Lahmann, E., Stickstoffoxide – ein aktueller Schadstoff, in: Umschau, 19, 1976, 624.
Länderarbeitsgemeinschaft Wasser (LAWA), Grundlagen für die Beurteilung der Wärmebelastungen von Gewässern, Mainz, 1971.
Luck, W.A.P., Homo investigans – Der soziale Wissenschaftler, Darmstadt: Steinkopf-Taschenbücher, 1976.
Presse- und Informationsamt der Bundesregierung, Grundlinien und Eckwerte für die Fortschreibung des Energieprogramms, Bulletin Nr. 30, Bonn, 1977, 265.
Referat Presse und Information des Bundesministeriums für Wirtschaft (Hrsg.), Bonn, 1974, Erste Fortschreibung des Energieprogramms der Bundesregierung.
Schmitz-Feuerhake, I., Pommerenke, E., Kollert, R., Krebs und Leukämierisiko durch locker ionisierende Strahlung, Universität Bremen, 1977.
Schwoerbel, J., Einführung in die Limnologie, Stuttgart: Fischer-Verlag, 1974.
Teufel, D., Radioaktive Kontamination in der Umgebung kerntechnischer Anlagen – Analyse der amtlichen Umgebungsüberwachung, in: Arbeitsgemeinschaft Umweltschutz, Universität Heidelberg, 1976.
The Effects on Populations of Exposure to low levels of ionizing radiation, Report of the Advisory Committee on the Biological Effects of Ionizing Radiation (BEIR), National Academy of Sciences – National Research Council, Washington, 1972/74.
Umschau-Nachrichten, in: Umschau, 15, 1975, 481.
Umwelt Nr. 54, Informationen des Bundesministeriums des Innern zur Umweltplanung und zum Umweltschutz, 1977, 14.
Wang, W.C., et al., Greenhouse Effects due to Men-Made Perturbations of Trace Gases, Science, Vol. 194, 1976, 685–90.

Manfred Fischer

Ökologische Grenzen und Industriegesellschaft

1. Ökologie und Politik

In den „Thesen" wird für eine Änderung der gegenwärtig in unserem Staat verfolgten Energiepolitik plädiert. Dafür sprechen nicht zuletzt auch ökologische Gründe. Es wäre allerdings eine unzulässige Vergröberung dieser Argumentation so zu tun, als gäbe es naturwissenschaftlich ableitbare, unveränderliche Grenzwerte für die Dichte einzelner Arten – und insbesondere für den Menschen[1] – und damit verknüpfte Maximalwerte für den Energieumsatz, die landwirtschaftliche Produktion u. dgl. Vielmehr handelt es sich eher um Sollwerte im Sinne der Kybernetik, die sich nicht nur im Zuge der biologischen Evolution verändern, sondern auch dem technischen Eingriff unterliegen. Mit der Möglichkeit die „ökologischen Grenzen" ihrer Entwicklung weitgehend selber zu bestimmen, wird die Industriegesellschaft für die Umgestaltung der Natur verantwortlich. Ehe in einer weiteren Veröffentlichung die Wahrnehmung dieser Verantwortung behandelt wird, sollen hier der ökologische Grenzbegriff und seine angesichts der heutigen technischen Möglichkeiten notwendige Erweiterung diskutiert werden.

2. Ökologische Grundlagen

Zunächst werden in aller Kürze die Tatsachen und Konzepte referiert, die dem ökologischen Grenzbegriff zugrunde liegen. Dabei liegt der Schwerpunkt auf theoretischen, systemanalytisch verwertbaren Begriffsbildungen, zur Veranschaulichung der grundlegenden Zusammenhänge in künstlich vereinfachten Ökosystemen oder auf einem sehr hohen Aggregationsniveau[2]. Es folgt dann ein Abschnitt, in dem die Anwendung dieser Grundbegriffe auf vorindustrielle Gesellschaften diskutiert wird.

2.1 Kapazitätsgrenzen in der Populationsdynamik

Kaum 1 % des einfallenden Sonnenlichts wird zur Photosynthese verwertet[3] und bildet den Ursprung des vielfältig verzweigten Energiestroms durch die Ökosphäre. Von den Pflanzen leben die Pflanzenfresser, von diesen die Fleischfresser. Sie bilden die verschiedenen Stufen einer Energiepyramide, in der die Biomasse, d.h. die gespeicherte Energie, nach oben rasch abnimmt, weil der größte Teil des Energiesystems auf jeder Stufe veratmet wird und immer nur ein Bruchteil einer Population auf der nächsthöheren Stufe als Nahrung dienen kann (andernfalls verschwände die Population aus dem Ökosystem). Letztlich limitiert also die Photosynthesekapazität in einer Region den Aufbau von Biomasse auf jeder Stufe und damit die Zahl der Individuen in einer Population[4]. In den meisten Fällen werden jedoch andere Faktoren vorher begrenzend wirksam.

Quantitativ lassen sich diese Begrenzungen für jede Population als stationäre Werte („Kapazitäten“) der Individuendichte in dem – räumlich begrenzt gedachten – Ökosystem auffassen. Die biotischen Regelmechanismen sorgen dafür, daß jede Abweichung der Individuendichte nach oben oder unten wieder auf den Kapazitätswert einschwingt (Klimaxzustand nach Ellenberg [1973]). Die Kapazität für jede Art ist eine Funktion der abiotischen Faktoren (Klima, Wasser-, Nährstoffdargebot, Nistmöglichkeiten, Bodenfläche) und der Aktivitäten – in den meisten Modellen repräsentiert durch die Dichten – aller übrigen Arten im Ökosystem. In den bekannten Grenzen der Verbreitungsgebiete verschiedener Nutzpflanzen spiegelt sich der Einfluß des Klimas, Liebigs Gesetz vom Minimumfaktor ist ein weiteres Beispiel für die Begrenzung durch einen abiotischen Faktor. Natürliche Schwankungen des Klimas oder gerichtete Variationen, wie z.B. das ständig steigende Nährstoffangebot in einem eutrophen See, verringern oder erhöhen die Kapazitätswerte und ziehen entsprechende Veränderungen der Populationsdichte nach sich. In Industriegebieten gehört die Konzentration der Spurengase in der Atmosphäre zu den variablen abiotischen Faktoren und beeinflußt die Ausbreitung gewisser Pflanzen wie Nadelhölzer und Flechten; Auszählungen der Flechtendichte können daher zur Kartierung der Luftverunreinigung benutzt werden. Für die aquatischen Lebewesen sind der Sauerstoffgehalt und die Temperatur des Wassers wichtige und oft begrenzende Determinanten. Zu jedem Bereich der Sauerstoffkonzentration gehört eine gewisse charakteristische Zusammensetzung der Lebewelt, so daß man den Gütezustand eines Gewässers an Hand des Artenspektrums klassifizieren kann (Saprobienindex).

Die Konkurrenz der Individuen einer Art untereinander und zwischen verschiedenen Arten um Nahrung und Fortpflanzungsmöglichkeiten, der Erfolg beim Beutemachen sowie der Schutz vor dem Gefressenwerden, sind nach heutigem theoretischen Verständnis die wichtigsten biologischen Mechanismen der Dichteregulation[5]. In einer Hefezellenmonokultur erreicht die Dichte einen durch gleichmäßige Verteilung des Nährstoffangebots auf alle Individuen gegebenen Maximalwert, wenn es nicht schon vorher zu einer Selbstvergiftung durch Stoffwechselprodukte kommt. Am einfachsten kann das Populationswachstum durch eine Dichteproportionalität der Zuwachsrate beschrieben werden. Eine solche Dichteabhängigkeit der Zuwachsrate liegt auch bei gewissen schwammbildenden Zellkolonien vor[6], die oberhalb einer gewissen Größe an einer Selbstvergiftung durch ihre eigenen, nicht mehr aus dem Kolonienbereich abtransportierbaren Stoffwechselprodukte zugrunde gehen. Die Verlandung eines Sees ist ein Prozess, bei dem ein aquatisches Ökosystem durch ein terrestrisches substituiert wird, weil der Sauerstoffgehalt des Sees aufgrund des ungenügenden Abbaus der überreichlich produzierten Biomasse aufgezehrt wird. Die Verteidigung bestimmter Reviere bei vielen Tierarten führt im Klimax zu einer Beschränkung der Fortpflanzungsrate und stellt ebenfalls einen dichteabhängigen Regulationsmechanismus dar.

Laborexperimente mit verschiedenen Nagetierarten haben gezeigt, daß hohe Dichten wahrscheinlich über psychisch-hormonale Wirkungsketten fruchtbarkeitsmindernd wirken[7].

Auch die Formenvielfalt der Konkurrenz zwischen den Arten kann hier nur angedeutet werden. Zwei verschiedene Arten können in einem Ökosystem auf das selbe „knappe“ Faktorangebot (Nahrung, Wasser, Fläche usw.) angewiesen sein und stehen dann in Konkurrenz. Manche Pflanzen vermögen das Aufkommen anderer durch die Absonderung von Wirkstoffen zu behindern, die noch in starker Verdünnung im Boden wirksam sind, höherwachsende Pflanzen nehmen der Bodenvegetation das Licht, stärkere Tiere verdrängen die schwächeren von der Beute oder der Wasserstelle. In der Regel wird die Konkurrenz von Arten auf der gleichen Stufe der Nahrungspyramide jedoch durch Differenzierung und Spezialisierung entschärft. So spezialisieren sich die verschiedenen Arten insektenfressender Vögel in einem Laubwald auf den Kronenraum, das Unterholz und den Boden. Die Bildung solcher „Nischen“ ist eines der wichtigsten Strukturierungsprinzipien der Ökologie[8]. Indem eine Art sich evolutionär auf eine bestimmte Parameterkonstellation in einem Ökosystem spezialisiert, beschränkt sie sich zwar im Vergleich zu einer „Generalistenpopulation“, kann aber durch Ausbildung gewisser Fertigkeiten das Energieangebot in ihrer Nische besser ausnutzen und entlastet sich vom Konkurrenzdruck.

Zu den interspezifischen Dichteregulationsmechanismen gehören die Räuber-Beute-Verhältnisse, die auch theoretisch und experimentell viel untersucht worden sind. Da der Zuwachs der Räuberpopulation an die Dezimierung der Beute gekoppelt ist, liegt hier eine wirksame indirekte Selbstbegrenzung der ersteren vor. Wo der Räuber vornehmlich schwache Tiere erbeutet, befreit er die Beutepopulation von unnützen Fressern und verhindert indirekt eine „Überweidung“ der pflanzlichen Nahrungsbasis.

Im Klimax eines Ökosystems liegen alle Populationsdichten in der Nähe der durch die Kapazitäten gegebenen Werte, der Klimaxzustand selber ist gegenüber kleinen Störungen stabil, aber als ganzer im Zuge der biologischen Evolution langsam veränderlich. Die Kapazitäten stellen keine unüberwindlichen starren Obergrenzen dar, sondern eher Sollwerte eines Systems vielfältig vermaschter Regelkreise, so daß es infolge der oft vorliegenden zeitlichen Verzögerungen in den Regelstrecken auch zu einem Überschwingen kommen kann. Hier liegt ein fundamentaler begrifflicher Unterschied zu solchen naturgesetzlichen Grenzwerten, wie der Lichtgeschwindigkeit oder dem mechanischen Wärmeäquivalent vor, die absolute, von keinem natürlichen oder technischen Prozeß überwindbare Grenzen darstellen. Der zweite wesentliche Unterschied liegt in der evolutiven Veränderbarkeit der Struktur von Ökosystemen und damit ihrer Kapazitätswerte. Allerdings scheinen solche Prozesse, wie etwa die Entstehung freien Sauerstoffs in der Atmosphäre durch Photosynthese, sehr selten zu sein.

2.2 Anwendung auf den Lebensraum vorindustrieller Gesellschaften

Vorindustrielle Kulturen unterscheiden sich dadurch wesentlich von Industriegesellschaften, daß sie ihren Energieverbrauch fast ausschließlich aus regenerierbaren Energiequellen decken. Neben der Nutzung der Wind- und Wasserkräfte wird die photosynthetisch gebildete chemische Energie umgewandelt: die Arbeitskraft von Mensch und Tier, Holz und tierische Fette zur Heizung und Beleuchtung[9]. Durch Technik und Arbeitsteilung war es schon in vorgeschichtlicher Zeit möglich, einen Teil der Bevölkerung von der zur unmittelbaren Reproduktion notwendiger Arbeit zu befreien, so entstanden z.B. die Hochkulturen des Zweistromlandes und Ägyptens[10]. Der weitaus überwiegende Teil der Bevölkerung (im Mittelalter etwa 90 %) blieb jedoch in der Landwirtschaft tätig, oft unter entwürdigenden sozialen Bedingungen (Sklaverei, Leibeigenschaft). Die maximal erzeugbare Nahrungsmenge bestimmte die Kapazitätsgrenze, den natürlichen Schwankungen des Ertrages waren die Bewohner eines Landes schicksalhaft ausgeliefert, die Anlage von Kornspeichern oder der Fernhandel bildeten einen allzu dürftigen Schutz[11].

Auch die übrigen im vorigen Abschnitt genannten ökologischen Regelmechanismen haben ihre Spuren in der Naturgeschichte der Menschheit hinterlassen. Die Ballung in den Städten begünstigte die Ausbreitung von Epidemien, insbesondere durch die Verseuchung des Brunnenwassers mit Fäkalien. Auf der Jäger- und Sammlerstufe konkurriert der Mensch mit anderen Raubtieren, noch heute muß er seine Ernten gegen Nager und Insektenbefall schützen. Verkarstungen oder Versalzungen sind die irreparablen Folgen landwirtschaftlichen Raubbaus.

Die Landwirtschaft mit Fruchtwechsel und Stalldüngung, ergänzt durch Jagd und Fischfang, die am Ausgang des Mittelalters im damaligen Reichsgebiet etwa 8 Millionen Menschen eine reichliche Fleischdiät gewährte[12], stellte einen stabilen Zustand mit weitgehend geschlossenem Stoffkreislauf dar, in dem nur der natürliche Energiefluß genutzt wurde[13]. Jedoch glaube ich nicht, daß man hier von einer ökologischen Nische des homo sapiens reden kann, denn die Erfahrung lehrt, daß Wüstungen immer wieder in den ursprünglichen Waldzustand zurückkehren. Die Agrarlandschaft ist ohne den technischen Eingriff des Menschen nicht überlebensfähig, da die angebauten Gräser frühe Stufen der ökologischen Sukzession darstellen[14], während der Klimaxzustand in unseren Breiten eben die Bewaldung ist. Ökologisch stabil mit eigener Nische wäre demnach nur eine Gesellschaft umherschweifender Jägerhorden mit einer Dichte von etwa 1 Einw./km^2. Bei diesen kann man davon reden, daß sie sich auf die Nutzung eines bestimmten Teilbereichs des sie tragenden Ökosystems spezialisiert haben, wobei sie prinzipiell auch durch andere Arten substituiert werden könnten. Das ist nämlich ein Charakteristikum der ökologischen Nischen, daß sie eine vom konkreten Artenbesatz unabhängige Struktur darstellen, Osche (loc. cit., 43) spricht in diesem Zusammenhang von der „Planstelle", die ja auch unabhängig von dem jeweiligen Inhaber existiert.

Man kann aus diesem Sachverhalt nur den Schluß ziehen, daß die kulturelle Entwicklung den Menschen schon in der jüngeren Steinzeit unwiederruflich über den ökologischen Zusammenhang herausgeführt hat. Die Tragfähigkeit eines Ökosystems für alle Arten einschließlich des Menschen ist damit zusätzlich eine Funktion der Technik geworden und es ist kein geistesgeschichtlicher Zufall, daß der Mensch gerade in dem Augenblick[15] das Wirkungsgefüge der Biosphäre naturwissenschaftlich zu begreifen

– und damit rational zu manipulieren – lernt, wo er mit der Industrialisierung eine neue Stufe seiner Unabhängigkeit erreicht.

3. Die Beanspruchung der Ökosphäre durch die Energiewirtschaft einer Industriegesellschaft

Genau wie bei der Darlegung der ökologischen Grundlagen des Grenzbegriffes müssen wir uns auch hier auf einige exemplarische Zusammenhänge beschränken, zumal die technischen Einzelheiten in der Literatur[16] breit dargestellt sind. Im ersten Abschnitt dieses Kapitels werden die Haupttypen der Umweltbeeinflussung bei der Energieumwandlung geschildert und ihr ökologische und hygienische Relevanz hervorgehoben. Im zweiten Abschnitt wird die Anwendung des ökologischen Grenzbegriffs im Umweltschutz analysiert.

3.1 Die Umweltbeeinflussung

In einer Industriegesellschaft hat die Gesamtbevölkerung einen Status der materiellen und ärztlich-sozialen Versorgung wie der kulturellen und politischen Teilhabe erreicht, der im vorindustriellen Zeitalter bestenfalls einer schmalen Oberschicht möglich war. Notwendige Voraussetzung war die Hebung der Arbeitsproduktivität, die wiederum aus technologischen Gründen nicht ohne eine erhebliche Steigerung der physischen Leistungsdichte in der Landwirtschaft wie im Produktionsprozeß und Verkehr möglich war. Dies wurde zunächst durch Einsatz energiereicher Stoffe in den Verbrennungskraftmaschinen (Dampfmaschine, Explisionsmotoren, Dampfturbinen zur Stromerzeugung) realisiert und hier wäre man bei Beschränkung auf den Holzeinschlag sehr bald an eine natürliche Grenze der Industrialisierung gelangt. Das Ausweichen auf den Raubbau an den fossilen Energievorkommen stellt, naturgeschichtlich gesehen, nur eine kurze – kaum 1000-jährige – Episode dar, ökonomisch und technologisch machte sich die Endlichkeit der fossilen Vorkommen aber solange nicht bemerkbar, wie ihre Restlebensdauer groß war gegenüber den üblichen Investitionszyklen (10–50 Jahre). Dieser Zeitpunkt ist heute bei den Erdöl und Erdgasvorkommen erreicht und läßt den Übergang zur Kernenergie naheliegend erscheinen.

Die im Vergleich zu ihrer biologischen Akkumulation kurzzeitige Freisetzung der fossilen Brennstoffe mußte global (Änderung des CO_2-Pegels in der Atmosphäre) wie lokal (SO_2-Konzentrationen in der Atmosphäre werden wegen der höheren chemischen Aktivität dieses Gases schneller abgebaut, Stäube sinken zu Boden), über eine Ändcrung der abietischen Faktoren ökologisch wirksam werden. Toxisch wird die aus der Verbrennung resultierende Mischung aus Schwefeldioxid und Feinstaub insbesondere in Ballungsräumen bei Inversionswetterlagen, wenn die natürlichen Disperionsmechanismen stark reduziert sind (Smog). Ökologisch kann man dies als Selbstvergiftung einer Population aufgrund zu hoher Dichte behandeln. Der Proportionalitätsfaktor zwischen Schadstoffemission und Bevölkerungsdichte ist allerdings keine Konstante wie bei biologischen Stoffwechselvorgängen, sondern unterliegt wirtschaftlichen (Pro-Kopf-Energieverbrauch) Kräften und technischen (Rohstoffeinsatz, Rückhaltetechnik) Eingriffen. Humanökologische Überlegungen und Modelle müssen diesen zusätzlichen Freiheitsgraden Rechnung tragen. In den Weltmodellen von Forrester und Meadows wird z.B. nicht berücksichtigt, daß der lokale Charakter vieler Umweltkatastrophen der Gesellschaft Zeit zu Lernprozessen und Gegenmaßnahmen läßt, die einen globalen Zusammenbruch verhindern könnten. Wenn die Emissionen jedoch nicht akut toxisch wirken, sondern, wie viele Strahlenschäden, eine lange Latenzzeit aufweisen, dann können technische Gegenmaßnahmen unterbleiben und das toxische Limit wird überschritten: es kommt zu einer Selbstregelung durch Erhöhung der Mortalität und Morbidität.

Übrigens zeigt die Geschichte der Smogkatastrophen in Westeuropa und USA, daß es neben der physiologischen Latenzzeit auch eine soziale Latenzzeit gibt, das ist die Zeit zwischen dem Auftreten einer akuten Schädigung durch Umweltnoxen und ihrer wissenschaftlichen Identifikation bzw. ihrer Bekämpfung. Meist ist diese Verzögerung der Grund, daß immer wieder Menschen der Umweltbelastung zum Opfer fallen.

In der Energiewirtschaft beobachtet man, wie in anderen Industriezweigen auch, einen Trend zu höherer Veredlung: der Anteil an Strom, Gas und Treibstoffen am Sekundärenergieangebot nimmt zu. Dies geht aber keineswegs eindeutig mit einer Erhöhung der spezifischen Umweltbelastung (gerechnet pro Kopf der Bevölkerung) einher, wie bei der Chemischen Industrie[17], sondern eher mit einer Entlastung durch Verminderung der stofflichen Emissionen bei der Kohlevergasung und beim Einsatz von Leichtwasserreaktoren[18].

Gerade die Errichtung von Kernkraftwerken ist aber zum Modellfall einer Belastung der menschlichen Umwelt geworden, die, obwohl epidemiologisch nur schwer faßbar, sozial noch brisanter ist als der Smog. Gemeint ist die Risikobelastung in der Umgebung von Kernkraftwerken. Dies stellt eine psychische Umweltbelastung dar, ähnlich wie das Wissen auf einem Vulkan, in einem Erdbeben- oder Überschwemmungsbebiet zu leben. Entscheidend für die besondere Einschätzung des kerntechnischen Risikos durch die Betroffenen dürfte neben der – technologisch unhaltbaren – Assoziation des Kernreaktors mit der Atombombe die rasche Durchsetzung der Kernenergie sein.

Im Fall des Bekanntwerdens einer Reaktorhavarie muß infolge der generellen Atomangst mit einer Panik in der umwohnenden Bevölkerung[19] gerechnet werden und mit einem massiven Druck zwecks sofortiger Stillegung aller übrigen Kernkraftwerke. Würde der geplante hohe Anteil der Kernenergie an der Stromversorgung verwirklicht, so würde eine solche Stillegung den Zusammenbruch der Elektrizitätsversorgung und – bei längerer Dauer – der gesamten Wirtschaft nach sich ziehen. Es ist auch die Auffassung der Bundesregierung[20] „daß das katastrophale Versagen eines Kernkraftwerkes oder einer anderen wichtigen kerntechnischen Einrichtung die Kernenergie technisch und politisch – und damit zunehmend die Versorgungssicherheit überhaupt – in Frage stellen würde, ...". Ein solches Ereignis würde, wie es weiter heißt, die nationale Sicherheit gefährden (Systemrisiko der Kernenergie). Will man die Kernkraftwerke gegen einen derartigen Druck oder terroristischen Zugriff sichern, so kommt man um ihren militärischen Schutz nicht herum[21]. Die Durchsetzung der Kernenergie gegen die Angst der Bürger ist nicht möglich ohne eine Deformation der sozialen Sphäre. Diese aber bildet einen integralen Bestandteil der menschlichen Umwelt. Hier wird bereits deutlich, daß ökologische Theorien einer sozialwissenschaftlichen Erweiterung bedürfen, um umweltpolitisch relevant zu sein, weil die Einhaltung medizinisch-naturwissenschaftlich ermittelter Grenzwerte eine sozial wirksame Betroffenheit nicht ausschließt.

Von den übrigen Umweltproblemen der Energiewirtschaft sei noch auf das Abwärmeproblem kurz eingegangen. Eine einmal eingesetzte Primärenergiemenge bleibt erhalten, aber sie verliert bei ihrer Umwandlung notwendig an Qualität (die Entropie nimmt zu) und endet schließlich als Wärme auf dem Temperaturniveau der Umgebung (sprich Atmosphäre). Beträgt die anthropogene Energieumwandlung einen nennenswerten Bruchteil der Solareinstrahlung, so führt das zu einer zusätzlichen Erwärmung der Atmosphäre und damit aller Wahrscheinlichkeit nach zu einer Verschiebung der klimaabhängigen Vegetationszonen[22]. Eine befriedigende theoretische Behandlung dieses Problems macht es erforderlich, nicht nur die Inhomogenität der Abwärmeeinleitung (Konzentration auf die Industriegebiete) zu berücksichtigen, sondern vor allem auch die Kopplung zwischen Atmosphäre, Ozean, Polareis und den Landmassen als Speicher unterschiedlicher Kapazität, die Wolkenbildung wegen ihres Einflusses auf die tatsächlichen absorbierte Einstrahlung und die Veränderung des CO_2-Gehaltes (Glashauseffekt). Ein derartiges Modell liegt noch nicht vor, so ist insbesondere die Frage ungeklärt, ob die Klimaänderung allmählich und proportional zur Abwärmeeinleitung oder schlagartig, in Form eines Kippvorgangs, erfolgen würde. Wenn eine solche globale Umwälzung vom erdgeschichtlichen Rang einer Eiszeit für sich genommen auch wohl nicht das Ende der Menschheit bedeuten würde, so ist doch ziemlich sicher, daß sie sich vor allem auf die Landwirtschaft der Entwicklungsländer nachteilig auswirken würde (Ausdehnung der Wüstengebiete). Darüber hinaus ist völlig offen, wie unser Wirtschafts- und Sozialsystem auf eine solche Katastrophe reagieren würde. Rein biologisch und langfristig betrachet stellt die Abwärmegenerierung noch am ehesten einen wirksamen – weil technisch kaum beeinflussbaren – Selbstregelungsmechanismus zur Begrenzung der menschlichen Aktivität (definiert als Bevölkerungszahl x Pro-Kopf-Energieverbrauch) dar.

Käme es zu einer Verschiebung der Vegetationszonen, so wäre dies eine ökologische Störung ersten Ranges, wie sie selbst im Laufe der Erdgeschichte nur selten aufgetreten ist. Die Herausbildung neuer Klimaxzustände dürfte mindestens ein Jahrhundert in Anspruch nehmen, viele der ohnehin schon bedrohten Arten würden ganz aussterben, die evolutionäre Anpassung überlebender Populationen höherer Tiere und Pflanzen an neu entstandene Nischen dauert noch sehr viel länger, d.h. die Biosphäre würde auf lange Zeit verarmen.

In der Bundesrepublik ist die Einleitung von Kühlwasser in die Vorfluter[23] durch Aufwärmspannen begrenzt. Daher müssen neue Kraftwerke mit Kühltürmen ausgerüstet werden. Es erhebt sich die Frage, ob es hierdurch zu regionalklimatischen Veränderungen kommen kann. Die Erfahrung mit einzelnen oder in kleinen Gruppen angeordneten Kühltürmen, z.B. im Aachener Raum, zeigt, daß im Jahresdurchschnitt selbst von lokal-(genauer: mikro-)klimatischen Auswirkungen kaum die Rede sein kann[24]. Überlegungen zur Errichtung von Kraftwerkparks (mit einer Leistung bis zu 100 000 MWe), die mit Kühlturmbatterien auf engstem Raum ausgestattet werden sollen, haben Fortak[25] zu einer theoretischen Abschätzung der meteorologischen Effekte derartiger Ballungen (mit einer maximalen vertikalen Energieflußdichte von knapp 0,1 MW/m^2) veranlaßt. Danach sind erhebliche meteorologische Effekte zu erwarten, wie starke Winde, Böen und Wirbel, Wolkenbildung und Gewitter. Allerdings ist noch offen, was das ökologisch bedeuten würde. Eine regionale Klimaveränderung zieht zwar immer eine Veränderung des Ökosystems nach sich, aber der neue Zustand braucht weder artenärmer, noch weniger stabil oder nutzbar zu sein. Allerdings kann sich der neue Klimazustand auch in diesem Falle erst in Jahrzehnten herausbilden oder man schafft ein künstliches, etwa landwirtschaftliches, Ökosystem und verzichtet auf natürliche Stabilität. In beiden Fällen wird besonders die Herausbildung einer artenreichen Fauna, in der z.B. der Schädlingsbefall auf natürliche Weise in Grenzen gehalten wird, nur gelingen, wenn weitere menschliche Eingriffe im Gefolge des Kraftwerkparks (Industriefolgeansiedlung, Verkehrserschließung, Besiedlung) sehr behutsam erfolgen. Unter dem Streß schneller anthropogener Veränderung kann sich kein neuer Klimaxzustand ausbilden, weil die charakteristischen, d.h. in der Sukzession späten Arten ausbleiben und wenige robuste Allerweltsarten und Kulturfolger, wie Unkräuter, Krähen und Kaninchen, das Übergewicht gewinnen. Der Streß rascher Veränderung kann ein Ökosystem nicht weniger verarmen als giftige Immissionen.

3.2 Wechselseitige Begrenzungen konkurrierender Nutzungen

Die Gesellschaft kann für ihre Reproduktion weder auf eine Minimalqualität der Umwelt verzichten, noch auf die Dissipation von Abwärme und in gewissem Umfange auch von Schadstoffen in Luft und Gewässern als Folge von Produktion und Konsum. In dieser Hinsicht gleicht die menschliche Gesellschaft jeder anderen Population, die ihre Exkremente ebenfalls in ihren Lebensraum entlassen muß. Da diese beiden Beanspruchungen der Biosphäre notwendig miteinander konkurrieren[26], ist eine Regulierung sowohl in Ökosystemen wie in der Gesellschaft notwendig. Allerdings unterscheidet sich der gesellschaftliche Regelungsmechanismus grundsätzlich von dem natürlichen, der keine Art vor den anderen auszeichnet und zu jenem „biologischen Gleichgewicht“ führt, in dem die Schließung der Stoffkreisläufe, die möglichst vollständige Ausnutzung des solaren Energiestroms und die bestmögliche Anpassung an die abiotische Faktorausstattung die vorherrschenden Strukturierungsprinzipien zu sein scheinen. Demgegenüber verstehen alle Industriegesellschaften die „Natur“ als Objekt einer Ausbeutung, die ihre Grenze nur im Eigeninteresse der Gesellschaft findet. Diesem Nutzungsinteresse dient auch die Anwendung der Ökologie. Unsere Kenntnisse über die Biosphäre gründen sich dabei aber auf Beobachtungen die an „präparierten“, d.h. künstlich isolierten und kontrollierten Einzelsystemen gemacht wurden und auf Berechnungen mit ökologischen, meist populationsdynamischen, Modellen, die ihrerseits stark vereinfacht sind. Derartige Untersuchungen liefern bestenfalls erste Bausteine zum Gebäude einer Ökotechnologie als Wissenschaft vom menschlichen Lebensraum und müßten mit wirtschafts- und sozialwissenschaftlichen Erkenntnissen verbunden werden. Weder verfügen wir bis heute über eine hinreichende Zustandsbeschreibung der Biosphäre, noch wissen wir etwas über die Möglichkeiten alternativer stabiler Zustände im „Raumschiff Erde", noch haben wir eine Theorie, die es uns gestatten würde, gezielt Übergänge in solche Zustände zu planen. Trotzdem muß jede Regierung handeln, schon weil die weitgehend unkontrollierte wirtschaftliche Entwicklung ständig neue Fakten schafft. Im Augenblick kann die Ökologie dabei nur warnen, sich zuweit von dem „natürlichen", d.h. historisch gewordenen und in etwa überblickbaren Zustand zu entfernen. Der Ökologe zeigt also keine absoluten, naturwissenschaftlich feststellbaren Grenzen der materiellen Entwicklung einer Gesellschaft auf, sondern er empfiehlt zur Risikominimierung wechselseitige Begrenzungen der verschiedenen Aktivitäten, denn „sollen unsere Lebensgrundlagen nicht weiter zerstört werden, so ist es notwendig ... den Ausgleich zwischen Technik, Wirtschaft und Natur herzustellen und zu sichern" (Olschowy [1969]).

Selbstverständlich ist die Umweltpolitik als die Gesamtheit der Bemühungen zum Ausgleich zwischen Nutzung und Belastung der Biosphäre erst recht eindeutig am Interesse des Menschen ausgerichtet[27] und die Festlegung von Grenzwerten für die Belastung erfolgt aufgrund einer Güterabwägung (Erhaltung und Nutzung).

Allerdings ist diese These nicht so zu verstehen, als müßten etwa bei der Festlegung von maximalen Immissionswerten wirtschaftliche und gesundheitspolitische Interessen gegeneinander abgewogen werden – obwohl das in der Praxis immer wieder geschehen mag –, vielmehr verlangt gerade die konsequente Minimierung des Gesundheitsrisikos eine solche Abwägung, wie hier am Beispiel der Energie in einem energiewirtschaftlich autarken Ballungsgebiet (z.B. Ruhrgebiet) gezeigt werden soll. Wie statistische Untersuchungen zeigen, fällt die Sterberate mit steigendem Energieeinsatz, weil bei wachsendem Wohlstand (Produktivitätserhöhung) mehr Mittel für das Gesundheitswesen bereitgestellt werden können. Der Abfall wird umso steiler sein, je gezielter der wachsende Wohlstand im Sinne einer sozialstaatlichen Politik verwandt wird und je effizienter die Energietechnik ist. Mit wachsendem Energieeinsatz steigt aber bei konstanter Technologie auch die Umweltbelastung und schließlich würde dieser Effekt überwiegen, weil die Leistungsfähigkeit der natürlichen Schadstoffverdünnung oder -umformung unveränderlich ist, und die Sterberate wieder ansteigen. Es gibt also einen Optimalwert des Energieumsatzes, bei dem die Sterberate minimal ist[28]. Man kann den Gesamtverlauf als Summe einer mit wachsendem Energieeinsatz fallenden Nutzenkurve (verbesserte Gesundheitspflege) und einer von Null ansteigenden Schadenskurve (verstärkte Umweltbelastung) darstellen.

Die explizite Konstruktion der beiden Kurven ist z.Zt. nicht möglich, weil die benötigten Zeitreihen und epidemiologischen Untersuchungen fehlen. Dennoch kann man anhand des vorgeschlagenen Denkschemas eine Reihe grundsätzlicher Einsichten formulieren.

Da der Nutzen des Energieeinsatzes nicht davon abhängt, wie die Energieumwandlung bei vergleichbaren Kosten erfolgt – in welchen Kraftwerken z.B. der Strom erzeugt wird – ist der Verlauf der Nutzenkurve unabhängig von der Ausformung der Energietechnik. Die Schadenskurve dagegen verläuft bei gegebenem Energieeinsatz umso steiler

- je größer die spezifische Emission ist
- je unwirksamer die natürliche Dissipation in der Regel ist (z. B. beim Vorherrschen windstiller, austauscharmer Wetterlagen)
- je schädlicher die freigesetzten Stoffe (Immissionen) sind.

Mit dem letzten Faktor ist die Dosis-Wirkungsbeziehung der betreffenden Umweltnoxen[29] angesprochen. Wenn der betreffende Schadstoff auch in der unbeeinflußten Natur („Reinluft") vorliegt und zwischen den dabei vorkommenden Konzentrationen und den akut toxischen Werten ein größerer Abstand liegt, wird man annehmen können, daß die Dosis-Wirkungsbeziehung im Bereich kleiner Dosen so flach verläuft[30], daß für Immissionen unterhalb eines in diesem Konzentrationsbereich liegenden „maximalen Immissionsgrenzwertes" keine Schädigung mehr nachweisbar ist. Dann ist die Sterberate (oder allgemein die Schädigungsrate) nur noch vom Verlauf der Nutzenkurve abhängig und sinkt mit jeder Zunahme des Energieverbrauchs weiter ab. Die verbindliche Festlegung solcher Grenzwerte macht den Umweltschutz erst verwaltungsmäßig operabel, indem sie es gestattet, das Verwaltungshandeln an einer einfach meßbaren Soll- Istabweichung zu orientieren.

Solange in einer Region z. B. der Anteil der Kohle am Primärenergieeinsatz hoch ist und wirksame Verfahren zur Rückhaltung des Schwefeldioxids fehlen, kann der Immissionsgrenzwert so etwas wie einen begrenzenden Faktor darstellen, etwa wenn man weitere Kraftwerksansiedlungen im Auge hat. Jedoch beschränkt ein solcher Grenzwert nicht notwendig die Entwicklung in der Region (Wirtschaft, Bevölkerung), sondern den Einsatz einer gewissen Technik. Wo, wie im Falle von Staub und Schwefeldioxid, Grenzwerte schon lange in Kraft sind, werden die Verfahren angepaßt (Entstaubung und hohe Schornsteine in der Kraftwerkstechnik, Einführung der Rauchgasentschwefelung). Kernkraftwerke, die ohne Verbrennungsprozesse auskommen, emittieren mengenmäßig sehr viel weniger. Man kann die Emissionen von Kohlekraftwerken auch qualitativ mit denen der Kernkraftwerke vergleichen, indem man sie zu den jeweiligen Immissionsgrenzwerten in Beziehung setzt (Grümm [1971], Tab. 2), und kommt so zu der Aussage, daß Kernkraftwerke umweltfreundlicher sind als Kohlekraftwerke. So gesehen erscheint die Einführung der Kernenergie geradezu als Resultat konsequenter Umweltpolitik, dazu noch mit einer verbesserten Wirtschaftlichkeit! Im gesamten Brennstoffzyklus der Kernenergie stellt nach dem heutigen Stand der Technik aber die Wiederaufarbeitung das schwächste Glied dar. Gelingt die Rückhaltung des Krypton-85 nicht, so würden schon diese Emissionen allein ausreichen, um die Strahlenbelastung in hundert Jahren weltweit gegenüber dem natürlichen Wert zu verdoppeln (Grümm a.a.O. Abb. 13). Es ist daher eine offene Frage, wie lange ein Kernenergiesystem in einem dichtbesiedelten Land mit wachsendem Energiebedarf konkurrenzfähig bleibt, wenn der heute noch bestehende Abstand zwischen den tatsächlichen Immissionen und den Grenzwerten einmal aufgezehrt sein wird. Da zu dieser Zeit der Energiebedarf kaum geringer sein dürfte als heute, müßte das ablösende Energiesystem hinsichtlich seiner Emissionen noch günstiger liegen, dies scheint aus heutiger Sicht nur durch die großtechnische Nutzung der Solarenergie in Verbindung mit einer Wasserstofftechnik erreichbar zu sein.

Trotz aller Bemühungen der verschiedenen Fachgremien bei der Festsetzung von Grenzwerten, können Synergismen nie voll berücksichtigt werden, zumindest solange immer neue „Umweltchemikalien" in die Biosphäre gelangen. Darüberhinaus sind außer der akuten und chronischen Toxizität[31] genetische Wirkungen, d.h. Schäden in der nächsten Generation zu befürchten, insbesondere auch bei radioaktiven Emissionen. Zukünftige Schäden, denen ja dann kein Nutzen mehr gegenübersteht, sind in unserem Schema aber ebensowenig unterzubringen, wie die oben beschriebene Angst, die bei kerntechnischen Anlagen empfunden wird. Die Orientierung am Gesundheitszustand der Bevölkerung allein reicht also für die Grenzwertfestsetzung noch nicht aus.

Einen ganz anderen Typ wechselseitiger Begrenzung stellt beispielsweise die Schädigung von Nadelwäldern oder anderen Nutzpflanzen durch Kraftwerksemissionen dar. In solchen Fällen kann der durch Emission bewirkte Schaden im Prinzip finanziell bewertet („externe Kosten") und dem volkswirtschaftlichen Nutzen weiterer Energieumwandlung gegenüber gestellt werden. Weitere externe Kosten entstehen durch die Beeinträchtigung der Naherholung oder wildlebender Pflanzen und Tiere, allerdings sind derartige Kosten nur in den wenigsten Fällen ermittelbar. Ähnliches gilt für die Folgen der Abwärmeeinleitung, weil hier Güter auf dem Spiel stehen, die weder teilbar noch produzierbar sind, nicht gehandelt werden und daher keinen Preis haben: die Erhaltung des Klimas, die Unversehrtheit eines Landschaftsbildes, die Attraktivität eines Kurortes. Grenzwerte für nicht-toxische Umweltbelastungen können also weder medizinisch noch durch eine Kosten/Nutzenanalyse abgeleitet werden, sondern sind Ausdruck politisch zu findender und zu verantwortender Prioritäten: Die Aufwärmspannen für Gewässer sollen die Erhaltung eines gewissen Gewässerzustandes ermöglichen, das Festhalten am natürlich gewordenen Regionalklima ist mindestens solange geboten, wie niemand weiß, wo eine anthropogene Änderung hinführen würde. In der Meteorologie werden gegenwärtig Modelle entwickelt, die eine Berechnung der regionalklimatischen Effekte einer gesteigerten Abwärmebelastung der Atmosphäre ermöglichen sollen. Weitere Forschungen sind notwendig, um die ökologischen und bioklimatischen Auswirkungen einer eventuellen Klimaänderung angeben zu können. Selbst wenn dieses Programm[32] einmal durchgeführt sein sollte, bleibt die umweltpolitische Bewertung dieser Folgewirkungen. Dabei besteht die Gefahr, daß vorschnell ein Konflikt zwischen den Zielen des Umweltschutzes einerseits und dem wirtschafts- und beschäftigungspolitisch notwendigen weiteren Wachstum des Energieverbrauchs andererseits derart konstruiert wird, daß das eine Ziel nur unter Aufgabe des anderen ereichbar wäre. Zwar schließt die Erhaltung naturnaher, historisch gewachsener Kulturlandschaften eine Industrialisierung nach dem Muster des Ruhrgebiets aus, aber weder ist dieser, im wesentlichen durch die Ballung von Grundstoffindustrien bestimmte, Industrielandschaftstyp das einzig mögliche Muster, noch die Konzentrierung gigantischer Energieumwandlungsanlagen vom Typ des Karlsruher Raffineriekomplexes oder der Kernkraftblöcke[33] in Biblis. Die Bewahrung von Natur und Landschaftscharakter ist möglich, wenn man bereit ist, die Technik anzupassen, d.h. z.B. auf die Kostenvorteile des Großanlagenbetriebs zu verzichten. Eine andere technische und regionalpolitische Alternative bestünde in der bewußten Konzentration der Grundstoffindustrie (einschließlich Kraftwerke, Raffinerien usw.) in den schon bestehenden Ballungszentren, wobei man dann allerdings hohe Umweltschutzkosten in Kauf zu nehmen hätte. Das wirtschaftspolitische Oberziel der Vollbeschäftigung brauchen derartige Lösungen nicht zu gefährden, eventuell ist damit aber – wenigsten vorübergehend – ein Verzicht auf einen sonst möglichen Produktivitäts- (d.h. Reallohn)zuwachs verbunden.

Viele Autoren suchen die Frage nach der maximal zulässigen Risikobelastung durch den Betrieb von Kernkraftwerken mit einem Risikovergleich zu beantworten: Da das Risiko durch eine Reaktorhavarie zu Schaden zu kommen kleiner sei als vergleichbare, bereits akzeptierte Risiken (etwa eines Staudammbruchs), sei die Kerntechnik als die relativ ungefährlichste Technologie akzeptabel. Diese Überlegung ist eine spezielle Variante der oben bereits geschilderten Strategie der Minimierung des gesundheitlichen Gesamtschadens. Damit aber hat das Systemrisiko nichts zu tun. Außerdem handelt es sich bei diesem um eine Eigenheit der Kerntechnik – zumindest in der Bundesrepublik, wo erdbebengefährdete Staudämme oberhalb von Ballungsgebieten nicht existieren. Dennoch kann man aus der Tatsache, daß das Systemrisiko für die Alternativen zur Kernenergie Null ist, noch nicht die Unzulässigkeit der Kernenergie ableiten. Bei einem Verzicht auf den Einsatz von Kernkraftwerken würde man nämlich in der Bundesrepublik auch bei vorsichtiger Schätzung der Bedarfsentwircklung und bei einer sehr viel stärkeren Verstromung von Steinkohle nach unseren Schätzungen im Jahre 2000 auf eine Deckungslücke von über 30 % kommen und damit ebenfalls ein erhebliches Systemrisiko – durch Arbeitslosigkeit – auf sich nehmen. Andererseits bestünde bei einem maximalen Anteil der Kernenergie an der Elektrizitätserzeugung von einem Drittel immer noch die Möglichkeit, die Kernkraftwerke nach einem Haveriefall überwiegend zu Lasten der Haushaltsversorgung stillzulegen. Eine solche Begrenzung des Kernenergieanteils minimiert das Gesamtrisiko für unseren Staat, der eine längere Massenarbeitslosigkeit ebenso vermeiden muß, wie einen eventuellen Massenaufstand im Gefolge einer atomaren Panik.

3.3 Ökologische Begrenzungen

Der Industriegesellschaft sind praktisch keine ökologischen Grenzen – im strengen Sinne dieses Wortes – gesetzt. Umweltstandards oder Nutzungsvorbehalte hinsichtlich einer Region sind selbstgewählte „Begrenzungen". Die Realisierung solcher Begrenzungen stellt sich in der Praxis meist nicht als technisches, sondern als ökonomisches Problem. Wo dieses nicht einzelwirtschaftlich – z.B. nach dem Verursacherprinzip – gelöst werden kann, muß der Staat eingreifen. Für die damit angesprochene Umweltpolitik bedeutet der Verzicht auf naturwissenschaftlich vorgegebene Grenzwerte eine zusätzliche Komplikation – aber die Erinnerung an den Sozialdarwinismus sollte uns vor der Versuchung bewahren, aus vulgarisierten naturwissenschaftlichen Teilerkenntnissen gesellschaftliche Wertsetzungen abzuleiten.

Anmerkungen

1 Vergleiche zu den immer wieder vorgelegten Versuchen einer Bestimmung der maximalen oder optimalen Bevölkerungsdichte Wrigley (1970) und das Nachwort von Barth in Malthus (1977).
2 Zum Stand der ökologischen Theorie vgl.: Collier et al. (1973), 135. Der Abstand zur komplexen Realität ist etwa genauso groß wie in der Volkswirtschaftslehre.
3 Jakobs (1976), 728 nennt einen Bereich von <0,1 % bis 4 %.
4 Welche Arten und wieviele in einem Ökosystem vorkommen, kann z.Zt. nur empirisch bestimmt werden. Wir betrachten hier nur einzelne Populationen eingebettet in ihr jeweils vorgefundenes Ökosystem.
5 Collier R. et al. (1973), Chap. 5.
6 Schäfer (1971), 21 f.
7 Collier (1973).
8 Vgl. Osche (1973), 43.
9 Vgl. die Arbeiten von Kemp (1971) und Rappaport (1971)
10 Hamblin (1977).
11 Abel (1972). Wir lassen die Möglichkeiten der Expansion durch Rodung, Kultivation von Sümpfen, Kolonisation etc. hier außeracht.
12 Abel loc. cit., 64.
13 Ellenberg loc.cit., 25.
14 Vgl. etwa Odum (1971), Chap. 9.
15 Die Entstehung der Ökologie fällt in die letzten Jahrzehnte des 19. Jahrhunderts.
16 Vgl. Wilson/Jones (1974) für einen instruktiven Vergleich der Umweltbelastung durch den fossilen und nuklearen Brennstoffzyklus und König (1977).
17 S. Commoner (1974).
18 Büker et al (1973), 44 ff.
19 Zumal die Behörden die Bekanntgabe der Katastrophenpläne mit z.T. grotesken Begründungen ablehnen und die Organisation des Katastrophenschutzes, wie die Waldbrände in Niedersachsen zeigten, ebenfalls zu Besorgnissen Anlaß gibt.
20 BMFT (1977), 277.
21 Vgl. die Ausführungen des nordrhein-westfälischen Ministers Farthmann in Zöpel (1977). Weitere notwendige Eingriffe sind im Gutachten und bei Fischer (1976) genannt.
22 Vgl. Meyer-Abich (1973) und die Beiträge von Flohn, Fortak und Kellog in König (1977).
23 Einzelheiten bei Knöpp in König (1977).
24 Abwärmekommission (1977), 78 f.
25 In König (1977).
26 Man kann zeigen, daß die zur Aufrechterhaltung einer biologischen Ordnung notwendigen Energie- und Stoffumwandlungsprozesse die Gesamtentropie eines Biotops stetig anwachsen lassen.
27 So heißt es im Umweltprogramm der BReg v. 1971: „Maßstab jeder Umweltpolitik ist der Schutz der Würde des Menschen, die bedroht ist, wenn seine Gesundheit und sein Wohlbefinden jetzt oder in Zukunft gefährdet werden."
28 Die meisten Entwicklungsländer dürften den optimalen Energieeinsatz noch nicht erreichen.
29 Für SO_2 siehe beispielsweise Schlipkötter bei König (1977).
30 Die epidemiologische Ermittlung der Dosis-Wirkungsbeziehung ist in diesem Bereich aufgrund der natürlichen Schwankung der Morbidität und Moralität fast unmöglich, man behilft sich mit einer meist linearen Extrapolation von hohen Dosiswerten aus zu kleinen Dosen.
31 Schlipköter hat mehrmals über das Zurückbleiben des Knochenwachstums bei gesunden Kindern in Gebieten mit hoher Luftbelastung hingewiesen, s. z.B. Schultze (Hrsg.), Umwelt-Report, 1972, 199–206.
32 Eine Beschreibung in Umweltbundesamt (1977).
33 Zum Konflikt zwischen der Ansiedlung energiewirtschaftlicher Großanlagen und kommunaler Politik bzw. lokaler Interessen vgl. Fischer (1976), 153.

Literaturverzeichnis

Abel, W., Massenarmut und Hungerkrisen im vorindustriellen Deutschland, Göttingen: Vandenhoeck & Ruprecht, 1972.

Abwärmekommission im Umweltbundesamt, Allgemeine Abwärmeprobleme bei Wärmekraftwerken[2], Berlin 1977.

BMFT (Hrsg.), Zur friedlichen Nutzung der Kernenergie, Berlin: Brüder Hartmann, 1977.

Büker, H. et al., Kernenergie und Umwelt, Bericht der Kernforschungsanlage Jülich, No. 929, März 1973.

Collier et al., Dynamic Ecology, Englewood Cliffs: Prentice Hall Inc., 1973.

Commoner, B., Cirkeln sluter sig[2] (The Closing Circle), Stockholm: Bokförlaget Aldus, 1974.

Dröscher, W. et al. (Hrsg.), Energie – Beschäftigung – Lebensqualität, Bonn: Neuer Vorwärts Verlag, 1977.

– Encyclopedia of Environmental Science, New York: McGraw Hill, 1974.

Ellenberg, H. (Hrsg.), Ökosystemforschung, Berlin: Springer-Verlag, 1973.

Farthmann, F., Kernenergie und Umweltschutz in Nordrhein-Westfalen, in: Zöpel, C., Dokumentation zur Energiepolitik in Nordrhein-Westfalen. Herausgegeben im Auftrag des SPD-Landesvorstandes Nordrhein-Westfalen, Düsseldorf: WI-Verlag, 1977.

FEST (Hrsg.), Alternative Möglichkeiten für die Energie-Politik – Ein Gutachten, in: Texte und Materialien der Forschungsstätte der Evangelischen Studiengemeinschaft, Reihe A, No. 1, Heidelberg, 1977.

Fischer, M., Regionale Emissionsprognosen, Frankfurt/M: Battelle-Institut e.V., 1972.

Fischer, M., Die Bedeutung technischer Prognosen für die industrielle Langfristplanung, in Ropohl, G., Systemtechnik-Grundlagen und Anwendung, München: Hanser, 1974, 79–104.

Fischer, M., Energiepolitik mit der Öffentlichkeit, in: Evangelische Kommentare, Vol. 9, No. 3. 1976. 152–154.

Flohn, H., Großräumige Beeinflussung des Klimas durch menschlichen Eingriff? Historischer Überblick und künftige Aussichten, in: König, 1977, 110–113.

Fortak, H.G., Beeinflussung des Lokalklimas durch große Energieerzeugungs- und Verbraucherzentren, in: König, 1977, 113–117.

Grümm, H., Energieerzeugung und Umwelt, Übersichtsvortrag auf der Reaktortagung 1971, zitiert nach Nr. 2 der atw-Broschüren: Kernenergie und Umwelt, 2–29.

Hamblin, D.J., Die Frühzeit des Menschen. Die ersten Städte, Reinbeck bei Hamburg: Rowohlt Taschenbuch Verlag, 1977.

Jacobs, J., Ökologie, Populationsgenetik, in: Czihak, G., Langer, H., Ziegler, H. (Hrsg.), Biologie – Ein Lehrbuch für Studenten der Biologie, Heidelberg: Springer-Verlag, 1976, Kap. 8, 673–738.

Kellog, W.W., Emissions and the climate, in: König, 1977, 117–124.

Kemp, B.W., The Flow of Energy in a Hunting Society, in: Scientific American, Vol. 224, No. 3, 1971, 104–115.

König, Chr. (Hrsg.), Energie und Umwelt. Envitec 77, Essen: Vulkan-Verlag, 1977.

Malthus, T.R., Das Bevölkerungsgesetz (Übersetzung in deutscher Sprache von Barth, C.M.), München: Taschenbuch-Verlag, 1977.

Meyer-Abich, K.M., Die Ökologische Grenze des herkömmlichen Wirtschaftswachstums, in: Nussbaum, H. (Hrsg.), Die Zukunft des Wachstums. Kritische Antworten zum „Bericht des Club of Rome", Düsseldorf: Bertelsmann-Verlag, 1973.

Odum, P.E., Fundamentals of Ecology, Philadelphia: W.B. Saunders Company, 1971.

Olschowy, G., in: Deutsche UNESCO Kommission (Hrsg.), Probleme der Nutzung und Erhaltung der Biosphäre, Köln 1969, 13–25.

Osche, G., Ökologie. Grundlagen – Erkenntnisse – Entwicklungen der Umweltforschung, Freiburg: Verlag Herder, 1973.

Rappaport, A.R., The Flow of Energy in an Agricultural Society, in: Scientific American, Vol. 224, No. 3, 1971, 116–132.

Schäfer, W., Der kritische Raum, Kleine Senkenberg Reihe, No. 4, Frankfurt/M., 1971.

Schlipköter, H.W., Die Luftverunreinigung als gesundheitliches Problem, in: Schultze, H., Umwelt-Report, Frankfurt/M: Umschau-Verlag, 1972.

Wilson, R., Jones, J.W., Energy, Ecology and the Environment, New York: Academic Press, 1974.

Wrigley, E.A., Demographic Models and Geography, in: Chorley, R.J., Haggett, P. (Hrsg.), Socio-Economic Models in Geography, London: Methuen & Co., 1970, Chap. 6, 189–215.

Umweltbundesamt (Hrsg.), Abwärmeprojekt Oberrheingebiet. 1. Halbjahr 1977, Berlin.

Andreas Schuke

Wirtschaftswachstum – Beschäftigung – Energieeinsparung

Bemerkungen zu einem umstrittenen Zusammenhang

Es vergeht keine energiepolitische Diskussion, ohne daß nicht zwei massive Warnungen ausgestoßen würden: Eine Verzögerung im Kraftwerksbau führe spätestens Mitte der 80er Jahre zu einer Lücke im Energieangebot, und die Folge eines Energiemangels sei dann vermehrte Arbeitslosigkeit. Der Hintergrund derartiger Warnungen und Befürchtungen wurde im Teil I der Studie mit der Skizzierung der volkswirtschaftlichen Rahmenbedingungen der traditionellen Energiepolitik erläutert. Danach stehen Wirtschaftswachstum, Wachstum des Energieverbrauchs und ein hoher Beschäftigungsstand in einem engen Zusammenhang. In der Tat läuft die Mehrzahl der wirtschaftspolitischen Rezepte zur Bekämpfung der Arbeitslosigkeit darauf hinaus, die Lücke an Arbeitsplätzen durch eine Förderung des Wirtschaftswachstums zu schließen. Wirtschaftliches Wachstum jedoch, so wird argumentiert, sei ohne eine ausreichende und preiswerte Energieversorgung unmöglich. Dieser traditionellen Argumentation wurde in den Teilen II und III der Studie entgegengehalten, daß der Zusammenhang von Wirtschaftswachstum und Wachstum des Energieverbrauchs keineswegs so eng ist, wie vielfach behauptet, und daß der Energieverbrauch pro Sozialproduktseinheit nicht unempfindlich gegenüber Schwankungen der Energiepreise ist. Es wurde auf Sättigungstendenzen bei den privaten Haushalten, auf die Tendenz zum sinkenden spezifischen Energieeinsatz in der Industrie und auf Energieeinsparpotentiale hingewiesen.

Der Tenor der Studie lautet, daß die Energieversorgung und die Beschäftigung zwei grundsätzlich unabhängige Probleme sind, die nur dann in dem behaupteten engen Konnex stehen, wenn man bestimmte Bedingungen des gegenwärtigen gesellschaftlichen Status quo für unabänderlich hält. Um diese Bedingungen etwas näher kennenzulernen, soll im Folgenden zwei Fragen nachgegangen werden:

1. Welchen Beitrag kann Energie zur Bekämpfung der Arbeitslosigkeit leisten?
2. Welche Auswirkungen hat eine konsequente Politik der Energieeinsparung für die Beschäftigung?

Die erste Frage ruft zunächst nach einer begrifflichen Klärung: Was soll unter Energie verstanden werden? Ungeachtet physikalischer Definitionsprobleme kann man Energie als das Nichtstoffliche bezeichnen, das Veränderungen in und am Stoff bewirkt. Die unterschiedlichen Erscheinungsformen von Energie macht sich die Technik zunutze. Wärme kann den Aggregatzustand eines Stoffes ändern, mechanische Energie einen Körper fortbewegen oder verformen, chemische Energie ihn auflösen, Licht seine Oberfläche aufleuchten lassen, usw.[1] Gegenstand ökonomischer Betrachtungsweise und Kalkulation ist nicht direkt Energie, sondern es sind die Träger von Energie, die gehandelt, gekauft und in Produktionsprozessen eingesetzt werden, in denen das in ihnen enthaltene energetische Potential freigesetzt wird. Diese Freisetzung der in Energieträgern enthaltenen Energie muß selbst als Produktionsprozeß begriffen werden, bei dem neben den gewünschten Gütern Wärme, Licht und mechanische Bewegung in der Regel auch unerwünschte Kuppelprodukte wie Abwärme, Ruß oder schädliche Gase erzeugt werden.

Betrachtet man Energie als Produktionsfaktor im engeren Sinne, also für industrielle oder gewerbliche Produktionsprozesse, so hat es bei einem Blick auf die wirtschaftliche Entwicklung der letzten zweihundert Jahre den Anschein, als habe Energie in großem Umfang Arbeitsplätze vernichtet. Tatsächlich haben Maschinen, die mit Energie betrieben werden, mehr und mehr menschliche Arbeit überflüssig gemacht. Dampfmaschine und Elektromotor haben geholfen, den Menschen von körperlicher Arbeit zu befreien. Darüber hinaus ist es heute möglich, immer mehr dispositive Tätigkeiten, wie die Steuerung von Produktionsvorgängen und andere Routineentscheidungen, elektronischen Maschinen zu übertragen. Auch wenn statistische Untersuchungen den Eindruck bestätigen, daß in Industriebranchen, in denen der Energieeinsatz pro Produkteinheit steigt, der relative Arbeitskräfteeinsatz sinkt,[2] kann man daraus nicht den globalen Schluß ziehen, der Energieeinsatz vernichte Arbeitsplätze. Dem Arbeitskraftfreisetzenden Effekt des Einsatzes von Maschinen und Energie steht ein dreifacher Arbeitsplatz-schaffender Effekt gegenüber:

1. Wenn in irgendwelchen Produktionsprozessen Arbeitskräfte durch energiebetriebene Maschinen ersetzt werden, so bedeutet dies Ersatz von Arbeit durch vorgetane Arbeit. Zumindest ein Teil der in dem einen Produktionsprozeß verlorengegangenen Arbeitsplätze wird dadurch aufgewogen, daß Arbeit benötigt wird, um die Produktionsmittel zu produzieren. Allerdings wird in einem privatwirtschaftlichen System mit nur nach oben flexiblen Nominallöhnen das Gewinnmotiv stets dafür sorgen, daß als Ergebnis der Einführung produktiver Umwege insgesamt eine Arbeitseinsparung herauskommt.
2. In dem Maß, wie durch Rationalisierungen die Arbeitsproduktivität steigt, können auch die Realeinkommen wachsen. Die zusätzliche Nachfrage regt ein Mehrangebot an Gütern an, neue Produktionskapazitäten und Arbeitsplätze werden geschaffen.
3. Schließlich wurden durch die Möglichkeiten der technischen Nutzbarmachung von Energie ökonomische Verwertungsfelder erschlossen, die gewaltige Mengen von Ressourcen aller Art an sich banden. Die großen Expansionswellen des Kapitalismus wurden wesentlich angestoßen von derartigen technischen und ökonomischen Innovationen: Dampfmaschine, Eisenbahn, Automobil.

Heute kommt dem Endenergieträger Strom aus mehreren Gründen eine zentrale Bedeutung zu. Während im Zeitraum der letzten zwanzig Jahre der spezifische Energieeinsatz insgesamt in der Industrie, wie erwähnt, gesunken ist, stieg der spezifische Stromeinsatz bei besonders starkem Rückgang des Einsatzes fossiler Brennstoffe. Hierfür ist vor allem der Branchenstrukturwandel verantwortlich. Für die Zukunft ist mit einem nur noch leicht steigenden spezifischen Stromverbrauch der Industrie zu rechnen.[3] Weit über den Zuwachsraten des Stromverbrauchs der Industrie lagen in der

Vergangenheit die der privaten Haushalte (mit über 12 %). Das Wachstum des Stromverbrauchs wird deshalb entscheidend vom zukünftigen Wachstum des Verbrauchs der privaten Haushalte abhängen. Interessanterweise sind gerade für diesen Bereich die Prognosen in jüngster Zeit drastisch zurückgenommen worden. In einem Gutachten, das im Auftrag der Vereinigung Deutscher Elektrizitätswerke (VDEW) erstellt wurde, rechnet man nur noch mit einem Wachstum des Haushaltsstromverbrauchs von durchschnittlich 2,7 % pro Jahr für den Zeitraum von 1973 bis 1985. Woher sollen also die hohen Zuwachsraten im Stromverbrauch kommen, die von der Kraftwerksindustrie und der Bundesregierung fast einhellig auf 6 bis 7 % veranschlagt werden? Diese Frage gewinnt an Brisanz, wenn man bedenkt, daß der Mehrbedarf an Strom vorwiegend aus Kernenergie gedeckt werden soll, der umstrittensten aller Energiebereitstellungen.

An dieser Stelle wird es Zeit, die Perspektive zu wechseln; nicht Energie als Produktionsfaktor, sondern die Rolle des Energiesektors im Rahmen der Strategien zur Bekämpfung der Arbeitslosigkeit muß man sehen, um voll zu verstehen, weshalb so vehement der Ausbau der Kernenergie gefordert wird. Die Hoffnung auf einen Ausweg aus dem vielbeklagten Dilemma der Investitionsschwäche, die für die gegenwärtige Arbeitslosigkeit verantwortlich gemacht wird, richtet sich seit einigen Jahren zunehmend auf den Ausbau der Kernenergie. Von Kernenergieinvestitionen verspricht man sich technologische Innovationsschübe, die Bindung von Ressourcen in wichtigen Branchen, starke multiplikatorische Einkommenseffekte und damit die Stützung des lahmenden Wirtschaftswachstums. Modellrechnungen, in denen die Anstoßwirkungen von Kernenergieinvestitionen quer durch die Sektoren der Wirtschaft anhand von Input-Output-Tabellen ermittelt wurden, ergaben, daß die Investition eines Kernkraftwerks im Wert von 1,1 Mrd. DM etwa das 3-fache an Bruttoproduktionswert induziert. Derselben Rechnung zufolge geht von einem Kernkraftwerk ein Beschäftigungseffekt von 39.000-Mann-Jahren aus, bzw. umgerechnet auf die Bauzeit eines Kernkraftwerks werden 4 Jahre lang ca. 10.000 Arbeitsplätze unterhalten.[4] Die Nukleartechnologie erscheint auch attraktiv unter dem Gesichtspunkt der Exportchancen im Rahmen einer „Neuen Internationalen Arbeitsteilung", innerhalb der den hochindustrialisierten Ländern vor allem die Produktion hochspezialisierter Technik und Kapitalgüter zukommt, während sich die Entwicklungsländer mehr der Herstellung technisch einfacherer Konsumgüter zuwenden. Selbst wenn man die neue internationale Arbeitsteilung für ein erstrebenswertes Ziel hält, kann man immer noch mit guten Gründen bezweifeln, ob unser Beitrag zur „Entwicklung" der Länder der Dritten Welt in ihrer Ausrüstung mit Kernenergieanlagen wirklich nützlich ist.[5]

Die Kernenergiebranche in der Bundesrepublik ist kein Kind rein privatwirtschaftlicher Unternehmerinitiative. Ohne die hohen staatlichen Förderungsmittel, die in den letzten 20 Jahren in die Kernforschung geflossen sind, wäre die Industrie heute gewiß nicht in der Lage, technisch relativ ausgereifte Leichtwasserreaktoren zu produzieren und zu installieren. Bei der massiven staatlichen Förderung der Bedingungen der Möglichkeit einer kerntechnischen Industrie handelt es sich offensichtlich um ein treffendes Beispiel staatlicher Investitionslenkung. Die Gereiztheit in den Diskussionen um die Kernenergie erklärt sich nicht nur aus der Sorge um einen drohenden Energiemangel, sie rührt auch aus der Befürchtung, daß die Früchte langfristiger Forschung, Planung und Lenkung in den Fängen von Bürgerinitiativen und Protestbewegungen hängen bleiben.[6] Dabei sorgen sich oft ironischerweise gerade diejenigen Leute am meisten um die drohende Energielücke, die ansonsten am lautstärksten vor einer ernsthaften Verletzung marktwirtschaftlicher Prinzipien durch Investitionslenkung warnen. Nimmt man das marktwirtschaftliche Credo ernst, daß Risiko und Gewinnchance, Kompetenz und Haftung untrennbar verknüpft sind, kann man sich einem gewissen Verständnis für die Klagen über die schwierige Lage der Kraftwerksindustrie nicht entziehen. Diese Firmen haben sich in ihren langfristigen Kapazitätsplanungen an einem von Energieversorgungsunternehmen und Bundesregierung projektierten Wachstum des Stromverbrauchs von 6 bis 7 % pro Jahr orientiert und sehen sich nun seit etwa 2 Jahren einem faktischen Baustop für Kernkraftwerke gegenüber, der die laufende Produktion ins Stocken bringen muß und die Auslastung der Kapazitäten und des Fachpersonals bedroht, sofern keine Kompensation im Export möglich ist. Wen wundert es da, daß die Industrie massiven Druck auf die Regierung ausübt, die steckengebliebenen Genehmigungsverfahren, auch für Kohlekraftwerke, zu beschleunigen?

Eine ganz andere Frage ist es, ob die Strategie der Wachstumsförderung durch Investitionen, die, wie gezeigt, wesentliches Motiv der Kernenergiepolitik ist, auf Dauer geeignet ist, die Probleme der Beschäftigung in unserer Gesellschaft zu lösen. Dienen die Investitionen der Kapitalintensivierung schon installierter Produktionsprozesse, so kann dabei für die kurze Frist durchaus ein positiver Beschäftigungseffekt herausspringen. Längerfristig muß jedoch, wenn die Rationalisierungsinvestition dem einzelwirtschaftlichen Rationalitätskriterium genügt, der Kosteneinsparungs- und Arbeitsplatzeinsparungseffekt überwiegen; der kurzfristige positive Beschäftigungseffekt resultiert einzig aus dem Transfer von zukünftigen Beschäftigungsmöglichkeiten in die Gegenwart. Volkswirtschaftliche Erweiterungsinvestitionen schaffen neue Produktionskapazitäten, die ausgelastet sein wollen, und sie schaffen zusätzliche Einkommen. Sofern die zusätzlichen Einkommen nicht voll für den Kauf der mit den zusätzlichen Kapazitäten erzeugten Produkte verausgabt werden, entsteht die Notwendigkeit, das volkswirtschaftliche Produktionspotential wiederum durch Herstellung zusätzlicher Produktionsmittel zu beschäftigen. Der Kreislauf des Zwangs zum weiteren Wirtschaftswachstum dreht sich weiter.

Wie sind in diesem Zusammenhang Kernkraftwerke zu beurteilen? Kernenergie-Investitionen haben zweifellos kurzfristig einen nicht unbeträchtlichen Beschäftigungseffekt. Inwieweit dadurch zukünftige Beschäftigungsmöglichkeiten verhindert werden, ist schwer zu sagen. Die Strompreise, von denen die Menge und Art der Erzeugung und des Absatzes von Strom abhängt, werden vermutlich das Tempo des Anstiegs der Arbeitsproduktivität und damit die Beschäftigung nicht unbeeinflußt lassen, obwohl man hinzufügen muß, daß die zukünftige Lohnentwicklung hierfür von größerer Bedeutung ist. Ob das Mehrangebot an Strom neue Verwendungsmöglichkeiten für Strom, neue Produktionen, Einkommen und Arbeitsplätze induziert, erscheint gegenwärtig höchst zweifelhaft. Es ist jedenfalls nicht zu sehen, wie mit dem Bau von Kernkraftwerken das längerfristig drohende Problem eines strukturellen Arbeitsplatzmangels behoben werden könnte, es sei denn, daß man eine exponentiell steigende Energiemenge aus nuklearen Anlagen erzeugen wollte. Auf die ökologische und gesellschaftspolitische Problematik einer solchen Strategie ist in der Studie ausdrücklich aufmerksam gemacht worden. Der Ausbau der Kernenergie ist das im Augenblick stechendste Beispiel für das Dilemma zwischen ökologischen Grenzen und sozialen Konflikten, in dem wir uns befinden. Die Wirtschaftspolitiker müssen es anscheinend erst noch lernen, daß wir es uns nicht mehr leisten können, der Natur etwas abzuringen und ökologische Grenzen zu verletzen, nur um kurzfristig ökonomische Spannungen zu mildern und ohne die langfristigen Folgekosten zu sehen.[7]

Wenn es jedoch nicht zu verantworten ist, um selbst nur kurzfristiger Vorteile willen den Kernenergieausbau zu forcieren: welche Alternative bleibt? Konkret: Kann eine Politik der konsequenten Energieeinsparung aus dem Beschäftigungsdilemma helfen? Einsparungen von Energie können dort erzielt werden, wo gegenwärtig Verluste bei Umwandlung, Transport und Nutzung von Energie vorkommen. Erhebliche Verluste sind, wie in der Studie erwähnt, sowohl auf der Stufe der Umwandlung von Primärenergie in Endenergie, als auch bei der Nutzung durch den Endverbraucher zu verzeichnen. Wenn es richtig ist, daß jede Energiepolitik vom Bedarf auszugehen hat, so ist es auch konsequent, daß Energieeinsparpolitik beim Endenergieverbrauch ansetzen muß.

Grundsätzlich können Einsparungen von Endenergie durch Veränderungen der Energienutzungstechnik oder verändertes Verbraucherverhalten erreicht werden. Am Beispiel eines Benzinautos seien vier verschiedene Methoden der Energieeinsparung erläutert:

1. Nur durch technische Verbesserungen mit dem Ergebnis eines höheren Wirkungsgrades der eingesetzten Endenergie; etwa verbesserte Verbrennung im Benzinmotor, Einbau von Turboladern, verbesserte Aerodynamik und Verringerung des Gewichts der Karosserie.
2. Durch vernünftigeren Gebrauch des Autos, z.B. Vermeiden unnötigen Beschleunigens und Bremsens im Straßenverkehr, ohne daß der Fahrer nennenswerte Zeitverluste hinzunehmen hat.
3. Durch strukturelle Änderungen, durch die die Quantität der notwendigen Transportleistungen nicht, und deren Qualität nur unwesentlich vermindert wird; hierunter fallen Änderungen der Transportgewohnheiten, etwa mitfahren statt selbst fahren, umsteigen vom Individual- auf den öffentlichen Nahverkehr; aber auch Änderungen der Siedlungsstrukturen und Industriestandorte, um den immer noch wachsenden Pendlerverkehr zwischen Wohnort und Arbeitsplatz unnötig zu machen.
4. Durch echte Einsparungen: Das Auto einfach weniger benutzen. Das muß nicht immer Verzicht auf schnellen und bequemen Transport bedeuten; in der Stadt kommt man heute vielfach mit dem Fahrrad rascher voran und hat in der Regel außerdem noch etwas für seine Gesundheit getan.

Unter den Möglichkeiten der Einsparung verdient die technisch bessere Ausnutzung der Endenergie entsprechend der 1. Methode, ohne Schmälerung des Nutzens, den der private Verbraucher hat, besondere Aufmerksamkeit. Das Hauptziel neben der Vermeidung unnötiger Energieverschwendung muß deshalb die wirtschaftlich kostenminimale Herstellung der vom Verbraucher gewünschten Energiedienstleistung sein. Es gibt viele Beispiele für eine energieeinsparende Herstellung von Energiedienstleistungen, ohne daß die Kosten dadurch steigen. Vielfach dürften mit Energieeinsparungen sogar Kostenersparnisse einhergehen. Energiedienstleistungen, die der Verbraucher unter Einsatz von Endenergie und Energienutzungsgeräten „produziert", können z.B. sein:

- Aufrechterhaltung eines bestimmten Temperaturgefälles zwischen einem Wohnraum und dem Außenklima,
- Personen-Transportkilometer pro Zeiteinheit,
- Garkochen einer Mahlzeit.

Energieeinsparungen in diesem Sinne werden in der Regel durch Installation energiesparender Anlagen, durch Investitionen also, erzielt. Als Wirtschaftlichkeitskriterium gilt deshalb: Eine energieeinsparende Investition mit dem Ziel verbesserter Herstellung von Energiedienstleistungen ist so lange ökonomisch sinnvoll, wie die in Geld gerechneten Energieeinsparungen die Aufwendungen für die Einsparinvestition mindestens decken. Die optimale Energieeinsparung hängt also ab von den gegenwärtigen und den zu erwartenden zukünftigen Preisen für Endenergieträger und Energienutzungsgeräte (im weitesten Sinne), der Nutzungsdauer dieser Anlagen und dem Kalkulationszinsfluß. Es bedarf kaum der Erwähnung, daß die praktische Anwendung dieses Wirtschaftlichkeitskriteriums auf beträchtliche Informationsprobleme stößt. Dies betrifft vor allem die ungewissen Erwartungen über die Entwicklungen der Preise, die die Erträge von Energieeinsparinvestitionen berühren. Aber auch der korrekte Ansatz des Kalkulationszinsflußes, je nach dem, ob es sich um eine selbst- oder um eine fremdfinanzierte Investition handelt, ist umstritten. Es darf auch nicht übersehen werden, daß ein Einsparinvestor für die Dauer der Bindung seines Kapitals ein gewisses Risiko übernimmt. Das Wirtschaftlichkeitskriterium für rationelle Energieverwendung hat auch Eingang in das Gesetz zur Einsparung von Energie in Gebäuden gefunden. Darin wird gefordert, daß die Anforderungen an den Betrieb heizungs- und raumlufttechnischer Anlagen sowie von Brauchwasseranlagen wirtschaftlich vertretbar sein müssen. Die erforderlichen Aufwendungen sollen innerhalb der üblichen Nutzungsdauer durch die eintretenden Einsparungen erwirtschaftet werden können.[8]

Angaben der Bundesregierung ist zu entnehmen, daß für eine Verringerung des spezifischen Wärmebedarfs von Wohnräumen um 40 %, das bedeutet jährliche Energieeinsparungen im Wert von 2,50 bis 3,00 DM pro qm Wohnfläche, in Neubauten pro qm 65,00 DM Einsparaufwendungen gemacht werden müssen; für die Nachrüstung von Altbauten ist die doppelte Summe erforderlich.[9] Betrachtet man diese Daten als gegeben, so hängt die Wirtschaftlichkeit nur noch von der Nutzungsdauer und dem Kalkulationszinsfuß ab. Höhere Einsparungen an konventioneller Endenergie sind noch zu erzielen, wenn man für die Energiedienstleistungen Raumheizung und Warmwasser Solarenergie einsetzt. Neuere Berechnungen haben ergeben, daß eine Solarenergieanlage mit Wärmekollektoren und Speicherbehälter bis zu 68 % der konventionellen Endenergie ersetzen kann, bei gleichen Kosten und gleicher Energiedienstleistung.[10]

Aus derartigen Musterbeispielen kann man natürlich noch nicht auf das gesamte volkswirtschaftliche Einsparpotential schließen. Die Frage nach dem Energieeinsparpotential ist zugleich die Frage nach dem zukünftigen Bedarf. Die Bundesregierung hat ihre Projektionen des zukünftigen Primärenergiebedarfs in den letzten Jahren mehrere Male zurückgenommen. Im Energieprogramm von 1973 rechnet sie noch mit 610 Mio. t

SKE für das Jahr 1985, in der ersten Fortschreibung des Energieprogramms von 1974 waren es nur noch 555 Mio. t SKE, und die Eckdaten für die zweite Fortschreibung veranschlagen 496 Mio. t SKE. Diese Rücknahmen folgen den reduzierten Erwartungen des zukünftigen Wirtschaftswachstums, es sind aber auch gewisse Einsparmöglichkeiten eingegangen. Das auf der Basis des für 1985 projektierten Primärenergieverbrauchs von ca. 500 Mio. t SKE ausschöpfbare Einsparpotential wird von Fachleuten erstaunlich einhellig auf 10 bis 15 % beziffert.[11] Die in Szenario II projektierten 445 Mio. t SKE für das Jahr 1985 sind also keineswegs unrealistisch. Veranschlagt man darüber hinaus wie R. V. Denton das bis zum Jahr 2000 erreichbare Einsparpotential auf etwa 30 % von 760 Mio. t SKE in Szenario I, so ergeben sich die 530 Mio. t SKE von Szenario II.[12]

Jede Projektion des zukünftigen Energieverbrauchs ist abhängig von der eingeschlagenen Energiepolitik. Zuverlässige Prognosen sind auf diesem Gebiet nahezu unmöglich. Wieviel Energie angeboten und wieviel nachgefragt wird, hängt in großem Umfang von staatlicher Einflußnahme ab. Nahezu alle Energiearten werden entweder beim Produzenten oder beim Verbraucher besteuert oder subventioniert. Den Subventionen für Kernenergie und Steinkohle stehen die Mineralölsteuern entgegen. In den vergangenen 25 Jahren beschränkte sich die staatliche Energiepolitik vorwiegend darauf, dafür zu sorgen, daß der Markt ein ausreichendes Energieangebot möglichst preisgünstig zur Verfügung stellte. Der bedeutendste Eingriff in das Marktgeschehen bestand in den Strukturhilfen für den vom Mineralöl bedrohten Steinkohlenbergbau in den 60er Jahren. Zur langfristigen Angebotsvorsorge gehört auch die Förderung der Entwicklung der Kernenergie, womit die Importabhängigkeit vom Mineralöl verringert und das Energieangebotsspektrum verbreitert werden sollte. Es ist allerdings leicht zu sehen, daß bei einem forcierten Ausbau der Kernenergie, dem darauf folgenden Trend zu höherer Elektrifizierung und bei nicht höheren Energieeinsparanstrengungen als bisher beträchtlich größere Primärenergiemengen eingesetzt werden müßten, um den notwendigen Bedarf an Energiedienstleistungen zu decken.[13]

Schon bei der staatlichen Beeinflussung des Energieangebots wird deutlich, in welchem Umfang die Entwicklung des Primärenergieverbrauchs von politischen Weichenstellungen abhängig ist. Dies gilt in mindestens demselben Maß für die Möglichkeit der Steuerung von Umfang und Struktur der Nachfrage nach Endenergie. Dabei kann davon ausgegangen werden, daß die Preise aller Formen von Energie auf längere Sicht stärker als das allgemeine Preisniveau steigen werden. Noch immer leben wir in einer Zeit billiger Energie, die aus relativ leicht zugänglichen, aber in absehbarer Zeit erschöpften Ressourcen gewonnen werden kann. Energie aus regenerativen Quellen wird zwar zeitlich unbeschränkt zur Verfügung stehen, aber auch erheblich teurer sein, weil die Produktion kostspieliger sein wird. Schon die bessere Ausnützung der gegenwärtigen Primärenergiequellen Öl, Kohle und Uran (im Schnellen Brutreaktor) ist nur unter höherem Kapitaleinsatz möglich.

Zur Beeinflussung der Energienachfrage im Sinne des langfristig zu erwartenden Preistrends sind marktkonforme Maßnahmen, mit denen die Kalkulationsdaten des Verbrauchers verändert werden, dirigistischen Vorschriften im Sinne von Rationierungen vorzuziehen. Allerdings dürfte der unbeeinflußte Marktmechanismus von selbst keine optimalen Energieeinsparergebnisse herstellen. Die Träger wirtschaftlicher Entscheidungen besitzen in der Regel nur unvollkommene Voraussicht, sie sind risikoscheu und haben einen relativ kurzen Planungshorizont. Dies ist für die Energiepolitik insofern von Bedeutung, als Energieeinsparungen in der Regel durch zusätzliche Investitionen für diesen Zweck erreicht werden. Der Endenergieverbraucher bzw. Einsparinvestor wird dadurch für die Dauer der Amortisation dieser Einsparinvestitionen wirtschaftlich gebunden. Generell gilt, daß die Entscheidungen im Energiesektor eine lange Bindungsdauer haben. Dies hat zur Folge, daß kurzfristig die angebotenen und nachgefragten Mengen nach Energie für Preisschwankungen ziemlich unempfindlich sind: Raffinierie- und Kraftwerkskapazitäten sind nicht kurzfristig variierbar, auch die meisten Energienutzungsgeräte wie Autos und Waschmaschinen, Heizungsanlagen und Häuser, sind ziemlich langlebig. Wie erwähnt, sind bei den meisten langlebigen Energienutzungsgeräten technische Einsparpotentiale vorhanden, die am besten im Zuge der normalen Reinvestition realisiert werden. Angesichts der Tatsache, daß die Energiepreise im langfristigen Trend steigen werden, ist eine staatliche Politik angezeigt, die ein antizipatives Handeln beim Energieverbraucher auslöst. Entscheidungen über den Kauf energienutzender Geräte sollten sich bereits heute an den Preisverhältnissen orientieren, die innerhalb des Nutzungszeitraums dieser Investitionen zu erwarten sind.

Die staatliche Energieeinsparpolitik kann sich verschiedener Mittel bedienen. Durch eine gezielte Verbraucherinformation wird die Markttransparenz erhöht, das wirtschaftliche Eigeninteresse des Verbrauchers läßt sich auf diese Weise zu Gunsten rationeller Energieverwendung mobilisieren. In diesem Zusammenhang wäre etwa an die Pflicht zur Kennzeichnung des Energieverbrauchs an Geräten zu denken. Entscheidungen über den Kauf langlebiger Konsumgüter würden auf diese Weise in stärkerem Maß von den über die Lebensdauer verteilten Gesamtkosten des Gutes abhängig gemacht werden.

Darüber hinaus verfügt der Staat über eine Vielzahl von Möglichkeiten, durch Setzung finanzieller Anreize Energieeinsparmaßnahmen über die Schwelle der Wirtschaftlichkeit für den privaten Verbraucher zu heben. Zulagen zu energiesparenden Investitionen, Abschreibungserleichterungen und Finanzierungsvergünstigungen könnten dazu beitragen, die immer noch zu beobachtende Zurückhaltung gegenüber rationeller Energieverwendung zu überwinden.[14] Eine Besteuerung energieintensiver Konsumgüter könnte die Nachfrage auf energiesparende Substitute umlenken.

Grundsätzlich ist zu fordern, daß die Preise für die einzelnen Energieträger die Vollkosten spiegeln sollen. Diese umfassen auch die Kosten zur Vermeidung ökologischer Belastungen. Die Stromtarifstruktur hat in den Nachkriegsjahren die Expansion der Nachfrage nach Strom wesentlich unterstützt. Dies entsprach dem erklärten Ziel der Bundesregierung, die Energienachfrage mehr in den Elektrizitätsbereich zu verlagern. Im Interesse rationellen Stromeinsatzes müßte innerhalb der Tarifstruktur der relativ hohe Grundpreis zu Gunsten einer stärkeren Betonung des variablen Arbeitspreises zurückgedrängt werden, um vor allem den privaten Haushalten und Kleinverbrauchern einen Zusammenhang von Stromverbrauch und Stromrechnung zu vermitteln. Bisher werden die sinkenden Durchschnittskosten der einzelnen Energieversorgungsunternehmen in den Tarifen an die Verbraucher weitergegeben. Wer mehr Strom verbraucht, zahlt pro Kilowatt-Stunde weniger. Betrachtet man den relativ geringen Wirkungsgrad und die zunehmenden ökologischen Belastungen der Stromerzeugung, sowie die steigenden Kosten und die sinkende öffentliche Akzeptanz, denen neue Kraftwerke heute begegnen, so läßt sich eine zum großzügigen Umgang mit Strom einladende Tarifstruktur nicht mehr rechtfertigen. Die Einsicht, daß Stromerzeugung mit steigenden volkswirtschaftlichen Grenzkosten verbunden ist, sollte auch dazu führen, den Verbrauch in der Spitzenlast durch eine entsprechende Tarifierung zu drosseln. Dadurch ließen sich Kraftwerksanlagen, die nur zur Bewältigung der Spitzenbelastungen im Stromnetz in Betrieb genommen werden, einsparen.

Dort, wo sich Energieeinsparungen durch marktkonforme Belohnungen und Sanktionen nicht anregen und sinnvoll realisieren lassen, müssen allgemeine staatliche Vorschriften eingreifen, etwa als DIN-Normen für technische Mindeststandarts.

Nehmen wir die am Anfang der Überlegungen zur Energieeinsparung stehende Frage wieder auf: Können Einsparmaßnahmen einen positiven Beschäftigungseffekt haben? Es ist unverständlich, weshalb bis vor kurzem immer nur die Kosten von Einsparmaßnahmen hervorgehoben wurden. Dabei ist klar, daß Einsparinvestitionen, wie alle anderen volkswirtschaftlichen Zusatzausgaben, ebenso wie Investitionen in Kernkraftwerke, über einen multiplikatorischen Prozeß zusätzliche Nachfrage, Einkommen und Beschäftigung schaffen. Sofern man Art und Umfang der Einsparinvestitionen kennt, kann man den von ihnen ausgelösten Beschäftigungseffekt ebenso abschätzen wie den durch den Bau von Kernkraftwerken. Man muß dazu zunächst den Anteil der Lohnkosten in den Branchen kennen, die Einsparmaßnahmen durchführen bzw. die entsprechenden Investitionsgüter herstellen. Aus diesen Lohnkosten, dividiert durch den durchschnittlichen Lohn pro Beschäftigten, erhält man den direkten Beschäftigungseffekt der „ersten Runde". Durch die in dieser Runde zusätzlich geschaffenen Einkommen, aber auch durch den zusätzlichen Kapitaleinsatz in der Produktion wird zusätzliche Nachfrage, Einkommen und Beschäftigung in nachgelagerten Wirtschaftszweigen bis in die Konsumgüterindustrie ausgelöst.[15] Grob geschätzt dürfte das 4 Mrd.-Programm der Bundesregierung zur Förderung von wärmedämmenden Maßnahmen etwa den gleichen Beschäftigungseffekt haben wie der Bau von drei bis vier Kernkraftwerken. Auch die in Arbeit und Brot gesetzten Branchen sind bei Kernenergie- und Einsparinvestitionen nahezu identisch, vor allem die Bauwirtschaft, aber auch Maschinenbau und Elektroindustrie, wenn man neben Gebäudeisolation und Verlegung von Fernwärmenetzen den energiesparenden technischen Fortschritt in der Produktion, sowie Wärmepumpen und Solaranlagen mit einbezieht. Gerade die von einem energiepolitischen Umsteuern betroffenen Branchen, teilweise sogar Firmen, würden also auf der anderen Seite wieder begünstigt. Dennoch darf natürlich nicht übersehen werden, daß einige Umstellungen mit wirtschaftlichen Abschreibungsverlusten bei nicht mehr benötigten Produktionsanlagen und mit sozialen Härten für die Beschäftigten verbunden wären. Auch hier hätte die Einsparpolitik flankierend zu unterstützen.

Gerade in der gegenwärtigen Situation einer Unterauslastung des volkswirtschaftlichen Produktionspotentials sind zusätzliche Ausgaben erwünscht, die einen Einkommens- und Beschäftigungseffekt haben, aber keinen Kapazitätseffekt. Es wäre nur dafür zu sorgen, daß die zusätzlichen Ausgaben für Energieeinsparmaßnahmen die Kostenrechnungen der Unternehmen nicht zu stark belasten, um negative Rückwirkungen auf andere Investitionsausgaben zu vermeiden. Generell haben energie- aber auch andere rohstoffeinsparende Maßnahmen, durch die laufend zu importierende Produktionsfaktoren durch Arbeit und vorgetane Arbeit ersetzt werden, durch die also die inländische Wertschöpfung relativ erhöht wird, einen positiven Beschäftigungseffekt. Voraussetzung hierfür ist natürlich, daß die Außenhandelsbilanz von einer Einschränkung der Importe ansonsten nicht berührt wird. Einen derartigen Effekt intendiert offenbar auch die Bundesregierung, wenn sie die Mineralölquote am Primärenergieverbrauch durch Einsatz von Kernenergie senken möchte.

Energieeinsparungen können im Extrem zwei verschiedene Auswirkungen auf die langfristige Entwicklung des Primärenergieverbrauchs haben: Entweder die linear oder exponentiell verlaufende Kurve des Primärenergiezuwachses wird durch Einsparungen nach unten verschoben oder gedreht, oder der Primärenergieverbrauch bleibt konstant oder geht zurück. Die Studie plädiert mit dem Szenario II für eine langsame Dämpfung der Primärenergiezuwachsraten und für ein Einschwenken auf einen stationären Verbrauch, da wir der Ansicht sind, daß sich in einer begrenzten Welt ein unbegrenztes Wachstum des Verbrauchs knapper, nicht regenerierbarer Ressourcen verbietet. Eine Wirtschaft mit konstanten Durchflüssen materieller Ressourcen muß keine Nullwachstums-Wirtschaft sein. Die Behauptung, dies sei eine notwendige Folge, geht vom Status-quo-Denken und kurzfristig sicher vorherrschender Inflexibilität aus. Gerade um die notwendigen Umstellungen im Wirtschafts- und Sozialgefüge reibungsfreier bewältigen zu können, räumt Szenario II dem traditionellen Wirtschafts- und Primärenergiewachstum noch eine lange Übergangsfrist ein. Dieser Spielraum muß aber aktiv genutzt werden. Hierzu gehört auch, daß die Wirtschaftspolitik zielbewußt auf die Schaffung der Bedingungen eines „stabilen Szenarios" hinwirkt. Die Förderung von Energieeinspar- und Umweltschutzmaßnahmen darf nicht nur ein zufälliges Abfallprodukt einer in Verlegenheit geratenen Wirtschaftswachstumspolitik sein. Solche staatlichen Hilfen erhalten dann einen systematischen Stellenwert, wenn die Einsicht durchdringt, daß ökonomische und ökologische Rationalität langfristig kein Gegensatzpaar sind. Ziel all dieser Bemühungen ist nicht eine stationäre Wirtschaft, sondern eine Gleichgewichtswirtschaft, die die Möglichkeit hat, in einer Welt mit endlichen Ressourcen annähernd beliebig fortbestehen zu können.[16]

Anmerkungen

1 Vgl. H. F. Mueller (1961), 210.
2 Vgl. H. Legler, E. Jochem (1977), 277.
3 Vgl. Energiewirtschaftliches Institut an der Universität Köln (1976), C 45–51.
4 Vgl. Mitteilungen des Deutschen Instituts für Wirtschaftsforschung, Heft 26–27, 1976, 256–259, Auswirkungen des Baus eines Kernkraftwerks auf Produktion und Erwerbstätigenzahl.
5 Vgl. zu den außenpolitischen und militärstrategischen Implikationen des Kernenergie-Exports die Beiträge von Moltmann und Solms.
6 Der Investitionsstau, der durch Verzögerungen bei Genehmigungen von Kraftwerken – in der Regel durch Bürgerproteste – entstanden ist, wird auf 15 Mrd. DM geschätzt. Vgl. dazu den Monatsbericht der Deutschen Bundesbank für Sept. 1977, 27.

7 Charakteristisch für die Haltung vieler Wirtschaftspolitiker ist die folgende Äußerung des Sachverständigenrates: „Man muß auch die Bedeutung wirtschaftlichen Wachstums sehen, die darin liegt, daß es die Konfrontation im Verteilungskampf mildert: Was gleichsam der Natur abgerungen werden kann, braucht nicht Anderen weggenommen zu werden.“ Vgl. Sachverständigenrat (1975), Tz. 283.

8 Bundesgesetzblatt vom 28.7.1976. Dieses Gesetz könnte ein sinnvoller Ansatz zur rationellen Energieverwendung gerade auf den wichtigen Gebieten der Raumheizung und Warmwasserbereitung werden, sofern das Wirtschaftlichkeitskriterium eine sinnvolle Präzisierung erfährt.

9 Vgl. Antwort der Bundesregierung betreffend rationelle und sparsame Energieverwendung, Bundestagsdrucksache 7/3595, Mai 1975, 5–6.

10 Vgl. BMFT (1976), 117–123.

11 Vgl. K. M. Meyer-Abich (1977), 80, ebenso die Äußerungen von H. Schäfer vor dem „Atomhearing“ des bayerischen Landtags im Juni 1976.

12 Vgl. R. V. Denton (1976), 7.

13 Vgl. H. Bossel (1975), 5.

14 In diesem Sinne ist das 4 Mrd.-Programm der Bundesregierung zur Bezuschussung wärmeisolierender Investitionen an Wohngebäuden vom Sept. 1977 zu begrüßen.

15 Mit Hilfe dieser Methode ist versucht worden, die Beschäftigungseffekte von Umweltschutzmaßnahmen, die von der Struktur her den Einsparmaßnahmen ähnlich sind, zu quantifizieren. Vgl. W. Meißner, E. Hödl (1977), 93–96. Die Autoren kommen auf einen Beschäftigungseffekt von 366 280 „Mann-Jahren“ für die Umweltschutzaufwendungen im Zeitraum zwischen 1975 und 1979, vgl. ebenda, 105.

16 Dies ist die Definition von E. König, (1973), 215–216.

Literaturverzeichnis

BMFT (Bundesministerium für Forschung und Technologie), Energiequellen für Morgen? Nichtnukleare – Nichtfossile Primärenergiequellen, Frankfurt a. Main 1976, Teil II.

Bossel, H., Mißbrauch von Energiemodellen: Replik, Institut für Systemtechnik und Innovationsforschung, Karlsruhe, April 1975, (mimeogr.).

Denton, R.V., Energiealternativen für die Bundesrepublik Deutschland: 3 Szenarien, Institut für Systemtechnik und Innovationsforschung, Karlsruhe, Mai 1976 (mimeogr.).

Energy Policy Project of the Ford Foundation, A Time to Choose, America's Energy Future, Cambridge, Mass. 1974.

EWI (Energiewirtschaftliches Institut an der Universität Köln), Die Entwicklung des Elektrizitätsbedarfs der Bundesrepublik Deutschland bis zum Jahre 2000 in Abhängigkeit von wirtschaftlichen und sozialen Faktoren, Gutachten im Rahmen des Forschungsprogramms der BMFT Forschungsberichte K 7603, Bonn, Juli 1976.

Küng, E., Probleme des Übergangs von der Wachstumswirtschaft zur Gleichgewichtswirtschaft, in: Ch. Horn, M. P. von Walterskirchen (Hrsg.), Umweltpolitik in Europa, München 1973.

Legler, H., Jochem E., Der Zusammenhang zwischen Energieverbrauch, Wirtschaftswachstum und Beschäftigung, in: Blätter für deutsche und internationale Politik, März 1977, 277.

Meißner, W., Hödl, E., Positive ökonomische Aspekte des Umweltschutzes, Berichte 3/77 vom Umweltbundesamt, 1977.

Meyer-Abich, K.M., Energieplanung, Energieeinsparung, Energiequellen, in: Dokumente der Fachtagung Energie – Beschäftigung – Lebensqualität, der SPD, 28.–29.4.1977 in Köln.

Mueller, H.F., Energiewirtschaft, in: Handwörterbuch der Sozialwissenschaften, 3. Bd., Stuttgart-Tübingen-Göttingen 1961.

Ott, A.E., u.a., Wirtschaftswachstum und Energieverbrauch in Baden-Württemberg, Institut für angewandte Wirtschaftsforschung Tübingen, 1975.

Sachverständigenrat zur Begutachtung der gesamtwirtschaftlichen Entwicklung, Jahresgutachten 1975 und 1976.

Hans-Joachim Bieber

Die politische Entwicklung der friedlichen Kernenergienutzung in der Bundesrepublik Deutschland

Ein geschichtlicher Abriß

Mit der ersten Spaltung eines Uranatoms durch Otto Hahn und Fritz Straßmann wurde 1938 in Deutschland das experimentelle Fundament für die Nutzung der Kernenergie gelegt. Trotzdem begann die wirtschaftliche Nutzung der Kernenergie in der Bundesrepublik verhältnismäßig spät. Nach dem Zusammenbruch des 3. Reiches wurden deutsche Kernforschungsanlagen, die den Krieg überdauert hatten, durch die Besatzungsbehörden beseitigt, die Kernphysiker vorerst interniert, jede Betätigung auf dem Gebiet der Erforschung und Verwertung der Kernenergie verboten, ebenfalls der Besitz und die Herstellung von Uran und anderen spaltbaren Materialien. Diese Verbote fielen erst mit der Ratifizierung der Pariser Verträge im Mai 1955, die der Bundesrepublik die völkerrechtliche Souveränität brachten; lediglich das Verbot, die Kernenergie für militärische Zwecke zu verwenden, blieb bestehen.

In dem Maße, in dem sich der Ost-West-Gegensatz vertiefte, die Teilung Deutschlands in zwei voneinander unabhängige Staaten sich verfestigte und Westdeutschland in das westliche Verteidigungssystem und in die entstehende westeuropäische Wirtschaftsgemeinschaft einbezogen wurde, waren die Fesseln für die kernphysikalische Forschung auf Betreiben von Wissenschaftlern, Industriellen und Bundesregierung allerdings vorher schon gelockert worden. Namhafte deutsche Kernphysiker hatten sich schon wenige Jahre nach Kriegsende hierfür eingesetzt, in erster Linie deshalb, weil sie daran interessiert waren, wieder ungehindert auf einem Gebiet arbeiten zu können, auf dem die deutsche Physik vor dem 2. Weltkrieg Weltruf gehabt hatte und auf dem sie selbst ihre internationale wissenschaftliche Reputation begründet hatten. Auch maßgebende Industriekreise – vor allem der chemischen Industrie, des Maschinenbaus und der Elektroindustrie sowie der großen Energieversorgungsunternehmen – verfolgten seit Anfang der 50er Jahre die wissenschaftlichen Fortschritte, sofern über sie etwas zu erfahren war, und die Ansätze zu einer industriellen Nutzung der Kernenergie mit großer Aufmerksamkeit. 1953 galt es unter ihnen als ausgemacht, daß eine „neue Periode" angebrochen war, „die durch eine friedliche Verwendung von spaltbarer Materie und ihrer Energien gekennzeichnet ist"[1]. Für sie wie für die Großindustrie im allgemeinen ergab sich das Interesse an einer deutschen Kernenergienutzung außerdem aus der Annahme, daß in absehbarer Zeit der Energiebedarf das verfügbare Angebot erheblich übersteigen würde und nicht zu erkennen war, wie die voraussichtliche Lücke aus den konventionellen Energiequellen geschlossen werden könnte. Zwischen allen Interessenten bestand Übereinstimmung darüber, daß ein deutsches Engagement auf dem Gebiet der friedlichen Kernenergienutzung auf dem Feld der Forschung beginnen müßte, um den wissenschaftlichen Rückstand gegenüber dem Ausland aufzuholen, eigene praktische Erfahrungen mit der Verwendung der Kernenergie zu sammeln und das Personal heranzubilden, das für Aufbau und Betreiben einer eigenen Kernindustrie notwendig war. Zur Vorbereitung hierfür wurden bereits 1952 in der Max-Planck-Gesellschaft drei Fachkommissionen gebildet, die sich mit dem Bau eines ersten deutschen Kernreaktors befaßten[2]. Als das Ende der alliierten Verbote absehbar war, gründeten im November 1954 16 Großfirmen der Elektroindustrie, der chemischen Industrie, des Maschinenbaus, der Montanindustrie und der Edelmetallherstellung, nämlich AEG, Degussa, Demag, Deutsche Babcock & Wilcox, Farbenfabriken Bayer AG Leverkusen, Farbwerke Hoechst, Th. Goldschmidt, Linde AG, Siemens-Schuckert, Gutehoffnungshütte, Heraeus, Krupp, Leybold, Metallgesellschaft, Steag und Wacker-Chemie, die Physikalische Studiengesellschaft, „ausschließlich und unmittelbar" zu dem Zweck, „die wissenschaftlichen Arbeiten für die friedliche Anwendung der Kernphysik zu fördern"[3]. Jedes Gründungsmitglied brachte DM 100.000 Gesellschaftskapital auf; außerdem beteiligte sich die Bundesregierung mit 1,5 Mill. DM.

Im folgenden Jahr, als die völkerrechtlichen Hindernisse für eine Betätigung der Bundesrepublik in der Erforschung und Nutzung der Kernenergie fielen, erlebte die Kernenergieverwendung weltweit einen enormen Aufschwung. Sichtbarstes Zeichen hierfür war die erste große internationale Konferenz über dieses Thema, die die Vereinten Nationen im August 1955, 10 Jahre nach dem Abwurf der Atombomben auf Hiroshima und Nagasaki, unter dem Motto "Atoms for Peace" in Genf veranstalteten. 1200 Delegierte aus 73 Nationen und 800 Wissenschaftler nahmen an ihr teil, hunderte von Journalisten verschafften ihr weltweite Resonanz. Ihre Grundstimmung waren Faszination und euphorische Annahmen über die schier unbegrenzten Möglichkeiten der neuen Energiequelle: über das Ende aller Energiesorgen in den Industriestaaten, über unabsehbare technische Fortschritte, aber auch über ungeahnte Entwicklungsmöglichkeiten für die Länder der 3. Welt, deren Probleme die Industriestaaten damals gerade wahrzunehmen begannen. Bereits hier wurden die Entwicklungsländer als künftige Abnehmer von Kernkraftwerken entdeckt, und bereits hier setzte auch der Kampf um die künftigen Weltmärkte im Nukleargeschäft ein.

Die Bundesrepublik nahm an der Konferenz als nuklearer Habenichts teil. Außer dem mittlerweile 76jährigen Otto Hahn hatte sie kaum etwas vorzuzeigen. Und selbst Hahn zeigte sich ehrlich erstaunt über das, was er hier sah und hörte. Auf die deutschen Teilnehmer wirkte das Treffen daher wie ein „kategorischer Imperativ", nun auch in der Bundesrepublik schleunigst aktiv zu werden[4].

Sie brauchten nicht lange zu warten. Im Oktober 1955 wurde auf persönliches Betreiben Adenauers das Atomministerium eingerichtet; hiermit erhielt die Kernenergienutzung den höchstmöglichen institutionellen Rang. Erster Atomminister wurde der CSU-Abgeordnete Franz Josef Strauß. Er setzte sich zum Ziel, den derzeitigen Rückstand der Bundesrepublik auf diesem Gebiet so schnell wie möglich aufzuholen. Wie Kernphysiker und Industrielle war er überzeugt davon, daß „in Zukunft eine führende Wirtschaftsposition ohne Atomgrundlage nicht mehr denkbar ist"[5]. Unter Hinweis auf die einsetzende Exportoffensive der derzeitigen Nuklearmächte erklärte er wiederholt, daß „in einer bestimmten Zahl von Jahren ein Zeitpunkt gekommen sein wird, wo ein Volk, das in Atomwissenschaft und Atomtechnik nicht voll konkurrenzfähig ist, einen Platz in der vordersten Linie der Wirtschaftsnationen dieser Welt nicht behaupten kann und in die zweite Linie wird zurücktreten müssen".[6] Für ihn ging es bei der Beteiligung an der Erforschung und Verwertung der Kernenergie für friedliche Zwecke nicht um „eine Frage des politischen Prestiges, des politischen Machtanspruches oder des Nationalstolzes", sondern um „eine Frage des Lebensstandards". Denn „ein Zurückgehen, ein relatives Zurückgehen unseres Exports an dem Gesamtvolumen des Welthandels" würde sich „in der Lohntüte des Arbeiters, in der Lebenshaltung der breiten Massen und damit auch in der innenpolitisch ruhigen Zufriedenheit unseres Volkes so oder so, im Guten oder im Schlechten, sehr nachdrücklich auswirken"[7]. Diese Argumentation enthält im Kern die zentralen Motive, mit denen der Auf- und Ausbau der deutschen Atomindustrie seither immer wieder begründet wurde, nämlich das ökonomische Argument, daß eine Partizipation an der industriellen Nutzung der Kernenergie für die Erhaltung der Konkurrenzfähigkeit der deutschen Industrie unabdingbar sei, und das gleichermaßen soziale wie politische Argument, daß ohne diese Partizipation die Voraussetzungen für die Erhaltung des Wohlstandes und damit des sozialen Friedens und der Stabilität des politischen Systems der Bundesrepublik gefährdet seien.

Politisch war dieses Ziel im wesentlichen unumstritten. Auch die SPD, die im Bundestag auf den Oppositionsbänken saß, feierte damals die Anfänge der friedlichen Kernenergienutzung als den „Beginn eines neuen Zeitalters für die Menschheit", nämlich das einer „unerschöpflich" verfügbaren Energie. Gleichfalls mit Rücksicht darauf, daß Deutschland „die Hälfte seiner Jahresnahrung gegen Export einführen muß und ... von der Güte seiner Industrieerzeugnisse lebt"[8], setzte sie sich dafür ein, die Atomforschung „mit allen Kräften" und „mit größtem Nachdruck" zu fördern und seitens des Bundes Gelder „in weit höherem Maße als bisher" hierfür zur Verfügung zu stellen[9].

Auch die Gewerkschaften plädierten 1956 für „planmäßige Förderung und Ausbau" aller für die Kernenergienutzung erforderlichen wissenschaftlichen Einrichtungen „einschließlich der Bildung von Forschungszentren und Anstalten jeder Art zur Förderung des Nachwuchses"[10].

Politisch umstritten war lediglich die Frage, ob die künftige deutsche Atomindustrie vom Staat gelenkt und betrieben werden oder der Privatwirtschaft überlassen bleiben sollte. Die Industrie setzte sich verständlicherweise für eine „freizügige, eigenverantwortliche Tätigkeit der Privatwirtschaft auf dem Atomgebiet" ein[11]. Nach den Vorstellungen der SPD dagegen sollten „die gewaltigen neuen Kräfte der Natur" nicht dazu verwendet werden, „die Monopolstellung von einzelnen oder von Interessentengruppen zu verstärken", sondern „zur Verbesserung des Lebens und zur Erleichterung der Arbeitsbedingungen sowie zur Vertiefung des kulturellen Lebens". Deshalb forderte sie, Kernkraftwerke ausschließlich durch die öffentliche Hand zu errichten und zu betreiben, und zwar „nach langfristig festzusetzenden Plänen"; auch Kernbrennstoffe sollten nach ihren Vorstellungen grundsätzlich Eigentum des Staates sein[12].

Ähnliche Forderungen erhoben die Gewerkschaften. Nachdem jedoch die SPD in den Bundestagswahlen von 1957 wiederum eine Niederlage erlitten hatte und sich daraufhin in der Parteispitze ein grundsätzlicher Kurswechsel anbahnte, in dessen Verlauf die SPD ihren Frieden mit der derzeitigen Wirtschaftsordnung machte, gab sie ihren Widerstand gegen eine Betätigung der Privatindustrie in der Kernenergienutzung auf. 1959 stimmte sie dem Atomgesetz zu, mit dem die gesetzliche Grundlage hierfür geschaffen wurde. Der Staat beschränkte sich auf Genehmigungs- und Kontrollrechte.

Indessen waren sich alle Interessenten darüber einig, daß der Staat nichtsdestoweniger beim Aufbau der Kernindustrie erhebliche finanzielle Hilfe leisten müßte. Übereinstimmung bestand auch darüber, daß hierbei eine Beratung der politischen Institutionen durch Experten unumgänglich war. Denn für die Regierung, für die Ministerien und die Abgeordneten wie für die Öffentlichkeit stellte die Kernenergienutzung völliges Neuland dar. Die SPD forderte die Einsetzung einer Atomkommission, deren Mitglieder aufgrund von Vorschlägen des Bundestages, des Bundesrates, der Wissenschaft, der Wirtschaft und der Gewerkschaften vom Bundespräsidenten berufen werden und wie Abgeordnete an keinerlei Weisungen gebunden und nur ihrem Gewissen verantwortlich sein sollten. Ihre Verhandlungen sollten veröffentlicht werden, einschließlich der jeweiligen Minderheitsvoten[13]. Tatsächlich berief die Bundesregierung im Dezember 1955 eine Deutsche Atomkommission (DAtK). Deren Zusammensetzung stimmte jedoch mit den Vorstellungen der SPD nur darin überein, daß ihre Mitglieder „nicht als Repräsentanten von Verbänden, Interessengruppen oder Firmen", sondern aufgrund ihrer „wissenschaftlichen Erfahrung und persönlichen Bedeutung" berufen wurden[14], also formell unabhängig waren. Doch sie wurden vom Atomminister nach eigenem Gutdünken ernannt, der selbst den Vorsitz der DAtK übernahm. Von ihren 25 Mitgliedern waren 10 führende Vertreter von Großfirmen des Maschinenbaus, der Metallindustrie, der chemischen Industrie und der Mineralölkonzerne, 2 vertraten die Banken und Versicherungen, 2 die großen Energieversorgungsunternehmen (EVU), 8 waren Wissenschaftler, 4 von ihnen Physiker. Hinzu kamen zwei Vertreter der Gewerkschaften und ein Vertreter der Bundesländer[15].

Offiziell bestand die Aufgabe der DAtK lediglich in der Beratung des Atomministeriums. Sie besaß weder exekutive Befugnisse noch hauptamtliche Mitarbeiter. Von vornherein allerdings gab Strauß ihr die Zusicherung, daß sie „zu den wesentlichen gesetzgeberischen und organisatorischen Maßnahmen" des Ministeriums gehört und daß ihre Beratungsergebnisse „einen erheblichen Einfluß" auf seine Arbeit ausüben würden[16]. Tatsächlich ersetzte sie „durchaus eine eigentliche Atombehörde"[17]; das Atomministerium spielte lange Zeit die Rolle eines „Exekutivorgans der DAtK"[18]. Die beiderseitige zahlenmäßige Stärke illustriert diese Rollenverteilung. Schon 1957 zählte die DAtK einschließlich ihrer Untergliederungen rund 200 Mitglieder; auf dem Höhepunkt ihrer Aktivität waren es doppelt so viele[19]. Dagegen hatte das Atomministerium 1957 insgesamt lediglich 130 Mitarbeiter, davon nur 38 im höheren Dienst[20], überwiegend Juristen ohne vertiefte Kenntnisse der Materie, für die sie zuständig waren. Während der Kontakt zwischen Ministerium und Atomkommission „außerordentlich eng" war[21], entzog sich deren Arbeitsweise unerwünschten Einblicken von außen. Ihre Sitzungen waren vertraulich; Verhandlungsergebnisse wurden nur selten veröffentlicht.

Zwar bestanden auch innerhalb der DAtK Interessengegensätze; zwischen den Wissenschaftlern, die vor allem Grundlagenforschung betreiben wollten, und der Industrie, die in erster Linie an kommerziell nutzbaren Forschungsergebnissen interessiert war; innerhalb der Industriegruppe zwischen den Reaktorherstellern und ihren potentiellen Kunden, den Energieversorgungsunternehmen und den großen Chemiefirmen. Trotzdem brachen rund zehn Jahre lang in der DAtK keine ernsthaften Konflikte aus. Denn mit dem unvorhergesehenen Vordringen des Erdöls auf dem Energiemarkt wurde die Annahme einer bevorstehenden Energielücke hinfällig; damit versiegte das Interesse der EVUs am baldigen Bau rentabler Kernkraftwerke; im gleichen Maße verflüchtigte sich ihre Kontrollfunktion gegenüber den Entwürfen der Reaktorhersteller. Gleichzeitig ging die Konkurrenz unter den Reaktorherstellern in dem Maße zurück, wie unter ihnen ein Konzentrationsprozeß einsetzte und die ursprüngliche Vielfalt der Reaktorlinien aufgegeben wurde. Im übrigen standen für Forschung und Entwicklung auf den Gebieten von Kernphysik und Kerntechnik während der Hochkonjunktur der 50er und 60er Jahre so reichliche Mittel zur Verfügung, daß die Wünsche aller Interessengruppen befriedigt werden konnten. Infolgedessen entwickelten sich die DAtK und ihre Untergliederungen zu „Verteilerkreisen zur gegenseitigen Bedienung", zu „Interessenkartellen", die nach der Devise handelten, „gibst du mir einen Beschleuniger, gebe ich dir einen Reaktor"[22].

Zum wichtigsten Steuerungsinstrument der Atompolitik wurden die Atomprogramme[23]. Das erste wurde 1958, das zweite 1963, das dritte 1968 und das bisher letzte 1973 verabschiedet. In diesen Programmen wurden Umfang und Zweck der staatlichen Ausgaben auf dem Atomgebiet für jeweils mehrere Jahre im voraus festgelegt. Ihr Schwerpunkt verschob sich im Laufe der Zeit von der Herbeiführung der personellen und institutionellen Voraussetzungen für eine leistungsfähige Kernindustrie und der Verfolgung einer Vielfalt von Reaktorlinien über die Förderung von Versuchs-, Prototyp- und Leistungskernkraftwerken auf die Förderung des Hochtemperaturreaktors und des Schnellen Brüters sowie die Flankierung der Reaktorenentwicklung durch Forschungen zu Sicherheitsfragen und Problemen des Brennstoffkreislaufs. Die ersten drei Programme, die zusammen eine Laufzeit von knapp eineinhalb Jahrzehnten hatten und Aufwendungen in Höhe von rund 13 Mrd. DM vorsahen, wurden in allen wichtigen Punkten von der DAtK, also von den Interessenten aus Industrie und Wissenschaft selbst, entwickelt und formuliert und vom Atomministerium vollinhaltlich übernommen und ausgeführt.

Bereits vor dem Anlaufen der Atomprogramme zeichneten sich die ersten praktischen Ergebnisse der engen Kooperation von Wissenschaft, Industrie und Staat ab. 1956 begann der Bau des Kernforschungszentrums Karlsruhe. Hier sollten Grundlagen für den Bau wirtschaftlicher Leistungsreaktoren „auf technischem, werkstofflichem, physikalischem und sicherheitstechnischem Gebiet" erforscht und so weit entwickelt werden, daß der deutschen Industrie neue Absatzmöglichkeiten eröffnet würden, „z. B. durch Lieferung von Moderatoren, Hilfsstoffen aller Art und schließlich ganzer Kraftwerke"[24]. Trotz dieser kommerziellen Zielsetzung beteiligte sich die Industrie nur zur Hälfte an den Investitionskosten; die Betriebskosten übernahm von vornherein der Staat. Und als Anfang der 60er Jahre die Ausbaukosten den zunächst angenommenen Rahmen weit überstiegen, entledigte sich die Industrie ihrer finanziellen Verpflichtungen und vermachte ihre Anteile mit großzügiger Geste dem Staat. Obwohl das Kernforschungszentrum hierdurch ganz in staatliches Eigentum überging, blieb „die bewährte enge Zusammenarbeit mit der Wirtschaft" erhalten[25].

Ein Pendant erhielt das Kernforschungszentrum Karlsruhe mit der Kernforschungsanlage Jülich, die 1957 von der nordrhein-westfälischen Landesregierung gegründet wurde. Obwohl sie von vornherein allein aus Landes- und Bundesmitteln finanziert wurde, wurde die Industrie an ihrer Leitung ebenfalls beteiligt. Im Unterschied zum KFZ Karlsruhe allerdings sollte die Kernforschungsanlage Jülich nicht nur der Industrie Anlagen für eigene Forschungs- und Prüfungsvorhaben zur Verfügung stellen, sondern auch Grundlagen- und freie wissenschaftliche Forschung treiben und Ausbildungsaufgaben der Hochschulen übernehmen.

Nach gewissen Anlaufschwierigkeiten brachten im Laufe der 60er Jahre die Atomprogramme die gewünschten Erfolge. 1961 wurde der erste deutsche Versuchsreaktor in Kahl am Main in Betrieb genommen. Bis 1967 folgten die Demonstrations-Kernkraftwerke Gundremmingen, Obrigheim und Lingen, der Mehrzweckforschungsreaktor in Karlsruhe und der Kugelhaufen-Hochtemperaturreaktor in Jülich, der Stapellauf des nuklear getriebenen Frachtschiffes „Otto Hahn", der Baubeginn von drei Prototypreaktoren und Vereinbarungen über die Entwicklung des Schnellen Brüters und des Thorium-Hochtemperaturreaktors. 1968 wurden die ersten beiden großen Leistungskernkraftwerke in Auftrag gegeben, Stade an der Elbe und Würgassen an der Weser. Ein Jahr später konnte die deutsche Reaktorindustrie – auch hierbei tatkräftig unterstützt von der Bundesregierung – den ersten Exportauftrag verbuchen. Ende der 60er Jahre also hatte die Kernenergie nicht nur innerhalb der Bundesrepublik den „wirtschaftlichen Durchbruch" erzielt[26], sondern auch auf dem Exportmarkt war die Bundesrepublik zum „vollwertigen Partner und Konkurrenten der ‚alten' Atomländer auf dem Kernkraftwerksgebiet" geworden[27].

Obwohl der Staat den Löwenanteil der Kosten dieser Entwicklung trug – durch Gelder für Forschungs- und Entwicklungsvorhaben, durch Steuervergünstigungen, Vorzugskredite, Ausfall- und Gewinngarantien und andere Subventionen –, verlief sie weitgehend ohne Kontrolle durch die demokratisch legitimierten und politisch verantwortlichen Entscheidungsinstitutionen, namentlich das Atomministerium, die Bundesregierung und den Bundestag[28]. Das Bundestagsplenum hat sich außerhalb der Etatberatungen nur selten mit Fragen aus dem Kernenergiebereich befaßt, und wenn, dann regelmäßig unter Zeitdruck und vor fast leeren Bänken. In den zuständigen Fachausschüssen saßen kaum Abgeordnete mit einschlägigen naturwissenschaftlichen und technischen Kenntnissen und Interessen. Sie begnügten sich lange Zeit mit einer mehr oder weniger schweigenden Billigung der Vorlagen des Ministeriums, die ihrerseits aus der Atomkommission stammten. Der Haushaltsausschuß, dem die finanzielle Kontrolle oblag, hatte noch weniger Sachkenntnis und Zeit, sich gründlich mit der Atompolitik zu befassen. Es kam hinzu, daß die Haushaltsplanung den Atomprogrammen hinterherhinkte. Eine Kontrolle war daher ohnehin meist erst dann möglich, wenn das Geld nach dem Wort eines Abgeordneten „längst den Bach hinunter" war und „nur noch von hinten fotografiert werden" konnte[29]. Außerdem war eine

Modifikation der Atomprogramme wegen ihrer mehrjährigen Laufzeit praktisch unmöglich, ohne langwierige und aufwendige Vorarbeiten wertlos zu machen. Darüber hinaus wurden die Gestaltungs- und Kontrollmöglichkeiten des Parlaments auf dem Gebiet der Kernenergie durch die zeitlichen Grenzen der Legislaturperioden und die hierdurch verursachten Rückfälle im Informationsstand empfindlich beeinträchtigt.

Daß das Parlament sich resignierend mit der Erkenntnis zufriedengab, im Bereich der Technologie sei eine permanente Kontrolle der Regierung nicht mehr gewährleistet[30], ohne nach Mitteln und Wegen zu suchen, um seine desolaten Kontrollmöglichkeiten zu verbessern, hängt indessen auch damit zusammen, daß es auf dem Gebiet der Kernenergienutzung rund 20 Jahre lang keine Meinungsverschiedenheiten zwischen den Bundestagsparteien gab. Bis in jüngste Zeit bestand in dieser Frage praktisch eine große Koalition. Selbst in Wahlkämpfen hat sie bisher nie eine Rolle gespielt.

Auch außerhalb des Parlaments wurde bis zum Ende der 60er Jahre kaum Kritik an der Atompolitik laut. Die Gewerkschaften erblickten in der Kernenergienutzung nach wie vor eine Voraussetzung für die Hebung des Lebensstandards der breiten Massen und für weitere Fortschritte in der Arbeitserleichterung und waren deshalb „nicht an einer verzögerten, sondern an einer beschleunigten Verwendung von Kernenergie für friedliche Zwecke interessiert“[31]. Zwar hatten sie gewisse Bedenken hinsichtlich der Auswirkungen der Kernenergienutzung auf dem Arbeitsmarkt. Schon 1960 erwartete der Referent für Automation und Kernenergie bei der IG Metall „mit einiger Wahrscheinlichkeit ..., daß die Kerntechnik mehr Arbeitsplätze überflüssig macht, als sie gleichzeitig schafft“.[32] Doch solange die Hochkonjunktur anhielt, Vollbeschäftigung herrschte und Energie im Überfluß vorhanden war, strukturelle und dauernde Arbeitslosigkeit in der Bundesrepublik also kaum mehr als ein theoretisches Problem abgab und die Frage nach dem Zusammenhang von Energieangebot und Beschäftigungsrate sich nicht ernsthaft stellte, zogen die Gewerkschaften aus solchen Bedenken keine praktischen Konsequenzen.

Auch aus den Kreisen der Wissenschaftler kamen keine Einwände gegen die Kernenergienutzung, sei es deshalb, weil es dort noch keine Bedenken gab, sei es deshalb, weil die Kernphysiker überwiegend in der Industrie und in den Kernforschungszentren beschäftigt waren und kritische Äußerungen aus Furcht vor unliebsamen Folgen unterließen.

Demgegenüber haben Bürgerproteste den Bau von Atomanlagen von Anfang an begleitet, die Errichtung des ersten Forschungsreaktors in München ebenso wie die der Kernforschungszentren in Karlsruhe und Jülich. Bis zum Ende der 60er Jahre blieben sie jedoch politisch unbedeutend. Sie waren meist schlecht oder gar nicht organisiert, hatten keinen Rückhalt an Parteien und überregionalen Organisationen, keine weitere Resonanz, und ihre Lebensdauer wurde in der Regel mit ihrer Niederlage vor Gericht oder durch die faktische Entwicklung besiegelt.

Die geringe öffentliche Kritik der Atompolitik vor 1970 hängt allerdings auch damit zusammen, daß die Interessenten selbst eine höchst aktive Öffentlichkeitsarbeit betrieben. 1959 wurde zu diesem Zweck das Deutsche Atomforum (DAtF) gegründet. Auch in dieser Organisation gaben die interessierten Industriekreise den Ton an. Sie waren allerdings umsichtig genug, Vertreter aller Parteien in ihre Organisation hineinzuholen. Gerade das Referat Öffentlichkeitsarbeit wurde regelmäßig einem SPD-Abgeordneten übertragen, lange bevor die SPD in Bonn an die Regierung kam. Zwar wollte das DAtF „zu einem ‚Gewissen' der wissenschaftlichen, technischen und wirtschaftlichen Entwicklung und Nutzung der Atomenergie werden"[33]. Tatsächlich aber war und ist seine Öffentlichkeitsarbeit einseitig darauf gerichtet, Vorbehalte gegen die Kernenergie abzubauen und die Bevölkerung von der Notwendigkeit, Ungefährlichkeit und von den Segnungen der Kernenergienutzung für friedliche Zwecke zu überzeugen.

Die Notwendigkeit der Kernenergienutzung wurde in den 50er und 60er Jahren abwechselnd mit der bevorstehenden Energielücke, mit der Erhaltung des technologischen Niveaus der deutschen Industrie und ihrer Konkurrenzfähigkeit auf den Auslandsmärkten sowie mit dem Argument begründet, daß bei einem Verzicht auf Kernkraftwerksbauten im Inland Auslandsaufträge für deutsche Kernkraftwerke ausbleiben, die im Aufblühen begriffene Kernindustrie wieder verkümmern und ihre Spezialisten ins Ausland abwandern würden, die bisherigen Aufwendungen also vergeudet wären; schließlich kam noch das Postulat der Diversifikation der Energieversorgung mit dem Ziel, die Ölimportabhängigkeit der Bundesrepublik zu verringern, hinzu. Militärische und außenpolitische Komplikationen als Folge deutscher Nuklearexporte wurden nicht wahrgenommen; Kernkraftwerke galten als normales Handelsgut. Daß sie rentabel arbeiten, also keine höheren Kosten als konventionelle Kraftwerke verursachen würden, wurde seit den ersten Vorbereitungen für die industrielle Kernenergienutzung als zweifelsfrei hingestellt und seitdem unzählige Male wiederholt, obwohl die Aussagen über den Zeitpunkt, an dem die Rentabilität erreicht sein würde, vage und uneinheitlich waren und fast alle Rentabilitätsrechnungen bei den Anlagekosten die staatlichen Subventionen und FE-Aufwendungen außer acht ließen, bei den Brennstoffkosten die Kosten für Wiederaufbereitung und Endlagerung der radioaktiven Abfälle sowie die Möglichkeit einer drastischen Verteuerung der Kernbrennstoffe, bei den Betriebskosten Folgekosten durch Immissionsbelastungen der Umwelt, erhöhte Sicherheitsauflagen des Staates und dgl., von den Kosten eines schweren Reaktorunfalls ganz zu schweigen. Sicherheitsbedenken wurden durchweg als unbegründet dargestellt – gleichsam als Beleg plante die BASF jahrelang die Errichtung eines Kernkraftwerks von 1200 MW mitten in ihrem Ludwigshafener Werksgelände –, in Umweltbelastungen durch Kernkraftwerke kein ernsthaftes Problem gesehen. Auch die Beschaffung von Kernbrennstoffen erschien im wesentlichen unproblematisch, ebenso die Entsorgung. In der Wiederaufbereitung von Brennelementen witterte die chemische Industrie jahrelang ein einträgliches Geschäft, so daß sie sich gegen die Errichtung staatlicher Wiederaufbereitungsanlagen sträubte. Über die Endlagerung radioaktiver Abfälle verlautete wiederholt, daß sie „entgegen weitverbreiteten Meinungen ohne allzu große technische oder wirtschaftliche Schwierigkeiten lösbar ist"[34]. Ihre sozialen und politischen Bedingungen blieben unerörtert, ebenso die Frage, was wenige Jahrzehnte später mit ausgedienten Kernkraftwerken geschehen sollte. Daß mit der Zunahme von Zahl und Größe der Kernkraftwerke mehr Arbeitskräfte der mittleren und unteren Qualifikationsstufen nötig, wegen der Strahlenbelastung aber großenteils nur begrenzte Zeit arbeitsfähig, folglich die Flukation groß und die spezifische Qualifikation entsprechend gering sein würden und möglicherweise auf längere Sicht ernsthafte Arbeitskräfteprobleme und in ihrem Gefolge Sicherheitsrisiken eintreten könnten, wurde ebenfalls öffentlich nicht diskutiert. Dasselbe gilt für Probleme der inneren wie die militärischen Sicherheit, die durch eine wachsende Zahl von Reaktoren und entsprechender Industrien aufgeworfen werden. Kernkraftwerke wurden schlicht als „Industriebetriebe ohne Risiko", aber mit einzigartigen Vorteilen dargestellt: „Kernkraftwerke verschmutzen keine Flüsse, verqualmen nicht die Umgebung, produzieren nicht tonnenweise Kohlendioxid und machen weder Lärm noch Gestank. Sie produzieren lediglich billigeren Strom – billiger, als es mit Hilfe von Kohle und Öl je möglich ist."[35]

Unter den genannten politischen Bedingungen und unter dem Eindruck dieser Öffentlichkeitsarbeit der Atomindustrie wurde ebensowenig wahrgenommen, daß die anfänglichen Bedenken von SPD und Gewerkschaften vor neuen wirtschaftlichen Machtzusammenballungen schon in den 60er Jahren bestätigt wurden. Sowohl auf nationaler wie auf internationaler Ebene nämlich setzte rasch ein Konzentrationsprozeß ein, insbesondere im Reaktorbau und in der Urangewinnung[36]. Auf beiden Gebieten haben sich überdies schon frühzeitig auch die großen Ölkonzerne engagiert, offenbar in der Absicht, ihre Anteile am Energiemarkt auch dann zu behaupten, wenn ihre Zugriffsmöglichkeiten auf die Ölquellen der 3. Welt aus politischen Gründen eingeschränkt und der Anteil des Erdöls an der Energieversorgung der Industrieländer zugunsten der Kernenergie zurückgedrängt werden sollte.

Mit dem Ende der 60er Jahre allerdings ging die gleichsam naturwüchsige und unauffällige Phase der bundesrepublikanischen Kernenergiepolitik zuende. Seitdem schossen einerseits neue Kernkraftwerksprojekte wie Pilze aus dem Boden. Anfang 1972 waren 9 Reaktoren in Betrieb, 9 im Bau, 14 geplant und zahlreiche weitere im Gespräch. Auf der anderen Seite meldete sich jetzt nahezu unvermittelt heftiger Widerstand gegen alle derartigen Pläne. Gegen das Kernkraftwerksprojekt Neckarwestheim gingen 1971 über 5200 Einsprüche ein, gegen das Projekt Bad Breisig im gleichen Jahr fast 16.000 Einwendungen, gegen das geplante Kernkraftwerk Grafenrheinfeld am Main sammelte eine Bürgerinitiative 36.000 Protestunterschriften, gegen das Kernkraftwerk Breisach eine andere im Oktober 1972 sogar über 60.000. Drei Jahre später mobilisierte das Kernkraftwerksvorhaben in Wyhl am Kaiserstuhl innerhalb von vier Wochen annähernd 90.000 Einsprüche.

Die Motive dieser Proteste sind sehr unterschiedlich. Zweifel an der Sicherheit der Kernkraftwerke spielen hierin ebenso eine Rolle wie Bedenken gegen die Belastungen der Umwelt durch Kernreaktoren und gegen gigantische Industrieansiedlungsprojekte in ihrem Gefolge, wie sie insbesondere am Oberrhein und an der Unterelbe verfolgt wurden. Hinzu kam jetzt politisches Mißtrauen aufgrund der engen Verflechtung von Staat und Wirtschaft im atompolitischen Lenkungsapparat und der Undurchsichtigkeit seiner Entscheidungsprozesse. Zweifellos wirkten sich in diesen Motiven auch die politischen und geistigen Veränderungen aus, die mit der sozialliberalen Wende und der Studentenbewegung am Ende der 60er Jahre einhergingen, etwa die Kritik an der derzeitigen Wirtschaftsordnung und an vorher nahezu selbstverständlichen Werten wie Wirtschaftswachstum und technischem Fortschritt sowie eine Rückbesinnung auf elementare menschliche Bedürfnisse, ferner ein geschärftes Wahrnehmungsvermögen für gesellschaftliche Zusammenhänge, insbesondere für die gesellschaftliche Bedeutung und Verantwortung der Wissenschaft, und schließlich ein qualitativ neues Bewußtsein für die natürliche Umwelt.

Einen Teilerfolg konnte die Protestbewegung verbuchen, als 1971 der atompolitische Lenkungsapparat reorganisiert wurde. Die DAtK wurde aufgelöst und durch Fachausschüsse mit begrenzten Aufgaben ersetzt, ferner durch Sachverständigenkreise und Ad-hoc-Ausschüsse für die Beratung einzelner Probleme. Die Mitgliedschaft in diesen Gremien ist zeitlich begrenzt, ihre Aufträge, ihre Zusammensetzung und ihre Stellungnahmen einschließlich Minderheitsvoten werden veröffentlicht. Gleichzeitig machte sich das Ministerium durch die Vergrößerung seines eigenen Personalbestandes und die Einstellung technischer und naturwissenschaftlicher Experten unabhängiger vom Urteil externer Berater. Dasselbe versuchte der Bundestag durch öffentliche Anhörungsverfahren zu erreichen.

Ob der Einfluß der industriellen Interessenten auf die politischen Entscheidungsträger durch diese Reformen weit zurückgedrängt wurde, ist allerdings zweifelhaft. Denn auch in den neuen Beratungsgremien stellen sie einen erheblichen Teil der Mitglieder. Und Anhörungsverfahren können den ihnen zugedachten Zweck fundierter Information und Erleichterung wirksamer Kontrolle nur erfüllen, wenn ihre Veranstalter sich zuvor eingehende Sach- und Personenkenntnis angeeignet haben. Namentlich im Bundestag fehlen hierfür nach wie vor wichtige Voraussetzungen. Im übrigen kann die Öffentlichkeit der Anhörungen deren Zweck gerade entgegenwirken, indem sie nämlich den Experten, die immer auch Vertreter bestimmter Interessen sind, mit Rücksicht auf diese Interessen oder eventuelle Sanktionen Zurückhaltung bei der Meinungsäußerung nahelegen kann. Dies gilt in besonderem Maße für das Gebiet der Kernenergienutzung, auf dem es faktisch keine neutralen Experten gibt. Außerdem ist im atomrechtlichen Genehmigungsverfahren durch die Einschaltung der Technischen Überwachungsvereine nach wie vor eine Verquickung von Hersteller- und Betreiberinteressen mit Gutachterfunktionen gegeben. Unverändert geblieben ist auch das DAtF, in dem die Nuklearindustrie mit den politischen Parteien verbunden ist. Im übrigen spielen die im Nuklearbereich besonders engagierten Unternehmen der Elektro-, Maschinenbau- und chemischen Industrie im industriellen Verbandswesen eine maßgebliche Rolle und können über den Bundesverband der deutschen Industrie wie über einzelne Wirtschaftsverbände ihre Interessen gegenüber den politischen Entscheidungsträgern artikulieren.

Die amtlichen Planungen setzten denn auch die früher eingeschlagene Linie ungebrochen fort. Das 1973 verabschiedete Energieprogramm der Bundesregierung sah eine Erhöhung der Kernkraftwerkskapazität von derzeit 2.400 auf 40–50.000 MW im Jahre 1985 vor und eine Steigerung des Anteils der Kernenergie am Primärenergiebedarf von derzeit 3,1 auf 15 %, an der Elektrizitätsversorgung von rund 6 auf 40 %. Die Ölkrise vom Winter 1973/74 beflügelte derartige Vorhaben. Das 4. Atomprogramm, das die Bundesregierung im Dezember 1973 zur Ergänzung ihres Energieprogramms verabschiedete, sah für die Jahre 1973–76 Aufwendungen in Höhe von 6,1 Mrd. DM vor mit dem Ziel, die Kernenergie konsequent und langfristig im Interesse einer sicheren Energieversorgung weiterzuentwickeln.

Ferner stellte sie Erleichterungen im Genehmigungsverfahren in Aussicht – Bundeskanzler Brandt setzte sich persönlich für eine „möglichst unbürokratische Behandlung" ausgerechnet des BASF-Projekts ein[37] –, begrüßte die Bemühungen der Hersteller und Betreiber von Kernkraftwerken um deren Standardisierung und kündigte eine Regierungsinitiative zugunsten einer langfristigen Vorsorge für Kernkraftwerks-Standorte an.

Trotzdem nahm der Widerstand gegen Kernkraftwerke nur vorübergehend ab. Schon zwei Jahre nach der Ölkrise erreichte er in Wyhl vorher unbekannte Dimensionen. 1976/77 war in Brokdorf eine weitere Eskalation zu verzeichnen.

Politiker und Industrie antworteten mit der stereotypen Behauptung, daß ohne Kernenergie in absehbarer Zeit in der Bundesrepublik die Lichter ausgehen würden. Im Zeichen chronischer Konjunkturschwäche und Arbeitslosigkeit trat nun auch das Argument der Arbeitsplatzsicherung durch Kernenergie in den Vordergrund, sowohl in Gestalt der Behauptung, daß ohne Kernenergienutzung ein erhöhter Energiebedarf nicht zu befriedigen und ohne erhöhtes Energieangebot ein weiteres Wirtschaftswachstum, die Voraussetzung für Vollbeschäftigung, nicht möglich sei, als auch in Form des schlichten Hinweises darauf, daß der Bau von Reaktoren selbst – sei es für den Einsatz im Inland, sei es für den Export – tausende von Arbeitsplätzen schaffe. Alternativen zur Kernenergie wurden als Tagträumerei und Utopie abgetan, Demonstranten, die gegen den Bau neuer Kernkraftwerke protestierten, nicht selten pauschal als Radikale, Kommunisten oder Anarchisten verdächtigt.

Diese Reaktion in Verbindung mit Ungeschicklichkeiten im atomrechtlichen Genehmigungsverfahren und Nacht-und-Nebel-Aktionen wie im November 1976 in Brokdorf, ferner mit der Tatsache, daß der Energieverbrauch und die Energiezuwachsraten nach der Energiekrise deutlich unter den ursprünglich angenommenen Werten blieben und infolgedessen die amtlichen Bedarfsprognosen nach unten korrigiert werden mußten, haben die Solidarisierung der Kernkraftgegner in Bürgerinitiativen gefördert und bei ihnen die Glaubwürdigkeit der Kernenergiebefürworter nachhaltig untergraben. Das Ergebnis war, daß eine rationale, von persönlichen Verdächtigungen und politischen Unterstellungen freie Diskussion zwischen beiden Lagern nahezu unmöglich wurde.

Erst Ende 1976 zeichnete sich eine Versachlichung der Auseinandersetzung ab. Nachdem bis dahin unter den politischen Parteien in der Kernenergiefrage eine „große Koalition des Verdrängens"[38] bestanden hatte, ließen sich 1977 wenigstens die SPD und die FDP auf eine Diskussion der Energieproblematik in der erforderlichen Breite ein. Auch der Bundestag hat sich in stärkerem Maße als vorher hiermit befaßt. Ebenfalls in den Gewerkschaften, die bis dahin ebenfalls dieser Frage aus dem Wege gegangen oder sich aus kurzfristigen Arbeitsmarktrücksichten kritiklos auf die Seite der Kernenergiebefürworter gestellt hatten, begann eine differenziertere Stellungnahme Platz zu greifen.[39] Die Bundesregierung machte die Genehmigung neuer Kernkraftwerke von der Lösung der Wiederaufbereitungs- und Endlagerungsprobleme abhängig und entschied sich damit faktisch für eine Pause im Kernkraftwerksbau. Einzelne Verwaltungsgerichte besannen sich auf die Aufgaben der Verwaltung als Sachwalterin des Gemeinwohls und richteten ihre Entscheidungen mehr an Sicherheitsinteressen der Bevölkerung als an fragwürdigen Energieprognosen aus oder stoppten Genehmigungsverfahren mit der Begründung, daß die Legitimation der Verwaltung für Entscheidungen mit derart weitreichenden Konsequenzen wie die Errichtung von Kernkraftwerken ohne ausdrückliche gesetzliche Ermächtigung nicht ausreiche.

Gegen Ende 1977 jedoch wurde diese Entwicklung rückläufig. Unter dem Eindruck stagnierender Arbeitslosenzahlen und von Arbeitnehmerdemonstrationen, die in geschicktem Zusammenspiel von Kernindustrie und Gewerkschaften veranstaltet wurden, gewann in Regierungsparteien und Bundesregierung die Argumentationskette von Kernenergienutzung, Wirtschaftswachstum und Arbeitsplatzsicherung wieder die Oberhand und bewog sie, von ihren Bedenken gegen den Bau weiterer Kernkraftwerke abzurücken. Gleichzeitig erschien im Zeichen hektischer Terroristenjagd das Eingehen auf die Forderungen von protestierenden Kernkraftgegnern, die bequem systemverändernder Absichten, wenn nicht gar politischer Gewalttätigkeit und der Sympathie mit Terroristen verdächtigt werden konnten, politisch wenig opportun. Einstweilen stehen die politischen Zeichen daher auf einen erneuten Aufschwung des Kernkraftwerkbaus.

Ob allerdings eine solche Entwicklung näher zu dem Ziel führen wird, um dessentwillen die industrielle Nutzung der Kernenergie in den 50er Jahren begonnen und seitdem immer wieder gerechtfertigt wurde, nämlich zur Sicherung des sozialen Friedens und des politischen Systems der Bundesrepublik beizutragen, ist zweifelhaft. Obwohl die Kernenergie gegenwärtig erst einen geringen Anteil der westdeutschen Energieversorgung deckt, hat ihre Einführung bereits jetzt eine Reihe bedenklicher politischer Folgen gezeitigt. Die Bürgerinitiativen sind ein deutliches Signal dafür, daß sich erhebliche Teile der Bevölkerung von den politischen Parteien in Fragen von vitalem Interesse nicht mehr hinreichend vertreten fühlen. Auf längere Sicht können sie in unmittelbare Konkurrenz zu den etablierten Parteien treten und die bisherige Parteienlandschaft tiefgreifend verändern; auf kommunaler Ebene, neuerdings auch auf Landesebene, gibt es die ersten konkreten Anzeichen hierfür. Die Demonstrationen von Wyhl und Brokdorf, von manchen Zeitungen als „Bürgerkrieg" tituliert[40], haben – gemessen am Umfang der aufgebotenen Polizeikräfte – den inneren Frieden der Bundesrepublik auf seine bisher schwerste Belastungsprobe gestellt.

Anläßlich der Demonstrationen von Brokdorf und Grohnde haben Politiker verschiedener Richtungen eine Einschränkung des Demonstrationsrechts einerseits und eine Vergrößerung und schwerere Bewaffnung der Polizei andererseits gefordert. Anläßlich der Demonstration gegen den Bau des Schnellen Brüters in Kalkar wurden polizeiliche Präventivmaßnahmen in einem Umfang vorgenommen, der sich praktisch bereits als empfindliche Beeinträchtigung des verfassungsmäßig garantierten Versammlungsrechts auswirkte. Die aus demselben Anlaß erwogene Speicherung von Daten auch über friedliche Demonstrationsteilnehmer in Polizeicomputern würde die Wahrnehmung eines Grundrechts vollends in die Nähe eines Straftatbestandes rücken und für die Betroffenen wie für das politische Klima in der Bundesrepublik kaum übersehbare Folgen haben. Und welche Dimensionen schon jetzt die geheimdienstliche Überwachung eines einzelnen Bürgers annehmen kann, der in den Verdacht gerät, ein nukleares Sicherheitsrisiko darzustellen, hat der Fall Traube in beklemmender Weise gezeigt.

Ferner wird zur Sicherung schon bestehender und künftiger Kernkraftwerke sowie von Wiederaufbereitungsanlagen, Lagerstätten für nuklearen Abfall und Transporte von Kernbrennstoffen eine zahlenmäßige Verstärkung der Sicherheitskräfte auf jeden Fall unumgänglich werden. Einschlägige Erfahrungen lassen die Befürchtung nicht abwegig erscheinen, daß hiermit eine latente Bedrohung von Freiheitsrechten einhergehen kann, ohne daß die soziale und politische Stabilität dauerhaft gesichert würde. Solange im übrigen der Widerstand gegen Kernkraftwerke quer durch die Bevölkerung verläuft, sich also mit Sicherheit auch innerhalb der Polizeikräfte Kernkraftwerksgegner befinden, müssen Einsätze gegen Anti-KKW-Demonstrationen ihre Loyalität gegenüber Vorgesetzten und Repräsentanten des Staates, auf dessen Schutz sie verpflichtet sind, auf eine schwere Probe stellen. Derart begründete Loyalitätskrisen könnten vermutlich kaum anders als durch die Stärkung autoritärer Strukturen innerhalb der Sicherheitskräfte und/oder längerfristig durch eine personelle Selektion eingedämmt werden, bei welcher das Leitbild des selbstverantwortlichen kritischen Beamten durch das eines modernen Landsknechtstypus ersetzt wird. Beides wäre der Bewahrung eines freiheitlichen Rechtsstaates gleichermaßen abträglich.

Auch in anderen Bereichen drohen die Konflikte, die die Auseinandersetzung um die Kernenergie bisher hervorgebracht hat, Freiheitsrechte und Freiheitsräume einzuengen. So haben die mächtigen Befürworter der Kernenergie vereinzelt kritische Sendungen über den Bau von Kernkraftwerken und deren Gegner verhindert und mit massiven Angriffen gegen die betreffenden Rundfunk- und Fernsehanstalten mit hoher Wahrscheinlichkeit Neigungen zur Selbstzensur gestärkt.

Entlassungen von Kernkraftwerksgegnern aus Betrieben, die an der kommerziellen Nutzung der Kernenergie beteiligt sind, lassen die Entstehung einer neuen, im Betriebsverfassungsgesetz nicht vorgesehenen Art von „Tendenzbetrieben" befürchten, in denen bereits die außerbetriebliche Wahrnehmung eines verfassungsmäßig garantierten Grundrechts einen Kündigungsgrund darstellt, sofern sich seine Wahrnehmung gegen die Interessen des Arbeitgebers richtet. Je größer Zahl und Umfang der am Kernenergiegeschäft beteiligten Firmen werden, desto mehr könnten sich – etwa durch den Ausbau innerbetrieblicher Sanktionen und Sicherheitskräfte – derartige Tendenzen zur Aushöhlung von Grund- und Mitbestimmungsrechten ausbreiten und schließlich auch auf andere Industriezweige abfärben. Daß selbst die größte deutsche Einzelgewerkschaft eines ihrer langjährigen führenden Mitglieder aufgrund seiner Kritik an der gewerkschaftlichen Haltung in der Kernenergiefrage mit Ausschluß bedroht und sich in diesem Zusammenhang selbst als „Tendenzbetrieb" bezeichnet[41] hat, läßt die Aussicht eher gering erscheinen, daß wenigstens die großen Arbeitnehmerorganisationen diesen Bestrebungen mit aller Entschiedenheit entgegentreten.

Schließlich sind analog zu den ökologischen und medizinischen Kumulationseffekten beim Zusammenwirken mehrerer Einzelfaktoren auch in gesellschafts- und innenpolitischer Hinsicht Kumulationseffekte denkbar, deren Folgen sich nur schwer abschätzen lassen. So könnte etwa eine Wiederholung von Konflikten zwischen Gegnern der Kernkraftwerke und deren bewaffneten Verteidigern über die Gruppe der unmittelbar Betroffenen und Beteiligten hinaus dann einen Solidarisierungseffekt auslösen und zur politischen Radikalisierung beitragen, wenn in bestimmten Gruppen aus anderen Gründen ohnehin ein ernstzunehmendes Protestpotential angesammelt ist. Ein solches Protestpotential ist in der Bundesrepublik gegenwärtig unter Dauerarbeitslosen, unter Jugendlichen ohne Schulabschluß und Berufsausbildung, unter den chancenlosen Nachkommen von Gastarbeitern und unter Hochschulabsolventen ohne angemessene Berufsaussichten im Entstehen begriffen, vornehmlich in Gruppen also, die schon aufgrund ihres Alters überdurchschnittlich leicht mobilisierbar sind. Die Bewegung gegen die Kernkraftwerke könnte als Katalysator dieser Gruppen wirken; denn sie wendet sich gegen Großindustrie und Regierung, Parteien und Polizei, Verwaltungsbehörden und Gerichte und kann deshalb möglicherweise heterogene Strömungen sozialer Unzufriedenheit zusammenfassen. Sofern es nicht gelingt, die Sozialchancen dieser Gruppen trotz ausreichenden Energieangebots in absehbarer Zeit merklich zu verbessern, könnte es dazu kommen, daß neue Kernkraftwerksprojekte innere Unruhen auslösen, welche die bisherigen an Heftigkeit und Härte noch übertreffen.

Besorgte Beobachter haben aus derartigen Begebenheiten und Perspektiven den Schluß gezogen, daß mit einem weiteren Vordringen der Kernenergie eine Plutoniumgesellschaft entsteht, in der zwar die Mehrheit der Bevölkerung dank hochgezüchteter Technik in materiellem Wohlstand lebt, jedoch in völliger Unfreiheit, regiert von einer Clique, die die politische und wirtschaftliche Macht in ihrer Hand hält und den Rest der Bevölkerung mit allgegenwärtigen und allmächtigen Geheimdiensten kontrolliert. Schon jetzt beginnt sich für derartige Schreckensvisionen das Schlagwort vom „Nuklearfaschismus" einzubürgern.

Zweifellos wäre es abwegig, den Befürwortern der Kernenergienutzung zu unterstellen, sie verfolgten derartige Absichten oder hätten gar seit Mitte der 50er Jahre auf ein solches Ziel hingearbeitet. Andererseits ist nicht zu verkennen, daß die friedliche Nutzung der Kernenergie eine Reihe von innenpolitischen Fragen aufgeworfen hat, deren Lösung einstweilen ebensowenig als gesichert gelten kann wie die Lösung einer Reihe technischer, ökologischer, militärischer und außenpolitischer Fragen. Einstweilen ist offen, wie gewährleistet werden kann, daß das Parlament als das von der Verfassung vorgesehene politische Entscheidungszentrum nicht zu einem hilflosen Erfüllungsgehilfen von Interessengruppen und meist interessengebundenen Experten wird, sondern wirkliche Entscheidungsfreiheit bewahrt. Offen ist, wie der Bau von Kernkraftwerken durchgesetzt und ihr Betrieb gesichert werden kann, ohne daß die hierzu notwendigen Vorkehrungen der politischen Kontrolle entgleiten und sich ihrerseits zu einer Bedrohung verfassungsmäßig vorgesehener Freiheitsräume auswachsen. Offen ist, ob und wie man sich die Möglichkeit von Kursänderungen in der Energiepolitik erhalten kann, wenn man sich für eine technische Möglichkeit entschieden hat, deren Realisierung so viel Geld kostet, daß die Erforschung von Alternativen kaum mehr finanziert werden kann, und die ökonomische und soziale Fakten von solchen

Dimensionen schafft, daß eine Kursänderung tiefgreifende Wirkungen auf das Wirtschafts- und Beschäftigungssystem hätte. Offen ist, ob und wie komplexe wissenschaftlich-technische Probleme einschließlich ihrer möglichen Folgewirkungen auf breiter Basis auch für Laien verständlich und verantwortlich entscheidbar gemacht werden können. Das gegenwärtige Niveau der öffentlichen Auseinandersetzung um die Kernenergie gibt wenig Anlaß zu der Annahme, daß diese Fragen überhaupt mit hinlänglicher Klarheit wahrgenommen oder bedacht würden, und noch weniger Anlaß zu der Hoffnung, daß sie in absehbarer Zeit gelöst würden. Indessen wird es von ihrer Lösung entscheidend abhängen, ob die friedliche Kernenergienutzung wirklich zur Sicherung eines freiheitlich-demokratischen Staatswesens beiträgt oder nicht Schritt für Schritt in die entgegengesetzte Richtung führt.

Anmerkungen

Vorbemerkung:

Der Anmerkungsapparat für diesen Abriß ist so knapp wie möglich gehalten. Detaillierte Belege für alle im Text enthaltenen Tatsacheninformationen finden sich in meiner Studie „Zur politischen Geschichte der friedlichen Kernenergienutzung in der Bundesrepublik", Heidelberg 1977 (Materialien zum Gutachten der FEST „Alternative Möglichkeiten für die Energiepolitik", Bd. 3).

1 So die industrienahe „Deutsche Zeitung" Nr. 101 vom 19.12.1953.
2 S. Winnacker/Wirtz (1975), S. 62.
3 Zit. ebda.
4 Robert Gerwin in „Rheinischer Merkur" Nr. 36 vom 2.9.1955.
5 F. J. Strauß, Der Staat in der Atomwirtschaft, in: atw 1/1956, S. 2.
6 F. J. Strauß, Die Entwicklung der Atomenergiewirtschaft in Deutschland. Vortrag vor dem Übersee-Club am 23.4.1956 (Hamburg 1956), S. 8.
7 Ebda. S. 9.
8 Atomplan der SPD, erarbeitet vom Ausschuß für Fragen der Atomenergie beim Vorstand der SPD, angenommen vom SPD-Parteitag 1957, abgedr. in: SPD-Parteitag 1957, S. 357.
9 Ebda., S. 358 ff.
10 Entschließung des DGB-Bundeskongresses zur Frage der Kernenergie, in: DGB, Bundeskongreß 1956, S. 731f.
11 „Deutsche Zeitung" Nr. 83 vom 17.10.1956.
12 Atomplan der SPD; a.a.O., S. 367 ff.
13 S. ebda.
14 Strauß, Der Staat in der Atomwirtschaft, S. 5.
15 S. Winnacker/Wirtz, S. 77.
16 Strauß, Der Staat in der Atomwirtschaft, S. 5.
17 Winnacker/Wirtz, S. 80.
18 J. Pesch (1975), S. 90.
19 S. Winnacker/Wirtz, S. 80.
20 S. Bulletin, Bonn, Nr. 191 vom 12.10.1957, S. 1754.
21 Pesch, S. 18.
22 Zit. ebda., S. 74.
23 Zu den Atomprogrammen, s. ebda., S. 29 ff.
24 Rud. Greifeld, Die Kernreaktor-Bau- und Betriebs-Gesellschaft Karlsruhe, in: atw 9/1956, S. 293.
25 Bundeswissenschaftsminister Hans Lenz in atw 4/1963, S. 194.
26 J. Pretsch in atw 1/1968, S. 20.

27 atw 3/1968, S. 125.
28 S. zum folgenden Pesch, passim.
29 Der SPD-Abg. Kalbitzer in der Bundestagssitzung vom 10.4.1962; zit. ebda., S. 86.
30 S. ebda., S. 90.
31 G. Friedrichs, Die wirtschaftliche und soziale Problematik der Kerntechnik in gewerkschaftlicher Sicht, atw 6/1961, S. 334.
32 Ebda., S. 337.
33 atw 6/1960, S. 249.
34 W. Finke in atw 4/1961, S. 168.
35 So eine vom Presse- und Informationsamt der Bundesregierung herausgegebene Broschüre „Kernkraftwerke: Industriebetriebe ohne Risiko", erschienen als Beilage zu „Die Welt" Nr. 283 vom 4.12.1968.
36 S. die Hinweise bei Mez (1977).
37 Zit. nach atw 1/1974, S. 5.
38 Süddt. Zeitung vom 24.9.1976.
39 S. Volker Brandes, Die Atompolitik der Gewerkschaften, in: Mez/Wilke (1977), S. 123 ff.
40 Z.B. „Der Stern" 48/1976, S. 27.
41 Mitgeteilt in der ARD-Sendung „Report" vom 2.5.1977; s. dazu Mez/Wilke, S. 191ff.

Literaturverzeichnis

Die Atomwirtschaft (atw), Düsseldorf, Jgg. 1956 ff.

Deutscher Gewerkschaftsbund, 4. ordentlicher Bundeskongreß, Hamburg, 1.–6.10.1956, Protokoll.

Lutz Mez, Die Atomindustrie in Westeuropa, in: Technologie und Politik, April 1977, S. 124–188.

Lutz Mez / Manfred Wilke (Hrsg.), Der Atomfilz. Gewerkschaften und Atomkraft, Berlin 1977.

Jürgen Peter Pesch, Staatliche Forschungs- und Entwicklungspolitik im Spannungsfeld zwischen Regierung, Parlament und privaten Experten, untersucht am Beispiel der deutschen Atompolitik, Diss. iur. Freiburg 1975.

Karsten Prüß, Kernforschungspolitik in der Bundesrepublik Deutschland, Frankfurt 1974.

Protokoll der Verhandlungen des Parteitages der Sozialdemokratischen Partei Deutschlands vom 10.–14.7.1956 in München.

Karl Winnacker / Karl Wirtz, Das unverstandene Wunder. Kernenergie in Deutschland, Düsseldorf – Wien 1975.

Siegfried de Witt

Kernenergie und Rechtsstaat

Der Protest der Bürger gegen die Atomenergie steht in der Öffentlichkeit im Vordergrund der Aufmerksamkeit. Für die rechtsstaatliche Ordnung nicht minder wichtig sind aber die Entwicklungen des Atomrechts. Wer den leichtfertigen Verzicht auf wesentliche Elemente des Rechtsstaates durch Minister, Professoren und Industrie zu Gunsten des ungestörten Aufbaus der Atomwirtschaft sieht, muß sich fragen, ob Grundrechte und rechtsstaatliche Garantien nur so lange gelten, wie der Bürger sie nicht wahrnimmt. Im folgenden sollen die wichtigsten rechtsstaatlichen Probleme des Atomrechts behandelt werden.

I. Probleme des Verwaltungsverfahrens

1. Die Standortwahl für ein Atomkraftwerk ist abhängig von der möglichen Kühlkapazität des Flusses, den meteorologischen und geologischen Verhältnissen, der Besiedlungsdichte, der Infrastruktur und der militärischen Verteidigung. Für den Betreiber sind vor allem betriebs- und energiewirtschaftliche Überlegungen bestimmend. Der weitere Ausbau der Atomenergie erfordert deshalb eine überregionale Verteilung und damit Planung von Standorten.

Das atomrechtliche Genehmigungsverfahren ist für eine solche Standortplanung ungeeignet. Planung meint immer das Abwägen von Alternativen. Die Prüfung eines Antrags nach § 7 AtG ist aber immer nur auf einen Standort bezogen. Eine staatliche Standortplanung ist in der Bundesrepublik unbekannt[1]. Wo ein Atomkraftwerk errichtet wird, entscheidet allein das Energieversorgungsunternehmen (EVU). Der von diesem gewählte Ort wird sodann mit Ministerien und Fachbehörden außerhalb jeder rechtlichen Verfahren ausgehandelt, bevor der förmliche Antrag gestellt wird. Das fehlende rechtliche Planungsverfahren überläßt mithin die Standortwahl den privaten Unternehmen und sichert so den Vorrang privater Zielsetzungen gegenüber den öffentlichen Interessen bei der Festsetzung von Standorten. Eine solche Abhängigkeit staatlicher Entscheidungen von den Planungen der Betreiber bleibt auch im Raumordnungsverfahren erhalten, da auch hier nur die bereits getroffene Entscheidung des EVU überprüft wird.

Abhilfe kann hier ein Planfeststellungsverfahren bringen, welches jedoch anders als die bisherigen zweistufigen Verfahren die Bürger bereits auf der ersten Planungsstufe beteiligen muß[2]. Da die Standortprobleme an den Landesgrenzen nicht Halt machen, ist eine Bundeskompetenz notwendig, die aber an den Interessen der Länder scheitern wird.

Eine Festlegung von Standorten durch Gesetz[3] ist abzulehnen. Den Parlamenten obliegt die Vorgabe der Planungskriterien, jedoch nicht die Ausführung der Planung selbst. Gegen ein solches Gesetz wäre kein Rechtsmittel gegeben. Die Ausschaltung verwaltungsgerichtlicher Kontrolle ist auch das erkennbare Ziel dieses Vorschlages. Bürger und Gemeinden in der Region möglicher Standorte müssen bereits frühzeitig an der Planung beteiligt werden. Dies wird die nichtöffentliche Zusammenarbeit von Staat und Betreibern stören, ist aber notwendige Voraussetzung dafür, daß *alle* Interessen in den Entscheidungsprozeß eingehen. Die Region um einen möglichen Standort kann durchaus andere Vorstellungen über ihre künftige Entwicklung haben als Bundes- oder Landesbehörden. Vorhandene Industriebetriebe oder Landwirte z.B. können Gefahren für ihre Produktion fürchten. Welche Interessen mit welchem Gewicht in die Abwägung einzubeziehen sind, hat der Gesetzgeber im Atomgesetz generell zu entscheiden.

2. Die Elektrizitätswirtschaft ist bereits aus technischen Gründen zu einer langfristigen Planung gezwungen. Die staatlichen Energieprogramme und -prognosen sind keine verbindlichen Planungen, da sie gegenüber den EVUs keine Rechtswirkungen haben. Nur indirekt beeinflussen sie über den zu beachtenden Förderungszweck des Atomgesetzes das Genehmigungsverfahren. Auch das Energiewirtschaftsgesetz gibt keine Möglichkeit, den Bau eines bestimmten Kraftwerkes zu verlangen. Welche Kraftwerkskapazität zu welchem Zeitpunkt errichtet wird, entscheidet allein das EVU.

Die abgebrannten Brennelemente aus den Reaktoren müssen entweder auf lange Zeit gekühlt lagern oder aufbereitet werden. Ob die Wiederaufbereitung sicher in einer großen Anlage durchführbar ist, ist bis heute ungewiß. Jedes weitere Atomkraftwerk schafft einen zusätzlichen Zwang zur „Lösung" des Atommüll-Problems.

Der weitere quantitative Ausbau der Atomenergie wird dabei weitere Zwänge schaffen, die Wiederaufarbeitungsanlage zu betreiben. Wegen der knappen Uranvorräte muß das in den abgebrannten Brennelementen enthaltene Uran und Plutonium zurückgewonnen werden. Außerdem kann das angereicherte Uran in den Schnellen Brütern als Brutmaterial eingesetzt werden. Nur mit Schnellen Brütern wird in Zukunft genug Brennstoff auch für die Leichtwasserreaktoren zur Verfügung stehen. Der quantitative Ausbau setzt damit Zwänge für den Bau einer Reaktorlinie, die um ein Vielfaches gefährlicher ist als die vorhandenen Leichtwasserreaktoren: Schnelle Brüter können wie Atombomben explodieren.

Die Planung des quantitativen Ausbaus der Atomenergie muß diese Folgewirkungen so rechtzeitig erfassen und zur öffentlichen Diskussion stellen, daß eine freie Entscheidung der Regierungen und der Bürger möglich ist. Notwendig ist eine Abwägung mit Alternativen (Kohle, Wärme-Kraftkoppelung, Fernwärme) und mit Einsparmöglichkeiten. Zu berücksichtigen sind außenwirtschaftliche Abhängigkeiten ebenso wie Fragen der militärischen und inneren Sicherheit. Bislang fehlt eine gesetzliche Regelung, wer für eine verbindliche Planung zuständig ist. Da kein Subjekt für diese Planung vorhanden ist, ist niemand verantwortlich. Es ist Aufgabe des Parlaments, sowohl die Abwägungsgesichtspunkte festzulegen wie auch zu bestimmen, wer verbindlich zu planen hat.

3. Bürgerbeteiligung am Verwaltungsverfahren ist eine Form des Grundrechtsschutzes. Sie verlangt eine Beteiligung zu einem Zeitpunkt, an dem die Entscheidung der Verwaltung noch offen ist. Das jetzige Genehmigungsverfahren dient vorrangig der Beschleunigung und Konzentration. Die Verfahrensordnung reduziert das Recht des Bürgers auf die Rolle des sachunkundigen und nur störenden Einwenders.

Wissenschaft und Demokratie leben vom Widerspruch. Auch in Zukunft werden die Meinungen über die Wirkung radioaktiver Strahlung, über Reaktorsicherheit und Standortfragen auseinandergehen. Den potentiell betroffenen Bürgern sollte deshalb schon im Verwaltungsverfahren das Recht gewährt werden, eigene Gutachter einzuführen bzw. bestimmte Gutachten zu beantragen. So können schon im Verwaltungsverfahren die Themen ausgefiltert werden, die nach entsprechender Untersuchung nicht mehr streitig sind. Das Gerichtsverfahren würde dadurch wesentlich entlastet. Schließlich würde dadurch auch das geschlossene Informationssystem von Verwaltung, Betreibern und professionellen Gutachtern durchbrochen und zumindest tendenziell das Informationsmonopol aufgehoben. Der Erörterungstermin wäre dementsprechend gerichtsähnlich auszugestalten.

4. Der Antrag des EVU mit einem Sicherheitsbericht wird zwei Monate öffentlich ausgelegt. In dieser Frist muß derjenige Einwendungen erheben, der später rechtliche Nachteile von einer Genehmigung erwartet. Versäumt er dies, kann er später seine privaten Rechte nicht mehr mit einer Klage verteidigen. Er muß also unterstellen, daß die Genehmigungsbehörde später seine Rechte mißachten wird. Wer zudem noch eine Begründung der Einwendung verlangt, stellt an den Bürger geradezu hellseherische Anforderungen. Der Bürger müßte sich bereits zum Zeitpunkt der Antragsauslegung den Inhalt der späteren Genehmigung vorstellen.

Die Annahme einer solchen materiell-rechtlichen Präklusion in § 7b AtG wie § 7 Abs. 4 AtVfV verstößt sowohl gegen Art. 80 Abs. 1 GG wie auch gegen Art. 19 Abs. 4 GG. Das Grundgesetz gewährt einen lückenlosen Individualrechtsschutz. Es hat zwar die Ausgestaltung des Rechtsweges den Verfahrensordnungen überlassen, verlangt aber, daß der Rechtsweg nicht unzumutbar und ohne Sachgründe erschwert wird. Der einzige Sachgrund für eine materiell-rechtliche Präklusion ist die Privilegierung der Betreiber von Atomkraftwerken gegenüber der benachbarten Bevölkerung. Dieser Grund kann die Beschränkung des Rechtsschutzes jedoch nicht tragen. Zur Klärung dieses Sachverhaltes wäre deshalb eine Klarstellung durch den Gesetzgeber wünschenswert, in der jetzigen Lage aber allenfalls als Bestätigung der materiell-rechtlichen Präklusion zu erwarten.

5. Nach § 7 Abs. 2 AtG ist die Errichtung und der Betrieb einer kerntechnischen Anlage grundsätzlich verboten. Selbst wenn der Betreiber die Genehmigungsvoraussetzungen erfüllt, hat er keinen Rechtsanspruch auf Genehmigung, da der Behörde ein Ermessen eingeräumt ist. Der Gesetzgeber hat diese Konstruktion gewählt, um Nachbarn und Allgemeinheit präventiv zu schützen, statt bei drohenden oder eingetretenen Gefahren erst repressiv einzugreifen[4].

Die Genehmigung eines Atomkraftwerkes wird in der Regel in viele Einzelteile aufgespalten. Es ist inzwischen üblich, mit einer ersten Teilgenehmigung den Standort, das Konzept und erste Baumaßnahmen zu genehmigen. Für weitere Anlagenteile erfolgt jeweils eine neue Teilgenehmigung, und auch der Betrieb wird in einzelne Genehmigungsakte aufgespalten. Bereits das Bundesverwaltungsgericht[5] hatte die Teilung des Genehmigungsverfahrens für zulässig erklärt. Dabei können die einzelnen Abschnitte durch die Verwaltung nach Zweckmäßigkeit bestimmt werden. Dem Nachbarn soll diese Aufspaltung der Genehmigung zugute kommen, da während des Genehmigungsverfahrens neue Erkenntnisse der Wissenschaft und der Technik berücksichtigt werden können. Die Genehmigung einer gesamten Anlage nach § 7 Abs. 2 AtG darf nur erteilt werden, wenn positiv festgestellt ist, daß die Genehmigungsvoraussetzungen erfüllt sind, „wenn dem Vorhaben keine von vornherein unüberwindlichen rechtlichen Hindernisse entgegenstehen".[6] Diese Formulierung des Bundesverwaltungsgerichtes ist von der Rechtsprechung übernommen worden, obwohl sie mit dem Gesetz nicht in Einklang steht: sie verkehrt das Verbot mit Erlaubnisvorbehalt in eine Erlaubnis mit Verbotsvorbehalt. Im Zeitpunkt der Erteilung der ersten Teilgenehmigung muß der Betreiber noch nicht positiv nachweisen, daß die Anlage alle Voraussetzungen des § 7 Abs. 2 AtG erfüllt. Es reicht, daß der Standort geeignet ist und das Konzept so beschaffen ist, daß keine *unüberwindlichen* Hindernisse einer Realisierung entgegenstehen. Sehr deutlich wird die Konsequenz dieser Rechtsprechung in der Entscheidung des Verwaltungsgerichts Düsseldorf[7], welches die rechtlichen Hindernisse als technische interpretiert. Danach reicht es aus, daß die Pläne (!) realisierbar sind, auch wenn noch viele Untersuchungen und Erprobungen nötig sind.

Das OVG Münster hat in seinem Urteil zum Kohlekraftwerk in Voerde[8] diese Rechtsprechung teilweise zurückgenommen. Es verlangt, daß bei einer ersten Teilgenehmigung die Genehmigungsvoraussetzungen für die gesamte Anlage mit hoher Wahrscheinlichkeit vorliegen müssen. Es bleibt zu hoffen, daß die Rechtsprechung auf den Boden des Gesetzes zurückfindet.

II. Schutz der Grundrechte

1. Jede technische Anlage birgt Unfallgefahren und ist in der Regel mit einer Beeinträchtigung der Umwelt, sei es durch Emissionen oder Lärm, verbunden. Bei Atomkraftwerken geht die Rechtsprechung davon aus, der Gesetzgeber habe mit dem Atomgesetz der Bevölkerung ein gewisses Strahlen- und Unfallrisiko auferlegt[9]. Der Nachbar kann also nicht verlangen, daß die Strahlenbelastung auf Null reduziert wird, noch kann er einen absoluten Schutz gegen mögliche Unfälle fordern. Das Verwaltungsgericht in Freiburg hat in seinem Wyhl-Urteil diesen Gedanken konsequent vom Förderungszweck des Atomgesetzes abgeleitet. Entscheidend ist also das Maß des erforderlichen Schutzes.

Die Wissenschaft versucht, die möglichen Unfälle nach dem Grade ihrer Wahrscheinlichkeit zu bestimmen. Der größte anzunehmende Unfall (GAU) ist der Unfall, bis zu dem hin eine technische Vorsorge getroffen ist. Unfälle jenseits dieser Grenze werden technisch nicht mehr beherrscht. Für Leichtwasserreaktoren wird der doppelendige Bruch einer Hauptkühlmittelleitung als GAU definiert. Juristen der Atomindustrie sind der Auffassung, daß damit für die Gerichte bindend auch das Ausmaß der erforderlichen Vorsorge im Sinne des § 7 Abs. 2 Ziff. 3 AtG definiert sei[10]. Sie übersehen, daß der Begriff der erforderlichen Vorsorge ein Rechtsbegriff ist, der gerichtlich voll überprüfbar ist. Ob mithin durch die Definition des GAU als doppelendiger Bruch der Hauptkühlmittelleitung die erforderliche Vorsorge gesichert ist, ist von den Gerichten zu überprüfen und zu entscheiden.

Um diese richterliche Überprüfung zu verhindern, werden verschiedene „Reformvorschläge" unterbreitet. Das Maß der Erforderlichkeit soll politisch entschieden werden.[11] Der Gesetzgeber soll also den jetzigen Sicherheitsstandard für die Gerichte bindend festschreiben. Breuer[12] empfiehlt kerntechnische Regeln, die wie ein Sachverständigenbeweis die erforderlichen Vorsorgemaßnahmen bestimmen. Der Vorschlag von Schmitt-Glaeser[13], Atomkraftwerke durch unabhängige Sachverständigen-Gremien genehmigen zu lassen, ist verfassungsrechtlich undurchführbar. Es ist zu erwarten, daß die rechtlichen Anforderungen an die erforderliche Vorsorge durch Technische Regeln definiert werden. Als Gremium bietet sich z.B. der Kerntechnische Ausschuß an, in dem die Hersteller und Betreiber von Atomkraftwerken ein Veto-Recht besitzen. Gegen ihren Willen kann keine Technische Regel beschlossen werden. Es ist ernsthaft zu befürchten, daß auf diesem Wege Private unmittelbar an der Rechtsetzung beteiligt werden.

2. Wissenschaft und Industrie bemühen sich, die Sicherheit eines Atomkraftwerkes quantitativ zu bestimmen, indem sie die Wahrscheinlichkeit des Ausfalls einzelner Komponenten und Systeme angeben. Solche Berechnungen vernachlässigen, daß es sich bei einem Atomkraftwerk um ein Mensch-Maschine-System handelt. Zudem wird die Betrachtung allein der Ausfallwahrscheinlichkeit dem Problem der Sicherheit nicht gerecht. Der Schaden bei einem Unfall tritt nicht nur am technischen System, sondern im ungünstigen Fall auch in der Umgebung der Anlage, also beim Menschen und in der Natur auf. Die Unfallwahrscheinlichkeit muß also mit dem Schadenspotential bewertet werden. Wie gering die Wahrscheinlichkeit eines Schadenseintrittes sein muß, ist abhängig von der möglichen Schadensfolge, d.h. von den gefährdeten Rechtsgütern und dem Ausmaß der Rechtsgutverletzung[14]. Diese Grundsätze des technischen Sicherheitsrechts sind in der Rechtsprechung seit langem entwickelt. Sie sind eine Ausprägung des verfassungsrechtlichen Grundsatzes der Verhältnismäßigkeit.

Bei welchen Schadensfolgen die Eintrittswahrscheinlichkeit gänzlich ausgeschlossen werden muß, ist im Gesetz nicht geregelt. Es bleibt damit zunächst der Verwaltungsbehörde überlassen, diese Relation zu bestimmen. Da der Begriff der erforderlichen Vorsorge jedoch gerichtlich voll überprüfbar ist, verschiebt sich die Kompetenz letztlich auf die Gerichte. Eine Änderung könnte hier durch präzisere gesetzliche Vorgaben erreicht werden.

3. Die Rechtsprechung sieht im Atomgesetz keinen Verstoß gegen Art. 2 GG. Mit der Genehmigung eines Atomkraftwerkes werde nicht in das Grundrecht auf Leben und körperliche Unversehrtheit eingegriffen. Das Atomgesetz diene vielmehr dem Schutz gerade dieser Grundrechte[15]. Das Atomgesetz wird hier als Teil des Gewerberechts begriffen, dem letztlich ein liberales Gesellschaftsmodell zugrunde liegt. Das private Wirtschaften kann nur zum Schutz der Allgemeinheit durch den Staat beschränkt werden. Auch Bau und Betrieb von Atomkraftwerken gehören dem Bereich

privaten Wirtschaftens an. Das Atomgesetz setzt hier nur zum Schutz der Nachbarn und der Allgemeinheit Grenzen in den Genehmigungsvoraussetzungen des § 7 Abs. 2 AtG.

Eine solche Genehmigung grenzt die Rechtssphären des Betreibers und des Nachbarn gegeneinander ab. Die Betreiber sind regelmäßig privatrechtlich organisiert, auch wenn sie vollständig im Eigentum der öffentlichen Hand stehen. Sie können sich gegenüber der Genehmigungsbehörde auf Art. 14 GG berufen. Der Nachbar kann von der Behörde die Beachtung seines Grundrechts auf Leben und körperliche Unversehrtheit (Art. 2 GG) und gegebenenfalls seines Eigentums (Art. 14 GG) verlangen. Die Betreiber behaupten darüberhinaus, sie seien auch im öffentlichen Interesse tätig. Auch wenn die sichere Energieversorgung ein Gemeinschaftsinteresse höchsten Ranges ist, bleiben die Betreiber Privatrechtssubjekte, die private Ziele verfolgen.

Die Grundrechte als Elemente objektiver Ordnung bestimmen nicht nur den Status des Einzelnen gegenüber staatlicher Gewalt. Sie beeinflussen ebenso die Zuordnung der gegenseitigen Rechte und Pflichten der Bürger untereinander. Deutlich wird dieses Verhältnis der Grundrechte bei allen Verwaltungsakten mit Doppelwirkung, bei denen die Behörde durch ihre Entscheidung die Grenze der jeweiligen Rechte bestimmt. Jede zusätzliche Auflage zum Schutz von Leben und Gesundheit der Nachbarn ist zugleich eine Begrenzung des Eigentumsrechts des Betreibers, jede unterlassene sicherheitsrelevante Auflage ist eine Beschränkung von Art. 2 GG des Nachbarn.

Die Entscheidung der Genehmigungsbehörde hat sich zu orientieren an den Genehmigungsvoraussetzungen, dem Ziel des Gesetzes und den betroffenen Grundrechten. Auszugehen ist vom absoluten Vorrang des menschlichen Lebens und der Sozialpflichtigkeit des Eigentums. Bei der Kollision von Lebens- und Eigentumsschutz läßt sich die Grenze der verfassungsrechtlich noch zulässigen Verwertung des privaten Eigentums nicht unmittelbar aus der Verfassung ableiten. Je wichtiger die Tätigkeit des Privaten für den Fortbestand des Gemeinwesens ist, desto weiter wird diese Grenze zu ziehen sein. Dabei ist zu prüfen, ob das produzierte „Gemeinschaftsgut" nicht auch auf andere, lebensschonendere Art hergestellt werden kann. Bei dieser Abwägung kann es auf wirtschaftliche Gesichtspunkte nicht ankommen. Eine solche Betrachtung stellt auf den Einzelfall ab, zieht mithin die Zulässigkeit des Baus von Atomkraftwerken nicht generell in Zweifel.

Es bleibt zu fragen, ob das Grundgesetz für bestimmte Anlagen eine absolute Grenze setzt. Anknüpfend an die oben dargelegte Risikobetrachtung ist selbst für eine Industrieanlage, die wichtige Gemeinschaftsgüter produziert, eine Grenze dort erreicht, wo bei einem Unfall eine Vielzahl von Menschen sterben bzw. schwer erkranken würden, die nächste Generation gefährdet und ein ganzer Landstrich auf längere Zeit hin unbewohnbar würde. Nach meiner Auffassung müßte dieses „Gemeinschaftsgut" auf andere Weise hergestellt werden, oder aber die Gesellschaft müßte auf dieses Gut verzichten. Auch dem technischen Fortschritt sind rechtliche Grenzen gesetzt.

4. Das Grundrecht auf Leben und Gesundheit kann nur innehaben, wer hier und jetzt lebt. Auch die Ausdehnung dieses Rechts auf den Embryo ändert daran grundsätzlich nichts. Die noch ungezeugten Nachkommen können nach unserer Rechtsordnung keine Rechte haben. Die zeitliche Dimension der Grundrechte ist so begrenzt.

Die Sicherung gesunder Nachkommen und einer Welt, in der sie leben können, ist lediglich über den Staat vermittelt. Ihm obliegt die Erhaltung seiner staatlichen Existenz in der Zeit, damit auch die Sorge für die späteren Generationen. Ob der Staat dies leistet, muß ernsthaft bezweifelt werden, ist er doch außerstande, im Zeithorizont der jetzt lebenden Generation zu planen.

Da unsere Nachkommen keine Stimme haben, besteht die Gefahr, daß ihre Interessen heute nicht beachtet werden. Aufgabe einer Weiterentwicklung der Grundrechtstheorie ist es, die zeitliche Dimension der Grundrechte zu entwickeln. Als Ansatzpunkt könnte dazu das bereits normierte Grundrecht auf Familie gelten. Familie weist über die jetzt Lebenden hinaus, bezieht sich also zumindest auf eine künftige Generation. Ein weiterer Ansatzpunkt könnte die Formulierung des Rechts der Nachkommen auf Sicherung eines Lebensminimums als immanente Schranke der Grundrechte sein. Allerdings blieben solche „Rechte" subjektlos, als der Einzelne sich nicht auf sie berufen könnte. Damit wären sie jedoch nicht wertlos, da sie die Auslegung einfachen Rechts und entgegenstehender Grundrechte beeinflussen.

Zu diskutieren ist schließlich, ob eine „verfahrensrechtliche Lösung" möglich und sinnvoll ist. Wenn die Interessen unserer Nachkommen in den Entscheidungsprozeß eingehen sollen, müssen sie eine Stimme haben. Es ist deshalb zu erwägen, ob nicht Verbände das Recht (und die Pflicht) erhalten sollen, im Verwaltungsverfahren diese Bedürfnisse zu artikulieren. Die Gefahr, daß diesen Verbänden ein Interpretationsmonopol zukommen würde, besteht nicht, da die Entscheidung, wie diesen Bedürfnissen Rechnung zu tragen ist, letztlich von der Verwaltung gefällt wird. Diese Lösung hätte gegenüber einer Erweiterung von Grundrechten den Vorzug der Effektivität. Gleichzeitig würde sie den Fehler vermeiden, nicht einklagbare Grundrechte zu normieren.

Dasselbe Problem findet sich bei der außermenschlichen Natur, die im neuzeitlichen Denken nur als bloßes Objekt, als Material im Arbeitsprozeß gedacht wird. Natur findet Eingang in die Rechtsordnung erst, wenn sie angeeignet wird. Zum Eigentum abstrahiert kann ihre ungestörte Verwertung auch gerichtlich geltend gemacht werden. Die Bedürfnisse der außermenschlichen Natur an der Erhaltung von Lebenszusammenhängen sind sprachlos. Sofern Natur nicht privat genutzt wird, wird sie vom Staat verwaltet.

Ein Grundrecht auf Erhaltung der Natur würde lediglich einen weiteren Aneignungstitel formulieren. Deshalb ist auch hier eine verfahrensrechtliche Lösung zu erwägen, Verbänden das Recht zu gewähren, im Verwaltungsverfahren die „Interessen" der außermenschlichen Natur zu artikulieren.

III. Die gerichtliche Kontrolle

1. Die Genehmigungsvoraussetzungen für ein Atomkraftwerk sind in § 7 Abs. 2 AtG sehr allgemein und pauschal formuliert. Daraus wird geschlossen[16], der Verwaltung komme hier ein Beurteilungsspielraum zu. Damit ist gemeint, daß die Verwaltungsgerichte die Entscheidung der Verwaltung nur noch begrenzt überprüfen dürfen. Den

Gerichten verbleibe eine reine Evidenzkontrolle: Die Genehmigung dürfe nur aufgehoben werden, wenn sie eindeutig widerlegbar oder offensichtlich fehlerhaft sei. Ein Beurteilungsspielraum ist anerkannt für Entscheidungen, die in einer unvertretbaren und unwiederholbaren Situation getroffen wurden, Entscheidungen eines sachkundigen, repräsentativen und unabhängigen Gremiums oder politisch planende Entscheidungen. Diese Merkmale fehlen einer Genehmigung nach § 7 Abs. 2 AtG, so daß mit der herrschenden Rechtsprechung eine volle gerichtliche Überprüfung der Genehmigungsvoraussetzungen anzunehmen ist. Hinter dem scheinbar nur juristischen Streit wird um Kompetenzen gekämpft. „Es kommt darauf an, wer in solchen Fällen ... letztlich die Verantwortung für den Eintritt des vom Gesetzgeber gewollten bzw. für die Verhütung des von ihm mißbilligten Erfolges trägt, tragen soll und tragen kann"[17].

2. Solange die Gerichte atomrechtliche Genehmigungen bestätigt haben, war die Frage des Beurteilungsspielraums bei § 7 Abs. 2 AtG kein Diskussionsthema. Erst in Reaktion auf die Entscheidungen zu Wyhl, Brokdorf, Stade und Grohnde wurden Vorschläge formuliert, wie die gerichtliche Kontrolle reduziert werden könne. In dieser Debatte werden eine Reihe von verfassungsrechtlichen Argumenten über die Kompetenzverteilung, das Verhältnis von Gerichten und Sachverständigen usw. angeführt. Bei der Prüfung dieser Argumente darf nicht vergessen werden, daß mit ihnen ein politischer Zweck verfolgt wird: das Atomprogramm ohne gerichtliche Störungen durchzusetzen. Noch bevor die Urteilsgründe des Verwaltungsgerichts Freiburg zu Wyhl veröffentlicht waren, wußten bereits mehrere Kritiker[18], daß die Richter in Freiburg einfach überfordert waren und ihnen die nötige Sachkunde gefehlt hat. "Avanciert die Sachkenntnis zum entscheidenden Kompetenzkriterium, so wird nicht nur die Verwaltungsgerichtsbarkeit, sondern auch die Straf- und Zivilgerichtsbarkeit insgesamt in ihrem strukturellen Kern in Frage gestellt. Artikel 19 Abs. 4 GG verlangt von den Gerichten in den Grenzen des Prozeßrechts volle Sachverhaltsaufklärung auch unter Aufbietung außergerichtlichen Sachverstands."[19]

Die Risiken eines Atomkraftwerkes wie auch das Ausmaß der erforderlichen Vorsorge sollen nach Haeusler[20] nur Sachverständige abschätzen können. Der Begriff der erforderlichen Vorsorge sei zwar gerichtlich voll überprüfbar, doch sei das Ausmaß der Vorsorge durch die RSK-Leitlinien vorgegeben. In dieselbe Richtung geht der Vorschlag von Breuer[21], die RSK-Leitlinien und technischen Regeln als antizipierte Sachverständigengutachten anzusehen, so daß sie der Entscheidung zugrunde gelegt werden können, „ohne über die naturwissenschaftlichen und technischen Sachfragen einen prozessualen Sachverständigenbeweis zu erheben."

Schmitt Glaeser[22] diskutiert die Möglichkeit von Fachgerichten und schlägt vor, das Kollegium der Berufsrichter um einen sachverständigen Laienrichter zu ergänzen und die Genehmigungen von einem unabhängigen Sachverständigen-Gremium erteilen zu lassen. Damit wären die Voraussetzungen für die Annahme eines Beurteilungsspielraums gegeben. Schließlich wird vorgeschlagen, die Entscheidungen über den Standort und den Kraftwerkstyp den Parlamenten zu übertragen.[23]

Alle Vorschläge haben das gemeinsame Ziel, die gerichtliche Kontrolle von atomrechtlichen Genehmigungen einzuschränken nach dem Motto: Je größer die Gefahr, desto geringer der Rechtsschutz. Es sollte niemanden wundern, wenn die Bürger das

Vertrauen in den Rechtsstaat verlieren, wenn rechtsstaatliche Garantien gerade dort abgeschafft werden, wo der Bürger sie dringend nötig hat.

3. In der öffentlichen Meinung wird die Gewaltenteilung so verstanden, als seien Parlament, Regierung und Gerichte je für sich selbständig. Die dualistische Konzeption von Parlament und Regierung ist aber kein Merkmal der parlamentarischen Regierungsweise. Dies macht die Abgrenzung sehr schwer, zumal sie den geschichtlichen Veränderungen unterworfen ist. Die Funktion des Gesetzesvorbehaltes sieht Kisker[24] in der Veröffentlichungsfunktion und dem rechtsstaatlichen Bestimmtheitserfordernis im Verhältnis von Bürger und Staat. Er folgert daraus, „daß grundsätzlich alle Materien, die in einer demokratisch-rechtsstaatlichen Ordnung *der öffentlichen Erörterung und der rechtsstaatlichen Absicherung des Bürgers bedürfen*, unter die Herrschaft des Gesetzesvorbehaltes gezogen werden". Dieses Kriterium ist identisch mit der Auffassung des Bundesverfassungsgerichts, das Parlament habe das Wesentliche zu entscheiden. Kisker entwickelt zwei Fallgruppen: Vom Parlament zu entscheiden sind alle Fragen, die für die Verwirklichung von Grundrechten bedeutsam sind wie alle politisch kontroversen Entscheidungen. Die Entwicklung der Atomenergie ist unter beide Kriterien zu subsumieren.

Die gesetzlichen Vorgaben in § 7 Abs. 2 AtG sind vage und unvollständig. Die gesamte Ausfüllung wird der Exekutive überlassen und damit tendenziell den Gerichten. Zu fordern ist eine Präzisierung, die in § 1 AtG beginnen muß. Der Gesetzgeber hat endlich zu entscheiden, wie er das Verhältnis von Förderungszweck und Schutz der Bevölkerung sieht.

4. Die Anfechtungsklage hat grundsätzlich aufschiebende Wirkung, d.h., daß bei einer Nachbarklage der Bauherr so lange nicht mit dem Bau beginnen darf, bis der Rechtsstreit rechtskräftig entschieden ist. Die Verwaltung kann nun bei Erteilung der Genehmigung den sofortigen Vollzug anordnen. Damit entfällt die aufschiebende Wirkung einer Klage. Die aufschiebende Wirkung ist ein fundamentaler Grundsatz des Verwaltungsprozeßrechts. Der sofortige Vollzug ist die Ausnahme. Atomrechtliche Genehmigungen werden aber stets für sofort vollziehbar erklärt, weil nach Auffassung der Genehmigungsbehörde mit dem Bau sofort begonnen werden muß, wenn nicht eine Stromlücke entstehen soll. Das Verwaltungsgericht Freiburg[25] hat zutreffend darauf hingewiesen, daß ein EVU den Antrag so spät stellen kann, daß wegen der drohenden Versorgungslücke der sofortige Vollzug von der Ausnahme zur Regel wird.

Gegen die Anordnung des sofortigen Vollzuges kann ein Nachbar beim Verwaltungsgericht beantragen, die aufschiebende Wirkung seiner Klage wieder herzustellen. In diesem Rechtsstreit wird grundsätzlich nur darüber befunden, ob der sofortige Vollzug rechtens ist. Die Erfolgsaussichten der Klage werden abgeschätzt.

Ist der Ausgang der Hauptsacheklage offen, müssen die gegenseitigen Interessen abgewogen werden. Das öffentliche Interesse an einer sicheren Versorgung mit Elektrizität und das wirtschaftliche Interesse des Betreibers stehen dem des Bürgers gegenüber. Dieser will eine Gefährdung seines Lebens und seiner Gesundheit verhindern. Mit dem Argument, diese Gefährdung entstehe erst mit dem Betrieb des Kernkraftwerkes, wird dieses Interesse des Bürgers verneint[26]. So ergibt sich das Mißverhältnis, daß der Kläger in der Hauptsache in Vorwegnahme des späteren Betriebes bereits gegen eine erste Teilerrichtungsgenehmigung klagen kann, jedoch vorläufig den Bau dulden muß, da er aktuell nicht gefährdet ist.

Im Zusammenhang mit der hier vorgeschlagenen Verbesserung des Genehmigungsverfahrens sollte auf die Anordnung des sofortigen Vollzuges verzichtet werden[27]. Werden Klagen erhoben, so kann eine Entscheidung über den sofortigen Vollzug nach einem Urteil in der ersten Instanz ergehen. Ein solches Verfahren würde nicht zuletzt das Vertrauen der Bürger in die rechtsstaatliche Ordnung erhalten bzw. zurückgewinnen.

Anmerkungen

1 Nur Baden-Württemberg hat einen Fachlichen Entwicklungsplan Kraftwerksstandorte.
2 Blümel, 43.
3 Vogel, 118.
4 Scharnhoop, 70; OVG Münster ET 75, 222.
5 DVBl 72, 678.
6 BVerwG, DVBl 72, 678 (680).
7 U. v. 30.10.73.
8 DVBl 76, 790.
9 OVG Münster, ET 75, 222; VG Freiburg, Wyhl-Urteil, 28.
10 Haeusler, ET 77. 637.
11 Kuhnt, 107; Vogel, 118.
12 NJW 77, 1127.
13 76, 50.
14 Plischka, 109.
15 OVG Münster, ET 75, 222.
16 Schmitt-Glaeser, 447.
17 Bachof, 261/2.
18 Z.B. Breuer, NJW 77, 1126.
19 Nierhaus, 25.
20 ET 77, 637.
21 NJW 77, 1126.
22 450/1.
23 Vogel.
24 NJW 77, 1315.
25 DVBl 75, 343.
26 VGH Ba-Wü, DVBl 76, 538.
27 Gelzer.

Literaturverzeichnis

Ein ausführliches Literaturverzeichnis zum hier behandelten Problemkreis findet sich in: Alternative Möglichkeiten für die Energiepolitik, Materialien zum Gutachten, Bd. 2, Heidelberg 1977, S. 59–65.

Bachof: Verfassungsrecht, Verwaltungsrecht, Verfahrensrecht in der Rspr. des BVwG Bd. II Tübingen: Mohr, 1967.

Breuer, R.: Die Entwicklung des Atomrechts 1974–1976, in: Neue Juristische Wochenschrift, 1977, 1121ff.

Blümel, W.: Rechtsprobleme des Genehmigungsverfahrens - Standortwahl und -sicherung, in: Lukes, R. (Hrsg.), Drittes Deutsches Atomrechts-Symposium, Köln, Heymanns, 1975.

Gelzer, K.: Die sofortige Vollziehung von Genehmigungsbescheiden für industrielle Großanlagen und Kernkraftwerke, in: Baurecht, 1977, S. 1ff.
Haeusler: Anmerkung zum Wyhl-Urteil des VG Freiburg, Freiburg, in: Energiewirtschaftliche Tagesfragen 1977, S. 637 ff.
Kuhnt, D.: Diskussionsbeitrag, in: Lukes, R. (Hrsg.), Drittes Deutsches Atomrechts-Symposium, Köln, Heymanns, 1975.
Nierhaus, M.: Zur gerichtlichen Kontrolle von Prognoseentscheidungen, in: Deutsches Verwaltungsblatt 1977, 19 ff.
Plischka, H. P.: Technisches Sicherheitsrecht, Berlin: Dumcker u. Humblot, 1969.
Scharnhoop, H.: Die vierte Novellierung zum Atomgesetz, in: Deutsches Verwaltungsblatt 1977, 322 ff.
Schmitt-Glaeser, W.: Planende Behörden, protestierende Bürger und überforderte Richter, in: Der Landkreis 1976, 442 ff.
Vogel, H. J.: Effektiver Rechtsschutz durch die Verwaltungsgerichte, in: recht, zlg. des Bundesministers der Justiz, 1977, 115 ff.

Wolfgang Lienemann

Prognose – Planung – Kontrolle

*Überlegungen zum Problem verstärkter Bürgerbeteiligung im Bereich der Energieplanung**

I.

Anläßlich der Verleihung des Theodor-Heuss-Preises am 11.2.1977 in der Bayerischen Akademie der Wissenschaften in München sagte Bundespräsident Scheel in seiner Ansprache u.a.: „Ich habe das Gefühl, daß die Bürger in unserem Land es leid sind, einer Entwicklung überantwortet zu sein, für die niemand verantwortlich ist. Die Erregung, mit der die Diskussion über Kernkraftwerke geführt wird, scheint mir ein deutliches Anzeichen dafür zu sein. Die Bürger wehren sich. Sie haben erkannt, daß die Einführung einer solchen neuen Technologie keine Entscheidung von Experten und Energieunternehmen sein darf, sondern daß es sich um eine politische Entscheidung handelt, für die politische Verantwortung übernommen werden muß. Ich halte das für eine sehr positive Entwicklung. Zum ersten Mal spüren die Bürger, daß man nicht willenlos hinter dem Fortschritt hertrotten muß. Sie wollen die Verantwortung klargestellt haben, und zwar zu einem Zeitpunkt, zu dem noch entscheiden werden kann". Diese Sätze könnten dem Bundesverband Bürgerinitiativen aus dem Herzen gesprochen sein, nicht freilich ihre unmittelbare Fortsetzung: „Die Politiker müssen die Verantwortung übernehmen. Sie haben sie übernommen". Es muß nämlich eine offene Frage bleiben, ob und unter welchen Bedingungen von einem Parlament, das über Fragen der Energiepolitik nur selten und dann zumeist vor leeren Bänken diskutiert, gesagt werden kann, das es *Verantwortung* übernehme, solange diesem Wort noch ein irgend identifizierbarer Sinn zukommen soll. Verantwortung umfaßt Information und Kompetenz, und sie bezieht sich konstitutiv auf Entscheidungen über Handlungen und Strukturen, die zukünftige Möglichkeiten festlegen. Diese Entscheidungen kann man in einem vorläufigen Sinne in ihrem Zusammenhang als Planung bezeichnen. Soweit Planung auf der Basis bestimmter Prognosen verwirklicht wird in verbindlichen Programmen, verwandelt sie offene Möglichkeiten der Zukunft in eine in der Gegenwart festgelegte Wirklichkeit. Geplant werden kann nur, was aus der Möglichkeit in die Wirklichkeit zu überführen jemand Macht hat. Menschliche Verantwortung, die sich auf den Bereich der Planung erstreckt, ist deshalb koextensiv mit der Möglichkeit der Ausübung menschlicher Macht, welche heute maßgeblich auf der Verfügung über Technik beruht und sich als Vermögen der „technischen Realisation" (Forsthoff) erweist. Dieses Vermögen umfaßt in der Gegenwart in menschheitsgeschichtlich einmaliger Konstellation auch die extreme Möglichkeit negativer Verfügungsgewalt über die menschliche

Zukunft; die Beherrschung der Kerntechnik ist eine wesentliche Manifestation dieses Vermögens. Wer kerntechnische Anlagen plant und baut, hat Anteil an diesem technischen Vermögen, dessen Grenzen durch Wissen und Macht gegeben sind. Wenn Walter Scheels Meinung zuträfe, die Politiker hätten die Verantwortung für die Probleme der Kernenergie-Entwicklung „übernommen", so müßten sie *wissen*, was sie in diesem Bereich planen, und sie müßten die *Macht* haben, ihre Planungen durchzuführen oder zurückzunehmen. Beides trifft nicht nur für die Mehrheit der Parlamentarier und Politiker nicht zu: zu viele politische und technische Fragen sind nach wie vor offen und in der wissenschaftlichen Diskussion höchst umstritten, und die Macht, auf diesem Gebiet zu planen, liegt ohnehin primär bei Industrie, Wissenschaft und Verwaltung.

Indes ist die Demokratie keine Expertokratie. Insofern ist die oft unter Berufung auf wissenschaftliche „Objektivität" beklagte und kritisierte mangelnde Fachkunde von Parlamentariern nur dann ein gefährlicher Strukturfehler der repräsentativen Demokratie, wenn es den Mandatsträgern nicht mehr gelingt, zu einem zwar von wissenschaftlichen Beratungen mitbestimmten, aber diesem gegenüber auch wiederum eigenständigen Urteil darüber zu gelangen, wieweit die Konzeptionen neuer Argumente wissenschaftlichen Beratungen mitbestimmten, aber diesen gegenüber auch wiederum eigenständigen Urteil darüber zu gelangen, wieweit die Konzeptionen und Argumente wissenschaftlicher Politikberater schlüssig und folgerichtig sind. Die Anforderungen an die Fähigkeit von Politikern, sich zu den Strukturproblemen der modernen Demokratie, thematisiert in der Sprache heterogener praktischer Interessen und wissenschaftlicher „Theorien", ein hinreichend verläßliches Urteil zu bilden, wachsen dabei mit der Komplexität und der zunehmenden Ferne dieser Probleme gegenüber der sozialen Lebenswelt. Das Expertenwissen der Exekutive sowie ihrer Gewährsleute und Zulieferer in Wissenschaft und Industrie gewinnt zunehmend eine beherrschende Stellung. Eine derartige Entwicklung kann aber die Legitimität der politischen Ordnung nicht unangetastet lassen.

Hinzu kommt der Widerspruch, daß wissenschaftliche Beratung von der Administration in Anspruch genommen wird in der Absicht, das politische Steuerungspotential dadurch zu erhöhen, daß zwischen mehr relevanten und politisch beeinflußbaren Möglichkeiten mit Gründen gewählt werden kann, während de facto Beratung nicht nur immer auch Beeinflussung durch die Berater bedeutet, sondern außerdem bestimmte Problembereiche systematisch der Erörterung ihrer Planbarkeit entzogen bleiben. Das scheint nur möglich zu sein, weil *unterlassene* Entscheidungen, Eingriffe oder Planungen nur unter bestimmten Bedingungen dem jeweiligen Entscheidungsträger zugerechnet werden und ansonsten in der Hinnahmebereitschaft gegenüber dem Unabwendbaren aufgehoben werden. Darin liegt eine Entlastung von Verantwortung: „Der Staat muß sich einen Rest Bewußtlosigkeit erhalten, damit ihm aus seinen Planungsfunktionen keine Verantwortlichkeiten erwachsen, die er nicht einlösen könnte, ohne seine Konten zu überziehen."[1] Politische Verantwortung konkretisiert sich daher auch immer weniger in eindeutigen Sachentscheidungen, aufgrund derer die Bürger mit dem Wahlzettel abstimmen könnten, als vielmehr in der vieldeutigen Hinnahme von Entwicklungen, die allenfalls der zur Neutralität verpflichteten Verwaltung zugerechnet werden sollen. Es spricht einiges dafür, daß in dieser Konstellation maßgebliche Gründe für die Forderungen nach verstärkter Bürgerbeteiligung an öffentlichen Planungsprozessen zu suchen sind.

Jede Energiepolitik bedarf, das steht außer Frage, einer sorgfältigen und verantwortlichen Planung, aber gerade die Grundlagen, Kriterien und Konsequenzen dafür sind kontrovers. Man darf sich daher auch nicht wundern, daß nicht einmal allgemein anerkannt ist, was unter Planung zu verstehen sei – lediglich, daß geplant wird und man diesen Sachverhalt begreifen müsse, ist ein Satz, der weiter Zustimmung sicher sein kann[2]. Ein Blick in die einschlägige Literatur belehrt zudem darüber, daß nicht nur erhebliche Verständigungsschwierigkeiten zwischen Politologen und Soziologen einerseits, Juristen andererseits im Blick auf Begriff und Formen der Planung bestehen[3], sondern auch berufs-, sozialisations- und zweckspezifische Einflüsse immer schon die jeweilige Thematisierung bestimmen[4]. Unter diesen Voraussetzungen ist es nicht selbstverständlich, auf nur wenigen Seiten eine Orientierungsübersicht zu den Stichworten „Planung" und „Partizipation" im Bereich der Energieplanung geben zu wollen, zumal politische und juristische Probleme dabei eng verzahnt sind. Zunächst werden im folgenden einige Grundfragen moderner Planung erörtert (II.); anschließend wird nach deren Auswirkungen auf Verwaltung und gerichtliche Verwaltungskontrolle gefragt (III.); weiter sind in diesem Horizont Bedingungen und Möglichkeiten verstärkter Bürgerbeteiligung zu diskutieren (IV.). Am Schluß wird noch einmal die Frage aufgenommen, was der Sinn der Rede von Verantwortung im Blick auf die Energiepolitik sein kann (V.).

II.

Moderne staatliche Planung zeichnet sich durch ein in seiner Vielfalt irritierendes Erscheinungsbild aus. Bebauungspläne, Landesentwicklungspläne, gesamtstaatliche politische Planung und vieles mehr bilden ein Mosaik[5], bei dem die Konstellation der Teilchen eher einen fluxus quo als einen status quo bildet. Die Zauberformel dafür lautet „Fortschreibung" und bedeutet in der Wirklichkeit oft nicht mehr, als daß die Prämissen einer Planung im Zuge der Verwirklichung ganz oder teilweise hinfällig geworden sind und eine Umorientierung erforderlich wurde. Klassische Beispiele dafür sind maßgebliche Schätzungen z.B. der Einnahmen der öffentlichen Hände, der Entwicklung am Arbeitsmarkt oder im Energieverbrauch: als Eckdaten für Planungen sind sie ungefähr im gleichen Maße unverzichtbar wie ungenau. Nicht von ungefähr ist daher seit geraumer Zeit die Planungseuphorie der 60er Jahre einer nüchternen Beurteilung der Planungsmöglichkeiten gewichen.

1. Die im deutschen Sprachraum schulbildend wirkenden Analysen zur Planungsproblematik lassen sich paradigmatisch mit den Namen Luhmann, Offe, Scharpf verbinden. Sie gehen wie andere Autoren[6] davon aus, daß das Phänomen der Planung mit den gewachsenen Möglichkeitshorizonten der modernen Gesellschaft in sachlicher, sozialer und zeitlicher Hinsicht zusammenhängt. So ist der kapitalistischen Produktionsweise nicht die Pflege von Beständen, sondern die Steigerung der Möglichkeiten von

Produktion, Distribution und Konsumtion eigen; dazu bedarf sie erhöhter sozialer Mobilität und einer Umstellung der motivbildenden Erwartungen von einer Herkunfts- zu einer Zukunftsorientierung. „Planung steigert so die Möglichkeiten kollektiven Handelns und erweitert den Bereich der durch kollektive Entscheidung wählbaren Ziele. Aber Planung partizipiert damit zugleich auch an der Ambivalenz politischer Entscheidungen: Indem sie Möglichkeiten des Handelns erweitert, steigert sie zugleich die Intensität und Ausdehnung möglicher Herrschaft."[7] Die Erweiterung des Handlungsspielraums aber erweist sich oft als Schranke möglicher Handlungen; „Konservativismus aus Komplexität" (Luhmann) ist die Folge. Damit gehen einher eine zunehmende Verwissenschaftlichung aller Lebensbezüge und eine ständig erweiterte rechnerisch-quantifizierende Erfassung wichtiger empirischer Daten, ohne daß diese jedoch als solche eine wachsende Rationalität politischer und wirtschaftlicher Prozesse verbürgen könnten.

Es ist offenkundig, daß auf den verschiedenen Ebenen und bei den verschiedenen Planungssubjekten höchst unterschiedliche Fähigkeiten ausgebildet sind, Probleme in ihrem Zusammenhang zu erkennen und zu bearbeiten, Interessen zu artikulieren und zu berücksichtigen, Konflikte zu bestehen und Konsens zu erreichen. Jede Planung hat – neben anderen – auch und vornehmlich mit diesen Fragen sich abzumühen. Doch je weiter sie in die Zukunft ausgreift, um so weniger kann Planung naturgemäß Interessen berücksichtigen, die erst künftig von Betroffenen erkannt und artikuliert werden. Von den vollendeten oder sich vollendenden Tatsachen heutiger Planungen gehen aber Bindungswirkungen aus, die teilweise nur um den Preis der Zerstörung lebenswichtiger Funktionen einer Gesellschaft negiert werden können. Die Verknüpfung der sozialen Lebenswelt mit großtechnischen Strukturen läßt sich nicht mehr beliebig variieren, ohne daß man erhebliche Erschütterungen des gesamten gesellschaftlichen Gefüges befürchten muß. Die staatliche Technologiepolitik, paradigmatisch im Bereich der Energiepolitik, hat diesen Sachverhalt drastisch ins öffentliche Bewußtsein gerückt. R. Herzog hat deshalb im Blick auf die faktischen Bindungswirkungen von heutiger Planung gefordert: „Es wird alles darauf ankommen, daß die staatliche Planungspolitik stets nur die Sachgebiete erfaßt, auf denen die Gesellschaftswissenschaften hinreichend zuverlässige Prognosen zulassen, und daß weiterhin die großen Möglichkeiten der Planung nur dort eingesetzt werden, wo ihr Einsatz durch einen hohen Grad der Notwendigkeit gedeckt wird."[8] Diese Maxime entspricht dem Ergebnis, zu dem auch F. W. Scharpf nach kritischer Erörterung der erkennbaren Aporien politischer Planung gelangt. Diese Aporien sieht er vor allem darin, daß lediglich in kurzfristiger Planungsperspektive, also bei sachlich, sozial und zeitlich hinreichend überschaubaren Problemen, eine positive Koordination verschiedener Planungsansätze möglich ist; dagegen ist gerade dort, wo langfristige Zielperspektiven eine Rolle spielen, bestenfalls negative Koordination möglich, obwohl doch gerade hier die Berücksichtigung von Interdependenzen über den Planungserfolg entscheidet, wenn man nicht dem Zufall vertraut, der die Planung freilich ihrem Begriff nach aufhebt[9]. „Aus der Aporie der zugleich gesellschaftlich notwendigen und notwendigerweise an der eigenen Komplexität scheiternden integrierenden Politikplanung gibt es bisher keinen befriedigenden Ausweg."[10] Daraus zieht Scharpf dann die Herzog nahestehende Konsequenz: „Wir brauchen darum neben Planungstheorie und Planungstechnologie auch die wissenschaftliche und politische Diskussion über die Kriterien der *Planungsbedürftigkeit*. Nicht alles, was mit dem verfügbaren technischen Instrumentarium planbar erscheint, braucht auch langfristig geplant zu werden, und nicht alles, was koordinierbar erscheint, braucht auch koordiniert zu werden. Planungsbedürftig ist sicherlich die Verwendung knapper Ressourcen für konkurrierende Aufgabenbereiche; aber die Aufgaben selbst brauchen nicht schon deshalb auch inhaltlich für den gleichen Zeitraum geplant zu werden. Hier geht es vielmehr darum, jene begrenzte Zahl von Zielen zu identifizieren, die in der Zukunft überhaupt nur dann erreicht werden können, wenn sie heute schon in Angriff genommen werden."[11] Mit diesem Plädoyer zugunsten einer Schwerpunktplanung langfristig notwendiger Ziele und zulasten flächendeckender, in der Vergangenheit oft mehr Probleme erzeugender als lösender Planung stimmen die Ausführungen der „Thesen" in diesem Band eng überein. Sie wären in Anlehnung an Herzog dahingehend zu ergänzen, daß Prognosen mit einem hohen Grad an wissenschaftlicher Exaktheit eine entscheidende Voraussetzung zur Ermittlung der Planungsbedürftigkeit im Sinne Scharpfs darstellen. Es fällt indes schwer, mit Gründen anzunehmen, daß diesem Kriterium die Energiebedarfsprognosen der letzten Jahre in der BRD genügen. Weiter muß bedacht werden, daß politische Planung, im Energiesektor zumal, eingebunden ist in Planungsentscheidungen ökonomischer Art, die politischer Beeinflussung nur in sehr geringem Maße zugänglich sind. Auf jeden Fall läßt sich nicht leugnen, daß jede politische Energieplanung, vor allem aber eine solche, die systematisch alle Einsparpotentiale zu mobilisieren und auszuschöpfen versuchen würde, auf erhebliche ökonomische Restriktionen stoßen würde. Die Untersuchung von Bieber[12] macht schlagend deutlich, wie sehr in der Vergangenheit staatliche Planung lediglich reaktiv wirksam zu werden vermochte. Solange man indes nicht der Auffassung ist, hier unhintergehbare Abhängigkeitsverhältnisse sehen zu müssen, sondern von einer relativen Autonomie des Staates meint ausgehen zu können, dürfte der Versuch einer Bestimmung von Kriterien der Planungsbedürftigkeit im Bereich staatlichen Handelns sinnvoll und notwendig sein. Alles spricht dann aber gemäß den „Thesen" in diesem Band dafür, daß die Energiepolitik nicht isoliert auf ihre Planungsbedürftigkeit hin betrachtet werden kann, sondern daß auch und gerade ihre besonders ökologisch relevanten *Folgewirkungen* entscheidend sind für die Gewichtung der Kriterien von Planungsbedürftigkeit.

2. Wie jedes staatliche Strukturproblem hat auch das der Planung seit je eine zentrale Stellung für die Aufmerksamkeit und Arbeit von Juristen innegehabt. Um so bemerkenswerter ist, daß die begriffliche Erhellung des Phänomens nach wie vor außerordentliche Schwierigkeiten bereitet. J. H. Kaiser, einer der prominentesten juristischen Planungstheoretiker, sieht in der Nachfolge von E. Forsthoff im Plan ein rechtswissenschaftliches „Aliud, ein Rechtsinstrument völlig sui generis"[13], wobei letztlich offen bleibt, ob damit notwendig die Vorstellung eines einheitlichen Planbegriffs verknüpft ist. Diese aporetische Diskussionslage schon in der Frage der zu wählenden rechtswissenschaftlichen Terminologie ergibt sich freilich mit sachlicher Notwendigkeit aus der kaum überschaubaren Vielgestaltigkeit planerischer Prozesse, die sich insofern einem einheitlichen Oberbegriff schwerlich zuordnen lassen.

Die öffentliche Planung in der BRD erfolgt in der Regel auf den Ebenen von Bund, Ländern und Gemeinden. Daneben gibt es, z.T. von erheblicher Bedeutung, Planungen, die mehrere Ebenen räumlich oder sachlich zusammenfassen. Dazu gehören Regionalplanungen, weiter die Planungsaufgaben, die unter die Gemeinschaftsaufgaben von Bund und Ländern fallen ebenso wie diejenigen, welche sich z.B. aus dem Raumordnungsgesetz von 1965 ergeben, sowie – neben weiteren – besonders auch jene Aufgaben, die aus dem Energiewirtschaftsgesetz oder dem Atomgesetz folgen. Für die hier vor allem interessierenden Planungen im Bereich der Energiewirtschaft ist charakteristisch, daß sie alle Planungsebenen umfassen. Das Atomgesetz legt für das Genehmigungsverfahren die übergeordnete Bundeskompetenz sowie die Zuständigkeiten anderer Behörden fest, ohne freilich das Zusammenspiel der weit vorausliegenden Planungsschritte sowohl privat- wie öffentlich-rechtlicher Qualität selbst im Detail regulieren zu wollen oder zu können.

Mit Wagener kann man in diesem Bereich vor allem der Bundesplanungen neben „überredender Planung" (konzertierte Aktion), Ressortplanung (Bundesfernstraßenbau) und ressortübergreifender Planung (Haushaltsplan und mittelfristige Finanzplanung des Bundes) von einer „Mehr-Ebenen-Verbund-Planung" sprechen und muß ihm folgen, wenn er dazu bemerkt: „Bundestag, Landtage und Kommunalparlamente sind am Planungsprozeß rechtlich ungenügend beteiligt und faktisch durch die Unveränderbarkeit der Mehr-Ebenen-Absprachen gebunden."[14] Hinzu kommt, daß der Konkretionsgrad zwischen Planungen auf kommunaler, Landes- und Bundesebene extrem unterschiedlich ist. Während Flächennutzungs- und Bebauungspläne detaillierte, rechtsverbindliche Bestimmungen darstellen, sind die Landesentwicklungspläne, wie sie die meisten Bundesländer vorgelegt haben, typische „Ende-offen-Pläne" mit allgemeinen Zielangaben, deren Konkretisierung völlig vage bleibt. Das gilt insbesondere für den mangelnden Zeitbezug der meisten Planungen, wodurch das ungleichgewichtige Verhältnis der verschiedenen Planungsarten sowie fehlende Systematik verstärkt werden mit der Folge, daß eine Integration bzw. positive Koordination der verschiedenen Pläne äußerst selten ist. „Beim Bund und bei den übrigen Ländern haben vorgepreschte Bundesressorts sich politische Positionen bei der Aufgabenerfüllung ‚erplant', die sie ohne eine integrierte Entwicklungsplanung nicht aufzugeben brauchen. Die Neigung, öffentlichen Aufgabenbereichen in der Form modischer Wellen einen Erfüllungsvorrang einzuräumen, begünstigt sektorale Planungen im vertikalen Verbund."[15]

Die damit gegebene politische Entmachtung der legislativen Körperschaften ist seit langem auf verfassungsrechtliche Bedenken gestoßen. Die neuere Diskussion kann hier nicht ausführlich dargestellt werden; lediglich einige grundlegende Gesichtspunkte, die auch für jede staatliche Energiepolitik relevant sind, seien erwähnt. Insbesondere die Enquête-Kommission Verfassungsreform[16] ist trotz verschiedener Einwände zu dem Ergebnis gekommen, „die Grundzüge einer parlamentarischen Planungsmitwirkung und -kontrolle seien in der Verfassung zu regeln, weil damit die genuine verfassungsrechtliche Frage des prinzipiellen Verhältnisses zwischen Regierung und Parlament angesprochen sei. Das Parlament müsse so rechtzeitig – und zwar spätestens bei der Aufstellung der Zielkataloge und der Festsetzung der Aufgabenprioritäten –

in den Planungsprozeß einbezogen werden, daß es in eigener Verantwortung die unterschiedlichen Interessen und Zielkonflikte abwägen könne, ohne durch Vorentscheidungen oder Vorverfügungen der Regierung praktisch determiniert zu sein. Durch Informations- und Antragsrechte einer qualifizierten Minderheit müsse Vorsorge getroffen werden, daß die parlamentarische Opposition ihre Aufgabe der Kontrolle und Alternative im Planungsverfahren erfüllen könne."[17] Im Grundatz entsprechen diese Überlegungen den Beschlüssen der öffentlich-rechtlichen Abteilung des 50. Deutschen Juristentages von 1974, der allerdings einstweilen eine verfassungsrechtliche Kodifikationsreife der Entwicklungsplanung abgelehnt hat.[18]

Obwohl auf diesem Gebiet die rechtlichen Entwicklungen noch völlig im Flusse sind, erfolgen nach wie vor Planungen der Exekutive mit sachlich und zeitlich außerordentlich langfristigen Bindungswirkungen. Wenn die Empfehlungen der Enquête-Kommission und die erwähnten Beschlüsse des Deutschen Juristentages aber für die Planung der Gemeinschaftsaufgaben von Bund und Ländern (Bildungplanung, Forschung, regionale Wirtschaftsstruktur, Agrarstruktur, Küstenschutz) gelten sollen, dann ist unter dem Gesichtspunkt parlamentarischer Verantwortung an Planungen im Energiebereich mindestens der gleiche strenge verfassungsrechtliche Maßstab zu legen, denn die Folgewirkungen von Entscheidungen auf diesem Gebiet reichen um ein Vielfaches weiter als die meisten Maßnahmen in den anderen Bereichen. Auch wenn die Ausgestaltung der einzelnen Prinzipien umstritten ist und weitere empirische Prüfungen unerläßlich sind, so ergibt sich aus den bisherigen Überlegungen die folgende Maxime: je größer die Bindungswirkungen einer Planung sind, um so unerläßlicher ist die umfassende, frühzeitige und detaillierte parlamentarische Kontrolle.

III.

Indes obliegt die Planung im Detail, wie jeder weiß, keineswegs den Parlamenten, welche allenfalls an der Bestimmung und Kontrolle grundlegender Ziele und Daten mitwirken, sondern der Exekutive. Nur wer sich die daraus folgenden spezifischen Probleme der Energieplanung klar macht, kann die rechtlichen Aspekte des Wunsches nach verstärkter Bürgerbeteiligung in diesem Bereich verstehen. Zuletzt waren „Funktion und Ausgestaltung der Öffentlichkeitsbeteiligung im atomrechtlichen Genehmigungsverfahren" Verhandlungsgegenstand des 5. Deutschen Atomrechts-Symposiums im Dezember 1976.[19] Dabei wurde durchgehend deutlich, wie sehr Verwaltung und Justiz von der Aufgabe überfordert sind, großtechnische Planungen, hier also im Bereich der Kernenergie, zu beurteilen und rechtsförmig zu kanalisieren. Ein Oberregierungsrat aus dem Bundesinnenministerium stellte dazu fest: „Das Atomrecht ist so kompliziert geworden, daß die sog. Laien es wohl kaum verstehen, normale Juristen erhebliche Verständnisschwierigkeiten haben dürften und selbst der erlauchte Kreis der sog. Atomrechtsexperten häufig verlegen ist, an sich einfache Frage zu beantworten."[20]

Aus diesen und anderen Gründen bilden die Fragen der Energieplanung für die Exekutive auf allen Ebenen – vom Bund bis zur Gemeinde – eine besondere Herausforderung. Zunächst ist zu bedenken, daß in kaum einem anderen Bereich der Gesellschaft eine vergleichbare Verzahnung von öffentlichen und privaten Aufgaben bei gleichzeitger weitgehender Wettbewerbsbeschränkung zu beobachten ist. Obwohl die Investitionen der öffentlichen Hände beispielsweise im Bereich von Militär und Wissenschaft, im Städte- und Straßenbau hinsichtlich ihrer finanziellen Größenordnung die Aufwendungen auf dem Energiesektor weit übertreffen, hat dieser doch insofern eine Sonderstellung, als sowohl de jure als auch de facto hier das staatliche Engagement eine besondere Qualität gewonnen hat. Daß die Sicherung der Energieversorgung nahezu zu einer originär ,,staatlichen" Aufgabe geworden ist, zeigt sich ebenso an der ständigen Subventionierung der Kohleproduktion wie in der gesetzlich verankerten Förderung der Kernenergieforschung. Es wäre unrealistisch, zu fordern, das staatliche Engagement primär auf die Garantie der Marktregeln der Energiewirtschaft zu konzentrieren, denn dieser Markt, dies ist eine weitere Besonderheit der Energieplanung, existiert nur noch rudimentär[21]: Weder im nationalen Bereich der BRD noch im Rahmen der EG gibt es auf diesem Felde freien Marktzugang oder gleiche Wettbewerbsbedingungen.

Eine weitere Restriktion der Handlungsmöglichkeiten der Exekutive gegenüber den Energieversorgungsunternehmen ergibt sich aus der Fortgeltung des Energiewirtschaftsgesetzes aus dem Jahre 1935. Die „Thesen" in diesem Band weisen darauf hin, daß die ganz überwiegend gemischtwirtschaftlich organisierten Unternehmen der Energiewirtschaft aufgrund dieses Gesetzes gehalten sind, hinreichende Versorgungskapazitäten aufzubauen und zu erhalten. Dies war und ist der Rechtstitel dafür, hohe energiewirtschaftliche Wachstumsraten zu antizipieren und daran die ständige Produktionsausweitung zu orientieren und somit zu legitimieren. Auch die Exekutive ist an diese Bestimmungen des Energiewirtschaftsgesetzes gebunden: ihr obliegt, denjenigen Ausbau der Energieversorgung zu kontrollieren und zu genehmigen, welcher aufgrund von Prognosen über den künftigen Bedarf von den Energieversorgungsunternehmen als unabdingbar und im öffentlichen Interesse liegend geltend gemacht wird.

Hier beginnt die Zone der eigentlichen Brisanz im Konfliktfeld von Energiewirtschaft, Verwaltung und kritischer Öffentlichkeit. Unter den zahlreichen angebbaren Zielkonflikten verdient dabei mit Sicherheit derjenige zwischen ökonomischen und ökologischen Wachstumsgrenzen besondere Aufmerksamkeit. Wie man weiß, ist die Umweltverträglichkeitsprüfung fester Bestandteil auch im atomrechtlichen Genehmigungsverfahren[22]; laut § 7 II Nr. 3 Atomgesetz (AtG) darf eine Genehmigung nur erteilt werden, wenn „überwiegende öffentliche Interessen, insbesondere im Hinblick auf die Reinhaltung des Wassers, der Luft und des Bodens, der Wahl des Standorts der Anlage nicht entgegenstehen." (BGBl I, 3035) Welchen ökologischen Kriterien hiermit jedoch in welcher Form und welchem Ausmaß normierende Kraft zukommen kann bzw. soll, ist in der Literatur völlig umstritten. Während die einen bestreiten, daß eine umfassende Prüfung der Umweltverträglichkeit aus § 7 II AtG hergeleitet werden könne, meinen andere, daß das AtG heute in Verbindung mit dem Bundesimmissionsschutzgesetz nicht mehr primär von seinem Förderungszweck zugunsten der Atomwirtschaft und der Energieversorgung her ausgelegt werden könne, sondern daß seine Schutzfunktionen betont werden müßten[23]. Diesem Gegensatz entspricht im Horizont der Verwaltung jener Zielkonflikt, der dadurch bestimmt ist, daß einerseits die Vermeidung politischer und sozialer Konflikte, welche durch Störungen im Energieverbrauch bzw. Hemmungen seines Wachstums tatsächlich oder vorgeblich ausgelöst werden können, durchaus im „öffentlichen Interesse" liegt, und daß andererseits die erforderliche Vorsorge gegenüber wahrscheinlichen Schäden ebenfalls auf „öffentliches Interesse" sich berufen kann. Die Verwaltung steht damit im Bereich der Kernenergie vor einer doppelten Aporie[24], welche ihrer Planungsverantwortung eine bislang völlig unbekannte Dimension verleiht: einerseits ist sie mit höchst unsicheren Energiebedarfsprognosen konfrontiert (deren Annahmen im Blick auf die Folgewirkungen politischer, sozialer und wirtschaftlicher Art naturgemäß noch unsicherer sind), andererseits muß sie auf dem Schutz vor Gefahren bestehen, deren Eintrittswahrscheinlichkeit so unbekannt wie die möglichen verheerenden Folgen ihres Eintretens bekannt sind.

In dieser aporetischen Situation rufen Bürger und Bürgervereinigungen die Gerichte an, um die Entscheidungen der Verwaltung über Genehmigungen insbesondere von kerntechnischen Anlagen revidieren zu lassen. Wer sich dabei durch die unübersehbaren Erscheinungen eines Wanderradikalismus[25] im Umfeld von Bürgerinitiativen nicht von den eigentlichen Problemen ablenken läßt, kann nicht übersehen, daß der gesamten Ökologiebewegung (nicht nur in der BRD) die Überzeugung zugrunde liegt, daß das Wirtschaftswachstum in der bisher bekannten Form nicht beliebig lange zu Lasten der Natur fortgesetzt werden kann, auch wenn man sich bislang davon eine Entschärfung anderer Konflikte erhoffen konnte. Die Glaubwürdigkeit einer These wie dieser: „Was gleichsam der Natur abgerungen werden kann, braucht nicht anderen weggenommen zu werden" (Sachverständigenrat zur Begutachtung der gesamtwirtschaftlichen Entwicklung 1975), wird zunehmend bezweifelt. Gewiß wird im Gegenzug dazu kein verantwortlicher Politiker oder Unternehmer in der Energiewirtschaft von heute auf morgen zugunsten eines womöglich überzogenen Umweltschutzes tiefgreifende ökonomische Krisen riskieren wollen, aber die allmählich sich verbreitende Erkenntnis, daß die moderne Zivilisation sorgfältiger als bisher ökologische Schäden frühzeitig analysieren und verhindern muß, legt zumindest den Schluß nahe, die Beweislast hinsichtlich der behaupteten Ziele und Folgen weiteren Wirtschaftswachstums zu erschweren, soweit die hier einschlägigen Argumente Gegenstand von planungsrelevanten Verwaltungsentscheidungen sind. Dabei ist ferner zu bedenken, daß nicht nur die stets unterstellte enge Korrelation von Wirtschaftswachstum, Wachstum des Energieverbrauchs und Sicherung der Arbeitsplätze zunehmend bezweifelt wird, sondern darüber hinaus auch die positiven Beschäftigungseffekte von Investitionen im Bereich des Umweltschutzes und von energiesparenden Technologien immer deutlicher werden.

Diese Erwägungen legen im Blick auf Verwaltungsentscheidungen im Energiebereich folgende Maxime nahe: Je weniger die Prognosen der Energiewirtschaft im allgemeinen und besonders hinsichtlich ökonomischer und sozialer Folgen eines verlangsamten Anstieges des Energieverbrauchs substantiell erhärtet werden können, und je größer die Wahrscheinlichkeit nachhaltiger ökologischer Schäden bei fortgesetztem Wachstum des Energieverbrauchs ist, um so restriktiver muß der Ermessensspielraum der Verwaltung bestimmt werden: „Nicht der prognostizierte Bedarf, sondern die ökologisch zulässige Angebotserweiterung muß Ausgangspunkt der Energiepolitik sein."[26] Man geht sicher nicht fehl, wenn man annimmt, daß diese Maxime zutreffend auch die Ziele der meisten Bürgerinitiativen im Energiebereich zusammenfaßt. In dem Maße, in welchem diese Maxime begründet und bewährt werden kann, gewinnt sie, so steht zu vermuten, auch Relevanz für die verwaltungsgerichtliche Kontrolle von Verwaltungsverfahren im Energiebereich.

Ferner kommt dem verwaltungsgerichtlichen Individualrechtsschutz um so größere Bedeutung zu, je stärker die Energiepolitik den Bereich der Grundrechte berührt. Obwohl in der einschlägigen Literatur die Frage höchst umstritten ist, ob und inwieweit eine (verfassungs-)gerichtliche Prognosekontrolle gegenüber Verwaltung und Gesetzgeber möglich oder notwendig ist, herrscht jedenfalls darin Übereinstimmung, daß der Grundrechtsschutz jederzeit zu wahren ist. Unabhängig von der konkret zu prüfenden Frage, wann ökologische Schäden beispielsweise das Grundrecht von Art. 2 II Grundgesetz berühren, gilt zunächst allgemein, daß Grundrechtsverbürgungen als „objektive Wertentscheidungen ... Leitprinzipien jeder Rechtssetzung und Rechtsauslegung bilden."[27] Wieweit sie aber in der Prognosekontrolle durch die Judikative gegenüber Legislative und Exekutive zu konkretisieren sind, wird kontrovers diskutiert. Rupp-von Brünneck plädiert grundsätzlich für „judicial self-restraint": „Auch eine sich nachträglich als falsch erweisende Prognose führt nur dann zur Verfassungswidrigkeit der Regelung, wenn sie schon im Zeitpunkt der Entstehung des Gesetzes evident unrichtig und dies dem Gesetzgeber erkennbar war. Auf noch unbekanntem Terrain oder bei komplexen Sachverhalten darf der Gesetzgeber zunächst Erfahrungen sammeln; die Regelung kann erst dann, etwa wegen Verstoßes gegen den Gleichheitssatz, beanstandet werden, wenn der Gesetzgeber eine spätere Überprüfung trotz ausreichendem Erfahrungsmaterial für eine sachgerechte Lösung unterläßt."[28] Es ist nun leicht einzusehen, daß diese Position mit der faktisch gegebenen Möglichkeit einer erfahrungsgestützten nachträglichen Korrektur prognostisch angeleiteter Entscheidungen steht und fällt. Diese Möglichkeit aber ist um so geringer, je kleiner die Korrekturchancen sind: die Feststellung der Verfassungswidrigkeit einer Regelung ist sinnlos, wenn, wie im Falle der Seveso-Katastrophe, der irreversible Verlust des zu schützenden Rechtsgutes erst einmal eingetreten ist. Soweit daher Prognosen auf Risiken für Leib und Leben sich erstrecken, verschärfen sich die genannten Aporien durch die Tatsache, daß Grundrechte nicht schon gesichert sind, wenn sie für möglichst *viele*, sondern erst dann, wenn sie für *jeden* eingeklagt und verbürgt werden können. Darum auch hat sich das Bundesverfassungsgericht in der Frage des Schwangerschaftsabbruches mehrheitlich experimentierfeindlich gezeigt und gemeint: „Experimente sind aber bei dem hohen Wert des zu schützenden Rechtsgutes nicht zulässig."[29] Selbst wenn man mögliche ökologische Schäden nicht als ähnlich grundrechtsrelevant betrachten will, so liegt doch auf dieser Linie der Rechtsprechung die Folgerung nahe, daß unsichere Prognosen und Tatsachenfeststellungen des Gesetzgebers und der Verwaltung einer um so schärferen und umfassenderen (verfassungs-)gerichtlichen Kontrolle zu unterziehen sind, je weniger die Möglichkeit von gravierenden Schadensfolgen mit hinreichender Sicherheit ausgeschlossen werden kann. Weil und sofern in diesem Bereich lediglich Wahrscheinlichkeitsurteile möglich sind, läßt sich die Grenze des Beurteilungsspielraumes mit

Ossenbühl (1976) auch folgendermaßen bestimmen: „je schwerer die Gefahr, um so geringer die Anforderungen an den Grad der Wahrscheinlichkeit des Gefahreneintritts" (509). Alles spricht dafür, am Ausmaß *möglicher* Beschränkungen und Gefährdungen von Grundrechtspositionen den Grad der gerichtlichen Kontrollintensität auszurichten[30]. Wo aber eine gerichtliche Inhaltskontrolle von Gesetzen und Verwaltungsakten, besonders im Bereich der planenden Verwaltung, zu erheblichen Schwierigkeiten führt, wäre mit Ossenbühl gegebenenfalls eine Verschärfung der Anforderungen an eine kompensierende Verfahrenskontrolle zu fordern.

Wenn diese Argumentation plausibel ist, und wenn weiter anerkannt wird, daß dem Gefahrenpotential (nicht nur, aber auch) der großtechnischen Nutzung der Kernenergie eine menschheitsgeschichtlich säkulare Qualität eigen ist[31] – ohne daß der volkswirtschaftliche Nutzen zweifelsfrei erwiesen wäre! –, dann sollte auch die Folgerung gelten, daß im Bereich der gegenwärtigen energiewirtschaftlichen Planungen die strengsten Maßstäbe hinsichtlich des Rechtsschutzes der Bürger anzulegen sind. Ein wichtiger Ort, an dem darüber entschieden wird, ist das atomrechtliche Genehmigungsverfahren. Im Rechtsstaat konkretisiert sich hier – unter Voraussetzung öffentlicher Meinungsbildung – der Wunsch nach verstärkter Bürgerbeteiligung an der Energieplanung.

IV.

Wo es an parlamentarischer und gerichtlicher Kontrolle von Prognosen und Planungsentscheidungen fehlt, wächst das Mißtrauen der Bürger. Selbst Experten, die keineswegs Anwälte einer „ ‚Demokratisierung' aller Lebensbereiche" sind[32], sprechen heute von offenkundigen Rechtsschutzdefiziten oder dem enttäuschten Rechtsgefühl, das sich in Bürgeraktionen Luft mache. Die fortwährende Schaffung vollendeter Tatsachen ist nicht gerade geeignet, die Bürger von der Unparteilichkeit und Gemeinwohlorientierung der Verwaltung zu überzeugen, auch wenn diese selbst oft unter dem vereinten Druck von Politikern und Interessenvertretern kaum nennenswerten Handlungsspielraum haben mag. In Reaktion auf diese Situation haben Bürger begonnen, sich zu organisieren, Initiativgruppen zu bilden, Demonstrationen zu veranstalten – und müssen sich von einigen Politikern als Kommunisten beschimpfen lassen. Man muß also fragen, ob der organisierte Bürgerunmut nicht eher das Gegenteil dessen signalisiert, was Parteien und Politiker befürchten: nicht Legitimitätsschwund der Verfassung, sondern den Versuch, die verfassungsgemäße Legitimität zu bewahren und einzuklagen. Wer die „Verfilzungen"[33] im Bereich der Energiewirtschaft kennt[34], kann sich über militante Bürgerproteste nicht wundern, sondern müßte eher um die Legitimität der politischen Ordnung in der BRD fürchten, wenn dieser Protest ausbliebe. Indes ist Protest kein Politik-Ersatz und keine Kompensation für die Defizite in der Verwaltungspraxis. Darum ist im folgenden nach den Problemen zu fragen, die mit den Forderungen nach verstärkter Bürgerbeteiligung im Bereich der Energieplanung zusammenhängen.

1. „Partizipation" und „Bürgerinitiativen"[35] sind Reizworte der neueren öffentlichen Diskussion. Die einen sehen in der Forderung der Bürger, an den Planungs- und Entscheidungsprozessen der verschiedenen Verwaltungen stärker als bisher beteiligt zu werden, einen Ausdruck irrational gestiegener Erwartungen und Anspruchsniveaus, deren Realisierung gar das verfassungsrechtlich verbindliche Zusammenspiel der drei Gewalten zutiefst gefährden könnte. Andere erblicken gerade in der Ausweitung partizipatorischer Einflußnahmen eine Möglichkeit, das Demokratieprinzip des Grundgesetzes dadurch besser zu verwirklichen, daß mehr direkte Formen demokratischer Willensbildung an die Stelle repräsentativer Vermittlungen treten.[36]

An mehr oder weniger präzisen Untersuchungen zu Entstehung, Organisation und Zielen dieser Bürgerinitiativen[37] mangelt es nicht. Sie betonen in großer Übereinstimmung, daß wohl der häufigste Ansatzpunkt der Selbstorganisation die spontane Reaktion auf lokale, seltener schon regionale Maßstäbe ist, und zwar besonders dort, wo die kommunalen oder staatlichen Vorhaben, Planungen, Maßnahmen und Leistungen als unangemessen oder mangelhaft empfunden werden und die Kritik der Bürger in den herkömmlichen Formen und Organisationen der (politischen) Öffentlichkeit keine als hinreichend angesehenen Artikulationsmöglichkeiten findet. Die ursprüngliche Bezogenheit auf erlebbare Probleme und Konflikte im individuellen Nahbereich scheint auch nocht verhaltensbestimmend geblieben zu sein, als zunehmend überregionale Probleme, exemplarisch im Bereich der Energieplanung, die Aufmerksamkeit der Bürgerinitiativen gefunden haben; die lokale Verwurzelung stellt sowohl Bedingung als auch Beschränkung ihres Organisations- und Konfliktpotentials dar. So zeigt sich, daß Protest und Aktionen von Bürgerinitiativen besonders in Energiefragen einerseits ihren Ansatzpunkt und ihre Effizienz vor allem im Nahbereich finden, andererseits Auswirkungen auf höchst komplexe und weiträumige, oft internationale Strukturen haben. In jedem einzelnen Kraftwerk manifestiert sich gleichsam ein sonst unanschaulich bleibender und daher auch gar nicht Proteste herausfordernder industriegesellschaftlicher Leistungszusammenhang. Lokal ansetzender Protest kann daher in seinen Fernwirkungen letztlich soweit reichen, wie dieser Zusammenhang bestimmend ist. Je weiträumiger aber die Folgen lokaler Aktionen sind, um so dringlicher stellt sich die Frage ihrer angemessenen Legitimation, denn während z.B. die Konflikte um Bebauungspläne, Kindergärten oder Grünflächen in der Regel lokal ausgetragen und im Schadensfalle begrenzt bzw. behoben werden können, haben Konflikte im Bereich der Energieplanung und -versorgung gewiß immer regionale, zumeist jedoch nationale Dimensionen. Über nationale Alternativen zu entscheiden, ist indes das Recht, aber auch die Pflicht der verfassungsmäßig handelnden Legislative.

Die Wirksamkeit und das Einflußbegehren von Bürgerinitiativen in diesem Bereich wird man in diesem Zusammenhang schwerlich anders beurteilen können denn als Ausdruck der Vermutung oder Erfahrung, daß Parlamente und Politiker gerade ihrer Verantwortung in diesen Fragen nur ungenügend nachkommen. Umgekehrt hängt aber die mögliche Legitimität des Begehrens nach verstärkter Bürgerbeteiligung an energiepolitischen Entscheidungen zweifelsohne davon ab, ob und in welchem Maße qualifizierter Sachverstand nachweisbar ist und die Verfolgung lokaler Sonderinteressen nicht dazu führt, daß die regelmäßig in Anspruch genommene Gemeinwohlorientierung lediglich auf dem Papier steht. Das Begehren nach verstärkter Bürgerbeteiligung gewinnt m. E. dann und genau in dem Maße an Glaubwürdigkeit und Legitimität, als argumentativ ausweisbar ist, daß die geltend gemachten Forderungen und Interessen erfüllbar und verallgemeinerbar sind. Das heißt auch: verallgemeinerbar kann nicht sein, was einer bestimmten Problemlage sachlich nicht angemessen ist. Nun ist jedoch Sachangemessenheit (Geeignetheit) freilich ein gängiges Argument der Verwaltung auch gegen Bürgerbegehren. Will man hier argumentativ weiterkommen, muß man eine Art Kriteriologie und Dialog-Regeln für die Bestimmung derartiger Sachangemessenheit entwickeln (juristisch: Beweislastregeln). Dabei wäre vermutlich leicht Übereinstimmung darüber zu erzielen, daß Kriterien technischer Effizienz allein die Beweislast ebensowenig tragen können wie emotionale oder utopische Gesichtspunkte, denen zufolge eventuell gar Technik-Innovationen ohne Angst und mit breitem Konsens (vieler – aller??) zu erfolgen hätten. Eine *Stufung* der Beweislast scheint mir dagegen möglich zu sein analog den oben genannten Intensitätsgraden der Kontrolldichte, die die Erfüllung um so härterer Kriterien verlangt, je gefahrenträchtiger und mit unbekannten Folgewirkungen verbunden eine Entscheidung sein kann. Aus dieser Überlegung folgt: verstärkte Bürgerbeteiligung ist notwendig, wo die Rationalität des Verwaltungshandelns erkennbare Defizite aufweist; je genauer diese Defizite analysiert werden sollen, um so mehr bedarf Bürgerbeteiligung des Ausweises durch Sachverstand.

Je komplexer indes die auftauchenden Probleme sind, um so größer werden die Schwierigkeiten, selbst vorhandene Partizipationsmöglichkeiten auch wirklich auszuschöpfen. Die Kapazitäten zur Informationsverarbeitung und Interessenberücksichtigung lassen sich nicht beliebig ausweiten, wenn man nicht selbst das Prinzip der Verwaltung übernimmt – Arbeitsteilung und Organisation. In der Praxis zeigt sich zudem immer wieder, daß ein überzogener Anpsruch auf Partizipation *aller* Bürger am politischen Entscheidungsprozeß an seiner Selbstüberforderung scheitern muß, insofern er der „Aporie einer unmöglichen Norm“[38] aufsitzt: das Polisideal in der Computer-Demokratie verwirklichen zu wollen. Wenn dies die Extreme zwischen Utopie und Anpassung sind, denen eine Demokratietheorie gerecht werden muß, dann kann dies wohl nur so geschehen, daß die Komplexität der Vermittlungen zwischen diesen Extremen nicht willkürlich außer acht gelassen wird. Zu diesen Vermittlungen gehören nun vorzüglich die Sphären von Recht und Verwaltung mit ihren je eigenen Kompetenzen und Rationalitätskriterien. Sich auf diese einzulassen, bleibt keiner Bürgerinitiative erspart, die nicht in okkasionellen Protesten sich verzetteln will, denn auch hier gilt, daß Politik das Bohren dicker Bretter mit Leidenschaft *und* Augenmaß ist.

Die faktisch zu beobachtenden Funktionen von Bürgerinitiativen machen auch tatsächlich deutlich, daß ihr Ort in diesem komplexen Netz von politischen Vermittlungen gegeben ist. Ob man will oder nicht, haben Bürgerinitiativen z.B. integrative Funktionen in der politischen Ordnung: nicht nur dienen sie oft der Verwaltung als höchst funktionales „Frühwarnsystem“, sondern sie tragen zur Konsensbeschaffung ebenso bei wie zur Steigerung der Entscheidungsrationalität, indem sie dazu motivieren, Interessen und Gesichtspunkte zu berücksichtigen, denen sonst die Verwaltung von sich aus nicht Rechnung tragen würde.[39] Dabei darf man verallgemeinernd vermuten, daß Bürgerinitiativen in dem Maße gezwungen sind, sich arbeitsteiliger Techniken zu bedienen, Expertenberatung in Anspruch zu nehmen und sich auch formal zu organisieren, in welchem ihr Engagement sachlich oder zeitlich komplexer wird. Jedes „Nein" bedarf von Tag zu Tag differenzierterer Begründung, wenn es nicht ungehört verhallen soll. Wer Einfluß will, muß sich auch selbst vom Beeinflußten beeinflussen lassen, und aus manchem „Nein" wird erst ein „Nein, aber" und dann ein „Einerseits, andererseits". Wann diese Differenzierung in Opportunismus umschlägt, erweist sich, abstrakt gesprochen, daran, welches Maß an Rationalität der jeweiligen Grenzziehung zwischen dem „Einerseits" und dem „Andererseits" innewohnt. Eine mögliche Konkretion im Bereich der Energieplanung liegt darin, wie das Verhältnis zwischen den überwiegend kurzfristig ansetzenden Rationalitätskriterien der Exekutive, die mit schnell veraltenden Prognosen operiert, und den langfristig orientierten, ökologischen Kriterien z.B. von Umweltschützern zu bestimmen ist. Für dieses Verhältnis haben die „Thesen" in diesem Band zu belegen versucht, daß die Rationalität eines langfristig begründeten „Nein" zur gegenwärtigen Energiepolitik größer ist als die bisher geltend gemachten Rationalitätsgesichtspunkte von Industrie und Verwaltung. Eine sachlich kompetente und systematisch begründete Abwägung dieser verschiedenen Rationalitätskriterien käme, würde die von Walter Scheel genannte Verantwortung der Politiker nicht nur verbal behauptet, sondern sachlich ernst genommen, in hervorragendem Maße den Parlamenten zu, solange man der Auffassung ist, daß die Sicherung der Energieversorgung nicht minder als die Erhaltung der Biosphäre Fragen von überragender nationaler und globaler Bedeutung sind. Gäbe es keine Bürgerinitiativen – man müßte sie erfinden, um die Parlamentarier an ihre Pflicht zu erinnern.

2. Skepsis gegenüber Bürgerinitiativen hat gleichwohl auch ihre begrenzte Berechtigung. Artikuliert wird sie vor allem – wen würde es wundern? – von Juristen in Justiz und Verwaltung. Sie wird schon dadurch signalisiert, daß Worte wie Partizipation und Demokratisierung in großen Teilen rechtswissenschaftlicher Literatur gleichsam nur mit der Zange von Anführungszeichen aufgegriffen werden[40], denn es handelt sich ja mitnichten um wohldefinierte Rechtsbegriffe. Der Einbruch justizferner oder -fremder Elemente in die mühsam genug erarbeitete Dogmatik des Verwaltungsrechts ruft Abwehrreaktionen hervor, deren Wahrheitsgehalt nicht leicht zu bestimmen ist. Dabei wird jeder, der sich mit Fragen der Stadt- oder Energieplanung auch nur ein wenig beschäftigt hat, gern zugeben, daß Partizipationsforderungen in genau dem Maße unseriös sind, als ihnen nicht ein ausgewiesener Sachverstand beigesellt ist. Nur ist umgekehrt die Berufung auf Sachverstand ihrerseits prekär, wenn dieser selbst höchst umstritten ist. Jeder, der mit Fragen der Kernenergie befaßt ist, weiß, wie außerordentlich schwierig es ist, für kontroverse Fragen unabhängige Gutachter zu finden, die nicht mehr oder weniger stark der staatlich finanzierten Großforschung verbunden sind. Sachverstand und Interesse sind schwer zu trennen, und die Verfahren und Entscheidungen der Verwaltung lassen oft die Unabhängigkeit vermissen, die die kritische Öffentlichkeit erwartet. Angesichts dieser vielfach belegbaren Tatsachen verdient die Skepsis der Juristen gegenüber Partizipationsforderungen selber ein gehöriges Maß Skepsis. Mittlerweile gibt es allerdings verschiedene Ansätze, die spezifische verfassungsrechtliche Relevanz der Bürgerbeteiligung genauer zu veror-

ten und ihr Verhältnis zum Demokratie-, Rechtsstaats- und Sozialstaatsprinzip sowie zu den Grundrechten genauer zu bestimmen[41]. Gemeinsam ist diesen Äußerungen der Nachweis, daß Partizipationsforderungen mit grundlegenden Verfassungsprinzipien nicht nur kompatibel, sondern von diesen her in erheblichem Ausmaß ermöglicht, in verbesserbarer Weise faktisch auch gewährleistet und als rechtsstaatliche Minimalpartizipation in der Verfassung selbst verankert sind. Gleichzeitig wird freilich auf Grenzen hingewiesen, die selbst mit diesen Verfassungsprinzipien und aus ihnen herzuleitenden Anforderungen an das Verwaltungshandeln gesetzt sind; hierher gehören z. B. Partizipationsverbote, die Persönlichkeitsrechte betreffen.

Die Hauptsorge gilt aber der vermeintlichen Gefahr, angesichts überzogener Partizipationsforderungen könne das Repräsentationsprinzip der Verfassung durch radikal- oder, wie man oft deutet, rätedemokratische Elemente überformt und schließlich außer Kraft gesetzt werden. Sieht man hier näher zu, so ist leicht festzustellen, daß im Pro und Contra bezüglich des Repräsentationsprinzips völlig heterogene Gesichtspunkte vermischt werden. Der Ansatz rätedemokratischer Konzepte liegt in der Regel in der Kritik an der (mindestens impliziten) Voraussetzung der liberalen Repräsentationsidee, derzufolge eine bestimmte Identität von Regierenden und Regierten erfolgreich unterstellt werden kann, welche selbst wieder als Ausdruck einer als hinreichend angesehenen Gleichheit materieller Interessen gelten kann.[42] Forderungen nach direkter Demokratie werden daher typischerweise immer dann erhoben, wenn die Fähigkeiten des politischen Systems zur Berücksichtigung als berechtigt empfundener Interessen als zu gering wahrgenommen werden. Partizipationsbegehren und rätedemokratische Forderungen sind insofern (auch) Folge eines vermeintlichen oder tatsächlichen Ausschlusses bestimmter Interessen, Wahrnehmungen und Urteile aus dem politischen Prozeß, welche nicht einfach irrelevant sind, deren Verallgemeinerungsfähigkeit vielmehr argumentativ dargestellt werden kann. Ursachen derartiger „Exkommunikationen“ liegen nicht nur in der begrenzten Fähigkeit der öffentlichen Meinung und der sie vermittelnden Medien, für zahlreiche Themen – womöglich noch gleichzeitig und kontinuierlich – Aufmerksamkeit zu wecken und wach zu halten[43], sondern auch in den Formen innerparteilicher und innerverbandlicher Willensbildung („Ausfilterung“ vieler Gesichtspunkte und Interessen), in den legalen Grenzen der Informationspflicht der Verwaltung (Auslegungsfristen) und in der natürlich begrenzten Bereitschaft der Bürger zu eigenem aktiven politischen Engagement. Soweit das Repräsentationsprinzip Delegation von Entscheidungsvollmacht des Souveräns an seine gewählten Vertreter bedeutet, entlastet es zugleich den einzelnen Bürger und gibt ihm immer auch das Recht auf die Freiheit „not to get involved“. Erhalten aber nachhaltig zu wenige Interessen und Ambitionen Gelegenheit, auf dem Wege repräsentativer Vermittlungen sich geltend zu machen, beginnen sie nach alternativen Organisations- und Durchsetzungsformen zu suchen. Repräsentation und Ausgleich divergierender Interessen im Parlament einerseits, außerparlamentarische und auch von den Parteien nicht aufgenommene und vermittelbare Vorstellungen, Ziele und Methoden dissoziieren sich. Eine mögliche Folge dieser Dissoziation scheint zu sein, daß diejenigen, die das Repräsentationssystem umwillen seiner einseitigen Interessenberücksichtigung kritisieren, selbst ungefähr in dem Maße, wie sie als Interessenverband sich selber organisieren, immer stärker einseitig verbandsspezifische und weniger verallgemeinerungsfähige Forderungen anmelden. Das muß nicht so sein; wenn aber diese Entwicklung eintritt, könnte sie gegen die ursprünglichen Absichten von Bürgerinitiativen dahin führen, daß die Legitimation politischer Entscheidungen durch das Gesamtvolk, repräsentiert in seinen verfassungsmäßigen Institutionen und gemäß Art. 20 II GG, zunehmend usurpiert wird durch die verschiedenen Arten des „Verbandsvolkes" mit der Folge der zunehmenden Auszehrung und des Verlustes verallgemeinerungsfähiger Interessen und Ziele[44]. Eine Gemeinwohlpolitik ohne staatliches Entscheidungsmonopol enthält aber latent den Bürgerkrieg; ein Entscheidungsmonopol ohne Verantwortlichkeit der Entscheidungsträger dagegen führt in Apathie und Diktatur.

Fehlentwicklungen dieser Art verhindert man, indem man ihre Ursachen analysiert und beeinflußt. Für den Bereich von Energieplanung wurden einige wichtige Faktoren schon genannt: die Verfilzung von interessierter Industrie, Verbandsvertretern, Lobbyorientierten Politikern und einer eher reagierenden als die Entwicklung aktiv beeinflussenden Verwaltung; die das Vertrauen breiter Kreise in die Seriosität der Energiepolitik störende offenkundige Unsicherheit nahezu aller planungsrelevanten Prognosen; die mangelnde Rücksichtnahme von Betreibern und Politikern auf die öffentliche Hinnahmebereitschaft gegenüber großtechnischen Innovationen. Das Mißtrauen der Bürger wächst besonders dann, wenn befürchtet werden muß, daß zwar verbal beteuert wird, man habe die Verantwortung „übernommen", aber diese Verantwortung de facto eher so wahrgenommen wird, daß der Bürger Anlaß hat, sich getäuscht zu fühlen. Diesen Anlaß sehe ich vor allem dort, wo mit höchst manipulierbaren Zahlen z.B. im Blick auf Beschäftigungseffekte den Bürgern Angst gemacht wird, oder wo verbal Sicherheit als oberste Maxime beschworen wird, faktisch aber häufig stillschweigend Abstriche an Sicherheitsstandards gemacht werden, oder gegebene Möglichkeiten verschärfter Sicherheitsvorkehrungen nicht voll ausgeschöpft werden. Wenn man nicht darauf setzt, daß mißtrauisch gewordene Bürger resignieren, sobald sie keine Möglichkeit mehr sehen, ihre Bedenken geltend zu machen, dann läßt sich ihr Vertrauen wohl nicht anders (wieder-)gewinnen, als daß man ihnen optimale Chancen einräumt, Bedenken, Kritik und Anregungen im Planungs- und Genehmigungsverfahren vorzubringen, dazu notwendige Expertisen fertigen (und das heißt: finanzieren) zu können und schließlich dies alles fair berücksichtigt zu sehen. Auch und gerade im Interesse der Rationalität des Verwaltungshandelns sollten möglichst kontroverse und konkurrierende Gutachten liegen; dann findet auch die verbreitete Meinung keine Anhaltspunkte mehr, derzufolge Bürgerbeteiligung am Verwaltungsprozeß um so weniger verfassungskonform und weniger praktikabel ist, je größer der Abstand der jeweiligen Planungsaufgaben vom unmittelbaren Erfahrungs- und Verantwortungsbereich der Betroffenen ist. Mit dieser Argumentationsfigur erneuern sich nämlich lediglich, wie leicht zu sehen ist, die Aporien, die mit der Verpflichtung auf „Sachverstand" gegeben sind: wenn dieser seine Verantwortung auf eng begrenzte Zuständigkeit einschränkt oder einschränken läßt, dann gilt für ihn nicht mehr, was doch letztlich allein seine Legitimation begründen kann – der Bezug auf ein Gemeinwohl, das weiter reicht als die kurzen Träume oder der Ehrgeiz der Gegenwart. „Am Sachverstand erstickt die Demokratie", formulierte vor Jahren Hartmut v. Hentig, und heute wäre zu ergänzen, daß damit auch der einzelne Bürger seinen Rechtsschutz verlieren kann.

Obwohl angesichts der Wucht moderner Planungen und ihrer Folgewirkungen der Anspruch auf individuellen Rechtsschutz wie ein hilfloser Anachronismus wirken mag, könnte es sein, daß hartnäckiges Insistieren an diesem Punkt eher zur Erhöhung der Rationalität der Energieplanung beiträgt als z.B. die Zulassung der Möglichkeit der Verbandsklage. So hat schon seit langem W. Blümel um eines verbesserten (Individual-) Rechtsschutzes willen verlangt, daß dieser auf einer möglichst frühen Planungsstufe garantiert werden müsse, da in der Praxis „wichtige Planungsentscheidungen bereits vor Einleitung des förmlichen Genehmigungsverfahrens (Planfeststellungsverfahren) fallen. Da bei diesen Vorentscheidungen (z.B. Vorentscheidung einer Landesregierung, Änderung eines Gebietsentwicklungsplanes usw.) eine förmliche Beteiligung der Betroffenen nicht vorgesehen ist, bleibt allein die Möglichkeit des organisierten Widerstandes."[45] Konsequent fordert Blümel daher seit etwa zehn Jahren, sich nicht mehr mit der eher nur eine Alibifunktion erfüllenden Bürgerbeteiligung im atomrechtlichen Genehmigungsverfahren zu begnügen, sondern zu prüfen, „ob eine Beteiligung der betroffenen Bevölkerung nicht bereits bei der *Standortwahl* bzw. bei der *Standortvorsorgeplanung* geboten und durch eine Änderung des Raumordnungs- und Landesplanungsrechts zu ermöglichen sei."[46] Weiter sagt er völlig zutreffend voraus, „daß die Standortfrage das heißdiskutierte Thema der nächsten Jahre und Jahrzehnte sein wird"[47], und stellt fest, daß auf der Grundlage des geltenden Rechts diese Fragen kaum lösbar sind. Soweit Bundesländer fachliche Entwicklungspläne zur Standortvorsorge vorbereitet oder verabschiedet haben, ist nämlich bislang eine Beteiligung der betroffenen Bevölkerung an dieser strategisch entscheidenden Phase der Planung gerade nicht vorgesehen. (Ebenso ungeklärt sind die Zuständigkeiten des Bundes, dem zumindest allein schon deshalb hier Planungskompetenzen zustehen, weil insbesondere der Bau von Kernkraftwerken militärisch-strategische Belange auf's engste berührt.) Soll zudem eine Verfahrensbeteiligung betroffener Bürger schon auf möglichst früher Planungsstufe erfolgen, so ist dieses Ziel nur zu verwirklichen, wenn der Bürger so umfassend, sachlich und verständlich informiert wird, daß er seine Interessen auch wirksam wahrnehmen kann, denn „nur wenn der betroffene Bürger die berechtigte Hoffnung haben kann, daß seine sachlichen Einwendungen überhaupt noch etwas bewirken können, die behördliche Entscheidung im Zeitpunkt seiner Anhörung also noch offen ist, besteht die Aussicht, daß er auch eine für ihn negative Verwaltungsentscheidung akzeptiert."[48] Die zahlreichen Verfahrensvorschläge zur Verbesserung der Bürgerbeteiligung können hier nicht dargestellt werden; insbesondere die Möglichkeit der Akteneinsicht bedarf wohl der völligen Neugestaltung, wenn „betroffene" Bürger überhaupt genau erfahren sollen, was sie in welchem Maße „betrifft". Anders wird Rechtsschutz zur Farce.[49] Nicht Einschränkung, sondern Ausweitung richterliche Plankontrolle lautet daher folgerichtig Blümels weitere Forderung, die bis zur „Schaffung eines planungsadäquaten verwaltungsgerichtlichen Rechtsschutzverfahrens" reicht[50]. Planungsadäquanz bei mehrstufigen Planungsverfahren für den Rechtsschutz zu verlangen, übersteigt aber wohl die Fassungskraft der herkömmlichen Verwaltungsjurisprudenz. Die Grundsätze des Rechtsschutzes im geschilderten Ausmaß werden, so scheint es, zu einem Zeitpunkt geltend gemacht, da fast jede neue Planung die Bedingungen seiner Verwirklichung weiter unterminiert. Es könnte sein, daß die Rationalität dieser Forderung erst dann eingesehen wird, wenn eine nukleare Katastrophe oder die Folgen der ungehemmt zunehmenden Wärmebelastung der Ökosphäre sie erwiesen und damit überholt haben.

V.

An diesen Grenzen parlamentarischer Verantwortungsbereitschaft und von ihr zu regelnder verwaltungsgerichtlicher Rechtsschutzmöglichkeiten brechen die hier nur knapp skizzierten Überlegungen zur Frage einer verstärkten Bürgerbeteiligung ab. Zum Schluß aber sei die Blickrichtung noch einmal gewendet. In den bisherigen Erörterungen nämlich wurde von den Kompetenzen zur Partizipation ausgehend nach den möglichen Bereichen und Kriterien von Verantwortung gefragt. Dabei stößt man immer auf das Problem, daß nicht jeder, der von Planungen betroffen zu sein meint, auch hinreichende Sachkenntnisse mitbringt. Der Anspruch der Betroffenheit ist nicht eo ipso verallgemeinerungsfähig. Man kehrt die Perspektive um, wenn man überlegt, daß Betroffenheit ihren Rechtsgrund allein aus den Strukturen der zu lösenden Probleme gewinnen kann. Gegen diesen Satz, dessen Schwäche in seiner indifferenzierten Allgemeinheit liegt, läßt sich leicht einwenden, daß die Wahrnehmung und Beurteilung gesellschaftlicher Problemlagen und der sich daraus ergebenden Aufgaben keineswegs evident, sondern allemal umstritten sind. Doch dürfte das Recht dieses Satzes darin liegen, daß jede Epoche unter den Problemen, die sie zu lösen hat, auch solche findet, die nicht zu lösen, bedeuten würde, ihre eigene Zukunft tödlich zu bedrohen. Der Rechtsgrund für wahre Betroffenheit liegt deshalb darin, daß genau diese Probleme thematisiert werden, und dabei handelt es sich, ob man es hören will oder nicht, um die jeweils folgenschwersten Gefahren, mit denen eine Epoche konfrontiert ist. Hier liegt der tiefere Grund dafür, warum die vorstehenden Überlegungen die Aussage der „Thesen" über *langfristige* Folgewirkungen und Gefahren heutiger Energieplanung als Leitfaden der Kritik herausgestellt haben, denn von der Struktur dieser Probleme her ist der Maßstab heutiger energiepolitischer Verantwortlichkeit zu entwickeln – hic Rhodus, hic salta! „Nicht das Subjekt setzt sich die Aufgabe, sondern die Aufgabe konstituiert das Subjekt."[51] Aber jede Epoche stellt sich nicht nur, wie Marx meinte, Aufgaben, die sie auch zu lösen vermag, sondern es kann geschehen, daß sich aus Konstellationen, Planungen und Zufällen Aufgaben ergeben, für die niemand Verantwortung übernimmt, weil niemand zuständig ist, und die daher ungelöst bleiben. Dann sind Krisen, wie der Euphemismus für Katastrophen heißt, wahrscheinlich. Anarchie ist nach Picht „ein Zustand, in dem keine Aufgabe mehr erfüllt werden kann, weil sich keine Subjekte der Verantwortung konstituieren können."[52] Es mag hier unentschieden bleiben, ob diese Bestimmung für die Energieplanung in der Bundesrepublik Deutschland zutrifft oder einst zutreffen wird; sicher ist, daß, sobald sie zutrifft, die Dämme rechtswissenschaftlichen Denkens längst gebrochen sind. Ob verstärkte Bürgerbeteiligung diese Dämme einreißt oder erhält, entscheidet sich daran, wie umfassend die Bürger die Gefährdungen der Strukturen der modernen Welt erkennen, entsprechend handeln und so ihrer Verantwortung gerecht werden, die darin identisch ist mit derjenigen der Politiker.

Anmerkungen

* In der ausführlicheren Fassung dieses Beitrags im 2. Materialienband zum FEST-Gutachten finden sich weitere Nachweise sowie detailliertere Auseinandersetzungen mit der Literatur.

1 Habermas (1973), 97.
2 Vgl. Verhandlungen des 50. Deutschen Juristentages (1974), 56. 60. 157. 169 u.ö.
3 Vgl. Ossenbühl (1974), B 19 ff.
4 Vgl. Luhmann (1971), 66 f.
5 Vgl. als Überblick Herzog/Pietzner/Wagener/Blümel (1975).
6 Z. B. Kaiser (1965 ff.).
7 Scharpf (1973), 38. Vgl. auch Habermas (1973), 98.
8 Herzog u.a. (1975), 1821.
9 A.a.O., 85 ff.
10 A.a.O., 96.
11 A.a.O., 56; vgl. auch 98 ff.
12 Bieber (1977), in diesem Band vgl. 130 ff.
13 Kaiser (1974), 13 f.; vgl. aber dazu Ossenbühl (1974), B 50 ff.
14 Wagener in: Herzog u.a. (1975), 1827 f.
15 Ebd., 1830.
16 Vgl. den Schlußbericht: BT-Drucksache 7/5924, bes. 148 ff.
17 Ebd., 166.
18 Verhandlungen DJT (1974), 228 f.
19 Vgl. Lukes (1977), 221–332.
20 Mahlmann in Lukes (1977), 62.
21 Vgl. das Hauptgutachten der Monopolkommission (1976), passim.
22 Vgl. die Beiträge von Obenhaus, Rauschning, Hansmann, Vieregge und Beeretz in: Lukes (1977).
23 Vgl. Beeretz und Hansmann in: Lukes (1977).
24 Diese betrifft mindestens im gleichen Maße auch andere großtechnische Planungen, z.B. der chemischen Industrie; vermutlich kommt der Kernenergie hier lediglich eine Pfadfinderrolle in der Sensibilisierung für latente Gefahren zu.
25 Daß ethischer Radikalismus und soziale Marginalität oft zusammengehören, ist eine alte Erscheinung; daß diesem Radikalismus genau wie dem Ethos der Bürgerinitiativen gerade Gewalt zutiefst verabscheuenswert ist, hat niemand so trefflich formuliert wie Vollmann (1977): „Es ist die grauenvolle Dummheit derer, die Gewalt anwenden, daß sie nicht sehen, wie sehr sie mit dem Staat im Bunde sind. Denn wenn die Politiker, und das tun sie nach wie vor, behaupten, wir brauchen den Atomstrom, so kommt ihnen gegen die, die ihn gleichwohl nicht wollen, nichts mehr zupaß, als die von den Bürgerinitiativen nicht gewollte Verquickung mit der Bürgergewalt". (63).
26 Binswander/Ledergerber (1974), 121.
27 Rupp-von Brünneck (1977), 14.
28 Ebd., 16.
29 BVerfGE 39, 1, 60.
30 Ossenbühl (1976) entwickelt dazu „Kriterien eines abgestuften und differenzierten Kontrollsystems" (504 ff.). In dieselbe Richtung zielt die Begründung des Vorlagebeschlusses des OVG Münster im Verwaltungsstreitverfahren über die Genehmigung des Schnellen Brutreaktors in Kalkar. Das OVG betont den „Grundsatz, daß die gesetzgeberischen Vorgaben um so konkreter sein müssen
– je größer die Bedeutung der Regelung für die Allgemeinheit ist,
– in je höherem Maße der Grundrechtsschutz des betroffenen Bürgers in Frage steht,
– je weitreichender der politische Konflikt erscheint, und schließlich
– mit je stärkerer Intensität ein staatliches Handeln erfolgt".

(Text in: Umwelt, hg. v. BMI, Nr. 58, v. 26.9.77, 26). Vgl. zu diesem Komplex auch das Interview mit OVG-Präsident D. Bischoff in: Der Spiegel 37/1977, 42 ff.
31 Vgl. die „Thesen", oben S. 12; v. Weizsäcker (1976), 21 ff.
32 Blümel (1972).
33 Blümel (1975), 700.
34 Vgl. Moldenhauer/Wüstenhagen (1975); Winnacker/Wirtz (1975); Bieber (1977).
35 Vgl. aus der neueren Literatur u.a. Partizipation (1970); v. Alemann (1975); Battelle (1975); Mayer-Tasch (1976).
36 Bermbach (1973), passim.
37 Eine Berliner Studie bezeichnet Bürgerinitiativen als eine „bürgerliche Form sachlich, zeitlich und sozial begrenzter kollektiver Selbstorganisation zur unmittelbaren öffentlichen Durchsetzung von Partizipation an Entscheidungsprozessen"; zit. nach Battelle (1975), 19. Nach Zilleßen (1974) sind Bürgerinitiativen Gruppen, „die sich in offener oder vereinsmäßiger Organisation spontan bilden, um gegen offensichtliche und typische Mißstände in ihrer natürlichen oder sozialen Umwelt anzugehen oder um auf umweltrelevante Planungs- und Entscheidungsprozesse unmittelbar oder durch ‚Herstellung von Öffentlichkeit' einzuwirken; sie arbeiten auf freiwilliger, ehrenamtlicher Basis und konzentrieren sich in der Regel auf lokale oder kurzfristig lösbare Probleme".
38 Luhmann (1971), 35.
39 Ossenbühl (1974) nennt als „Funktionen" der Partizipation:
a) Beteiligung des Bürgers als demokratische Selbstbestimmung, die einen Wert an sich darstellt.
b) Überwindung der ‚Entfremdung' des heutigen ‚verwalteten' Menschen.
c) Verbesserung der Qualität des politischen Entscheidungsinhalts.
d) Allseitige und realitätsnahe Berücksichtigung der jeweiligen Interessenlage.
e) Erzeugung von Bereitschaft zur Erfüllung zentralgesetzter Ziele und Normen.
f) Effektive Kontrolle der Verwaltung.
g) Verfahrensbeteiligung der Betroffenen als effektiver und rechtzeitiger Rechtsschutz". (B 122).

R. Mayntz, auf deren Arbeiten diese Funktionsbestimmungen fußen, bezweifelt indes, „ob die Beteiligung externer Gruppen an der Exekutivplanung wirklich in der Lage ist, eine effektivere Demokratisierung zu bringen, als es die Institutionen des parlamentarischen Systems bei der Planung heute können". (Mayntz [1972], 352).
40 Als Beispiele vgl. Ossenbühl (1974), B 119 ff.; Blümel (1972).
41 Vgl. v.a. Schmitt Glaeser (1973) und Ossenbühl (1974).
42 Vgl. Bermbach (1973), 154 ff.
43 Vgl. Luhmann (1971), 9 ff.
44 Deshalb hält Schmitt Glaeser (1973) eine „ersatzweise Legitimation durch Partizipation" für verfassungswidrig (215).
45 Blümel (1972), 29.
46 Blümel (1977 a), 226 f.; ders. (1977 b), 309 u.ö.
47 Blümel (1977 b), 306.
48 Blümel (1977 a), 236; vgl. Schmitt Glaeser (1973), der von einer „aktive(n) Partizipationshilfe spricht" (239).
49 Vgl. bes. Bender und de Witt in: Lukes (1977).
50 Blümel (1975), 701; vgl. ders (1977 b), 320.
51 Picht (1969), 337; vgl. den ganzen Abschnitt bei Picht zu diesen Schlußüberlegungen.
52 Ebd., 339.

Literaturverzeichnis

v. Alemann, U., (Hg.), Partizipation – Demokratisierung – Mitbestimmung. Problemstellung und Literatur in Politik, Wirtschaft, Bildung und Wissenschaft. Eine Einführung, Opladen: Westdeutscher Verlag 1975.

Battelle-Institut (Hg.), Bürgerinitiativen im Bereich von Kernkraftwerken. Bericht für das BMFT, ^{2}1975.

Bermbach, U., (Hg.), Theorie und Praxis der direkten Demokratie. Texte und Materialien zur Räte-Diskussion, Opladen: Westdeutscher Verlag 1973.

Bieber, H.-J., Zur politischen Geschichte der friedlichen Kernenergienutzung in der Bundesrepublik Deutschland, Heidelberg: FEST 1977.

Binswanger, H. Ch./Ledergerber, E., Bremsung des Energiezuwachses als Mittel der Wachstumskontrolle, in: Jörg Wolff (Hg.), Wirtschaftspolitik in der Umweltkrise. Strategien der Wachstumsbegrenzung und Wachstumsumlenkung, Stuttgart: DVA 1974, 103–125.

Blümel, W., „Demokratisierung der Planung" oder rechtsstaatliche Planung?, in: R. Schnur (Hg.), Festschrift Ernst Forsthoff, München: Beck 1972, 9–36.

Blümel, W., Funktion und Ausgestaltung der Öffentlichkeitsbeteiligung im atomrechtlichen Genehmigungsverfahren, in: Lukes (1977), 223–236 (zit. Blümel, 1977 a).

Blümel, W., Planung und Verwaltungsgerichtsbarkeit, in: DVBl 90, 1975, 695–709.

Blümel, W., Die Standortvorsorgeplanung für Kernkraftwerke und andere umweltrelevante Großvorhaben in der Bundesrepublik Deutschland, in: DVBl 92, 1977, 301–322 (zit. Blümel, 1977 b).

Habermas, J., Legitimationsprobleme im Spätkapitalismus, Frankfurt/Main: Suhrkamp 1973.

Herzog, R., Pietzner, R., Wagener, F., Blümel, W., Art. Planung, in: Ev. Staatslexikon ^{2}1975, 1818–1835.

Kaiser, J. H., (Hg.), Planung, Bd. I–VI, Baden-Baden: Nomos 1965–1972.

Kaiser, H. J., Welche normativen Anforderungen stellt der Verfassungsgrundsatz des demokratischen Rechtsstaates an die planende staatliche Tätigkeit, dargestellt am Beispiel der Entwicklungsplanung? in: Verhandlungen des 50. Deutschen Juristentages, München: Beck 1974, 9–24.

Luhmann, N., Politische Planung. Aufsätze zur Soziologie von Politik und Verwaltung, Opladen: Westdeutscher Verlag 1971.

Lukes, R., (Hg.), Fünftes Deutsches Atomrechts-Symposium. Referate und Diskussionsberichte, Köln-Berlin-Bonn-München: Carl Heymanns Verlag 1977.

Mayer-Tasch, P. C., Die Bürgerinitiativbewegung. Der aktive Bürger als rechts- und politikwissenschaftliches Problem, Reinbek: Rowohlt 1976.

Mayntz, R., Funktionen der Beteiligung bei öffentlicher Planung in: Demokratie und Verwaltung (Schriftenreihe der Hochschule Speyer, Bd. 50) Berlin: Duncker & Humblot 1972, 341–353.

Mehr Wettbewerb ist möglich. Hauptgutachten 1973/1975 der Monopolkommission, Baden-Baden: Nomos ^{2}1977.

Moldenhauer, B., Wüstenhagen, H.-H., Atomindustrie und Bürgerinitiativen gegen Umweltzerstörung, Köln: Pahl-Rugenstein 1975/76.

Ossenbühl, F., Welche normativen Anforderungen stellt der Verfassungsgrundsatz des demokratischen Rechtsstaates an die planende staatliche Tätigkeit, dargestellt am Beispiel der Entwicklungsplanung?, Gutachten für den 50. Deutschen Juristentag, München: Beck 1974.

Ossenbühl, F., Die Kontrolle von Tatsachenfeststellungen und Prognoseentscheidungen durch das Bundesverfassungsgericht, in: Bundesverfassungsgericht und Grundgesetz. Festgabe aus Anlaß des 25-jährigen Bestehens des Bundesverfassungsgerichts, hg. v. Chr. Starck u.a., Tübingen: Mohr 1976, 458–518.

Partizipation. Aspekte politischer Kultur. Geistige und strukturelle Bedingungen, Gestaltungsbereiche, Modelle und Partizipationsformen (Offene Welt, Nr. 101/1970) Opladen: Westdeutscher Verlag 1970.

Picht, G., Der Begriff der Verantwortung, in: ders., Wahrheit, Vernunft, Verantwortung. Philosophische Studien, Stuttgart: Klett 1969, 318–342.

Rupp-von Brünneck, W., Verfassungsgerichtsbarkeit und gesetzgebende Gewalt. Wechselseitiges Verhältnis zwischen Verfassungsgericht und Parlament, in: AöR 102, 1977, 1–26.

Scharpf, F. W., Planung als politischer Prozeß. Aufsätze zur Theorie der planenden Demokratie, Frankfurt/Main: Suhrkamp 1973.

Schlußbericht der Enquête-Kommission Verfassungsreform, Bundestags-Drucksache 7/5924 (1976).

Schmitt Glaeser, W., Partizipation an Verwaltungsentscheidungen, in: VVDStRL 31, Berlin-New York: de Gruyter 1973, 179–265.

Verhandlungen des 50. Deutschen Juristentages, Bd. II (Sitzungsbericht), Teil I, München: Beck 1974.

Vollmann, R., Demokratische Unwillensbildung, in: Der Spiegel 14/1977, 62 f.

Weizsäcker, v., C. F., Entwicklung und Deckung unseres Energiebedarfs, in: ders., Wege in der Gefahr, München-Wien: Hanser 1976, 21–46.

Winnacker, K./Wirtz, K., Das unverstandene Wunder. Kernenergie in Deutschland, Düsseldorf-Wien: Econ 1975.

Zilleßen, H., Bürgerinitiativen im repräsentativen Regierungssystem, in: Aus Politik und Zeitgeschichte, Beilage zu „Das Parlament" v. 23.3.1974.

Friedhelm Solms

Das Ende einer Illusion

Zur Problematik der Unterscheidung von ziviler und militärischer Nutzung der Atomenergie

A. Einleitung

Als Präsident Eisenhower am 8. Dezember 1953 vor der Vollversammlung der Vereinten Nationen das Programm „Atoms for Peace" verkündete, wurde das und wird von prominenten Kernenergieexperten noch heute als großes geschichtliches Ereignis empfunden und gefeiert[1]. Ernüchtert von der im Laufe des Jahres 1953 zur Gewißheit gewordenen Einsicht, daß die UdSSR nicht nur Atomwaffen, sondern auch die Wasserstoffbombe besaß, suchte die amerikanische Regierung nach einem neuen Ansatz für ihre global konzipierte Nuklearpolitik. Das „Atoms for Peace"-Konzept war der programmatische Ausdruck davon.

Es mag in diesem Zusammenhang dahingestellt bleiben, ob die amerikanische Administration die mit diesem Programm lancierte weltweite Förderung der nicht-militärischen Nutzung der Kernenergie ausschließlich „als Mittel zum Zweck der ‚arms control'", als „Glied einer beabsichtigten Kausalkette"[2] gedacht hat. Vielleicht wollte der damalige Präsident, konfrontiert mit einer veränderten weltpolitischen Machtkonstellation[3], nun emphatisch dem doch noch einen positiven Aspekt abgewinnen, was sein Vorgänger Truman in einer Ansprache am 27. Oktober 1945 in die Einsicht zusammengefaßt hatte: „All the initial processes in the production of fissionable materials and certain subsequent processes are identical whether their intended use or purpose is peaceful or military."[4]

Heute, 25 Jahre nach Verkündigung dieses Programms, wächst Trumans nüchterner Einsicht mehr als bloß historische Bedeutung zu. Daß man feinfühlig einen sprachlichen Unterschied zu machen sich angewöhnt hat und von Atomenergie spricht, wenn man deren Zerstörungspotential meint, aber Kenenergie sagt, wenn man an die Möglichkeiten zur Deckung des Strombedarfs denkt: diese von cleveren Public-Relations-Leuten in den letzten Jahren eingebürgerte Sprachdifferenz kann nicht länger verdecken, daß das Festhalten an dieser Differenz sich von der Sache her nicht mehr halten läßt, wenn denn das über das Programmatische hinaus je der Fall war.

Dafür gibt es in der jetzigen Phase der wahrhaft weltweiten Ausbreitung der Kernenergietechnologie, ganz wie sie von „Atoms for Peace" intendiert war, angebbare Gründe. Da ist zunächst, als Invariante, die physikalische Struktur der Kernspaltung selbst. Wer sie samt der auf ihr aufbauenden Technologie beherrscht, kann im Prinzip jeden möglichen Gebrauch von ihr machen, sei er nun militärisch oder friedlich, nutzenstiftend oder zerstörerisch. Ein weiterer Grund liegt in der Geschichte der Entwicklung der zivilen Kerntechnologie selbst. In ihr hat sich heute großtechnisch diejenige Reaktorlinie durchgesetzt, die speziell für den militärischen Bedarf entwickelt worden war: der zunächst nur für den U-Boot-Antrieb gedachte Leichtwasserreaktor mit einer Brennstofftechnologie für angereichertes Uran, das zugleich auch – und aus Kostengründen eigentlich ausschließlich – zur Atomwaffenherstellung gebraucht wurde[5].

Diese Genesis aus militärischen Programmen ist weder zufällig noch unbekannt, droht aber heute zum Menetekel der Kerntechnologie insgesamt zu werden. Trotz des Vertrages über die Nichtweiterverbreitung von Kernwaffen (NPT), der den Mißbrauch von nuklearem Material für militärische Zwecke verhindern sollte, und trotz vieler guter und optimistischer Vor- und Grundsätze bei den US-amerikanischen Initiatoren droht heute eine weltweite Entwicklung, die die Intention von „Atoms for Peace" in einem genauen Sinne pervertiert: Statt einer scharfen und auch für durchführ- und durchsetzbar gehaltenen Trennung zwischen militärischer und ziviler Nutzung der bei der Kernspaltung freiwerdenden Energie läuft, nur unwesentlich verkürzt gesagt, alles auf die fatale Konsequenz hinaus: Wer die Kerntechnologie beherrscht und Kernreaktoren betreibt, kann sich, technisch wie materiell, auch Atomwaffen verschaffen.

Diese Entwicklung ist wohl schon wegen des beschriebenen Geburtsfehlers fast zwangsläufig. Die Unruhe der Atomwaffenstaaten, insbesondere der beiden Supermächte und von ihnen vorrangig der USA mit ihrer Gereiztheit über den forcierten Export von Nuklearanlagen, den sie ursprünglich selbst initiierten, hat schon von daher ihren legitimen Grund[6]. Dazu kommt ein Phänomen der heutigen politischen Szene, das die Möglichkeiten einer Proliferation von atomaren Sprengsätzen um Größenordnungen erhöht und neuerdings wohl nicht mehr allein von den angelsächsischen Staaten in seinen beängstigenden Dimensionen wahrgenommen wird: das Phänomen des wahrscheinlich noch nicht international fest organisierten, aber doch schon transnational operierenden und wohl hier und da nicht nur passiv von nationalen Staaten unterstützten Terrorismus.

Da davon im folgenden ausdrücklich und unausdrücklich häufiger die Rede ist, muß sich der Autor, insbesondere im Hinblick auf die Paragraphen 88a und 111 des Strafgesetzbuches und die daran sich knüpfende ständige und extensive Rechtsprechung, dazu erklären, warum er die Erörterung dieser Probleme trotzdem für zwingend hält. Zur Begründung kann er sich dabei berufen auf die Argumente der beiden repräsentativen Untersuchungen aus dem angelsächsischen Sprachbereich, die sich sachlich in der gleichen Situation befanden: den sogenannten Atombericht der Ford Foundation[7] und den „Sixth Report" der Royal Commission „Nuclear Power and the Environment".[8] Als Autor stütze ich mich hier besonders auf die Argumentation der Royal Commission, die, indem sie das Dilemma zwischen der Pflicht der Wissenschaft zur rückhaltlosen Information der Öffentlichkeit und der Möglichkeit einer stimulierenden Wirkung auf potentielle oder notorische terroristische Täter beschreibt, zugleich einen Hinweis darauf gibt, wie hier Güterabwägung überzeugend praktiziert werden kann. Demzufolge wäre es sicher in einem mehrfachen Sinne riskant, möglicherweise inspirierende Details dann zu publizieren, wenn beide, die Kernenergietechnologie und der Terrorismus, bloß temporäre Phänomene wären. Das wird man in beiden Fällen plausibel verneinen können und müssen. Umso überzeugender ist dann das Argument vom

Vorrang einer breiten und detaillierten Information der Öffentlichkeit, noch bevor der großtechnische Ausbau der Kernenergienutzung weltweit zum fait accompli geworden ist und auch, so ironisch das immer klingen mag, bevor die internationale Terroristenszene oder internationale Verbrecherorganisationen die gravierenden Schwächen des bisherigen Sicherheitssystems als strategische Ansatzpunkte für Sabotage und andere kriminelle Aktivitäten entdecken, zumal deren Prävention, wenn überhaupt[9], auch in der bundesrepublikanischen Diskussion nur unzureichend bedacht worden ist. Dabei mag manches von dem, was im folgenden als Risiken einer möglichen zukünftigen Entwicklung beschrieben wird, manchem heute noch übertrieben erscheinen. Nachdenklich machen aber sollte nach dem israelischen Unternehmen in Entebbe und der deutschen GSG-9-Aktion in Mogadishu, was eine kleine Gruppe von entschlossenen und gut trainierten Menschen unter kalukliertem Einsatz von Gewalt zu erreichen imstande ist. Darauf hat Flowers aufmerksam gemacht und auf die Lektion, die daraus zu lernen sei[10]. Im übrigen ist über die Möglichkeiten nuklearer Drohung und Erpressung bereits soviel Material insbesondere im angelsächischen Sprachraum publiziert worden[11], daß es extrem unwahrscheinlich ist, ob die reine Analyse dieser Möglichkeiten die ohnehin bestehenden Risiken substantiell noch erhöht.

B. Die gemeinsamen physikalischen und technologischen Grundlagen

Die physikalische Grundlage für das Funktionieren der Atombombe wie des Kernreaktors ist die Kernspaltung, die 1938 von Otto Hahn und Fritz Straßmann entdeckt wurde. Sie ist ein physikalischer Prozeß, bei dem sich die Atomkerne bestimmter schwerer Elemente wie Uran und Plutonium beim Auftreffen eines Neutrons aus einer Neutronen emittierenden Quelle in zwei oder mehrere leichtere Atome spalten, wobei zusätzlich zwei oder drei weitere Neutronen entstehen. Die leichteren Atome, die man Spaltprodukte nennt, sind gewöhnlich instabil und zerfallen unter Abgabe radioaktiver Strahlung. Beides nun, der Spaltprozeß selbst und der Zerfall der Spaltprodukte, erzeugt große Mengen von Energie, die zum größten Teil die kinetische Energie der Neutronen und der Spaltprodukte ist.

Ein für die Atomwaffen wie für die Kernreaktoren entscheidendes Charakteristikum der Kernspaltung besteht nun darin, daß sie, einmal angestoßen, sich von selbst fortsetzt, solange im Durchschnitt mindestens eines der bei der initiierenden Kernspaltung freiwerdenden Neutronen eine weitere Kernspaltung auslöst. Man spricht dann von einer Kettenreaktion.

Mit entsprechenden technischen Mitteln, je verschieden gesteuert und kontrolliert, laufen solche Kettenreaktionen sowohl in atomaren Sprengsätzen als auch in Kernreaktoren ab. Beim Kernreaktor kommt es darauf an, die Kettenreaktion auf konstanter Basis aufrechtzuhalten. Man spricht dann davon, der Reaktor sei „kritisch". Das ist immer dann der Fall, wenn im Durchschnitt genau eines der bei jeder Spaltung emittierten Neutronen eine neue Spaltung auslöst. Dementsprechend nennt man eine Anordnung „unterkritisch", bei der im Durchschnitt weniger als ein Neutron pro Spaltung eine weitere Kernspaltung bewirkt, und bezeichnet eine Anordnung als „superkritisch", wenn mehr Neutronen, als für einen „kritischen" Zustand nötig sind, weitere Kernspaltungen einleiten. Im Gegensatz zu einem Kernreaktor ist ein atomarer Sprengsatz nun so konstruiert, daß in ihm ein extrem superkritischer Prozeß ausgelöst wird, der so gesteuert ist, daß sich die Neutronenpopulation mit jedem Hundertstel einer Mikrosekunde annähernd verdoppelt[12].

Materiale Voraussetzung für die gezielte Auslösung von Kettenreaktionen sind Elemente mit leicht spaltbaren Atomkernen. Die dominierende Rolle spielt hier das natürlich vorkommende spaltbare Isotop[13] Uran 235 (U 235), das auch die Grundlage fast aller gegenwärtigen Kernenergieprogramme bildet. Als Naturerz besteht Uran aus 0,7 % dieses leicht spaltbaren Isotops U 235 und aus 99,3 % des schwer spaltbaren Isotops U 238. Um als Brennstoff für den heute gebräuchlichsten und am weitesten verbreiteten Reaktor, den sogenannten Leichtwasserreaktor, verwendbar zu sein, muß das Natururan zunächst aufbereitet werden, d.h. der Anteil des U 235 muß, wie später noch beschrieben wird, auf ungefähr 3 % „angereichert" werden.

Neben dem leicht angereicherten U 235 spielt als Brennstoff für die nächste Generation von Reaktoren, die sogenannten „Schnellen Brutreaktoren", das Element Plutonium eine entscheidende Rolle. Plutonium (Pu) gehört zu den sogenannten Transuranen, ist hochtoxisch und kommt in der Natur nur gebunden und in geringen Mengen vor. Im Gegensatz zu einer immer noch weit verbreiteten Meinung entsteht Plutonium während des Betriebs jedes Leichtwassereaktors als Ergebnis der Absorption von „freien" Neutronen durch das schwer spaltbare Isotop U 238. Dieses in abgebrannten Brennelementen von Leichtwasserreaktoren enthaltene, chemisch noch unseparierte Plutonium besteht zu etwa 70 % aus dem Isotop Pu 239, während der Rest je nach Abbranddauer aus Pu 240 oder Pu 242 und Pu 240 besteht.

Der Kern des hier verhandelten Problems liegt nun darin, daß diese beiden Elemente Uran und Plutonium, die die beiden wichtigsten Bestandteile des heute üblichen Reaktorbrennstoffs sind, zugleich die am häufigsten verwendeten Sprengstoffe für die heute üblichen Atomwaffen sind. Das war bereits bei den ersten beiden Atombomben so: Hoch angereichertes U 235 war der Grundstoff für die Hiroshima-Bombe, während Plutonium jener Stoff ist, aus dem die Bombe für Nagasaki gemacht war und der heute für die meisten nuklearen Waffensysteme verwendet wird.

Aber nicht nur die verwendeten Elemente, auch die wesentlichen Segmente der Nukleartechnologie selbst sind sowohl für den militärischen als auch den zivilen Verwendungszweck weitgehend identisch. Das zeigt sich bereits auf der ersten technologischen Stufe, der sogenannten „Anreicherung". Für beide Verwendungszwecke muß die Konzentration des spaltbaren Isotops U 235 über den charakteristischen 0,7-prozentigen Anteil des Natururans hinaus erhöht werden, wenn auch in unterschiedlichem Umfang. So wird für die Herstellung von atomaren Sprengsätzen U 235 in einer Konzentration von etwa 90 % benötigt. Demgegenüber reicht für die Verwendung als Brennstoff in Leichtwasserreaktoren eine Anreicherung auf etwa 3 % aus. Diese technisch bedingte Differenz ist jedoch nicht das Problem der Anreicherung. Zwar ist das physikalische Prinzip gut bekannt, aber zumindest das bisherige Verfahren ist technisch schwierig, zeitraubend und teuer. Weil die Isotopen eines bestimmten Elements aus den oben[14] beschriebenen Gründen chemisch identisch reagieren, ist man für die Trennung der Isotopen darauf angewiesen, die winzigen Gewichtsunterschiede in den Isotopenmassen physikalisch auszunutzen. Das einzige bisher großtechnisch erprobte Verfahren zur Isotopentrennung ist das sogenannte Gasdiffusionsverfahren. Dazu wird das aufbereitete Uranerz in Uranhexafluorid (UF_6), also in gasförmigen Zustand umgewandelt und dann nach Kompression durch poröse Membranen diffundiert. Wegen der unterschiedlichen Diffusionsgeschwindigkeit wird dabei das Isotop U 235 „angereichert", das Isotop U 238 dagegen „abgereichert".

Folgenreich freilich ist der geringe Trennfaktor von nur etwa 1,002 bis 1,004. Das bedeutet, daß für eine dreiprozentige Konzentration von U 235 bereits etwa 1.250, für eine Anreicherung auf Waffenstandard, d.h. auf 90 %, annähernd 4.000 sequenzielle Trennstufen erforderlich sind. Die enormen Summen an Anlagekapital und die überproportionalen fixen Kosten einer solchen Anlage rechtfertigen sich also nur für einen großen Durchsatz und hohe Anreicherungsgrade. Von daher erklärt es sich, daß die bestehenden Kapazitäten in den USA, Großbritannien, Frankreich und der UdSSR zunächst ausschließlich gebaut wurden, um hoch angereichertes, sogenanntes waffenfähiges U 235 zu erzeugen. Leicht angereichertes U 235 für Reaktorzwecke kann also unter Kostengesichtspunkten nur ein Nebenprodukt sein[15].

Hauptsächlich wegen dieser Charakteristik der Anreicherungsanlagen, die eine Trennung zwischen ziviler und militärischer Nutzung bis zur Unterschiedslosigkeit verwischt, sind Pläne in den USA vorläufig gescheitert, zusätzliche Anreicherungskapazitäten auf privatwirtschaftlicher Basis zu schaffen. Sie würden die Gefahr einer Proliferation drastisch erhöhen, weil sie die Verfügbarkeit von waffenfähigem U 235 direkt fördern[16]. Im Prinzip gilt das auch für die drei anderen, noch in der Erprobung bzw. im Laborversuch befindlichen Anreicherungsverfahren: Das Gaszentrifugen-, das Trenndüsen- und das Laser-Verfahren. An den beiden letztgenannten Verfahren wird auch in der Bundesrepublik Deutschland gearbeitet. Gerade weil abzusehen ist, daß bei ihnen der Trennfaktor höher liegen wird, wird sich auch durch ihre Einführung die Gefahr einer technologisch induzierten Proliferation von waffenfähigem U 235 verschärfen[17], insbesondere, wenn, wie von deutscher Seite mit Brasilien bereits vertraglich vereinbart, solche Anlagen zusammen mit Kernreaktoren exportiert werden sollen.

Beim Plutonium, dem zweiten waffenfähigen, von der Schadenswirkung her jedoch ungleich effizienteren spaltbaren Element, liegen die Dinge anders. Plutonium entsteht, wie bereits erwähnt wurde, im normalen Reaktorbetrieb als Resultat der Absorption freier, also nicht weitere Kernspaltprozesse initiierender Neutronen durch U 238. Dieses in den abgebrannten Brennelementen unsepariert enthaltene Plutonium besteht zu etwa 70 % aus dem waffenfähigen Isotop Pu 239 und läßt sich mit Salpetersäure chemisch relativ leicht, wenn auch wegen der hohen radioaktiven Strahlung nur mit großem Abschirmaufwand aus den abgebrannten Brennstäben separieren. Die bereits mit einer einzigen Reaktorladung anfallenden Mengen von Plutonium sind beachtlich. Sie betragen beispielsweise bei einer heute als ökonomisch angesehenen Reaktorleistung von 1.300 Megawatt[18] etwa 300 kg/Jahr. Theoretisch ließen sich daraus etwa 20 Atombomben der Größenordnung der Nagasaki-Bombe herstellen.

Versuche, mit dieser ambivalenten Charakteristik von Plutonium fertigzuwerden, gibt es, seit man dessen extreme Tauglichkeit für Explosionszwecke entdeckt hat und gleichzeitig dazu überging, die durch die Atomspaltung freiwerdenden riesigen Energien für friedliche Zwecke nutzbar zu machen. Zu den ersten Versuchen, den Mißbrauch von Plutonium technisch zu verhindern, gehört das Konzept der sogenannten Denatuierung, das Leo Szilard bereits im März 1945 eher beiläufig erwähnte und das dann im sogenannten Franck-Report offiziell vorgeschlagen wurde[19]. Das bis heute in zahlreichen Varianten vertretene Konzept geht auf die Entdeckung zurück, daß bei längerem Abbrennen der Brennstäbe im Reaktor ein zunehmend größerer Anteil höherer Isotope von Plutonium wie Pu 240 und Pu 242 entsteht. Diese Isotope kontaminieren das waffenfähige Pu 239 bis zu 30 % und machen es damit, wie man zunächst annahm, für eine waffenfähige Verwendung untauglich. Da ein möglichst langes[20] Abbrennen der Brennelemente im Reaktor aus okonomischen Gründen ohnehin vorteilhaft sei, ergäbe sich, so wurde argumentiert, die Unbrauchbarkeit des so entstandenen Plutoniums für atomare Sprengsätze gewissermaßen als Ergebnis des normalen Reaktorbetriebs.

In zahlreichen Varianten hat dieses Argument dreißig Jahre überlebt[21]. Ergänzend wird heute immer wieder darauf hingewiesen, ein Abweichen vom normalen Betriebsablauf lasse sich leicht entdecken. Varianten und Rudimente der Denatuierungsthese sind daneben die Aussagen, Plutonium aus dem Reaktorbetrieb sei überhaupt nicht explosiv und wenn, dann uneffektiv, weil von geringerer und stark variierender Sprengwirkung. Anscheinend sollen solche Argumente die Sorglosigkeit der frühen Jahre im Umgang mit Plutonium rationalisieren. Dazu gehört auch die von führenden französischen Kernphysikern geäußerte These, es sei der schlechteste aller denkbaren Wege, einen Leichtwasserreaktor zu kaufen, um zu einer Atombombe zu kommen[22]. Auch offizielle schwedische Stellungnahmen sprechen davon, das in Reaktoren entstandene Plutonium sei von zweifelhaftem militärischen Wert[23]. Demgegenüber hat ein Vertreter der Kraftwerk Union immerhin eingeräumt, Reaktorplutonium sei durchaus für kleine Sprengladungen von Terroristen brauchbar, wenn auch die technischen Schwierigkeiten beim Bau solcher Sprengsätze für Terroristen sicher zu groß und eine erfolgreiche Zündung überdies unsicher sei[24]. Weitaus vorsichtiger sind inzwischen offizielle amerikanische Stellen. Sie weisen lediglich darauf hin, daß Reaktoren kein besonders praktikabler oder ökonomisch sinnvoller Weg zur Herstellung von waffenfähigem Plutonium seien[25].

Sieht man näher zu, hält keines dieser Argumente einer kritischen Prüfung stand. Ohne irgendwelche Abkommen zu verletzen, kann jeder Staat eine signifikante Menge von fast reinem Pu 239 produzieren, wenn ein Reaktor abweichend von den theoretisch effizientesten Normen ausgelegt und etwa nach kurzer Bestrahlungsdauer bereits wieder entladen wird. Da von einer störungsfreien Auslastung der im Betrieb befindlichen Reaktoren selbst in den kerntechnisch führenden Ländern nicht die Rede sein kann, wird fast reines Pu 239 zuweilen sogar unabsichtlich erzeugt. So mußte in den frühen siebziger Jahren ein Reaktor in den USA nach kurzer Betriebsdauer wieder vollständig entladen werden, weil die verwendeten Brennelemente mechanisch schadhaft waren. Nach der Entladung enthielten sie bombenfähiges Pu 239 in einer Konzentration von 89 bis 95 %, genug für 100 Bomben der Nagasaki-Größe[26]. Ähnliche Beispiele für fehlerhafte Brennelemente sind aus anderen Ländern bekannt[27] und gehören offenbar mit zu dem, was man unter den gegenwärtigen Bedingungen zu den technischen Unwägbarkeiten eines „normalen" Reaktorbetriebs zählt. Ohne Verletzung von Abkommen und kaum entdeckbar kann also jeder Staat zu Waffenplutonium kommen, zumal es weder illegal noch ungewöhnlich ist, Reaktoren unökonomisch zu betreiben.

Selbst wenn man, aus welchen Gründen auch immer, diese Möglichkeit der gezielten Erzeugung von möglichst reinem waffenfähigen Pu 239 für wenig wahrscheinlich hält, bleibt die Frage, ob das in abgebrannten Brennstäben eingeschlossene Plutonium tatsächlich für Explosionszwecke untauglich ist. Die von deutscher Seite gelegentlich geäußerte Vermutung jedenfalls, für Waffenzwecke sei Pu 239 in einer Reinheit von 98 % erforderlich[28], ist nicht stichhaltig. Bekannt und nicht mehr geheim ist nämlich, daß bis 8 % durch Pu 240 kontaminiertes Plutonium heute praktisch zur Waffenherstellung verwendet wird und daß selbst eine mehr als achtprozentige Beimengung von Pu 240 für Nuklearwaffen verwendet werden kann[29]. Daraus ergibt sich eine bemerkenswerte Bandbreite für den Grad an Reinheit, der für nuklearen Sprengstoff wirklich erforderlich ist. Belegen läßt sich dieser Sachverhalt an Hand der seit einiger Zeit freigegebenen und jetzt auch öffentlich zugänglichen Akten über die Charakteristika der Nagasaki-Bombe[30]. Obwohl für deren Sprengkopf ein extrem hoher Prozentsatz an Pu 239 verwendet worden ist, hatte auch das dafür eingesetzte Plutonium immer noch einen signifikanten Anteil von Pu 240.

Aus den Akten über das „Project Manhattan"[31] geht weiter hervor, daß es schon damals Probleme mit diesem Anteil an Pu 240 gab[32]. Sie ergaben sich dadurch, daß die spontane Aussendung von Neutronen bei Pu 239 fünf Größenordnungen kleiner ist als bei der gleichen Menge von Pu 240. Zwar verwandte man schon damals eine Implosionsvorrichtung, mit der unterkritische Teilmassen im Bruchteil einer Sekunde vereinigt werden[33]. Wegen der höheren Neutronenemission des Pu-240-Anteils könnte es, so heißt es in einem Projektbericht, jedoch durchaus einmal passieren, daß eine Kettenreaktion zunächst nur „kritisch" abläuft, bevor sie den Zustand der für ein Maximum an Sprengwirkung erforderlichen extremen Superkritikalität erreicht[34]. Auch für die Nagasaki-Bombe bestand daher definitiv die Möglichkeit einer vorzeitigen Detonation mit geringem Wirkungsgrad. In jedem Falle aber würde, so eine entsprechende Aktennotiz der Projektleitung, die nukleare Explosion in der Größenordnung von 1.000 Tonnen TNT[35] liegen. Die Statements führender Mitarbeiter des „Manhattan-Projekts" lassen denn auch erkennen; daß man durch den unvermeidlichen Anteil an Pu 240 lediglich erwartete, daß sich die Wahrscheinlichkeit für einen geringeren als den optimalen Wirkungsgrad erhöhen würde, daß jedoch der faktische Wirkungsgrad immer noch größer oder zumindest gleich sein würde wie das bereits enorm zerstörerisch angenommene Minimum an Sprengwirkung. Selbst für den Fall also, daß das Pu 239 infolge der Kontamination durch Pu 240 oder Pu 242 nur ganz wenig superkritisch würde, war bereits beim damaligen Stand der Technik eine Sprengwirkung im Kilotonnenbereich zu erwarten. Rund 25 Jahre „Atoms for Peace" haben weltweit einen Stand der Nukleartechnik hervorgebracht, bei dem man davon ausgehen kann, daß Kernphysiker heute zumindest in der Lage sein dürften, Atombomben mit jenem Wirkungsgrad zu bauen, der bei der Nagasaki-Bombe als Minimum angenommen worden war, nämlich etwa 1 Kt. Selbst bei einer Kontamination durch höherwertige Isotope in der

Größenordnung von 20 bis 30 %, die ein Mittelwert für das aus abgebrannten Brennelementen separierte Plutonium ist, würde sich gegenüber dem theoretischen Wert für reines Pu 239 nur die Wahrscheinlichkeit erhöhen, daß die tatsächliche Wirkung unter der optimalen liegt. Noch im technisch schlechtesten Falle, also bei nur geringer Superkritikalität, wird die Sprengwirkung im Kilotonnenbereich liegen[36].

Im übrigen vermindert sich der Schaden nicht proportional zum verringerten Wirkungsgrad. Das durch die Druckwellen zerstörte Gebiet verkleinert sich nur im Verhältnis 2 : 3 zur Reduktion des Wirkungsgrades, während die Reduktion der direkten radioaktiven Strahlenbelastung für die Bevölkerung, die der Haupteffekt einer Waffe mit geringerem Wirkungsgrad ist, eher noch kleiner sein wird[37].

Die Hoffnung, durch Denaturierung, d.h. durch die bei normalem Reaktorbetrieb zwangsläufige Kontamination des waffenfähigen Pu 239 mit den Isotopen Pu 240 und 242, ließen sich militärische und zivile Verwendung des Plutoniums auseinanderhalten, erweist sich damit als trügerisch. Man wird vielmehr schonungslos ins Auge fassen müssen, daß bereits der normale Betrieb von Leichtwasserreaktoren aufgrund der physikalischen Struktur der in ihnen ablaufenden Prozesse und des darauf abgestellten technologischen Designs die Grenze zwischen ziviler und militärischer Nutzung nicht, wie zunächst optimistisch angenommen, stabilisiert, sondern insbesondere dann, wenn man einen großtechnischen und weltweiten Kernenergieausbau plant, zunehmend fließender macht. Von den fatalen Möglichkeiten, dadurch implizit den Nichtverbreitungsvertrag für Atomwaffen unterlaufen zu können, „ohne völlig dessen Regeln zu brechen"[38], wird im folgenden vorrangig die Rede sein.

C. Alternative Wege zum Besitz von atomaren Waffen

Schon seit der Mitte der vierziger Jahre weiß man in den USA, daß, wie Robert Oppenheimer es formuliert hat, „die enge technische Parallelität und Wechselbeziehung zwischen friedlicher und militärischer Anwendung der Atomenergie"[39] das zentrale Problem jedes Versuchs ist und bleiben wird, die permanente Bedrohung der Welt durch einen Atomkrieg wenn schon nicht zu eliminieren, so doch einzudämmen. Paradoxerweise jedoch hat die amerikanische Politik trotz dieser Einsicht schließlich versucht, die Weiterverbreitung von Atomwaffen dadurch zu verhindern, daß sie die zivile Entwicklung der Atomenergie förderte. Dieses Paradoxon kennzeichnet bereits die Truman-Attlee-King-Erklärung vom Oktober 1945, den Acheson-Lilienthal-Bericht wie den Baruch-Plan und prägt auch noch das komplementäre Verhältnis zwischen „Atoms for Peace" und dem schließlich zustandekommenen Vertrag über die Nichtweitergabe von Atomwaffen (NPT). Ausdruck dieser Verklammerung ist der doppelte Auftrag an die International Atomic Energy Agency (IAEA) in Wien, die Verbreitung der zivilen Nukleartechnologie zu fördern, zugleich aber durch entsprechende Kontrollmaßnahmen die Proliferation von waffenfähigem Material aus dem zivilen Bereich zu unterbinden.

1. *Die Schwächen der Spaltstoffflußkontrolle*

In der Diskussion über die Möglichkeiten mißbräuchlicher Abzweigungen von U 235 und Pu 239 ist man bisher immer davon ausgegangen, daß die im NPT vorgesehenen Kontrollmaßnahmen bei strikter Anwendung ausreichen würden, die Abzweigung von waffenfähigem nuklearen Material hinreichend schnell zu entdecken. Diese Zuversicht über die Wirksamkeit der NPT stützte sich dabei mehr oder weniger implizit auch auf das Argument, schon rein technisch sei das im zivilen Reaktorbetrieb anfallende nukleare Material nur durch kostspielige und komplizierte zusätzliche Verfahren in einen waffenfähigen Zustand zu bringen. Die Analysen im vorigen Kapitel haben jedoch gezeigt, daß diese Annahme falsch ist. Dadurch gewinnen Erwägungen an Gewicht, wie zuverlässig und mit welchem Grad an Genauigkeit das „Buchhaltungssystem" der Spaltstoffflußkontrolle durch die IAEA faktisch funktioniert.

Nach den Bestimmungen des NPT führt jedes Land, das zivile nukleare Anlagen betreibt, über die Zu- und Abgänge von Spaltstoffen auf allen Umwandlungsstufen selbst Buch. Die Kontrollen der IAEA beschränken sich in der Regel darauf, alle drei Monate einen Soll-Ist-Vergleich durchzuführen. Daher kann es Monate dauern, bis man etwa entdeckt, daß kontinuierlich kleine Mengen abgezweigt worden sind. Bewußtes Taktieren und Lavieren gegenüber der IAEA nach der Entdeckung können einen weiteren Zeitgewinn bringen, insbesondere dann, wenn die Abzweigung selbst durch staatliche oder halbstaatliche Stellen gedeckt würde.

Das Buchhaltungsverfahren und die Prozedur der physischen Kontrolle sind bis in alle Einzelheiten vorgeschrieben und werden von den insgesamt 75 Kontrolleuren der IAEA peinlich genau befolgt. Die formale Genauigkeit steht jedoch in einem gewissen Kontrast zu der Präzision der verwendeten physikalischen Meßverfahren, die aus technischen Gründen gewisse Toleranzen zulassen müssen. Diese zugelassenen Schwankungsbreiten sind zwar eng bemessen und genau definiert, so daß relativ betrachtet die Meßfehler vernachlässigbar sind. Durch den forcierten globalen Ausbau der Nukleartechnologie können sich jedoch im Einzelfall schon geringe, von der Spaltstoffflußkontrolle nicht erfaßte Mengen zu Größenordnungen addieren[40], deren Konsequenzen bisher nicht hinreichend bedacht worden sind. Unter diesem Gesichtspunkt werden im folgenden exemplarisch zwei Aspekte dieser Problematik skizziert.

Die immanenten Schwierigkeiten einer möglichst genauen Erfassung des potentiell bombenfähigen Materials innerhalb des Brennstoffzyklus beginnen bereits mit den Toleranzen bei der Abschätzung der Plutoniummenge in den abgebrannten Brennelementen vor der Wiederaufarbeitung. Im abgebrannten Zustand läßt sich dieser Anteil nicht präzis abschätzen, weil er von der unterschiedlichen Biographie jedes einzelnen Brennelements während der Bestrahlung im Reaktor abhängt und signifikant variieren kann[41]. Schon hier ergeben sich insbesondere bei großen Mengen zu verarbeitenden Materials in einer Wiederaufarbeitungsanlage bemerkenswerte und für vorsätzliche Manipulationen nutzbare Schwankungsbreiten der Inventarisierung.

Dazu kommt zweitens die technisch nur begrenzt verringerbare Toleranz des offiziellen Meßverfahrens selbst, die im Fachjargon verniedlichend „shrinkage" (Schrumpfung) genannt wird. Während der mehrfachen Umwandlung des spaltbaren Materials geht aus technischen Gründen stets ein gewisser Teil des Nuklearmaterials „verloren". Verluste in Höhe von etwa 0,5 % gelten als unvermeidlich. Abfälle entstehen beim Pressen und der maschinellen Herstellung der sogenannten „Pellets", der kleinen Kugeln aus nuklearem Brennstoff für die Brennstäbe sowie bei der Verarbeitung von Nuklearmaterial in flüssigem Aggregatzustand während des Wiederaufarbeitungsprozesses durch Rückstände in Gefäßen und Rohrleitungen[42]. Dadurch können zwischen dem physikalischen Bestand und dem buchmäßigen Inventar oft Differenzen bis zu 2 % auftreten. Dieser Anteil von „material unaccounted for" (MUF; etwa: nicht verbuchtes Material) wird besonders sorgfältig daraufhin überwacht, ob er sich innerhalb der offiziellen Toleranzgrenzen hält. Die zulässige Toleranz liegt inzwischen bei 1 %[43]. Durch Verfeinerung der Meßverfahren wird gegenwärtig jedoch versucht, als Grenzwert für die Schrumpfung ein halbes Prozent zu erreichen[44]. Trotz dieser geringen Marge kann MUF prinzipiell jedoch zur Basis fast „legaler"Abzweigung spaltbaren Materials in signifikanten Größenordnungen werden, wenn man längere Zeiträume und den großtechnischen Ausbau der Kernenergie ins Kalkül zieht[45]. Nimmt man nach Schätzungen der amerikanischen Atomic Energy Commission aus dem Jahre 1974 einmal an, daß global allein im Jahre 1985 durch den Betrieb von Leichtwasserreaktoren 75.000 kg Plutonium anfällt, dann sind ein halbes Prozent davon ungefähr die Menge, die ausreicht, um daraus wöchentlich eine Bombe des Nagasaki-Typs oder etwa 50 Bomben dieser Größenordnung pro Jahr herstellen zu können. Zählt man die gesamte, nach derselben Schätzung bis 1985 anfallende Menge Plutonium (350.000 kg) zusammen und rechnet davon wieder ein halbes Prozent, dann könnten bis dahin aus dem MUF etwas mehr als 300 Bomben hergestellt worden sein[46]. Die Zahlenangaben mögen variieren, obwohl die Schätzung der amerikanischen Atomic Energy Commission eher konservativ und die angenommene Toleranz von einem halben Prozent für MUF lediglich eine theoretische Größe ist. Die angegebene Größenordnung macht aber deutlich, welches Potential an waffenfähigem Material im Zuge eines globalen großtechnischen Ausbaus der Kernenergie selbst bei verschäfter und strikter Anwendung der Spaltstoffflußkontrolle gleichsam unter der Hand entstehen kann. Über den hier angedeuteten statistischen Aspekt hinaus gewinnt die davon ausgehende Bedrohung konkrete Gestalt, wenn man sich klarmacht, welche gleichsam legalen Möglichkeiten zur Abzweigung von waffenfähigem Material sich selbst einem Staat bieten, der den NPT unterschrieben hat.

2. *Verdeckte Proliferation*

Jeder Staat kann sich, wenn er dazu entschlossen ist, Atomwaffen verschaffen, selbst wenn er den NPT unterschrieben und ratifiziert hat; denn bereits der Betrieb von einigen Leichtwasserreaktoren hält diese Option auch ohne eigene Anreicherungs- und Wiederaufarbeitungskapazitäten im Prinzip zunächst einmal offen. Dazu ist nicht einmal ein wie auch immer definierter „Forschungsreaktor" nötig, obwohl das der relativ einfachste Weg ist, um zumindest an kleinere Mengen von hoch angereichertem U 235 oder an bereits separiertes Plutonium heranzukommen, zumal die Kontrollen hier zuweilen weniger strikt und effizient zu sein scheinen[47]. Der politische Preis dafür ist anscheinend jedoch vielen Staaten zu hoch. Solange man nämlich aus ressourcenökonomischen Gründen, die, für sich betrachtet, höchst vernünftig und einsichtig sind, am Recycling des Reaktorbrennstoffs festhält, öffnet schon die technische Optimierung des Brennstoffkreislaufs für Leichtwasserreaktoren jedem Staat, der solche Kernreaktoren betreiben läßt, potentiell und völlig legal den Weg zu einer atomaren Schwellenmacht.

Ein Beispiel für die technischen Möglichkeiten ist die Herstellung von Brennstäben aus einem Oxid-Gemisch von wiederaufgearbeitetem Uran und separiertem Plutonium in der Form von Dioxiden. Während das wiederaufgearbeitete Uran zunächst wieder schwach angereichert werden muß, ist das Plutoniumdioxid in aufgearbeiteter Form waffenfähig[48] und kann in dieser Form sogar aus fertigen Gemisch-Brennstäben chemisch separiert werden. So paradox das auch klingen mag: Gerade den Staaten, die sich dem Nichtverbreitungsvertrag unterwerfen, bieten sich durch dessen Doppelcharakter Möglichkeiten für eine clevere und plausible Politik, sich den Zugang zu atomaren Waffen nicht zu verbauen, ohne jedoch diese Absicht heute schon zu erwägen oder auch nur heute schon wissen oder gar erklären zu müssen, ob man diese Absicht in Zukunft einmal zu erwägen gedenkt. Da Forschung und Entwicklung von Komponenten nicht-atomarer Bomben und Trägerwaffen von keiner bekannten Vereinbarung über nukleare Zusammenarbeit betroffen sind[49], Tests von nuklearen Sprengsätzen aber nach Ansicht führender amerikanischer Experten keine conditio sine qua non für die Herstellung von nuklearen Sprengsätzen mehr sind[50], hängt die faktische Realisierung des Eintritts in den Klub der Atommächte unter solchen Bedingungen gegebenenfalls nur noch daran, den Nichtverbreitungsvertrag ordnungsgemäß mit einer Frist von drei Monaten einseitig zu kündigen. Diese Zusammenhänge sind es wohl, die jenseits von wirtschaftlichen oder gar energiepolitischen Erwägungen das Interesse vieler Staaten an der Kernenergie fundieren.

Während die gerade diskutierten Szenarios nur die Möglichkeiten skizzieren, wie Staaten in den Besitz von Atombomben kommen können, wachsen nach Ansicht vieler Experten die fatalen Chancen einer verdeckten Proliferation unterhalb der staatlichen Ebene[51]; denn der Nichtverbreitungsvertrag ist lediglich ein Instrument zwischenstaatlicher Politik. Dem entspricht der von den vertragschließenden Staaten akzeptierte Grundsatz, daß die Verhinderung bzw. Entdeckung subnationaler Abzweigung oder Entwendung spaltbaren Materials in die innenpolitische Verantwortung des betroffenen Staates fällt. Zwar ist der Euratom-Vertrag hier umfassender und strikter angelegt, weil er wegen der transnationalen Konzeption der Europäischen Gemeinschaft bis auf die subnationale Ebene reicht. Aber auch hier konzentrieren sich die Kontrollen der Nuclear Energy Agency ausschließlich auf die von ihr initiierten Gemeinschaftsanlagen und zwischenstaatlichen Einrichtungen. So notwendig die öffentliche Diskussion über die Verbesserung der zwischenstaatlichen Kontrollen auch war und ist: insgesamt muß man feststellen, daß demgegenüber eine vorbehaltlose Erörterung der Probleme einer mißbräuchlichen Verwendung von nuklearem Material auf subnationaler Ebene weitgehend vernachlässigt worden ist, obwohl dieser Aspekt unter Umständen gravierendere Konsequenzen haben kann als der Versuch von Staaten, in den Kreis der Atommächte aufzusteigen[52].

3. Ein internationaler Schwarzer Markt für Nuklearerzeugnisse

Eine Reihe von Experten[53] befürchtet nämlich, daß sich innerhalb der nächsten zehn Jahre ein gut organisierter Schwarzer Markt für waffenfähiges spaltbares Material, entsprechendes technisches know-how und unter Umständen sogar für fertige nukleare Sprengsätze entwickeln könnte. Diese Prognose stützt sich auf seriöse Berichte darüber, daß sich Staaten des Nahen Ostens, insbesondere Ägypten und Libyen, bereits auf dem internationalen Waffenmarkt bemüht haben, atomare Waffen oder das know-how dafür zu erwerben[54]. Ob solche Meldungen wahr sind oder nicht, ist dabei nicht die entscheidende Frage. Schon daß solche Meldungen auftauchen, macht es plausibel, daß Nachfrage besteht und daß sich Staaten über kurz oder lang Atomwaffen auch dann verschaffen können, wenn sie sie nicht oder noch nicht selbst herstellen können. Das muß nicht heißen, daß eine der gegenwärtig sechs Atommächte fertige Bomben oder Teile davon an ein anderes Land verkauft. Da jedoch durch die weltweite Verbreitung der zivilen Nukleartechnologie nicht nur der Kreis der potentiellen Atommächte, sondern auch die Anzahl der Experten sprunghaft größer wird, sind Szenarios denkbar, in denen der Erwerb einer atomaren Option und des entsprechenden know-how sogar den kostspieligeren Weg über den Kauf von Kernreaktoren entbehrlich macht.

Der jüngst bekannt gewordene Vorfall der „Umleitung" einer Schiffsladung von Uranerz durch das Zusammenspiel von Privatfirmen, Geheimdiensten, Regierungen und möglicherweise auch hohen Beamten von Euratom mahnt daran, die Vorstellung von der Entwicklung eines Schwarzen Marktes nicht länger für Science fiction zu halten. Auch gibt es ernstzunehmende Berichte darüber, daß in den letzten Jahren in einem europäischen Land in zwei Fällen unabhängig voneinander Plutonium zum Verkauf angeboten worden ist[55].

Mit einiger Sicherheit wird diese Entwicklung zunehmend begünstigt durch zwei Faktoren. In den mehr als zwanzig Jahren seit dem Beginn des Programms „Atoms for Peace" ist, wie bereits beont wurde, die Anzahl der Experten für Nukleartechnologie weltweit und besonders auch in den Entwicklungsländern sprunghaft gewachsen[56]. Die für den Umgang mit spaltbarem Material erforderlichen wissenschaftlichen und technologischen Kenntnisse sind weit verbreitet und in einer umfangreichen, öffentlich zugänglichen Literatur gut dokumentiert[57]. Es ist schwer verstellbar, daß bei allen diesen Experten die psychologischen Sperren geeigneten materiellen Anreizen oder auch ideologischen Überzeugungen in jedem Falle standhalten. Dazu kommt, daß die Verwertung der Nukleartechnologie im Gegensatz zu den Anfängen heute weitgehend, wenn auch unter mehr oder weniger staatlicher Aufsicht, auf privatwirtschaftlicher Basis betrieben wird. Die Ziele freier wirtschaftlicher Betätigung und das Interesse an der Sicherung vor Mißbrauch der Produkte müssen aber, wie der Waffenexport lehrt, nicht immer übereinstimmen.

In diesem Zusammenhang ist die Sorge nicht abwegig, daß der Handel mit waffenfähigem nuklearen Material oder gar mit kleineren atomaren Sprengvorrichtungen über die Grauzone des illegalen Waffenhandels in die Hände international operierender Verbrechersyndikate gerät, zumal deren hoher Organisationsgrad und die ausgefeilte Infrastruktur nach den Erfahrungen der Kriminalistik nicht produktgebunden, sondern lediglich profitorientiert ist[58]. Zahlungskräftige Nachfrage von Staaten oder politischen und terroristischen Gruppen vorausgesetzt, könnte für solche kriminellen Organisationen selbst die gewaltsame Beschaffung waffenfähigen spaltbaren Materials so etwas wie Routine sein, wenn man an die spektakulären Kunstdiebstähle und Banküberfälle der letzten Jahre denkt. Stärker als jede andere denkbare Form der Proliferation würde dann das Entstehen eines solchen Schwarzen Marktes innerhalb kürzester Zeit zu Problemen führen, die sich mit den traditionellen Mitteln zur Verhinderung der Verbreitung atomarer Waffen nicht mehr beherrschen lassen. So könnte nukleares Material in einem Lande gestohlen werden, in einem anderen in eine Bombe eingebaut und damit ein drittes Land bedroht und erpreßt werden[59]. Nutznießer eines solchen zunächst noch weitgehend profitorientiert gesteuerten Schwarzen Marktes wäre letztlich wohl der nationale und internationale Terrorismus, der sich, sei es durch Erwerb, sei es durch Kopieren der kriminellen Methoden gewaltsamer Beschaffung, in den Besitz wirksamer Erpressungsmittel setzen könnte. Unter Experten wächst die resignierte Einsicht, daß es gegen solche Aktionen fanatischer Terroristen, die bereits bei der Beschaffung und nicht nur beim angedrohten Einsatz atomarer Sprengsätze bereit sind, ihr Leben zu riskieren, kaum wirksame Maßnahmen gibt. Bereits heute, in einem relativ unterentwickelten Stadium der weltweiten Ausbreitung der Kernenergie, sind die präventiven Schutzmaßnahmen gegen Entwendung nach einer Reihe offizieller Berichte[60] und privater Recherchen sowohl im zivilen wie im militärischen Bereich selbst in den an kontrollierende Disziplin gewöhnten Industrieländern in vielen Fällen erschreckend unzureichend. Bekannt ist die Drohung eines vierzehnjährigen Schülers, die amerikanische Stadt Orlando mit einer selbstgebastelten Atombombe in die Luft zu jagen, wobei er angab, das spaltbare Material dafür gestohlen zu haben. Die Sache stellte sich schließlich als Bluff heraus, aber die Atomic Energy Commission konnte während der schwierigen Phase des Ultimatums nicht versichern, daß ihr kein spaltbares Material abhanden gekommen sei[61]. 1973 und noch einmal 1975 haben offizielle Stellen auch über die Laxheit berichtet, mit der die taktischen Atomwaffen in Europa gelagert und transportiert werden. Experten zweifeln daran, ob sich selbst im heutigen Ausbaustadium alle Nuklearanlagen lückenlos und dauerhaft gegen kriminelle Aktionen schützen lassen[62]. Schon die Verbesserung der bisherigen Schutzmaßnahmen würde andererseits, auch darin sind sich die Experten weitgehend einig, sehr bald die Garantien des liberalen Rechtsstaats tangieren[63]. Es ist evident, daß sich die hier skizzierten Möglichkeiten eines organisierten kriminellen Mißbrauchs im Falle eines raschen weltweiten Ausbaus der Kernenergie nur vergrößern werden.

4. *Die selbstgebastelte Bombe*

In der Diskussion über die Möglichkeiten einer mißbräuchlichen Verwendung von entwendetem spaltbaren Material für terroristische und kriminelle Anschläge oder Erpressungen gibt es bis heute Meinungsverschiedenheiten darüber, wie einfach oder wie schwierig es ist, einen atomaren Sprengsatz herzustellen. Unter Hinweis auf die immensen Schwierigkeiten, mit denen die hochqualifizierten Experten des Manhattan-

Projekts einst zu kämpfen hatten, und unter Verweis auf die strengen militärischen Geheimhaltungsvorschriften haben Optimisten immer wieder bezweifelt, ob selbst versierte Experten aus dem Nuklearbereich überhaupt in der Lage seien, einen funktionierenden atomaren Sprengsatz zu bauen. In der Tat schien das lange Jahre hindurch höchst unwahrscheinlich, wenn auch hier wie bei vielen anderen Fragen in diesem Bereich wiederum nachträgliche Rationalisierungen von früherer Sorglosigkeit mitgespielt haben mögen.

Die Explosion eines als „friedlich" deklarierten nuklearen Sprengsatzes in Indien im Mai 1974 hat die Szene schlagartig verändert. Nunmehr fanden auch diejenigen Experten öffentlich Gehör, die nachweisen konnten, wie gefährlich naiv die Zuversicht ist, daß die Konstruktion und der Zusammenbau eines atomaren Sprengsatzes technische Probleme ersten Ranges seien. Unter dem Eindruck von solchen besorgten Berichten, die im übrigen nur selten den Weg in die Massenmedien und damit in die Öffentlichkeit finden, ist die Stimmung unter den Fachleuten in tiefen Pessimismus umgeschlagen.

Bei dieser Diskussionslage ist es zunächst einmal sinnvoll, falsche Unterscheidungen fallenzulassen und stattdessen einige Kriterien einzuführen, unter denen man den gesamten Problemkomplex angemessen diskutieren kann. So ist etwa das verbreitete Argument, eine gleichsam handgemachte Atombombe könne gar nicht den technischen Standard der Waffensysteme der Atommächte, nämlich einen maximalen und präzise vorhersagbaren Wirkungsgrad erreichen, dann kaum noch stichhaltig, wenn das für den möglichen Verwendungszweck selbstgefertigter Atomsprengsätze irrelevant ist. Anders als die Supermächte stört es nämlich die Absichten von Terroristen kaum, ob der Wirkungsgrad eines atomaren Sprengsatzes uneffizient und kaum voraussagbar ist. Ausschlaggebend für ihre Zwecke ist, daß eine Bombe mit einem Auto transportierbar ist[64] und eine Sprengwirkung in der Größenordnung von etwa 100 Tonnen TNT[65] oder auch darunter hat[66]. Das nämlich wäre von der Schadenwirkung her eine Größenordnung, die etwa dem Zehnfachen der schwersten im Zweiten Weltkrieg abgeworfenen Bombe entspräche. Ähnliches wird man im übrigen auch für die möglichen militärischen Verwendungsabsichten kleinerer Länder vermuten können. Über den politischen Nutzen entscheidet, das mag sie das Verhalten der Atommächte gelehrt haben, der bloße Besitz, nicht unbedingt die optimale militärische Verwendbarkeit.

Vorrangig ist daher mindestens für Diskussionszwecke eine sorgfältige Untersuchung der Frage, welcher Personenkreis mit welchen technisch-wissenschaftlichen Vorkenntnissen sich mit welchen Mitteln das erforderliche Spezialwissen für die Konstruktion von nuklearen Sprengköpfen verschaffen kann. Gerade hier aber hat sich die Meinung unter den Fachleuten grundlegend geändert. Nach Schätzung amerikanischer Experten dürften es inzwischen einige Zehntausend Naturwissenschaftler und Techniker sein, die von ihren Kenntnissen ziviler Nukleartechnologie her potentiell in der Lage wären, einen atomaren Sprengsatz zu konstruieren und zu bauen[67]. Im übrigen sind die konstruktiven Prinzipien einer auf der Kernspaltung beruhenden Bombe im Detail in einer auch dem Laien verständlichen Sprache mittlerweile in der allgemein zugänglichen „Encyclopedia Americana"[68] nachzulesen.

Die Schwierigkeiten für die heimliche Herstellung eines atomaren Sprengsatzes liegen denn auch heute nicht mehr sosehr in der mangelnden Kenntnis der Konstruktion, sondern in Details des Zusammenbaus und der Abstimmung der benötigten Komponenten. Sie sind besonders für einen atomaren Sprengsatz auf Plutoniumbasis nicht trivial, aber auch nicht unlösbar. Die Zündung eines solchen Sprengsatzes erfolgt, wenn eine oder mehrere unterkritische Massen von metallischem Plutonium oder Plutoniumoxid[69] in einem winzigen Bruchteil einer Sekunde in einen überkritischen Zustand gebracht werden. Um das zu erreichen, muß man das Plutonium in einen Mantel aus einer Tonne oder mehr von konventionellem, aber hoch explosivem Sprengstoff einhüllen, der durch entsprechende Vorrichtungen an etwa 100 Stellen in einer Millionstelsekunde synchronisiert gezündet werden muß, um eine symmetrische Implosion zu erreichen. Durch diese plötzliche Druckerhöhung von außen, die mehr als 70.000 kp/cm^2 erreichen muß, verdichtet sich dabei die vorher unterkritische Masse auf etwa 8/10 ihres ursprünglichen Radius und wird dadurch überkritisch, weil die Masse nun um den Faktor zwei komprimiert ist und die Chance für ein Neutron, eine Spaltung zu erreichen, damit 1,6 mal größer wird[70]. Ihre maximale Sprengkraft entfaltet eine solche Vorrichtung jedoch erst dann, wenn zusätzlich eine Neutronenquelle eingebaut ist, die genau im Augenblick höchster Kritikalität – und nur dann – Neutronen in das eingeschlossene Plutonium injiziert[71], obwohl eine nukleare Explosion auch ohne diese Vorrichtung entsteht.

Es ist evident, daß ein solcher Sprengsatz präzise Konstruktion, perfekte Ausführung und eine exakte Synchronisation aller Komponenten verlangt, wenn die nominelle maximale Wirkung erreicht werden soll. Richtig ist sicher auch, daß die Herstellung eines solchen Sprengsatzes mit vorauskalkulierbarer maximaler Wirkung unter nicht optimalen Bedingungen äußerst schwierig und mit hohen Risiken verbunden ist, etwa dadurch, daß zufällig eine kritische Anordnung entsteht und der Sprengsatz schon beim Zusammenbau durch eine kleine Kernexplosion vorzeitig zerstört wird. Trotzdem sind die Probleme für technisch versierte Fachleute mit Erfahrung im Umgang mit nuklearem Material und hochexplosivem Sprengstoff nicht unlösbar, insbesondere dann nicht, wenn die maximale Sprengwirkung gar nicht angestrebt wird. Im allgemeinen wird heimlichen Bombenherstellern ohnehin nur Reaktorplutonium mit einem signifikanten Anteil von Pu 240 zur Verfügung stehen, das wegen seiner Spontanspaltung als kontinuierliche Neutronenquelle wirkt und einen Zustand hoher Superkritikalität gar nicht entstehen läßt. Diesem Mangel läßt sich freilich durch die entsprechende Anordnung eines Neutronenreflektors, wie er auch in Kernreaktoren verwendet wird[72], wenigstens teilweise abhelfen. Auch unter solchen ungünstigen Bedingungen läßt sich jedoch, darüber sind die Experten einig, eine einfache Sprengvorrichtung basteln, die eine Sprengkraft von einigen hundert Tonnen TNT haben würde, es sei denn, eine Komponente funktioniere im entscheidenden Moment doch nicht. Wie bereits bemerkt, hätte ein solcher Sprengsatz im Vergleich zur größten konventionellen Bombe im Zweiten Weltkrieg immer noch mindestens ein Zehnfaches an Wirkung.

Technisch weniger problematisch zu handhaben wäre ein Sprengsatz auf der Basis von hochangereichertem Uran 235 oder Uran 233. Hier könnte man das sogenannte

„gun design" verwenden, eine Vorrichtung, bei der mit normalem Schießpulver zwei unterkritische, halbkugelförmige Massen[73] mit hoher Geschwindigkeit in einem Behälter aufeinandergeschossen werden. Zur Erreichung der maximalen Sprengwirkung wäre freilich auch hier eine Vorrichtung zur Neutroneninjektion erforderlich[74], die spezifische technische Probleme stellt[75]. Jede einfache Konstruktion würde jedoch immer noch eine, allerdings nicht vorab einschätzbare, Wirkung zwischen Null und zehn Kilotonnen TNT haben[76].

Wenn dem so ist, lassen sich Szenarios entwickeln, in denen Terroristen und/oder Verbrecherorganisationen konventionelle Mittel wie Erpressung, Entführung oder extrem hohe Belohnungen ausreichen, um sich technische Assistenz für den Zusammenbau eines atomaren Sprengsatzes zu sichern. Die benötigten mechanischen, chemischen und elektronischen Bauteile sind ohnehin auf dem Markt ohne Restriktionen erwerbbar[77].

Vorsichtiger zu beurteilen, aber keineswegs unwahrscheinlich sind Meldungen, nach denen Studenten atomare Sprengsätze gebaut haben sollen. So hat eine amerikanische Fernsehanstalt im März 1975 eine Reportage darüber gesendet, daß ein zwanzigjähriger undiplomierter Chemiker des berühmten Massachusetts Institute for Technology (MIT) nach öffentlich zugänglichen Fachartikeln ohne Befragen von Experten eine Plutoniumbombe gezeichnet haben soll. Bei der Verwendung von fünf bis zehn Kilogramm Plutonium hätte sie maximal 500 Kilo gewogen und wäre etwa 2,50 m lang gewesen, gerade noch handlich genug, um in einem kleinen Lastwagen transportiert zu werden. Nach Prüfung von Experten hätte sie funktioniert und immerhin eine Sprengwirkung von etwa einer Kilotonne TNT gehabt[78]. Solche Berichte, wie immer sie einer Nachprüfung im Detail standhalten, machen deutlich, wo beim heutigen Stand der Verbreitung nukleartechnologischen Wissens die untere Grenze von Kenntnissen und Fertigkeiten für den Selbstbau von nuklearen Sprengsätzen liegt und was heute möglicherweise jedem Naturwissenschaftler mühelos erreichbar ist. Nüchtern wird man deshalb einsehen müssen, daß Konstruktion und Bau einfacher atomarer Sprengköpfe mit supoptimaler Wirkung sowohl für Staaten als auch für terroristische und kriminelle Gruppen technisch möglich und erreichbar sind. Zumindest Staaten können zudem ohne Verwendung nuklearen Materials die Komponenten solcher Sprenköpfe auf ihre Funktionsfähigkeit testen, da kein Abkommen über nukleare Zusammenarbeit dies ausdrücklich untersagt[79].

D. Risiken und Schäden bei Gewaltakten

1. *Angriffe auf nukleare Anlagen*

Bei direkten terroristischen oder militärischen Angriffen auf nukleartechnologische Anlagen mit dem Ziel oder der Folge einer Zerstörung wichtiger Sicherheitseinrichtungen müssen Auswirkungen erwartet werden, die denen des sogenannten „größten anzunehmenden Unfalls" (GAU) vergleichbar sind oder diesen sogar noch übertreffen[80]. Die Skala der Möglichkeiten reicht dabei von symbolischen Aktionen, die zwar Eigentum beschädigen, aber keine Menschenleben gefährden, über Aktionen, die bei Reaktoren eine langfristige, totale und ökonomisch verlustreiche Unterbrechung der Stromerzeugung bewirken, bis zu Angriffen, deren Ziel die Zerstörung oder wirksame Beschädigung eines Reaktors mit anschließendem Core-Schmelzen und der Freisetzung von langlebiger Radioaktivität ist[81]. Diese Skala gilt im übrigen auch im Falle eines Krieges, kriegsähnlicher Auseinandersetzungen oder in Ausnahmesituationen bei militärisch-politischen Spannungen. Für das Bedienungspersonal, die Wachmannschaften, das Management und die staatlichen Behörden macht es dabei kaum einen Unterschied, ob die Aktionen nur zur Erreichung erpresserischer Ziele angedroht oder tatsächlich durchgeführt werden. Die hohe Sensibilisierung der Öffentlichkeit durch das Unheimlich-Geheimnisvolle alles dessen, was mit Atomenergie zusammenhängt, gehört ins Kalkül solcher Gruppen und erschwert die Möglichkeiten eines wirkungsvollen Krisenmanagements. Außerdem wird man damit rechnen müssen, daß jedes Kommmando, sei es nun ein terroristisches oder im Falle eines Krieges ein militärisches, das Risiko entschlossen und bewußt in Kauf nimmt, das eigene Leben bei solchen Aktionen zu verlieren.

Gleich oder zumindest vergleichbar könnte bei terroristischen wie bei militärischen Angriffen auch die Taktik sein. Das Kommando muß, was freilich kein besonderes Hindernis ist, die Bau- und gegebenenfalls auch die wichtigsten Schaltpläne der entsprechenden Anlage genau kennen[82]. Darüber hinaus kann es dann einmal selbst technisch so ausgebildet sein, daß die Sicherheitseinrichtungen kontrolliert und synchonisiert ausgeschaltet werden können, um einen Störfall mit kalkulierter Schadensfolge einzuleiten. Denkbar aber ist auch, daß nach der Erstürmung eines Reaktors oder anderer Anlagen das Bedienungspersonal zur Hilfeleistung gezwungen wird, sei es durch Androhung von Erschießung, sei es durch gleichzeitige Geiselnahme von Familienangehörigen oder der Drohung damit. Möglich ist schließlich auch eine gezielte Hilfeleistung durch Insider, die vorher entweder bestochen oder erpreßt worden sind. Sogar eine freiwillige Hilfe aus ideologischer Überzeugung, aus sozialpathologischem Fehlverhalten oder einer ununterscheidbaren Mischung von beidem[83] liegt durchaus im Rahmen dessen, womit man unter solchen Umständen rechnen muß. Ähnlich wie in der modernen Militärstrategie, die für ihre Planungen den schlechtesten aller denkbaren Fälle unterstellt, wird man hinsichtlich der Motivation von Kommandos, die eine Nuklearanlage in ihre Gewalt bringen wollen, davon ausgehen müssen, daß es sich um entschlossene, gut bewaffnete und disziplinierte Leute handeln wird. Nach Ansicht von Experten reicht etwa ein halbes Dutzend davon aus, um unter solchen Bedingungen einen erfolgreichen Angriff durchführen zu können[84].

Katastrophale Folgen hätte es, wenn es einem solchen zu allem entschlossenen Kommando gelänge, an den strategischen Stellen der Sicherheitssysteme Sprengladungen anzubringen und diese direkt, über Zeitzünder oder Funk zu zünden. Die technischen Probleme, auf diese Weise einen Reaktor sogar einschließlich des Containments zu sprengen, dürften, ausreichend große Ladungen konventionellen Sprengstoffs vorausgesetzt, einfacher zu lösen sein als Konstruktion und Bau eines atomaren Sprengsatzes[85]. Gelänge es einem solchen Kommando, das Containment gleich zu Beginn seiner Sabotageaktion zu zerstören, wären unter ungünstigen Umständen die Folgen für die Bevölkerung sicher höher als im Falle eines GAU, weil bei den Sicherheitsberechnungen immer angenommen wird, daß zwischen Core-Schmelzen und Bruch des Containments mehrere Stunden vergehen, in denen die Strahlung der vielen kurzlebigen Spaltprodukte bereits abgeklungen ist[86].

Daneben sind Störfälle mit begrenzter oder begrenzt intendierter Schadenswirkung denkbar, etwa die kontrollierte, aber bewußte Freisetzung größerer Dosen von Radioaktivität an Wasser und Luft, die bewußte Kontamination von Gebäuden und Anlagen[87] und ähnliches mehr.

2. *Transportgefahren*

Als besonders anfällig für Sabotageakte werden allgemein die Transporte von Nuklearmaterial zwischen den verschiedenen nuklearen Anlagen beurteilt[88], insbesondere von den Anreicherungsanlagen zur Brennstäbefabrikation und von Wiederaufarbeitungsanlagen dorthin. Zwar werden zum Transport gewöhnlich Container mit einem Gewicht von 30 bis 100 Tonnen benutzt, und es ist sicher äußerst schwierig, wenngleich nicht unmöglich, solche Behälter zum Zwecke der Abzweigung spaltbaren Materials zu stehlen und ohne eigene Gefährdung zu öffnen. Befürchtet aber wird allgemein eher, daß Terroristen solche Container über Zeitzünder oder Funk mit konventionellem Sprengstoff sprengen und das so atomisierte nukleare Material in die Luft dispersieren könnten[89]. Es würde insbesondere dann zu schwer einschätzbaren, in unmittelbarer Nähe der Explosion mit Sicherheit lethalen Folgen führen, wenn, wie etwa in Großbritannien, für den Export bestimmtes separiertes Plutonium in Form von Nitrat transportiert wird, das besonders gut zerstäubt und so leicht in die Atemluft gelangen kann[90]. Für gezielte Anschläge etwa auf ein größeres Bürohaus oder eine Fabrikationsanlage genügen nach Taylor bereits wenige Gramm Reaktorplutonium – dessen Radiotoxizität je Gewichtseinheit im übrigen fünfmal höher ist als diejenige von sogenanntem Waffenplutonium –, um die meisten der dort gerade tätigen Angestellten zu töten.

3. *Schadensfolgen durch Kriegseinwirkung*

Wer auf dem Boden der geltenden NATO-Verteidigungs-Strategie, der sogenannten „flexible response" steht und dementsprechend sowohl einen großen Atomkrieg als auch einen konventionellen Bewegungskrieg unter Einschluß taktischer Atomwaffen prinzipiell für möglich hält, muß auch das Problem der Verträglichkeit zahlreicher Reaktoren mit dieser militärischen Strategie erörtern und dabei insbesondere die Frage prüfen, „ob durch den Bau von Reaktoren, zumal in großer Zahl, die durch einen Krieg drohende Gefahr erkennbar oder gar fundamental vergrößert wird"[91].

Die Folgen eines Krieges, auch eines konventionellen, würden besonders in Europa schrecklich sein. So ist denn auch das Argument weder tröstlich noch hilfreich, im Falle eines atomaren Schlagabtausches seien die Folgen der Zerstörung von Kernenergieanlagen ein Teil der allgemeinen Katastrophe[92]. Auch ist es sinnlos, sich mit der amerikanischen Auffassung zu beruhigen, für strategische Atomwaffen gäbe es lohnendere und schadenswirksamere Ziele als kerntechnische Anlagen. Die Zielplanung für strategische Langstreckenwaffen gilt nur für die beiden Supermächte selbst, und für Interkontinentalraketen gibt es in der Tat lohnendere Ziele als einen einzelnen Reaktor[93]. Demgegenüber rechnet die geltende NATO-Verteidigungsstrategie in Mitteleuropa zunächst mit einem konventionellen Bewegungskrieg bis zu 90 Tagen, der freilich den Einsatz taktischer Atomwaffen einschließen soll. Wegen der hohen Bevölkerungsdichte insbesondere in der Bundesrepublik Deutschland wird man deshalb die Frage erörtern müssen, ob, und wenn ja, unter welchen Voraussetzungen Kernreaktoren im Falle eines Krieges die unter der Bevölkerung auftretenden Verluste erhöhen könnten.

Hinsichtlich der Schadenswirkung im Kriegsfalle wird man daran festhalten müssen, daß bei einer Zerstörung des Reaktordruckgefäßes neben der langlebigen Radioaktivität auch eine Reihe von kurzlebigen Spaltstoffen freigesetzt werden. In einem solchen Falle wirkt ein Kernreaktor wegen der zusätzlichen Strahlung der Spaltprodukte unter Umständen verheerender als ein atomarer Sprengkopf mittlerer Größe[94].

Über die Verletzbarkeit von Kernreaktoren durch Waffen verschiedener Größe liegen amerikanische Untersuchungen vor[95]. Klammert man die Treffsicherheit moderner Trägerwaffen für atomare wie für konventionelle Sprengköpfe zunächst einmal aus, dann muß damit gerechnet werden, daß eine Atombombe von 100 kT TNT-Äquivalent, gezündet in einem Abstand von höchstens 60 m, und eine thermonukleare Bombe im 10 MT-Bereich, gezündet im Abstand von höchstens 600 m, dazu ausreichen, das Reaktordruckgefäß und den Reaktorkern zu zerstören. In diesem Falle würden die Trümmer des Reaktor-Cores in den Aufwärtssog des Atompilzes mit einbezogen werden. Noch bei Detonationsentfernungen von weniger als 2 km kann es allerdings bei einer 100 kT-Bombe zu Beschädigungen am Reaktor kommen, die ein Core-Schmelzen auslösen können. Bei konventionellem Sprengstoff würde eine Bombe von 1 Tonne, also einem Zehntel der Sprengkraft der schwersten im Zweiten Weltkrieg verwendeten Bombe, ein verbunkertes Gebäude mit nachhaltigen Auswirkungen für die Sicherheitssysteme beschädigen können, wenn sie in einer Entfernung von weniger als 20 m explodiert[96].

Neben Bomben können Reaktoren und andere kerntechnische Anlagen auch durch andere Waffensysteme direkt beschädigt werden. Moderne Panzerabwehrlenkwaffen etwa, die nach dem Hohlladungsprinzip arbeiten, eine Reichweite von mehreren Kilometern haben und von einer oder zwei Personen abgefeuert werden können, schweißen sich durch armierte Betonwände von etwas mehr als 150 cm hindurch. Im Zuge der ständigen, aus militärischen Gründen erforderlichen Verbesserung der Durchschlagskraft solcher Waffen wird man damit rechnen müssen, daß mit ihnen alle bisher installierten baulichen Sicherheitseinrichtungen durchschossen werden können[97].

Die Zielpräzision moderner Trägerwaffen für den taktischen wie den strategischen Gebrauch ist durchweg besser als die Werte, die in den zitierten amerikanischen Studien angenommen worden sind. Nach zuverlässigen Quellen liegt die Treffgenauigkeit solcher elektronisch gesteuerter Trägersysteme im Mittelstreckenbereich, die bei einem möglichen Kriegsfall in Mitteleuropa von ausschlaggebender Bedeutung sind, je nach der verwendeten Technologie in einem Umkreis von maximal 50 m (bei Radar) bis zu 10 m (bei Laserzieleinrichtung). Im Durchschnitt kann man also mit einer Zielabweichung von 20 m oder besser rechnen[98]. Zusätzlich zu der vergrößerten Feuerkraft reduzieren sich auf diese Weise auch die in den zitierten Studien angenommenen, für die Zerstörung eines Reaktors einschließlich des Containments erforderlichen TNT-Äquivalente, die nuklear ohnehin schon im Größenordnungsbereich der Schadenswirkung taktischer Atomwaffen liegen[99].

Auch bei rein konventioneller Kriegsführung ohne Einschluß taktischer Atomwaffen kann es zu Schäden kommen, die diejenigen einer Atombombe noch übertreffen. Wird ein Reaktor voll und genau getroffen, werden sehr große Mengen von Spaltprodukten freigesetzt, die anders als beim Explodieren einer Atombombe in entsprechender Nähe des Reaktors nicht mit in die Stratosphäre katapultiert werden. Die Zerstörung chemischer Fabriken etwa, deren Schadenswirkung sicher auch immens sein wird, läßt sich damit schon deshalb kaum vergleichen, weil die radioaktive Kontamination so lange anhält. Hätte es bereits während des Zweiten Weltkrieges Kernenergieanlagen des heutigen Umfangs gegeben, wären möglicherweise bis heute weite Gebiete in Zentraleuropa unbewohnbar, weil der Boden immer noch mit Caesium verseucht wäre[100].

E. Schlußbemerkungen

Überlegungen der hier vorgetragenen Art sind Prognosen sowenig wie die strategischen Kalküle und Szenarios heutiger Militärs. Wie diese sind sie sinnvoll und nützlich nur unter der Prämisse einer mit guten Gründen für denkbar gehaltenen Entwicklung. Im vorliegenden Falle gehört dazu die Realisierung eines großtechnischen Ausbaus der heute dominierenden Reaktorbaulinie. Daß als Basis für diese Untersuchung im wesentlichen nur angelsächsische Referenzen herangezogen werden konnten, signalisiert gravierende Defizite in der bundesrepublikanischen Diskussion. Umstandslos einsehen läßt sich fernen, daß die hier skizzierten problematischen Konsequenzen insbesondere im Falle der kommerziellen Einführung des Schnellen Brutreaktors sich nicht nur einfach wiederholen, sondern definitiv verschärfen werden. Mit der Zuschreibung prophetischer Fähigkeiten sollte man heute aus mancherlei Gründen zurückhaltend sein. Ahnungsvoll, soviel wird man aber immerhin sagen können, hat David Lilienthal, der erste Vorsitzende der amerikanischen Atomenergiekommission, einmal gesagt: „I'm glad I'm not a young man, and I'm sorry for my grandchildren"[101]. Kein Zweifel, daß das ohne Not und beim Festhalten an einem emphatischen Begriff von Verantwortung nicht das letzte Wort sein darf.

Anmerkungen

1 Vgl. Häfele (1975), 43.
2 Häfele (1975), 45.
3 Vgl. Bader (1968), passim.
4 Presidental address on October 27, 1945, zitiert nach Epstein (1976), 3.

5 Dazu Häfele (1975), 47: „In den Vereinigten Staaten kam es vor dem Hintergrund eines sehr großen militärischen Programms ... zu der Installation außergewöhnlich hoher Kapazitäten an Trennarbeit für die Erzeugung von angereichertem Uran in großen Gasdiffusions-Trennanlagen. Daneben gab es eine außerordentlich intensive ... Entwicklung von Reaktoren, die dem Antrieb von Atom-U-Booten dienen sollten. Diese U-Boot-Reaktoren arbeiten mit schwach angereichertem Uran und leichtem (das heißt natürlichem) Wasser als Moderator und Kühlmittel." Damit, so fährt Häfele fort, „waren die beiden hauptsächlichen Vorentscheidungen, die zu der so erfolgreichen späteren Entwicklungslinie der Leichtwasserkraftwerke führten, gefallen".

6 Vgl. dazu die Erläuterungen der neuen amerikanischen Nuklearpolitik von Nye (1978), 601 ff. Nye ist stellvertretender Staatssekretär und Vorsitzender der National Security Council Group on Nonproliferation.

7 Nuclear Power (1977).

8 Flowers-Report (1976).

9 Vgl. Flowers-Report (1976), § 307.

10 Vgl. Flowers (1977), 16.

11 Vgl. die Nachweise bei Blair/Brewer (1977), 400 ff.

12 Zu den spezifischen Charakteristika eines atomaren Sprengsatzes vgl. unten S. 191 ff.

13 Elemente wie etwa Uran und Wasserstoff kommen in einer Reihe von sog. Isotopen vor, da Atomkerne desselben Elements eine unterschiedliche Anzahl von Neutronen enthalten können, obwohl die Anzahl der Protonen sowie die Anzahl und die Anordnung der Elektronen identisch ist. Die Anzahl der Protonen und Elektronen bestimmt weitgehend das chemische Verhalten ohne Rücksicht auf das jeweilige Isotop. Verschiedene Isotope desselben Elements können jedoch hinsichtlich ihrer nuklearen Eigenschaften differieren. So sind einige Isotope von Uran leicht zu spalten, wenn sie von einem Neutron getroffen werden, während etwa Isotope von Wasserstoff unter bestimmten Umständen leicht zu vereinigen, zu „fusionieren" sind. Sowohl Spaltung als auch Fusion wandeln Masse in Energie um.

14 Vgl. zum folgenden auch Nuclear Power (1977), 370 ff. (340 f.); Flowers-Report (1976), §§ 92 sowie 122–126.

15 Für zivile Zwecke wird hoch angereichertes U 235 nur in Forschungsreaktoren benötigt. Im Zeitraum von 1966 bis 1976 erhielt die Bundesrepublik Deutschland für diese Zwecke von den USA neben 349 kg separiertem Plutonium insgesamt 2.270 kg hoch angereichertes U 235. Vgl. Wohlstetter (1976), 91.

16 Nuclear Power (1977), 374 ff. (343 f.).

17 Vgl. Flowers-Report (1976), § 125; Nuclear Power (1977), 371 (341).

18 Das sind Leichtwasserreaktoren etwa vom Typ Biblis Block B.

19 Vgl. Wohlstetter (1976), 94.

20 Die heute verwendeten Brennstäbe können nicht restlos ausgenutzt werden. Sie müssen aus dem Reaktor-Core entfernt werden, bevor das spaltbare Material vollständig umgewandelt ist. Die ständig steigende Menge von Spaltprodukten (vgl. oben S. 205 ff.) läßt nämlich parasitäre Neutronenfänger entstehen, die die mechanische Unversehrtheit der Brennelemente gefährden. Nebenbei bemerkt ist es wegen des hohen Spaltproduktanteils bisher nur vereinzelt gelungen, einige wenige hoch abgebrannte Brennelemente aus deutschen Leichtwasserreaktoren wieder aufzuarbeiten.

21 Dazu gehört, soweit das die publizierte Skizze zu beurteilen erlaubt, auch der Vorschlag von Locke (1976), 349 ff.

22 Vgl. Wohlstetter (1976), 156 mit Bezug auf einen Artikel aus „Nucleonics Week" vom 3. Juni 1976 und einen Bericht in „Le Monde" vom 9. September 1976.

23 Vgl. den Bericht über „Spent Nuclear Fuel and Radioactive Waste", in: Statens Offentlige Utredningar, Doc. No. 32, Stockholm 1976, 43.

24 Wohlstetter (1976), 157 paraphrasiert die entsprechende Passage aus einem unpublizierten Vortrag von G. Hildebrand anläßlich eines Besuchs mit Botschaftsangehörigen in Mühlheim am 30. April 1976.

25 Vgl. Wohlstetter (1976), 157 f.

26 Vgl. Wohlstetter (1976), 158 mit Anmerkung 26.

27 Vgl. Wohlstetter (1976), 158.

28 Vgl. Wohlstetter (1976), mit Bezug auf die Anmerkung 22 genannte Quelle sowie Münche (1975), 42, der sich auf die Expertise von W. Stoll stützt.

29 Wohlstetter (1976), 159: „In this country, however, under present classification guidance, the fact that plutonium containing up to and including 8 per cent plutonium-240 is used in weapons is unclassified as is the fact that more than 8 per cent plutonium-240 (reactor-grade) can be used to make nuclear weapons." Dazu paßt auch die Mitteilung von Jungk (1977), 138, die USA hätten Ende Juli auf dem Testgelände von Nevada erfolgreich eine ausschließlich mit Reaktorplutonium hergestellte Bombe gezündet.

30 Vgl. Wohlstetter (1976), 160ff. Dort sind auch die angezogenen Quellen zitiert bzw. benannt.

31 Codename für die Entwicklungsarbeiten an den ersten Atombomben.

32 Vgl. Wohlstetter (1976), 160.

33 Vgl. unten S. 191ff.

34 Vgl. die Erläuterungen oben S. 181ff.

35 TNT ist die gebräuchliche Abkürzung für Trinitrotoluol, eine hochexplosive chemische Verbindung ($CH_3C_6H_2$ $(NO_2)_3$), die 1863 von J. Wilbrand entdeckt wurde. TNT wird aus Totuol (C_6H_5 (CH_3)), auch Methylbenzol genannt, in drei Phasen nitriert. Toluol kommt in vielen Erdölen vor und wird vor allem aus Steinkohlenteer durch fraktionierte Destillation gewonnen. Während beider Weltkriege war TNT der wichtigste militärische Sprengstoff. Von daher stammt die Gewohnheit, auch die Sprengkraft von nuklearen und thermonuklearen Waffen in TNT-Äquivalenten anzugeben. 1.000 Tonnen TNT entsprchen dabei einer Kilotonne (kt), 1 Million Tonnen TNT einer Megatonne (Mt).

36 Vgl. Wohlstetter (1976), 161 f. sowie Gilinsky (1976).

37 Vgl. Wohlstetter (1976), 162.

38 Vgl. den Titel von Wohlstetter (1976): „Spreading the Bomb Without Quite Breaking the Rules".

39 The „heart of the problem" of international control was „the close technical parallelism and interrelation of the preaceful and the military applications of atomic energy". Zitiert nach Wohlstetter (1976), 93.

40 So hat es 1965 großtes Aufsehen erregt, daß in einer Brennstäbefabrik der Atomic Energy Commission (AEC) in Pennsylvania knapp 100 kg waffenfähiges Uran 235 vermißt wurde. Die Untersuchung ergab zwar keine Anzeichen für Diebstahl, wohl aber eine bemerkenswerte Unbekümmertheit im Umgang mit Fabrikationsabfällen. Vgl. Blair/Brewer (1977), 383.

41 Vgl. dazu Flowers-Report (1976), § 132 mit Anmerkung sowie § 320.

42 Vgl. Nuclear Power (1977), 308 (285).

43 Vgl. Nucelar Power (1977), 308 (285).

44 Vgl. Epstein (1976), 152.

45 Der frühere Direktor der Nuclear Materials Safeguards for the United States A.E.C., Charles Thornton, hat betont, daß „the aggregate MUF from the three U.S. diffussion plants alone is expressible in tons. No one knows where it is ... You could divert from any plant in the world, in substantial amounts, and never be detected ..." Zitiert nach Hayes (1976), 52, im Anschluß an McPhee (1973).

46 Vgl. Epstein (1976), 152.

47 Vgl. dazu Wohlstetter (1976), 164.

48 Vgl. Nuclear Power (1977), 401 (366) sowie Flowers-Report (1976), § 318.

49 Vgl. Wohlstetter (1976), 89.

50 Vgl. die Mitteilung von Ungerer (1975), 77, Anmerkung 16.

51 Vgl. Nuclear Power (1977), 276 (258) mit Verweis auf 301 ff. (279 ff.).

52 Vgl. Ungerer (1975), 79 f. sowie Willrich (1973), passim.

53 Als erste wohl Willrich/Taylor (1974), 119 f., aber auch Epstein (1976), 259 ff. und Flowers-Report (1976), § 317.

54 Vgl. Epstein (1976), 241.

55 Epstein (1976), 260: „The author has been informed by two persons, nationals of different countries, that within the last two years they have been offered black market plutonium in a European country. The offers were not accepted. The author has no way of proving or disproving the information, but he is well acquainted with both informants and has confidence in their reliability and integrity."

56 Vgl. Wohlstetter (1976), 159.

57 Vgl. Willrich/Taylor (1974), 2, 6ff.; Flowers-Report (1976), § 323; Plutonium Economy (1975), 18 ff.

58 Um den finanziellen Anreiz abschätzen zu können, wird man sich klarmachen müssen, daß der Handelswert von Plutonium den Schwarzmarktpreisen für Heroin ungefähr äquivalent ist. Vgl. Plutonium Economy (1975), 19.
59 Vgl. Nuclear Power (1977), 302 (280).
60 Vgl. Epstein (1976), 269; Flowers-Report (1976), § 334; Nuclear Power (1977), 303 f. (282 f.). Für die Bundesrepublik Deutschland fehlen kompetente und kritische Untersuchungen dieser Art. Beobachtungen über laxe Sicherheitspraktiken sind jedoch häufiger in der Presse aufgetaucht.
61 Vgl. Epstein (1976), 264.
62 Vgl. die bereits zitierten Äußerungen von Flowers, oben S. 181.
63 Vgl. Flowers-Report (1976), §§ 330–333; Nuclear Power (1977), 312 ff. (289 ff.).
64 Zum Vergleich: Eine der kleineren miniaturisierten Atomwaffen („Mini-Nucs") der USA mißt 60 cm auf 30 cm, die kleinste 15 cm im Durchmesser. Nach Hayes (1976), 51.
65 Vgl. dazu exemplarisch Willrich/Taylor (1974), 10, auf den sich auch Epstein (1976), 266, beruft.
66 Vgl. dazu die Tabelle bei Willrich/Taylor (1974), 23, „Damage Radii for Various Effects of Nuclear Explosions as Functions of Yield", die Schadenwirkungen und -reichweiten von 1 t bis 1 Mt TNT-Äquivalent auflistet.
67 Vgl. Epstein (1976), 267 aufgrund der Aussagen Theodore B. Taylors. Diese Aussagen wurden in einer Studie der U.S.Atomic Energy Commission, dem sogenannten Rosenbaum-Report, bestätigt. Vgl. Plutonium Economy (1975), 18.
68 Forster (1973), 550 ff. Teile dieses Artikels sind bei Willrich/Taylor (1974), 7 f. abgedruckt.
69 Die erforderliche Menge liegt für Pu 239 bei rund 4 kg und für U 235 bei etwa 11 kg. Mit avancierter Implosionstechnik reichen nach offiziellen Angaben aber bereits 2 kg, eine Größe, die sich bei Verwendung eines Beryllium-Reflektors noch herabdrücken läßt. Das theoretisch erreichbare Minimum fällt heute unter die militärischen Geheimhaltungsvorschriften.
70 Vgl. Forster (1973), zitiert bei Willrich/Taylor (1974), 8.
71 Vgl. Nuclear Power (1977), 305, Anm. (282 f.).
72 Etwa aus U 238, was die kritische Masse ohne zusätzliche technologische Maßnahmen von 16 auf 10 kg herabsetzen würde (Vgl. Forster (1973), nach Willrich/Taylor (1974) 7). In kommerziellen Kernreaktoren beträgt die kritische Masse bei Verwendung von Reflektoren aus Stahl oder Kupfer nur noch 8 kg Plutonium mit dem reaktortypischen Anteil von Pu 239, 240 und 241 Vgl. Willrich/Taylor (1974), 13 f. Dort befinden sich auch Details über die je spezifisch andere Eignung von metallischem Plutonium oder Plutoniumoxid für nukleare Explosionszwecke.
73 Die optimale Form für eine kritische Masse ist immer eine Kugel, weil so bei großem Volumen und hoher Dichte die Oberfläche klein und damit die Anzahl der Neutronen begrenzt werden kann, die an der Kugeloberfläche frei emittieren.
74 Vgl. Willrich/Taylor (1974), 19 nach Forster (1973).
75 Vgl. Nuclear Power (1977), 306 (283).
76 Vgl. Nuclear Power (1977), 306 (283).
77 Vgl. Willrich/Taylor (1974), 20 f. sowie auch die in Plutonium Economy (1975), 18 zitierten Angaben Taylors vor dem amerikanischen Kongroßausschuß für Atomenergie.
78 Vgl. Epstein (1976), 267.
79 Vgl. Wohlstetter (1976), 89. Vgl. dazu auch Myrdal (1975).
80 Einen guten Überblick über die Möglichkeiten terroristischer Aktionen im internationalen Rahmen gibt die MITRE-Studie (1975).
81 Vgl. Willrich/Taylor (1974), 22 ff.; Flowers-Report (1976), §§ 315, 316; Nuclear Power (1977), 308 (285).
82 Vgl. Flowers-Report (1976), § 309.
83 Vgl. Müller/Solms (1978), 89 ff.
84 Vgl. Flowers-Report (1976), § 321. Krieger (1975) berichtet über die Aussage eines ehemaligen Mitarbeiters am Forschmänner – Ausbildungsprogramm der US-Navy. Ihm würden drei bis fünf beliebig ausgewählte ehemalige Froschmänner oder Fallschirmjäger genügen, um einen wirkungsvollen Sabotageakt gegen einen Kernreaktor durchführen zu können.
85 Vgl. Nuclear Power (1977), 307 (284).
86 Vgl. Nuclear Power (1977), 308 (285).

87 Vgl. Nuclear Power (1977), 307 (284).
88 Vgl. Flowers-Report (1976), § 318, Nuclear Power (1977), 304 (282); Plutonium Economy (1975), 75 ff.
89 Vgl. Flowers-Report (1976), §§ 313, 322.
90 Vgl. Flowers-Report (1976), § 319. Vgl. auch die Aussagen Taylors vor dem Atomenergie-Ausschuß des amerikanischen Kongresses, zitiert in Plutonium Economy (1975), 18 f. zusammen mit einer bestätigenden Passage aus dem Rosenbaum-Report.
91 von Weizäcker (1976), 30. Da es eine öffentliche zugängliche Studie über den hier angesprochenen Zusammenhang von Kernreaktoren und Landesverteidigung bisher nicht gibt, hat sich der „Beratende Ausschuß für Forschung und Technologie" beim Bundesministerium für Forschung und Technologie von Weizsäckers Thesen, an denen sich auch die hier angestellten Überlegungen orientieren, mit geringen Änderungen zu eigen gemacht und der Bundesregierung übermittelt. Vgl. Pressemitteilung 238/75 des BMFT, Bonn, 30. Dezember 1975. Demgegenüber hat das Verwaltungsgericht Odenburg im Falle des Kernkraftwerks Esensham entschieden, daß die Auslegung eines Kraftwerks gegen Gefahrenlagen, die bei Kriegseinwirkungen entstehen, nach § 7 Atomgesetz auch dann nicht erforderlich ist, wenn sich wie im vorliegenden Falle in 6 km Entfernung eine Raketenstellung der NATO befindet. Vgl. den Bericht der Frankfurter Allgemeine Zeitung Nr. 288 vom 12.12.1977, 5.
92 Vgl. Flowers-Report (1976), § 314.
93 Vgl. von Weizsäcker (1976), 31.
94 Vgl. v. Ehrenstein (1977), 659.
95 Vgl. Chester/Chester (1970), 786 ff. sowie Chester/Chester (1974), 190 ff.
96 Vgl. Zünd (1974), nach Gottstein (1977), 9.
97 Wette (1977), 2.
98 Vgl. Burt (1976), 3.
99 Vgl. dazu und zur Problematik der Definition „taktische Atomwaffen" Record (1974), 3 ff., insbesondere 7.
100 Vgl. Flowers-Report (1976), § 315.
101 Hayes (1976), 48.

Literaturverzeichnis

Bader, W.B., The United States and the Spread of Nuclear Weapons, New York: Pegasus, 1968.

Blair, B.G. and Brewer, G.D., The Terrorist Threat to World Nuclear Programs, in: The Journal of Conflict Resolutions Vol. XXI, Number 3, September 1977, 379–403.

Burt, R., New Weapons Technologies. Debate and Directions, Adelphi Papers No. 126, The International Institute for Strategic Studies, London 1976.

Chester, C.V. and Chester, R.O., Civil Defense Implications of a Pressurized Water Reactor in a Thermonuclear Target Area, in: Nuclear Applications & Technology, Vol. 9, December 1970, 786–795.

Chester, C.V. and Chester, R.O., Civil Defense Inplication of a LMFBR in a Thermonuclear Target Area, in: Nuclear Technology, Vol. 21, March 1974, 190–200.

Ehrenstein, D. von, Vorsicht beim Einsatz der Atomenergie, in: Gewerkschaftliche Monatshefte 10, 1977, 656–664.

Epstein, W., The Last Chance. Nuclear Proliferation and Arms Control, New York: The Free Press, 1976.

Flowers, Sir B., Nuclear Power and the Environment, in: J. Rotblat (Hrsg.), Nuclear Reactors, to breed or not to breed, London: Taylor & Francis 1977, 13–18.

Forster, J.S., Nuclear Weapons, in: Encyclopedia Americana, Vol. 20, New York: American Corporation, 1973, 520–522.

Gilinsky, V., U.S. Nuclear Regulatory Commission Documents, No. S–14–76, November 1976.

Gottstein, K., Friedliche Nutzung der Kernenergie: Auswirkungen auf die Sicherheitspolitik, in: Das Parlament, 16, 1977, 8–9.

Häfele, W., Die historische Entwicklung der friedlichen Nutzung der Kernenergie, in: Kaiser, K., Lindemann, B. (Hrsg.), Kernenergie und internationale Politik, München, Wien: Oldenbourg, 1975, 43–63.

Hayes, D., Nuclear Power: The Fifth Horsemann, Worldwatch Paper 6, May, 1976.
Jungk, R., Der Atomstaat. Vom Fortschritt in die Unmenschlichkeit, München: Kindler, 1977.
Krieger, D.M., Terrorists and Nuclear Technology, in: Bulletin of the Atomic Scientists, June, 1975.
Locke, G., Möglichkeiten, Reaktorplutonium als Nuklearsprengstoff unbrauchbar zu machen, in: Reaktortagung 1976, hrsg. vom Deutschen Atomforum e.V., Kerntechnische Gesellschaft im Deutschen Atomforum e.V., 439–442.
Mc Phee, J., The Curve of Binding Energy, in: The New Yorker, December 3, 1973.
Müller, A.M.K. und Solms, F., Kernenergie und ihre Verwundbarkeit, in: Picht, G. und Eisenbart, C. (Hrsg.), Wachstum oder Sicherheit? München: Piper, 1978, 89–98.
Münch, E., Das Risiko ist auf ein tragbares Minimum reduziert, in: Der Bürger im Staat, 28. Jahrgang, Heft 1, März 1975, 38–42.
Myrdal, A., Peaceful Nuclear Explosions, in: Bulletin of the Atomic Scientists, May, 1975.
Nye, J.S., Nonproliferation: A Long-term Strategy, in: Foreign Affairs, April 1978, 601–623.
Record, J., U.S. Nuclear Weapons in Europe. Issues and Alternatives, Washington D.C.: The Brookings Institution, 1974.
Ungerer, W., Mißbräuchliche Verwendung der Kernenergie – Eine Begriffsbestimmung, in: Kaiser, K., Lindemann, B. (Hrsg.), Kernenergie und internationale Politik, München, Wien: Oldenbourg, 1975, 65–84.
von Weizsäcker, C. F., Wege in der Gefahr, München, Wien: Hanser, 1976.
Wette, W., Sicherheitspolitische Probleme der friedlichen Nutzung der Kernenergie, Ms. für das 8. Wissenschaftliche Kolloquium der Arbeitsgemeinschaft für Friedens- und Konfliktforschung vom 9. bis 11.6.1977 in Hamburg.
Willrich, M., International Safeguards and Nuclear Industry, Baltimore: The Johns Hopkins University Press, 1973.
Willrich, M. and Taylor, Th.B., Nuclear Theft: Risks and Safeguards, Cambridge/Mass.: Ballinger, 1974.
Wohlstetter, A., Spreading the Bomb Without Quite Breaking the Rules, in: Foreign Policy, No. 25, Winter 1976/1977, 88–179.
Zünd, H., Informationstagung über die Sicherheit von Kernkraftwerken, November 1974, SVA.
Bundesministerium für Forschung und Technologie, Pressemitteilung 238/75, Bonn, 30.12.1975.
MITRE-Corporation, The Threat to Licensed Nuclear Facilities. MTR – 7022, 1975..
Nuclear Power and the Environment Sixth Report of the Royal Commission on Environmental Pollution, London, Her Majesty's Stationery Office, 1976. (Zitiert als „Flowers-Report").
Nuclear Power. Issues and Choices. Report of the Nuclear Policy Study Group, Cambridge/Mass.: Ballinger, 1977.
Deutscher Titel: Das Veto. Der Atombericht der Ford Foundation, Frankfurt: Umschau Verlag, 1977 (Zitiert als „Nuclear Power". Die Seitenangaben in Klammern beziehen sich auf die deutsche Ausgabe).
Statens Offentlige Utredningar, Spent Nuclear Fuel and Radioactive Waste, Doc. No. 32, Stockholm 1976.
The Plutonium Economy, ed. by the Governing Board of the National Council of Churches of Christ in the U.S.A., o.O., Oct. 1975.

Bernhard Moltmann

Internationale Nuklearpolitik unter dem Vorzeichen traditioneller Machtpolitik

I. Zur Problemstellung

Mit der zunehmenden Bedeutung der Nuklearenergie sind im Kontext der internationalen Politik zahlreiche, bisher unbekannte Probleme aufgetaucht. Die Zeitdimensionen im Zusammenhang mit den anstehenden Entscheidungen überschreiten den Rahmen der bisherigen Entscheidungsfindung: Probleme begrenzten Zuschnitts erweisen sich als langfristig wirksam und weitläufig brisant. Dagegen stehen kaum wissenschaftliche Einsichten oder helfende Instrumentarien als Stütze den Verantwortlichen zur Verfügung. Aber gerade das konstatierte „Neue" und „Drängende" der Verhältnisse legen die Frage nahe, ob es nicht im Grunde alte Probleme sind, die, nunmehr im neuen Gewande, zur Lösung anstehen.

Die Art, in der auf die politische Herausforderung durch die Nukleartechnologie reagiert wird, verweist auf zahlreiche traditionelle, wieder auflebende Handlungsmuster und Erfahrungen. Der Streit zwischen der Europäischen Gemeinschaft und Canada um die Lieferung von Natururan kann ebenso dafür als Beispiel dienen wie die Kontroverse, die sich zwischen den USA und der Bundesrepublik im Anschluß an das deutsch-brasilianische Atomgeschäft entwickelt hat. Unter dem Mantel der vorgeblichen Sachgesetzlichkeit, der technischen Bedingheit, wird einer an Macht orientierten Argumentation auf diesem Feld Vorschub geleistet. „Macht" wird hier in dem schon klassischen Sinne verstanden, Meinung und Verhaltensweisen Anderer unter Anordnung bzw. Anwendung von Formen der Pression bis hin zur Gewalt zu beeinflussen oder gar zu bestimmen.[1] Gleichwohl kommen die zugrundeliegenden Machtstrukturen in der öffentlichen Diskussion kaum zur Sprache. Als Ursache dafür können eine Reihe von Faktoren angeführt werden:

a) Die betroffenen und verantwortlichen Instanzen, einschließlich der Öffentlichkeit, reagieren in der Regel erst auf Entwicklungen, wenn diese schon irreversibel sind. Dies zeigte sich an dem Verhalten angesichts der Zündung einer indischen Atombombe im Jahr 1974 oder des Abschlusses des deutsch-brasilianischen Atomgeschäftes. Erst die Kumulation von Ereignissen weckte ein Bewußtsein für die Gefahren.

b) Die Kommerzialisierung der Nuklearenergie und die daraus folgende Konkurrenz auf dem Gebiet des Reaktorexportes haben die politischen, sozialen und ökologischen Aspekte in den Hintergrund gedrängt. Die trotzig anmutende Verhaltensweise der Bundesrepublik angesichts der Einwände der USA gegenüber dem deutsch-brasilianischen Atomgeschäft hat die Überlegungen überlagert, ob überhaupt der Verkauf bestimmter Technologien in Länder der Dritten Welt sinnvoll ist oder nicht.

c) Die Diskussion um die weltweite Anwendung der Nuklearenergie entfaltete sich im Schatten der Erdölkrise und der hier ausgelösten Sorge um die zukünftige Energieversorgung. Die Kernkraft erhielt in den Auseinandersetzungen zwischen Erdöl liefernden Staaten und den davon abhängigen Industriestaaten die Rolle einer „politischen Ware". Mit ihr in der Hand ließ sich den Pressionen der Erdölstaaten effektiv begegnen.[2]

d) Das Bewußtsein der Gefahren einer essentiellen Bedrohung, die z.B. für die Bundesrepublik aus der militärischen Nutzung der atomaren Energie entstehen können, ist weitgehend verlorengegangen. Der Abschluß des NPT (= Nichtverbreitungsvertrag atomarer Waffen) sowie die wachsende Zahl an Unterzeichnerstaaten vermitteln ebenso ein Gefühl der Sicherheit wie das verbreitete Vertrauen auf die Wirkung der NATO.

Die enge Verbindung zwischen Problemen der Macht und der Nutzung der atomaren Energie zeigt sich angesichts der Schwierigkeit, die destruktive und die als konstruktiv charakterisierbare Form ihrer Nutzung voneinander zu unterscheiden. Die gewöhnliche Umschreibung mit „militärischer" bzw. „kriegerischer" und „ziviler" bzw. „friedlicher" Verwendung hat eher terminologische denn inhaltliche Bedeutung, weil beide Formen faktisch in einem unmittelbaren Zusammenhang stehen. Die Grauzone zwischen beiden dehnt sich immer weiter aus: Die Finanzquellen sind weitgehend identisch. Bei der Aufbereitung des Brennmaterials und bei der Verwendung von Natururan in Reaktoren fällt waffendienliches Plutonium an. Die Installation für atomare Explosionen entsprechen nahezu denen zur Erprobung von nuklearen Bomben. Auch das Personal, geschult und tätig an „friedlichen" Anlagen, läßt sich ohne Komplikation für „militärische" Aufgaben einsetzen. Dies gilt auch umgekehrt.[3]

II. Die internationale nuklearpolitische Landschaft

Als markante Punkte im nuklearpolitischen „Gelände" haben die Möglichkeiten zu gelten, neben der „friedlichen" Nutzung auch über die „militärische" Anwendung der Kernenergie zu verfügen. In den beiden Jahrzehnten nach dem 2. Weltkrieg war die Landschaft wenigen Veränderungen ausgesetzt, weil ein unlösbarer Zusammenhang zwischen beiden Nutzungsmöglichkeiten bestand. Jedoch war das Programm "Atoms for Peace", das die USA im Dezember 1953 vor den Vereinten Nationen präsentierten, schon von der Furcht begleitet, die Nutzung der Atomenergie könne sich ohne zureichende Kontrolle durch die Nuklearwaffenstaaten verbreiten. Dem wollte man zuvorkommen, indem man die Verbreitung selbst in die Hand nahm und steuerte, wenn sie schon nicht aufzuhalten war.[4] Die Zündung einer Atombombe durch Indien im Jahr 1974 brachte die Hoffnung zum Einsturz, durch kontrollierbare Weitergabe von technischem Wissen, spaltbarem Material und technischer Ausrüstung – in diesem

Fall durch Canada und die USA – eine militärische Nutzung dieser Energiequelle auszuschließen.[5]

Gegenüber der ursprünglich vorhandenen Teilung der Welt in Atommächte und Nichtatommächte ist jetzt von einem differenzierterem Bild auszugehen. Man hat von einer „nuklearen Vierklassengesellschaft"[6] zu sprechen:

1. Die Staaten, die über Kernwaffen verfügen und in der Lage sind, die Kernenergie für sich und andere darüber hinaus nutzbar zu machen. Gleichzeitig nutzen sie ihre Spitzenposition, um die militärische Anwendung der Kontrolle zu entziehen.

2. Die Staaten, die zwar über die vollständige Nukleartechnologie verfügen, allerdings zur Zeit nur die nicht-militärischen Anwendungsmöglichkeiten ausschöpfen. Diese Staaten vergrößern bei ihrem Bemühen, die Technologie insgesamt – sensitive und nicht-sensitive Anlagen – zu exportieren, die Zahl der Staaten, die Anteil an der Nuklearenergie haben.

3. Die Staaten, die über Teile der Nukleartechnologie verfügen – zumeist die nicht-sensitiven Anlagen – und danach streben, ihre Möglichkeiten auszubauen. Dabei ist nicht ausgeschlossen, daß auch die militärische Anwendung ins Auge gefaßt wird. Zu dieser Gruppe zählen gleichfalls die Staaten, die faktisch noch nicht über die Anwendungsmöglichkeiten der Nuklearenergie verfügen, aber in der Lage wären, sie sich anzueignen. Die Wahrscheinlichkeit eines solchen Handelns wiegt politisch nahezu soviel wie der tatsächliche Vollzug.

4. Die Staaten, die in keiner Weise an der Nuklearenergie partizipieren, sei es, weil sie andere Energiequellen besitzen, sei es, daß sie nicht über die dafür nötigen Mittel verfügen.

Die vorgestellte Rangfolge erweist sich als eine Hierarchie, nimmt man als Kriterium der Zuordnung die Kapazität, die Nuklearenergie in ihrer ganzen Breite auszuschöpfen oder gar weiter zu geben. Die Hierarchie erweckt unter zwei verschiedenen Aspekten Interesse:

a) Die Verteilung der Staaten der Welt auf die einzelnen Gruppen ist höchst ungleich. Von den 154 Staaten im Jahr 1976 verfügten nur 19 über Kernreaktoren mit einer Leistung größer als 20 MWe. Die Zahl soll bis 1981 auf 27 Staaten angestiegen sein.[7] Der größte Teil der Staaten – wenngleich auch diejenigen ohne weltpolitischen oder regionalpolitischen Einfluß – befindet sich in der letzten Gruppe.

b) Die neuralgischen Elemente in der Rangliste sind die zweite und dritte Gruppierung, denn von ihnen geht am ehesten die Gefahr aus, daß sich der bestehende Zustand verändert. Die existierende Stabilität der Hierarchie beruht nicht auf Ausgewogenheit bei Verteilung der Güter, sondern auf einer expliziten Diskriminierung, ausgeübt durch die erste, kleine Staatengruppe, den Kernwaffenstaaten. Sie kann von der zweiten Gruppe unterlaufen werden, indem diese technisches Wissen, Anlagen und Material an die dritte Staatengruppe weitergibt, damit eine militärische und nicht-militärische Nutzung ermöglicht und so die festgelegte Verteilung von Macht aufbricht. Die Diskussion um den im Jahr 1968 geschlossenen NPT liefert ein Beispiel für die Klage über die vorhandene Diskriminierung.[8]

Betrachtet man die wirtschaftliche, politische und soziale Situation der Staaten, die zu der dritten Gruppe gerechnet werden, so stellt man fest, daß sie im wesentlichen zu Regionen großer innerer und äußerer Instabilität gehören. Insofern verbindet sich mit dem Verlangen nach Zugang zur Atomenergie vor allem der Wunsch an dem Prestige und den daran gekoppelten Machtansprüchen teilzuhaben.[9] Wirtschaftliche Gesichtspunkte spielen eine nachgeordnete Rolle, wenn tatsächliche Energiemärkte und sonstige Quellen für mögliche Energiegewinnung in Rechnung gestellt werden.[10]

Die Furcht vor einem Anwachsen der weltweiten Bedrohung durch vermehrte Nutzung der Kernenergie steht dem Verlangen der nuklearen „Habenichtse" gegenüber, die bestehende Exklusivität der Atomwaffenstaaten und der Staaten im Besitz der sensitiven und nicht-sensitiven Technologien auszulösen. Die Frage der Weiterverbreitung oder Nicht-Weiterverbreitung, die Frage nach Möglichkeiten, die nuklearpolitische Landschaft zu verändern, muß unter Kenntnis des Gegensatzes geklärt werden.

III. Aspekte des Transfers und der Kontrolle

Das Problem der Machtverteilung und der Chancen ihrer Veränderung konkretisiert sich in den Modalitäten, die den Transfer und die Kontrolle bei der Weitergabe nuklearer Energie und deren Nutzungsmöglichkeiten regeln. Hier entscheidet sich, ob eine Teilung oder eine Konservierung der Macht stattfindet; hier zeigt sich, inwieweit sich die nukleare „Vierklassengesellschaft" auflöst oder erhält.

Der Transfer umfaßt neben den materiellen Gütern – der Lieferung von technischen Anlagen – einen umfangreichen, an Menschen gebundenen Bereich – die Schulung von Personen, die die Nukleartechnologie handhaben. Hinzu kommt die Weitergabe von Lizenzen oder „Blaupausen". Die zeitliche Dauer des Transfers endet nicht mit der Lieferung zugesagter Anlagen, sondern erstreckt sich auf den gesamten Zeitraum ihres Funktionierens. Über das Geschäft zwischen zwei Partnern hinausgehend bezieht er alle Voraussetzungen und Konsequenzen einer solchen Abmachung ein, die auch andere Staaten erfassen können, wie z.B. die spätere Lieferung von angereichertem Material für Reaktoren oder die Weitergabe einmal erworbener Kenntnisse an Dritte. Der Wissenstand unter dem Leitungs- und Bedienungspersonal, wie er für eine effektive Nutzung der Kernenergie notwendig ist, kann nicht kurzfristig angehoben werden. Der Umfang der hier zu erbringenden Leistungen läßt sich nicht in jedem Fall finanziell und materiell vorherbestimmen.

Gemeinhin wird der Transfer in einer „Einbahnstraße" abgewickelt, deren Richtung sich an dem Gefälle zwischen Geber und Empfänger orientiert. Nur in Fällen, wo auf der Empfängerseite Rohstoffe als Äquivalent für die Lieferung von Technik und Wissen angeboten werden können, kommt es zu einem Tauschgeschäft, dessen Quantitäten die qualitativen Unterschiede der Beziehung ausgleichen können.[11]

Die Staaten – USA, Sowjetunion, Canada, Großbritannien, Frankreich, Japan und die Bundesrepublik –, die in der Lage sind, Kernenergietechnologie zu exportieren, haben sich im Jahr 1975 zusammengeschlossen, um sich auf gemeinsame Richtlinien für die Ausfuhr von sensitiven Gütern zu einigen. Diese sollten sich auf Anlagen zur Anreicherung und Wiederaufbereitung von Kernbrennstoff und zur Herstellung von schwerem Wasser beziehen – Güter, mit deren Hilfe neue Brennstoffkreisläufe außerhalb der Staaten aufgebaut werden können. Die als "Suppliers Club" bekannt gewordene Runde geriet bald in den Verdacht, den Export von Kernkraftwerken monopolisieren zu wollen. Dem wurde mit einer Erweiterung des Kreises durch die Staaten Schweden, DDR, Polen, CSSR, die Niederlande, Belgien und Italien begegnet. Die faktische Ungleichheit der Partner wurde allerdings nicht aufgehoben. Im Gegenteil, die projektierte Zusammenarbeit wird von späteren Entscheidungen für neue Konferenzen und Kontakte überholt.[12]

Vergrößert sich der Kreis der "suppliers" scheinbar, wie die Aufblähung entsprechender Kontaktgremien signalisiert, so entspricht dem die Entwicklung auf der Seite der Abnehmer kaum, nimmt man den Transfer unter den "suppliers" selbst aus. Gerade unter den Entwicklungsländern finden sich kaum potentielle Käufer von nichtsensitiver oder gar sensitiver Nukleartechnologie. Derzeit liefert die in fünf Entwicklungsländern arbeitenden Kernkraftwerke weniger als 1 % der elektrischen Kapazität aller Entwicklungsländer und nur etwa 3 % der Weltkernenergieleistung. In 12 weiteren Entwicklungsländern sind Kernkraftwerke im Bau oder sollen bis 1985 ihren Betrieb aufnehmen. Damit wird der Anteil der Entwicklungsländer an der weltweiten Kernenergiekapazität auf etwa 9 % ansteigen.[13] Für die offensichtliche Beschränkung lassen sich folgende, auf den Transfer bezogene Gründe nennen: Die Kosten für die Errichtung und den Betrieb von Kernkraftwerken sowie für die benötigte Infrastruktur sind so hoch, daß nur Staaten in Frage kommen, die infolge ihres Ölreichtums die Mittel zur Verfügung haben (Persischer Golf-Staaten; Venezuela) oder aufgrund ihrer gesamten sozio-ökonomischen Entwicklung die Gruppe der Entwicklungsländer partiell hinter sich gelassen haben und zu den „Schwellenmächten" gerechnet werden. Dazu zählen Argentinien, Brasilien und Südafrika ebenso wie Indien, Pakistan und Mexiko. Außerdem stellen die "suppliers" selbst hohe technische Sicherheitsanforderungen um sich durch Unfälle und hohes Risiko zukünftige Märkte nicht zu verschließen. Die Erfüllung der Bedingungen, die an den Transfer gebunden sind, verlangen ein Maß an politischer, ökonomischer und gesellschaftlicher Stabilität, wie es in Entwicklungsländern kaum anzutreffen ist – mit der Ausnahme von konsolidierten autoritären Regimen.

Das asymmetrische Verhältnis zwischen Liefer- und Empfängerländer im Rahmen des Transfers hat sich in den vertraglichen Regelungen dieses Zustandes niedergeschlagen. Insgesamt verändert sich hierbei essentielle völkerrechtliche Grundlagen der Vertragspraxis.[14] So kann sich der Inhalt von Abkommen im Zuge der Verhandlungen zwischen Vertragsabschluß und Beginn der Ausführungen oder gar während der Ausführung erheblich verändern, da der Vertragsgegenstand den Einwirkungen der fortschreitenden technischen Entwicklung oder aber der Einflußnahme durch Dritte unterworfen ist. Konsequenterweise müßte man zu einem "floating" der Regelungen gelangen. Der Transfer insgesamt wickelt sich auf verschiedenen Ebenen ab und umfaßt Abkommen zwischenstaatlicher Natur, Verträge zwischen staatlichen und wirtschaftlichen Organisationen und Abmachungen von Wirtschaftsunternehmen.[15] Abgesehen von den verschiedenen Rechtsformen sind bei derartigen Vertragswerken verschiedene Rechtskreise miteinander in Einklang zu bringen. Es überlagern sich nationale Rechtsvorschriften, supranationale Normen und spezielle Auflagen. Letztere werden vereinbart, um im Einzelfall verbindliche Grundlagen zu schaffen.

Die Modalitäten des Transfers von Nukleartechnologie werden trotz der immanenten politischen Probleme weitgehend in ökonomischen Klauseln festgelegt und in entsprechenden Bahnen abgewickelt. Die politischen Dimensionen tauchen aber gleich wieder auf, wenn es um die in Verträgen eingebauten Kontrollmechanismen geht.

Der Terminus „Kontrolle" ist semantisch noch weitgehend ungeklärt; die Bezugspunkte des dahinter stehenden Zusammenhanges sind variabel und werden von Fall zu Fall momentanen Erfordernissen angepaßt: so lassen sich bestimmte Bereiche mit dem Hinweis auf deren militärische Relevanz der Forderung nach Kontrolle entziehen. Mit den Kontrollverfahren, die den Empfängerländern auferlegt werden, setzt sich der Weg in zunehmende Abhängigkeit, wie er sich schon bei dem Transfer abzeichnete, fort.

Der Empfänger muß eine Minderung seiner Souveränität hinnehmen – ein Eingriff, der sich nicht leichter ertragen läßt, wenn regionale Zusammenschlüsse die Beobachtung und Kontrolle übernehmen. Außerdem bürden die Kontrollbestimmungen den Käufern von Kernkraftwerksanlagen weitere Kosten auf.

Das Verlangen nach Kontrolle leitet seine Berechtigung aus der Bedrohung für die globale Sicherheit her, die von der Kernenergie und ihren Anwendungsformen ausgeht. Der Verdacht auf Mißbrauch erstreckt sich ebenso auf die Möglichkeit der kriminalisierten Nutzung als auch auf die militärische Ausbeutung – beides sind Fälle, in denen die destruktive Kraft zur Anwendung kommt.[16]

In der Praxis hat sich ein Nebeneinander verschiedener Kontrollverfahren entwickelt, die sich teilweise ergänzen, überlappen oder gar ausschalten, abgesehen von den Bereichen, die dem Verfahren von vornherein entzogen sind. So beziehen sich die Vorschriften der IAEA (Internationale Atomenergieorganisation) nur auf die konstruktiven Aspekte bei der Nutzung von Kernenergie und erfassen nicht die Möglichkeiten zur Verbreitung sensitiver Technologien. Die Inspekteure der Wiener Behörde können bestimmte Vorgänge nur entdecken, jedoch keine Entwicklungen prospektiv verhindern, da sie sich auf den Nachweis berufen müssen. Die Ergebnisse ihrer Untersuchungen sind vertraulich. Deshalb lassen sich die Kontrollen noch mit gewisser Regelmäßigkeit weltweit durchführen[17], die Resonanz ihrer Resultate ist jedoch in der öffentlichen Diskussion gering. Die Überwachung bezieht sich auf den Verbleib des spaltbaren Materials, denn ursprünglich war die Behörde dazu bestimmt, das spaltbare Material zu verteilen, das von den Atomwaffenstaaten zur Verfügung gestellt wurde. Der Aufbau der Untersuchungen ist, ob sie sich national oder regional auf vollständige Brennstoffkreisläufe erstrecken oder ob sie international für einzelne Phasen und Stationen des Kreislaufes durchgeführt werden sollen.

Auf einer ähnlichen Konstruktion, die zwischen der Achtung nationaler Hoheitsrechte und Kontrollmechanismen balanciert, beruht die Arbeit von EURATOM, wenngleich die neuesten Regelungen kürzere Meldefristen und stringentere Bestimmungen vorsehen. Kontrolleure von EURATOM überwachen die gemachten Angaben durch unregelmäßige Stichprobenkontrollen an Ort und Stelle. Wenn Material abhanden gekommen ist, kann EURATOM Auskunft verlangen, die Verfolgung der

Angelegenheit bleibt jedoch Sache der jeweils nationalen Behörden.[18] Zusätzliche Kontrollauflagen können noch von den verschiedenen Zulieferern verlangt werden, die z.B. die Liefergarantie von Natururan davon abhängig machen, daß bei dessen Verwendung und Weitergabe bestimmte Vorschriften beachtet werden. Ein solches Verlangen mag innenpolitisch motiviert sein oder aber als Gewicht in die Waagschale geworfen werden, um auf anderen Gebieten noch Vorteile auszuhandeln.

Das Problem der Kontrolle, das sich bereits bei dem materiellen Transfer als schwierig erweist, erfährt weitere Komplikationen, wenn die Ausbildung von Technikern aus Staaten einbezogen wird, die bisher noch keinen Zugang zur Nutzung von Kernenergie haben. Auf der einen Seite werden damit möglicherweise die Voraussetzungen für eigenständige, der Kontrolle der geistigen Ursprungsländer entzogene Entwicklungen geschaffen. Auf der anderen Seite wächst durch eine solche präventive Schulung die Sicherheit in diesen Ländern, weil dann dorthin gelieferte Anlagen sachgemäß bedient und die Sicherheitsauflagen erfüllt werden können.

Angesichts der komplizierten, diskriminierenden Kontrollmechanismen, mit denen man die Vielfalt von Problemen menschlicher und sachlicher Art zu lösen sucht, läge die einfachste Lösung darin, den geschürzten Knoten zu durchschlagen, nämlich eine umfassende Öffentlichkeit des Wissens herzustellen. Damit wäre ein Zustand erreicht, in dem Alle zu Allem Zugang haben, ausgehend von der Einsicht, daß Wissen nur durch Wissen überwacht werden kann. Das ist jedoch wahrscheinlich nicht mehr im Rahmen der Nationalstaaten zu realisieren, sondern verlangte nach übergreifenden Regelungen. Gegenüber einem solchen, auf Koordination aufbauenden Verfahren werden in der Praxis allerdings einem auf Sanktionen basierenden Vorgehen mehr Chancen eingeräumt. Der Katalog von entsprechenden Maßnahmen wird von den "suppliers" bestimmt und reicht von „weichen" bis zu „harten" Schritten.[19] Die Grenzen eines solchen Verhaltenskodex unter den Lieferanten zeigen sich jedoch stets dort, wo dessen Vorschriften mit anderen politischen oder wirtschaftlichen Zielen kollidieren. Als Indien im Jahr 1974 seine erworbenen Kenntnisse auf dem Sektor der Nuklearenergie zur Zündung einer atomaren Explosion nützte, geriet Canada als der "supplier" unter starken moralischen Druck und stellte die Zusammenarbeit und Lieferungen ein. Für längere Zeit gelang es Indien nicht, auf dem Weltmarkt das benötigte „schwere Wasser" zu erhalten, bis die Sowjetunion mit entsprechenden Lieferungen einsprang und damit ihre Zurückhaltung auf dem weltweiten Markt des Atomgeschäftes zum ersten Mal durchbrach. Dafür waren jedoch in erster Linie Gründe anzuführen, die sich auf das politische Verhältnis beider Länder zueinander und auf die sowjetischen Ziele in dieser Region beziehen. Inzwischen haben auch die USA den über Indien verhängten Boykott in Sachen Kernenergie durchbrochen und die Lieferung von angereichertem Uran angeboten, falls sich Indien bereit erklärt, in Verhandlungen über das Sicherheitsproblem generell einzutreten. Ähnlich ist letztlich auch der Ausgang der Kontroverse zu bewerten, die sich zwischen den USA und der Bundesrepublik nach Abschluß des deutsch-brasilianischen Atomgeschäftes entspann. Der Inhalt der Verträge wurde trotz heftigen Drängens der USA nicht verändert.[20] Nur in Zukunft sollen geeignete Formen der vorherigen Absprachen gefunden werden.

IV. Schlußfolgerungen

Die weitere Diskussion der internationalen politischen Implikationen aus der nichtmilitärischen Verwendung von Kernenergie wird sich an folgenden Gesichtspunkten orientieren:

a) Wie die Entwicklung der Nukleartechnologie im internationalen Rahmen zeigt, ist es notwendig, die Frage nach der Proliferation umzuformulieren. Sie lautet nicht mehr: Nichtverbreitung oder Verbreitung der Zugangsmöglichkeiten zur destruktiven Nutzung von Kernenergie. Es geht vielmehr nur noch um das Ausmaß und die Geschwindigkeit der Proliferation. Derartige Entwicklungen werden sich eher in Ländern vollziehen, die schon zum "suppliers club" gehören bzw. jetzt hinzugezogen werden, als in hiervon ausgeschlossenen Staaten. Die militärischen Nutzungsmöglichkeiten der Nuklearenergie und das daran gekoppelte außenpolitische Prestige üben auf die „Schwellenmächte" einen Reiz aus, der in verschiedenen Fällen die Hoffnung auf den wirtschaftlichen Nutzen überflügelt.

b) Die große Zahl der Entwicklungsländer ist von den Problemen, die aus der Nutzung von Kernenergie entstehen, nur in mittelbarer Weise betroffen, denn von dem direkten Bezug sind sie infolge ihrer schwach entwickelten Infrastruktur und dem fehlenden Kapital ausgeschlossen. Sie sind von anderen fossilen Energiequellen, vor allem dem Erdöl, abhängig. Dessen Preis resultiert jedoch zum großen Teil aus den Beziehungen zwischen den Industriestaaten und den Öl produzierenden Ländern.

c) Wichtige Veränderungen zeichnen sich im weiteren Verlauf der Entwicklung der Europäischen Gemeinschaft ab. Hier nehmen Konkurrenz und Versuche der wechselseitigen Einflußnahmen besonders scharfe Formen an. Die Chance, aus dem Zwang zur Kooperation neue Formen der Zusammenarbeit und eine tragfähige, inhaltliche Grundlage für die Gemeinschaft zu gewinnen, wird vorerst nicht genutzt.

Im Blick auf die zukünftige nuklearpolitische Entwicklung zeichnen sich zwei Tendenzen ab, die zu neuen Krisen und Konflikten führen können. Zunächst einmal erlebt der „Nationalstaat" eine nicht geahnte Wiedergeburt, teils in positiv empfundener, teils in negativ empfundener Hinsicht, denn gerade im europäischen Rahmen stellt sich heraus, in welchem Maße er als Motor bzw. als Bremse für Entwicklungen auf dem Sektor der Kernenergie wirkt. Einem Streben und dem möglicherweise objektiv vorhandenen Zwang zur überstaatlichen Zusammenarbeit auf dem Gebiet der Kernenergienutzung steht ein extrem nationalstaatlicher Eigensinn entgegen. Je länger dieser Gegensatz fortbesteht, je mehr finanzielle Mittel von jeder Seite in partikulare Vorhaben hineingepumpt werden, desto schwieriger wird es werden, einen inhaltlich und wirtschaftlich vertretbaren Zusammenschluß zu erreichen. Außerdem zeigt sich an den unterschiedlichen innenpolitischen Reaktionen auf die Konsequenzen, die eine Entscheidung zugunsten von Kernenergie mit sich bringt, wie weit im einzelnen die politischen Systeme in ihrer internen Partizipationsformen und Steuerungsmechanismen noch voneinander entfernt sind. Zudem wird deutlich, wie wenig die einzelnen Regierungen aufeinander Rücksicht oder nur Bezug nehmen, wenn Belange zu vertreten sind, die als „nationale Interessen" deklariert worden sind. Unter dieser Divergenz hat vor allem die Behandlung ökologischer Fragen zu leiden. (Beispiel: Diskussion der Standortfrage der Kernkraftwerke im oberen Moselbereich zwischen Frankreich, Luxemburg und der Bundesrepublik) Ein unterschiedlich entwickeltes Problembewußtsein in den einzelnen Öffentlichkeiten scheint in diesen Fällen mit dem Wunsch zusammenzufallen, bestimmte Hegemonieansprüche zu vertreten.

Verbunden mit dem feststellbaren Aufleben des Nationalstaatsgedanken tauchen andere Begriffe und Handlungsmuster wieder auf, die bereits als überwunden galten, und zwar das Denken in politisch-geographischen Räumen. Da die Nutzung von Kernenergie mit Sicherheitsrisiken verbunden ist, ist nicht jeder Standort für den Kernkraftwerksbau geeignet. Der Bedarf an Raum steigt noch, wenn die Entsorgung oder die Wiederaufbereitung einbezogen wird. Die Belastungen, die der Kernkraftwerksbau möglicherweise mit sich bringt, werten die Standortfrage zu einem zentralen Problem im nationalen wie überstaatlichen Rahmen auf. Der Vorschlag, multinationale Zentren aufzubauen, ist auch noch nicht wegen der Schwierigkeiten konkretisiert worden, einen Platz zu finden. Die Diskussion und Lösung dieser Frage unterliegen der Gefahr, verbal und inhaltlich von einer sachlichen Raumplanung zu einer Geopolitik bedrohlichen Charakters zu führen, deren emotionales Gewicht einer sachbezogenen Bewältigung der Probleme entgegensteht.

Eingangs war die Frage nach dem Verhältnis von Problemen und angemessenen Lösungsmöglichkeiten gestellt worden. Im Verlauf des Versuches, die Probleme auf dem Gebiet der internationalen Nuklearpolitik hin und her zu wenden, hat sich gezeigt, daß sie weitgehend auf gleiche Grundmuster zurückgeführt werden können, die weite Bereiche der internationalen Politik insgesamt bestimmen: die Frage nach Macht, nach der Regelung von Teilhabe daran bzw. Ausschluß davon. Allerdings läge es nahe, daß angesichts neuer Technologien, angesichts neuer Beurteilungskriterien auch andere Instrumentarien zur Bewältigung oder zumindest zur Kanalisierung der Probleme zur Verfügung stünden. Es sind jedoch kaum neue Ansätze zu verzeichnen, sich den gewohnten Handlungsmustern zu entziehen und neue Verfahren der zwischen- bzw. überstaatlichen Beziehungen zu entwickeln. Im Gegenteil, in verschiedenen konkreten Situationen zeichnet sich ab, daß bereits lang zurückliegende gedankliche Anstöße wieder aufgegriffen werden. Den Anfordernissen der neuen Technologie wird auf politischer Ebene weitgehend noch mit nicht adäquaten Mitteln und Konzeptionen begegnet.

Anmerkungen

1 Vgl. Kaplan (1974), 103, vgl. Weizsäcker (1976), 150, vgl. Herz (1977), 58.
2 Vgl. Lantzke (1975), 32 ff.
3 Vgl. Barnaby (1977), 38.
4 Vgl. Guhin (1976), 10.
5 Vgl. Kapur (1976), 214 ff.
6 Ich folge der Einteilung von C. Eisenbart, für deren Anregungen ich danke.
7 Nach: Militärische und zivile Kernenergie (1977), in: Militärpolitik 2 (1977), 3, 55.
8 Vgl. Brasilien (1977), 21 ff.

9 Vgl. Betts (1977), 164 ff., vgl. Epstein (1977), 22 f.
10 So sind erst 1/6 der in Brasilien vorhandenen Wasserenergie nutzbar gemacht worden. Frankfurter Allgemeine vom 25.11.1976.
11 Vgl. Kirchner u.a. (1977), 322 ff.
12 Beschlüsse des Londoner Gipfeltreffens vom 7./8. Mai 1977 (USA, Großbritannien, Bundesrepublik Deutschland, Japan, Italien, Frankreich, Canada), in: Europa-Archiv 32 (1977), 12, (D 315–D 322), Frankfurter Allgemeine vom 1.8.1977.
13 Nach Aussage von S. Eklund, dem Generaldirektor der Internationalen Atomenergieorganisation vor der IAEA-Konferenz in Salzburg, 2.–13.5.1977, zit. in: epd-Dokumentation 29/77, 41.
14 Vgl. Rotter (1971), 420.
15 Artikel 1 des Abkommens zwischen der Regierung der Bundesrepublik Deutschland und der Regierung der Föderativen Republik Brasilien über Zusammenarbeit auf dem Gebiet der friedlichen Nutzung von Kernenergie vom 27. Juni 1975, in: Bulletin Nr. 87 vom 8.7.1975, Presse- und Informationsamt der Bundesregierung, Bonn.
16 Vgl. Feiveson/Taylor (1977), 155 ff.
17 So die sowjetischen Appelle, an dem Status und dem Funktionieren der IAEA nichts zu verändern: vgl. Chernov (1977), 134. Vgl. Zheleznow (1977), 50.
18 Vgl. Ungerer (1975), 198 ff.
19 Vgl. Wohlstetter (1977), 247 f.
20 Vgl. Lowrance (1976), passim.

Literaturverzeichnis

Barnaby, F. C., How States Can "Go Nuclear", in: Annals of the American Academy of Political and Social Science, 430 (März 1977), 29–43.

Betts, R. K., Paranoids, Pygmies, Pariahs and Nonproliferation, in: Foreign Policy, 26 (1977), 157–183.

Brasilien, Föderative Republik, Das Kernenergieprogramm Brasiliens, dt. Fassung, Brasilia 1977.

Chernov, B., International Atomic Energy Agency, in: International Affairs (Moscow), 1977, 1, 134–135.

Epstein, W., Why States Go – And Dont't Go-Nuclear, in: Annals of the American Academy of Political and Social Science, 430 (März 1977), 16–28.

Feiveson, H. A. und Taylor, Th. B., Alternative Strategies for International Control of Nuclear Power, in: P. Greenwood u. diess., Nuclear Proliferation. Motivations, Capabilities, and Strategies for Control, 1980 Project/Council on Foreign Relations, New York u.a.O.: McGraw-Hill 1977, 125–190.

Guhin, M. A., Nuclear Paradox. Security Risks of the Peaceful Atom. Foreign Affairs Study, 32, Washington, D. C.: American Enterprise Institute for Public Policy Research 1976.

Herz, J; H., Power Politics and World Organization (1942), in: ders.: The Nation State and the Crisis of World Politics. Essays on International Politics in the Twentieth Century, New York: David McKay Co. 1976, 57–71.

Kaiser, K. und Lindemann, B. (edd.), Kernenergie und internationale Politik. Zur friedlichen Nutzung der Kernenergie. Schriften des Forschungsinstituts der Deutschen Gesellschaft für Auswärtige Politik e.V. Bonn. Reihe: Internationale Politik und Wirtschaft, Bd. 37, München/Wien: Oldenbourg 1975.

Kaplan, M., The Power Structure in International Relations, in: International Social Science Journal, 26 (1974), 1, 95–108.

Kapur, A., India's Nuclear Option. Atomic Diplomacy and Decision Making. Praeger Special Studies in International Politics and Government, New York, Washington, London: Praeger Publ. 1976.

Kirchner, Ch. u.a., Rohstofferschließungsvorhaben in Entwicklungsländern, Teil 1: Interessenrahmen, Verhandlungsprozeß, rechtliche Konzeption. Studien zum internationalen Rohstoffrecht, Bd. 1, Frankfurt a. Main: A. Metzner, Deventer: Kluwer 1977.

Lantzke, U., Die Energiesituation als Rahmenbedingung für Konflikte, in: Kaiser und Lindemann (1975), 23–42.

Lowrance, W. W., Nuclear Futures for Sale: Issues Raised by the West-German-Brazilian Nuclear Agreement. Paper presented to Pugwash Symposium, Racine, Wisc. 24.–27. may 1976 (Ms.).

Militärische und zivile Kernenergie in Zahlen. Dokumentation, in: Militärpolitik, 2 (1977), 3, 53–66.

Rotter, M., Die Abgrenzung zwischen völkerrechtlichem Vertrag und außerstaatlicher zwischenstaatlicher Abmachung in: R. Marcic u.a. (edd.), Internationale Festschrift für Alfred Verdross zum 80. Geburtstag, München, Salzburg: W. Fink 1971, 413–421.

Ungerer, W., Die Rolle internationaler Organisationen bei der Verhinderung mißbräuchlicher Verwendung von Kernenergie, in: Kaiser und Lindemann (1975), 153–226.

Weizsäcker, C. F., von, Wege in der Gefahr. Eine Studie über Wirtschaft, Gesellschaft und Kriegsverhütung, München: Hanser 1976.

Wohlstetter, A., Möglichkeiten zur Verlangsamung und Begrenzung der Ausbreitung von Nuklearwaffen, in: Europa-Archiv, 32 (1977), 8, 234–248.

Zheleznow, R., Atomic Power and Non-Proliferation of Nuclear Weapons, in: International Affairs (Moscow), 1977, 2, 46–52.

Gerhard Liedke

Kernenergie und Schöpfungsauftrag

Die Diskussion um die großtechnische Einführung der Kernenergie hat die Theologie zu ungelegener Zeit überrascht. Das Stichwort, mit dem sie in die Kernenergiediskussion eingreifen muß, heißt „Schöpfung". Aber spätestens seit der Neuformierung der Theologie nach dem ersten Weltkrieg wurde das Thema Schöpfung nur noch unter rettungsgeschichtlichem Aspekt betrachtet. Klassisch ist der Satz aus Gerhard von Rads Arbeit über den Schöpfungsglauben 1936: „Die Schöpfung wird als Geschichtswerk Gottes angesehen." Eine Schöpfungstheologie, die sich mit der realen, von den Naturwissenschaften durchforschten „Natur" befaßte, gab es nicht (mehr).

Wir sind also in Sachen Schöpfung „auf die Anfänge des Verstehens zurückgeworfen", was für mich bedeutet: auf die biblischen Schöpfungstexte. Heinz Eduard Tödt ist zuzustimmen, wenn er sagt: „Die heutigen ökologischen Probleme nötigen und ermutigen uns, den biblischen Schöpfungsglauben neu zu durchdenken und ihn in besserem Gehorsam auszulegen und danach unser Leben zu richten."[1]

Mit den folgenden Überlegungen soll nicht der Anschein erweckt werden, als ob Urteilskriterien für die Kernenergiediskussion direkt aus Texten der Bibel abgeleitet werden könnten. Der Zusammenhang ist komplexer: Das Kernenergieproblem betrifft – nicht ausschließlich, aber doch vorrangig – das Verhältnis des Menschen zur Natur; der christliche Glaube kann das Verhältnis des Menschen zur Natur nur unter dem Vorzeichen sehen, daß beide – Mensch und außermenschliche Natur – Kreaturen, Schöpfung Gottes sind[2]; deshalb ist es sinnvoll, die Modelle des menschlichen Umgangs mit der Natur zu studieren, die sich in den biblischen Schöpfungstexten finden, und dann über Folgerungen für das Kernenergieproblem anhand dieser Modelle nachzudenken.

Zentral für die Bestimmung des Verhältnisses des Menschen zur außermenschlichen Schöpfung ist der in 1. Mose 1,28 formulierte Auftrag an die Menschen:

> „Und Gott segnete sie und sprach zu ihnen: Seid fruchtbar und mehret euch und füllet die Erde *und machet sie euch untertan, und herrschet über* die Fische im Meer und die Vögel des Himmels, über das Vieh und alle Tiere, die sich auf der Erde regen!"

In einer früheren Arbeit[3] habe ich eine Skizze der Auslegungsgeschichte dieser „dominium terrae" genannten Passage gegeben und gezeigt, daß die neuzeitliche Naturwissenschaft und Technik nicht unwesentlich durch den Gedanken beflügelt worden sind, in und mit ihr erfülle der Mensch nun endlich nach fast 2000 Jahren den Auftrag zur Herrschaft über die Erde[4]. Damit fühlte sich das rücksichtslos ausbeuterische Naturverhältnis des abendländischen Menschen theologisch legitimiert – soweit ein Verlangen nach solcher Legitimation bestand. Die christliche Theologie widersprach dieser Auslegung des dominium terrae nicht; darin liegt ihre Mitschuld an der ökologischen Krise. Die ökologische Krise nötigt uns heute dazu, unser Naturverhältnis von einem Verhältnis der Ausbeutung in ein Verhältnis der Kooperation zwischen Mensch und Natur zu verwandeln[5]. Dazu ist zuerst eine Revision unserer dominium-terrae-Interpretation nötig. In Stichworten: die bisher vorherrschende *technizistische* Interpretation des dominium terrae muß durch eine *ökologische* Interpretation abgelöst werden. „Technizistisch" nenne ich die bisherige Interpretation, um jene verhängnisvolle Kombination von Technik, Naturwissenschaft und Fortschrittsideologie zu charakterisieren, die Tödt[6] geschildert hat; „ökologisch" nenne ich die zu findende neue Interpretation, um anzuzeigen, daß in ihr nicht allein der Mensch das Maß aller Dinge ist, sondern die Erde als Wohnraum (Oikos) allen Kreaturen in gleicher Weise dienen soll. Es wird sich herausstellen, daß auch 1. Mose 1,28 – obwohl der isolierte Wortlaut zunächst anderes vermuten läßt – eher „ökologisch" als „technizistisch" gemeint ist.

A. Versuch einer ökologischen Auslegung von 1. Mose 1,28; 9, 1–7

Die geschichtswirksam gewordene Formulierung des dominium terrae in 1. Mose 1,28 findet sich im sog. „priesterschriftlichen" Strang der biblischen Urgeschichte[7]. Dieser Strang ist folgendermaßen gegliedert:

1. Mose 1, 1–2, 4a	*die Weltschöpfung*
1. Mose 5	Geschlechterfolge der Urzeit (von Adam bis Noah)
1. Mose 6–8	die große Flut – Folge der „Gewalt" auf der Erde
1. Mose 9	*Neuordnung der Welt nach der Flut*
1. Mose 10/11	Ausbreitung der Völker – Geschlechterfolge von Noah bis Abraham

Eine Grundentscheidung für die Auslegung des dominium terrae fällt schon hier: Die technizistische Interpretation berief sich immer nur auf die Formulierung aus 1. Mose 1,28; sie übersah völlig, daß das dominium terrae 1. Mose 9, 1–7 nach der großen Flut neu formuliert wird, und daß diese Formulierung die für die heutige (nachsintflutliche) Welt maßgebende ist – jedenfalls in der Sicht des priesterlichen Erzählers. Wir leben ja nicht mehr in der Schöpfungswelt von 1. Mose 1, sondern in einer Welt, in die „Gewalt" (1. Mose 6, 10) eingebrochen ist. Die Unterschlagung von 1. Mose 9, 1–7 wäre nicht weiter tragisch gewesen, wenn 1. Mose 9, 1–7 die Schöpfungsformulierung aus 1. Mose 1 nur wiederholt hätte. Dies ist aber nicht der Fall: eine ökologische Auslegung des dominium terrae registriert die Differenzen zwischen 1. Mose 1 und 1. Mose 9 und zieht daraus wesentliche Erkenntnisse. Um dies deutlich zu machen, müssen beide Texte kurz betrachtet werden.

Bedeutung und Funktion des dominium terrae in 1. Mose 1 ergeben sich aus der Struktur dieser Schöpfungserzählung. Die Struktur ist im Grundsatz „ökologisch": die Erschaffung der Welt wird so erzählt, daß in einer ersten Reihe von Schöpfungswerken die *Lebensräume* geschaffen werden (2.–4. Werk), denen dann in einer zweiten Reihe die *Lebewesen* zugeordnet werden[8]. Dabei gelten die Gestirne antiker Anschauung gemäß als Lebewesen, wohingegen die Pflanzen – weil sie kein Blut haben – nach israelitischer Auffassung ein Teil der Erde sind. Folgende Zuordnung von Lebensräumen und Lebewesen ergibt sich:

Himmelsgewölbe (6–8)	– Gestirne (14–17)
Wasser (9–10)	– Wassertiere (20–23)
Luftraum (9–10)	– Vögel (20–23)
Erde (9–10) + Pflanzenkleid der Erde (11–13)	– *Landtiere* (24–25) + *Menschen* (26–28)

Die Schöpfung ist also nach 1. Mose 1 wohlgeordnet, insofern jede Art von Lebewesen einen ihr eigenen *Lebensraum* hat. Lediglich im Lebensraum Erde geht die Rechnung nicht voll auf, denn: im Lebensraum Erde (= das trockene Land auf der Erde) leben zwei Arten von Lebewesen, die Landtiere und die Menschen. Diese Konstruktion schließt die Möglichkeit eines *Konfliktes* zwischen Landtieren und Menschen ein. Pointiert gesagt: in Gottes gute Schöpfung (1,31) ist die Möglichkeit des Konfliktes eingebaut, es ist der Grundkonflikt zwischen Mensch und Natur um den Lebensraum[9]; ich will ihn den „ökologischen" Konflikt nennen.

Gott überläßt aber – nach 1. Mose 1 – die Partner des ökologischen Konfliktes nicht sich selbst, sondern gibt der Schöpfung Regelungsmechanismen für diesen Konflikt. Die beiden wichtigsten Regeln sind (1) die Verteilung der Nahrung zwischen Landtieren/Vögeln und Menschen (1,29–30) und (2) das *dominium terrae*.

Die von Gott angeordnete Zuteilung der Nahrung kann man als dissoziative Behandlung des Konfliktes bezeichnen. Innerhalb des gemeinsamen Lebensraumes werden je spezifische Nahrungsmittel zugewiesen: die Landtiere und Vögel sollen von Gras leben, die Menschen von Baumfrüchten und Getreide[10]. Die Möglichkeit, daß die Menschen Tiere töten und essen, wird damit ausgeschlossen – der bekannte „Vegetarismus" von 1. Mose 1. Mit dieser je spezifischen Nahrungszuteilung ist der Kernbestand des ökologischen Konfliktes geregelt; was an Konfliktpotential verbleibt, wird durch die zweite göttliche Anordnung, das dominium terrae, reguliert.

Schon damit ist klar, daß die Erdherrschaft des Menschen nach 1. Mose 1 nicht schrankenlose Verfügungsgewalt des Menschen über die außermenschliche Schöpfung meinen kann. Ja, manche Ausleger haben die Frage aufgeworfen, worin denn eigentlich ein dominium terrae noch bestehe, das die Tötung und das Essen von Tieren ausklammere[11]. Im Sinne der Bibeltexte dürfte an die Domestizierung von Wildtieren zu Haustieren zu denken sein oder auch an die Art von Dienst, den die Taube am Ende der Sintflut dem Noah erweist (1. Mose 8, 6–12)[12]. Für unseren Zusammenhang ist entscheidend wichtig: das dominium terrae ist die Regelung des Konfliktes zwischen Landtieren und Menschen. Da die Landtiere die Kontaktstelle des Menschen mit der außermenschlichen Natur sind, stehen sie hier stellvertretend für die gesamte außermenschliche Natur. Das heißt: das dominium terrae ist die Regelung des ökologischen Konfliktes.

Es bedarf nur kurzer Erwähnung, daß – im Gegensatz zum neuzeitlich-technizistischen Bild – der Mensch ebenso Natur ist wie seine Mitgeschöpfe von den Steinen und den Sternen an. Der Mensch ist Teil der Natur, geschaffen wie sie. Allerdings ist dem Menschen – als dem Bild Gottes (1, 26; 9, 6) – die Herrschaft über die Tiere und die

Erde zugesprochen, darin unterscheidet er sich von der nichtmenschlichen Schöpfung. Die Herrschaft des Menschen ist aber nichts anderes als eine Regel zur dauerhaften Bearbeitung des ökologischen Konfliktes.

Wie ist diese Herrschaft in 1. Mose 1 gedacht? – Die Wortwahl im Hebräischen verweist in den politischen Bereich, auf die Herrschaft eines Königs über seine Untergebenen[13]. Was in Israel Königsherrschaft im Idealfall bedeutet, ersehen wir aus dem 72. Psalm: die Königsherrschaft bewirkt Heil/Frieden (schalom) für die Menschen *und* für die außermenschliche Kreatur; der König ist verantwortlich für das Recht und verhilft insbesondere den Armen, Schwachen und Abhängigen zu ihrem Recht[14]. Man kann also sagen: die Erdherrschaft des Menschen bedeutet, daß der Mensch im Konflikt um den Lebensraum Erde Entscheidungsbefugnis hat; der Mensch soll die Fragen, die nach der differenzierten Nahrungszuweisung noch offen bleiben, mit Autorität regeln. Damit ist er *verantwortlich* für die Mitgeschöpfe und hat für sie zu *sorgen*[15].

Die priesterlichen Verfasser des Textes von 1. Mose 1 wissen sehr wohl, daß die geschilderte Schöpfungswirklichkeit nicht die Wirklichkeit der heutigen Welt ist – nicht ihrer Welt des 5. Jahrhunderts vor Christus und nicht unserer wissenschaftlich-technischen Welt. Zwischen der Schöpfungswirklichkeit – die trotz allem die heutige Wirklichkeit konstituiert – und dem Heute liegt das Hereinbrechen der „Gewalttat" in die Schöpfung (1. Mose 6, 11.13)[16]. Folge davon ist die große Flut, und nach der Flut ordnet Gott die geschaffene Welt neu unter den Bedingungen der Gewalt nicht nur zwischen den Menschen, sondern vor allem zwischen Mensch und Natur. In 1. Mose 9, 1–7 werden unter der neuen Bedingung sowohl die Nahrungsverteilung als auch das dominium terrae neu formuliert. Jetzt werden den Menschen die Tiere zu Nahrungszwecken freigegeben (9, 3); damit verschärft sich der Konfliktaspekt mit der Folge, daß nicht mehr die Königsherrschaft das Modell des dominium terrae ist, sondern die Bildwelt des sog. Jahwekrieges herangezogen wird[17]. Die Tiere sind den Menschen „in die Hand gegeben" (9, 2) wie der Unterlegene dem Sieger. So sieht eine Herrschaft aus, die mit Gewalt verbunden ist. Allerdings werden auch unter den neuen Bedingungen die Tiere vor den Menschen wie umgekehrt die Menschen vor den (wilden) Tieren *geschützt*. Der „Tierschutz" erfolgt auf zweierlei Weise: einmal wird den Tieren Angst vor den Menschen eingegeben, damit sie sich nicht zu vertrauensvoll ihrem Töter nähern (9, 2); dann wird die Tiertötung differenziert, indem zwar das Fleisch der Tiere gegessen werden darf, nicht aber ihr Blut, und das heißt: ihr Leben. Das Blut muß ausgegossen, der Erde zurückgegeben werden (9, 4)[18]. Der „Menschenschutz" erfolgt dadurch, daß Gott selbst durch Tiere vergossenes Menschenblut von den Tieren einfordern will (9, 5a). Eine wichtige Beobachtung: im Rahmen dieser Regelung taucht bei dem priesterlichen Erzähler zum ersten Mal auch die Bedrohung des menschlichen Lebens durch andere Menschen auf. Der zwischenmenschliche, der soziale Konflikt ist also in 1. Mose 9 ein Teil des ökologischen Konfliktes: der ökologische Konflikt ist der Rahmen, in den der soziale Konflikt hineingehört (9, 5–6).

Zusammenfassend läßt sich das dominium terrae, das in unserer nachsintflutlichen Welt gilt, so beschreiben: 1. Mose 9 verstärkt gegenüber 1. Mose 1 die Asymmetrie des Mensch-Natur-Konfliktes und entspricht damit der bis heute und gerade heute gegebenen Situation; die Herrschaft des Menschen wird auf die Tiertötung zu Nahrungszwecken ausgedehnt, die Menschen sind nicht mehr Vegetarier. Im übrigen ordnet Gott das Verhältnis Mensch-Natur aber so, daß durch wechselseitige Schutzmaßnahmen möglichst viel von der Schöpfungswirklichkeit erhalten bleibt, daß Mensch und Natur gleichermaßen Gottes Schöpfung sind und bleiben. Man kann es auch so sagen: in der Asymmetrie des Konfliktes wird ein gewisses Maß an Symmetrie bewahrt; das Ausmaß der Asymmetrie wird als zu groß, als Widerspruch gegen Gottes gute Schöpfung verstanden. Zerstörung der Natur ist den Menschen weder aufgetragen noch erlaubt.

B. Das Mensch-Natur-Verhältnis als Konflikt

In der vorgelegten Interpretation des dominium terrae sind die Kategorie „Konflikt" und Elemente der Konflikttheorie verwendet worden. Dies ist – sofern es bewußt geschieht – exegetisch verantwortbar. Keine Auslegung kann auf die Verwendung heutiger Begriffe und Kategorien verzichten. Nur so können exegetische Beobachtungen systematisch weiterentwickelt werden. Ich verwende im Folgenden einige Elemente einer Theorie des Konfliktes, die Johan Galtung formuliert hat[19].

Galtung unterscheidet symmetrische und asymmetrische Konflikte: „Wenn wir von einem *symmetrischen*, einem gleichgewichtigen Konflikt sprechen, meinen wir einen Konflikt zwischen zwei Kontrahenten, die auf gleicher Stufe stehen, d.h. daß sie beide von derselben Art sind, z.B. Nationen, und daß sie die gleichen Hilfsquellen zur Verfügung haben. Ein *asymmetrischer*, ein ungleichgewichtiger Konflikt entsteht zwischen ungleichen Parteien – die also auf verschiedenen Stufen stehen, nicht die gleichen Hilfsquellen haben, ja sogar von unterschiedlicher Art sein können. Eine Auseinandersetzung zwischen Sklavenhaltern und Sklaven z.B. wäre ein solcher asymmetrischer, ungleichgewichtiger Konflikt."[20]

Für die Regulierung von Konflikten gibt es nach Galtung im Prinzip zwei Strategien: die *dissoziative*, d.h. trennende Strategie, die sich Streitende trennt und auseinanderhält (z.B. das frühere System der „natürlichen Grenze" zwischen Nationen), und die *assoziative*, d.h. verbindende Strategie, die Konfliktpartner möglichst eng beisammen sein lassen will (z.B. Bündnisse zwischen Staaten oder Gebilde wie die Europäische Gemeinschaft). Kombiniert man beide Unterscheidungen, so ergeben sich folgende Regeln: bei *symmetrischen* Konflikten sollten *assoziative* Techniken angewendet werden; in *asymmetrischen* Konflikten sollten assoziative Techniken aber nicht eingesetzt werden, weil sie nur die Macht der Überlegenen verstärken; in diesen Konflikten bietet sich eine Zwei-Phasen-Strategie an: zunächst eine *dissoziative* Phase, die die Beteiligten bis zu einem gewissen Punkt Selbsterhaltung, Selbstachtung und Autarkie erwerben läßt, bis der Konflikt symmetrisch geworden ist; danach eine *assoziative* Phase nach dem genannten Muster.

Wie aber läßt sich ein asymmetrischer Konflikt symmetrischer machen? – (a) durch Stärkung des Schwachen, z.B. durch Koalition vieler Schwacher (Gewerkschaftsbildung der Arbeiter) oder – fast utopisch – indem der Starke den Schwachen stärkt (Eltern ihre Kinder); (b) durch (freiwilligen) Machtverzicht des Stärkeren.

Der Konflikt Mensch-Natur ist in unserem Jahrhundert extrem asymmetrisch: der zerstörende Mensch steht einer in weiten Bereichen zerstörten Natur gegenüber und besitzt viele Machtmittel zur Fortsetzung dieses Prozesses. Den Prozeß nennt man den technischen Fortschritt, und er ist zum Teil hervorgerufen und auf jeden Fall legitimiert worden durch die technizistische Interpretation des dominium terrae[21]. Die Asymmetrie ist auf die Spitze getrieben durch den Umstand, daß die Natur überhaupt nicht mehr als Konfliktpartner betrachtet wird, sondern als totes Material, das dem Menschen beliebig zur Verfügung steht. Die Wiedereinsetzung der Natur als Partei des Konfliktes ist deshalb der erste Akt der ökologischen Interpretation des dominium terrae. Danach ist die Feststellung der Asymmetrie des Konfliktes möglich. Diese Feststellung verbietet – nach den Konfliktregeln – eine assoziative Behandlung des Konfliktes. Damit scheiden alle Vorschläge, aus der heutigen Situation heraus zu einer Harmonie zwischen Mensch und Natur zu kommen, als unrealistisch aus. Sinnvoll ist allein, die Dissoziation durchzuhalten und Mittel zu finden, die den unterlegenen Partner Natur stärken. Ziel dieser Symmetrisierungsversuche kann nicht die Erreichung voller Symmettrie sein: 1. Mose 1 und 9 sehen zu Recht, daß die Asymmetrie des Konfliktes in unserer Weltzeit nicht aufhebbar ist. Deshalb gehen sie – und besonders 1. Mose 9 – einen Weg, der auch konflikttheoretisch einsichtig ist. Sie erfinden Schutzmechanismen, insbesondere für den schwachen Teil, die Natur[22]. Daß wir Menschen in der Neuzeit der Natur diesen Schutz nicht mehr gewährt haben, ist Schuld, Übertretung göttlicher Gebote[23].

Der Weg einer ökologischen Ethik ist damit vorgezeichnet: (a) Ernstnehmen der Natur als Partner im Konflikt; (b) der extremen Asymmetrie entgegenzuarbeiten durch Wiedererfinden von Schutzmechanismen vor allem zum Schutz der Natur vor den Menschen.

Der ökologische Konflikt wird kompliziert durch das – oft übersehene – Faktum, daß der Mensch Teil der Natur ist, so daß er mit der Natur zusammen auch sich selbst ausbeutet und unterdrückt im Vollzug der technizistischen Interpretation des dominium terrae. D.h. ökologische Ethik ist immer zugleich auch Ernstnehmen des Menschen und Schutz des Menschen vor sich selbst. Georg Picht beschreibt den Zusammenhang zwischen dominium terrae und Naturzugehörigkeit des Menschen so: „Der Begriff der Erdherrschaft hat gleichsam zwei Pole. Erde: Das ist die beherrschte Natur, von der der Mensch als organisches Wesen ein Glied ist, der er selbst angehört, und die er in sich trägt. Herrschaft konstituiert, wie immer man sie definieren mag, eine Verantwortung dessen, der herrscht. Eine Verantwortung für die Natur setzt ein gewisses Maß der Freiheit von der Natur notwendig voraus. Zwar muß die Herrschaft innerhalb der Natur nach den Gesetzen dieser Natur möglich sein. Wenn der Mensch diese Herrschaft ausüben soll, muß er Naturanlagen haben, die ihn dazu befähigen; er muß sich bei der Verwaltung der Natur in den Strukturen seines Verwaltungsbereiches auskennen und auf sie Rücksicht nehmen; Zerstörung der Natur ist nicht mehr Herrschaft. Aber eben diese Einsicht, deren die Herrschaft bedarf, und erst das Vermögen, nach dieser Einsicht zu handeln, setzt einen Spielraum der Freiheit und eine Distanz voraus, die aus der vorfindlichen Natur nicht abgeleitet werden kann. Deshalb ist die Verantwortung anderen Ursprungs als die Phänomene der beherrschten Natur."[24]

C. Das Leiden der Schöpfung als Hoffnungszeichen

Die Hinweise zum Mensch-Natur-Verhältnis, die wir der priesterlichen Urgeschichte entnommen haben – und die sich aus anderen alttestamentlichen Schöpfungstexten bestätigen und anreichern lassen[25] – müssen nun ergänzt werden durch den klassischen neutestamentlichen Text zum Mensch-Natur-Verhältnis: Römerbrief des Paulus 8, 18–22:

> „Nicht gleiches Gewicht haben die Leiden der gegenwärtigen Zeit mit der künftigen Herrlichkeit, die an uns offenbart werden soll. Späht doch das sehnsüchtige Harren der Schöpfung danach aus, daß Offenbarung der Kinder Gottes erfolgt. Denn der Nichtigkeit wurde die Schöpfung unterworfen, ungewollt, aber in Hoffnung (belassen), auf den blickend, der sie unterworfen hat. Darum wird sogar die Schöpfung als solche befreit werden von der Knechtschaft der Vergänglichkeit zur herrlichen Freiheit der Kinder Gottes. Denn wir wissen, daß die gesamte Schöpfung bis in die Gegenwart hinein ungemein seufzt und in Wehen liegt."

Für unseren Zweck sollen nur wenige Elemente des breiten Zusammenhanges entfaltet werden, der sich mit diesem Text auftut:

a) Für Paulus besteht eine Schicksalsgemeinschaft zwischen Mensch und außermenschlicher Schöpfung: beide sind der gleichen „Nichtigkeit" unterworfen (Römerbrief 1, 21), allerdings der Mensch durch eigene Schuld, die Natur durch die Schuld des Menschen. Es liegt auf der Hand, daß für uns heute in der technizistischen Realisierung des dominium terrae diese Schuld real wird.

b) Das Leiden der Kreatur ist – genauso wie das Leiden der Christen – nicht nur ohnmächtige Passivität, sondern „sehnsüchtiges Harren" auf Befreiung. Die Schöpfung findet sich nicht ab mit dem Status quo der Zerstörung, sondern es findet sich in ihr ein leidenschaftliches Begehren nach einer neuen Welt. In diesem Begehren ist die Schöpfung auf der Suche nach eschatologischer Freiheit. „Das kann nicht anders sein, wenn Gott an seiner Schöpfung festhält."[26]

c) Die Hoffnung der Schöpfung ist an die Hoffnung der Menschen gebunden. Der Mensch weiß sich nicht nur „mit der unerlösten Schöpfung im Schrei nach vollkommener Freiheit solidarisch"[27], sondern darüberhinaus erscheint dem Paulus „die Christenheit, welche die Kindschaft Gottes bezeugt und in der Leidensgemeinschaft auf Christus als kommenden Weltherrn hinweist, als die große Verheißung für alle Kreatur bis in die außermenschlichen Bereiche hinein"[28]. Das bedeutet in keiner Form, daß wir Christen die Schöpfung erlösen werden oder sollen[29], aber es weist uns unüberhörbar darauf hin, daß wir für die leidende Schöpfung Zeichen der Hoffnung setzen müssen. Die zerstörte Natur hat keine Sprache; wir Menschen – vor allem wir Christen – müssen als ihr Anwalt handeln, indem wir das Übermaß an Gewalt, Not, Unfreiheit und Angst, das sie erleidet, so weit wie möglich reduzieren. Die „Thesen" formulieren dasselbe so: „Die Verantwortung, aus der heraus Christen sich an dieser Erörterung (sc. über Energiefragen) beteiligen, gilt vorzugsweise denen, die keine Stimme haben oder ihre Lebensinteressen nicht ausreichend zu Gehör bringen können."[30]

Die Richtung, in die solche Verantwortung praktisch gehen muß, ist vermutlich angedeutet in den Konzepten einer weniger gewaltsamen, schonenderen, angepaßteren Technologie[31].

D. Hinweise für das Energieproblem

Eduard Pestel schreibt in der Einleitung zum Bericht an den Club of Rome über „Das Ende der Verschwendung": „Unter den drei erörterten Problemfeldern Energie, Rohstoffe und Nahrungsmittel kommt der Energie einer klare Schlüsselstellung zu."[32] Im Bericht selbst heißt es: „Die Menge an verfügbaren Gütern, Nahrungsmitteln und Dienstleistungen ist in erster Linie eine Funktion der Verfügbarkeit und Nutzung von Energie."[33]

Der Begriff der Energie trat im 19. Jahrhundert als neuer Gegenbegriff zur Materie auf; seitdem rechnete man in der Physik und Technik mit zwei Substanzen: Materie (Rohstoffe) und Energie. Da Energie das Vermögen ist, Materie zu bewegen, schien Energie grundlegender zu sein als Materie. Die Relativitätstheorie zeigte dann, daß beide Substanzen zur „Einheit der Substanz" vereinigt werden konnten. Heisenberg nannte diese einheitliche Substanz „Energie". Weizsäcker versucht heute, Informationen so zu verstehen, daß sowohl Materie als auch Energie von Information abgeleitet werden können[34]. Diese letzte Entwicklung ist aber klassisch-technisch noch wenig realisiert, so daß Weizsäcker urteilt: „Wie weit die Substituierbarkeit von Energie durch Information gehen kann, ist für Ingenieurwissenschaftler, welche die heutige Technik vor Augen haben, wahrscheinlich nicht leicht zu entscheiden."[35] So bleibt es vorerst dabei, daß Energie einer der wesentlichen Faktoren der wissenschaftlich-technischen Welt ist, ja mehr: „Die einzige aus der Geschichte zu rechtferigende Extrapolation wäre, daß das Wachstum (sc. des Energiekonsums) unbegrenzt weitergehen wird. Jede davon abweichende Prognose oder Forderung verlangt einen *radikalen Bruch* mit zweihundert Jahren Wirtschafts- und Technikgeschichte."[36] Das heißt: beim Energieproblem handelt es sich nicht um ein Einzelproblem des technischen Fortschritts wie z.B. bei den genetischen Manipulationsmöglichkeiten oder den biologischen und chemischen Waffen; Energie ist eine wesentliche, wahrscheinlich *der* wesentliche Motor der Ausgestaltung der technizistischen Interpretation des dominium terrae. Ohne technisch der Natur abgerungene Energie wäre die gewaltsame Ausbeutung der Natur durch den Menschen unmöglich gewesen. Wir sehen heute, daß wir den eingeschlagenen Pfad der Ausbeutung der Natur bei Strafe des Untergangs der Natur (deren Teil wir sind) nicht geradlinig weitergehen dürfen. Außerdem sehen wir, daß die oben entfaltete ökologische Interpretation des dominium terrae der uneingeschränkten Fortsetzung der technizistischen Linie widerspricht[37]. Oder positiv gesagt: die Konsequenz der ökologischen Interpretation des dominium terrae ist jener von Weizsäcker anvisierte „radikale Bruch mit zweihundert Jahren Wirtschafts- und Technikgeschichte."

Dieser Bruch muß und kann nicht plötzlich erfolgen (wie das Wort „Bruch" suggeriert). Die „Thesen" stellen ihn sich in Szenario II als einen bis weit ins nächste

Jahrhundert sich hineinziehenden langsamen Wandel vor[38], der allerdings *heute* gewollt und inszeniert werden muß. Die Frage ist: unter welchen Bedingungen entsteht der kollektive Wille zum Umsteuern? – Eine vielleicht pessimistische, sicher realistische These von Picht besagt, daß Individuen durch Einsicht lernen können, Kollektive durch den Zwang der Not[39]. In Sachen Energie sehen wir nach Jahren der Sorglosigkeit und Verschwendung nun eine Not am Horizont heraufziehen: die fossilen Energiereserven sind begrenzt. Kann diese sich abzeichnende Not nicht ein Zeichen und ein Hinweis dafür sein, daß wir vom Pfad der gewaltsamen, energieaufwendigen Ausbeutung abbiegen und mit reduziertem Energieaufwand der Natur weniger Gewalt antun und ihre Leiden verringern sollen? – Der sich bei Fortsetzung der Trends ankündigende Energieengpaß ein „Zeichen der Zeit" (Matthäus 16, 3)? –

Die großtechnische Einführung der Kernenergie bedeutet im Zusammenhang dieser Überlegungen die Möglichkeit, das Warnzeichen zu übersehen. Die Promotoren der Kernenergie versichern uns, daß Kernenergie in Gestalt der Schnellen Brutreaktoren eine unerschöpfliche Energiequelle sein wird[40]. Ja, sie kündigen uns darüberhinaus an, daß mit der Kernenergietechnologie eine neue Stufe der technizistischen Realisierung des dominium terrae erreicht wird, deren Probleme weitaus größer und schwieriger sein werden als die, die wir heute auf der noch-nicht-nuklearen Stufe haben[41]. Der „faustische Pakt", den nach Weinberg die „nuclear people" mit der Gesellschaft schließen wollen, ist wohl nicht nur der Handel „unerschöpfliche Energiequelle" gegen „ewige Wachsamkeit und ewig dauerhafte soziale Institutionen"[42]; er lautet eher „unerschöpfliche Energie" um den Preis der Fortsetzung der technizistischen Realisierung des dominium terrae. Der Optimismus, daß der Mensch bei reichlich vorhandener Energie vom bisherigen Pfad ausbeutender Technik abgehen würde, erscheint mehr als kühn. Deshalb dürfte die Durchführung der ökologischen Interpretation des dominium terrae nur dann gelingen, wenn am Horizont der prinzipiellen Erschöpfbarkeit von Energie Techniken gefunden werden, die mit einem Bruchteil der heute verbrauchten Energie auskommen[43].

Nimmt man zu der hier entwickelten theologisch-ethischen Argumentation hinzu, daß auch die theologisch begründete Verantwortung für die Lebensmöglichkeiten künftiger Generationen zur Zurückhaltung gegenüber der großtechnischen Einführung der Kernenergie anleitet, dann legt sich der Schluß nahe, daß ein theologisch begründetes Urteil zur Frage der Kernenergie eher zur Vorsicht und zum Verzicht auf diese „magical energy source" (Weinberg) tendieren sollte als zu einer Unterstützung ihrer Einführung. Zumal wir andere Optionen haben – wie die Studie in Szenario II zeigt; Optionen, die verträglich zu sein scheinen mit der ökologischen Interpretation des dominium terrae. Dies bedeutet nicht – in Übereinstimmung mit der Studie[44] – daß alle Kernenergieanlagen lieber heute als morgen stillzulegen seien. Die Option Kernenergie sollte erhalten bleiben, aber eben als Option und nicht als Fundament unserer künftigen Energieversorgung. Verzicht auf großtechnische Einführung der Kernenergie ist – in der Linie der biblischen Texte argumentiert – Wahrnehmung eines der Schutzmechanismen zugunsten der Natur, die uns in 1. Mose 9 aufgetragen sind und damit gleichzeitig ein Zeichen unserer Solidarität mit der leidenden Schöpfung, deren Hoffnung auf Befreiung an der menschlichen Solidarität mit ihrem Leiden hängt (Römer 8).

Es ist deutlich, daß diese Argumentation gegenstandslos würde, wenn zweifelsfrei gezeigt werden könnte, daß die ökologische Realisierung des dominium terrae sehr gut mit der großtechnischen Einführung der Kernenergie zusammenginge. Solche Hinweise werden ab und zu gegeben mit der Bemerkung, gerade Umweltschutz sei sehr energieaufwendig. Selbst wenn diese Bemerkung zutrifft, bleibt das Abwärmeproblem. Aber abgesehen davon spricht – soweit ich das zu sehen vermag – nichts für die These der Verträglichkeit von recht verstandenem dominium terrae und Kernenergie. Oder vorsichtiger: die Beweislast für eine solche Verträglichkeit liegt bei den Befürwortern der Kernenergie, und gerade bei ihnen soll Kernenergie dazu dienen, den begangenen Pfad ausbeutender Technologie fortzusetzen, ja auf eine neue Stufe zu heben[45]. Solange hier nicht überzeugend anders argumentiert werden kann, bleibt es beim konstatierten Widerspruch zwischen Kernenergie und Schöpfungsauftrag.

Anmerkungen

1 Tödt (1977), 13.
2 Die Frage, ob und wie man im wissenschaftlich-technischen Zeitalter von „Schöpfung" noch sinnvoll reden kann, muß hier ausgeblendet werden. Aus der Literatur dazu nenne ich die Arbeit von Christian Link, Die Welt als Gleichnis (1976), deren Thesen ich mich anschließe.
3 Liedke (1972), 36 ff.
4 Belege bei Liedke (1972), 49–52; vgl. jetzt auch Krolzig (1976).
5 So meine frühere These, in: Liedke (1972). Vgl. auch Altner (1974) u.a.m.
6 S. Tödt (1977).
7 Urgeschichte = die Kapitel 1. Mose 1–11, vor Abraham, mit dem die „Geschichte" beginnt.
8 Das 1. Werk, die Einrichtung des Wechsels von Tag und Nacht (1, 3–5), geht dieser Struktur voraus und ermöglicht sie erst. – Ich folge hier der Arbeit von Steck (1975), die m.E. frühere Interpretationsvorschläge gegenstandslos macht.
9 Der Konflikt Mensch-Landtiere ist der Ort, an welchem der Konflikt Mensch-Natur zuerst sichtbar wird. Sobald die Lufttiere sich auf das Land begeben, sind sie ebenfalls Konfliktpartner. Sobald der Mensch das Wasser (und in der Neuzeit auch den Luftraum) als Lebensraum mitbeansprucht, taucht auch dort der Konflikt auf. Heute ist er in alle Bereiche der Natur eingedrungen.
10 Schmidt (1964), 150; Steck (1975), 157 – Zur Frage der Nichtnennung von Wassertieren und Haustieren s. Steck (1975), 138, Anm. 560.
11 Westermann (1974 a), 227.
12 Westermann (1974 b), 211–213.
13 Westermann (1974 a), 219 f.; Albertz (1976), 315 f.
14 Liedke (1971), 62 ff.; vgl. 2. Samuel 15, 2–6. Immer wenn israelitische Könige beginnen, ihre Untergebenen auszubeuten, setzt sofort schärfster prophetischer Protest ein, z.B. Jeremia 21, 11 ff.
15 Vgl. schon Liedke (1972), 45. Der zweite Erzähler, der in der Urgeschichte zu Wort kommt, spricht vom Auftrag des Menschen, die Erde „zu bebauen und zu bewahren" (1. Mose 2, 15).
16 Beim zweiten Erzähler der sog. „Sündenfall" (1. Mose 3 ff.).
17 Westermann (1974 a), 619; Albertz (1976), 321.
18 = die jüdische Schächtung; vgl. auch die Bemühungen um eine Schlachttechnik, die den Tieren möglichst wenig Leid bereitet, im Talmud, Milgrom (1963), 290 f.
19 Galtung (1970), vgl. Bühl (1972).
20 Galtung (1970), 136.
21 S. oben, Anm. 4 und 5.
22 Die Frage von Wenke (1974), ob die Natur mehr als ein Produktionsfaktor sei, beantwortet sich m.E. positiv. Vgl. auch Cobb (1972), 122 ff.
23 Altner (1974), 72 ff.

24 Picht (1973), 195.
25 Z.B. aus 1. Mose 2 ff. (Jahwist); aus Psalm 104 oder Psalm 8.
26 Käsemann (1973), 225.
27 Käsemann (1973), 221.
28 Käsemann (1973), 224; Link (1976), 239 ff.
29 Osten-Sacken (1975).
30 Vgl. oben 13.
31 Schumacher (1974); Jungk (1973); Ullrich (1977), 384 ff.; Liedke (1972), 59 f. – es geht nicht um Abschaffung der Technik, sondern um eine „ökologische Technik", die die Lebensräume nicht zerstört.
32 Gabor u.a. (1976), 9.
33 Gabor u.a. (1976), 24.
34 Weizsäcker (1976), 39.
35 Weizsäcker (1976), 39.
36 Weizsäcker (1976), 36.
37 Solche Sätze werden leicht als „Romantizismen" oder „antitechnische Affekte" oder ähnlich gewertet. Deshalb sei darauf hingewiesen, daß auch eine ökologische Realisierung des dominium terrae mit Technik verbunden sein wird, vgl. Liedke (1972), 57, These 17.
38 Vgl. oben 52 ff.
39 Picht (1976), 182.
40 „In the long run, nuclear breeders assure us of an all but inexhaustible source of energy", Weinberg (1976), 25.
41 Häfele (1976).
42 Weinberg (1976), 35 f.
43 Sollte die in der Studie vorgeschlagene Entwicklung der Sonnenenergie sich als Möglichkeit erweisen, den Energiekonsum und damit die ausbeutende Technik unendlich wachsen zu lassen, dann würde für sie dieselbe Argumentation wie für die Kernenergie gelten. Einstweilen ist dieser Punkt noch in weiter Ferne.
44 Vgl. oben 53.
45 S. oben, Anm. 41.

Literaturverzeichnis

Aichelin, H., Liedke, G. (Hrsg.), Naturwissenschaft und Theologie, Neukirchen: Neukirchener Verlag, 1974.

Albertz, R., Der Mensch als Hüter seiner Welt, in: Die Mitarbeit, 25. Jg., 1976, 4, 306–321.

Altner, G., Schöpfung am Abgrund, Neukirchen: Neukirchener Verlag, 1974.

Bühl, W. (Hrsg.), Konflikt und Konfliktstrategie, München: Nymphenburger, 1972.

Cobb, J.B., Der Preis des Fortschritts, München: Claudius, 1972.

Gabor, D., Colombo, U., u.a., Das Ende der Verschwendung, Stuttgart: dva, 1976.

Galtung, J., Theorien des Friedens, in: J. Schlemmer, Krieg oder Frieden?, München: Piper, 1970, 133 ff.

Häfele, W., Hypotheticality and the New Challenges: The Pathfinder Role of Nuclear Energy, in: Francis, J., Abrecht, P. (Hrsg.), Facing up to Nuclear Power, Edingburgh: The Saint Andrews Press, 1976, 40–68.

Jungk, R., Der Jahrtausendmensch, München, Gütersloh, Wien: Bertelsmann, 1973.

Käsemann, E., An die Römer, Tübingen: Mohr (Siebeck), 1973.

Krolzig, U., Zur Umweltkrise und ihrer Entstehung unter besonderer Berücksichtigung theologiegeschichtlicher Bezüge, Magisterschrift, Hamburg, 1976.

Liedke, G., Gestalt und Bezeichnung alttestamentlicher Rechtssätze, Neukirchen: Neukirchener Verlag, 1971.

Liedke, G., Von der Ausbeutung zur Kooperation, in: E.v.Weizsäcker (Hrsg.), Humanökologie und Umweltschutz, Studien zur Friedensforschung 8, Stuttgart/München: Klett/Kösel, 1972, 36 ff.

Link, C., Die Welt als Gleichnis, München: Kaiser, 1976.

Milgrom, J., The Biblical Diet Laws as an Ethical System: Food and Faith, in: Interpretation XVII, 1963, 288–301.

Osten-Sacken, P. von der, Römer 8 als Beispiel paulinischer Soteriologie, Göttingen: Vandenhoeck, 1975.
Picht, G., Philosophie und Völkerrecht, in: G. Picht, C. Eisenbart (Hrsg.), Frieden und Völkerrecht, Stuttgart: Klett, 1973, 170 ff.
Picht, G., Die Wertordnung einer humanen Umwelt, in: IBM Nachrichten 231, Juli 1976, 175 ff.
Schmidt, W.H., Die Schöpfungsgeschichte der Priesterschrift, Neukirchen: Neukirchener Verlag, 1964.
Schumacher, E.F., Es geht auch anders, München/Wien/Basel: Desch, 1974.
Steck, O.H., Der Schöpfungsbericht der Priesterschrift, Göttingen: Vandenhoeck, 1975.
Tödt, H.E., Einen neuen Lebensstil finden als Hilfe zur Erhaltung der Welt, in: Mitteilungen 1977, 5, 8–14.
Ullrich, O., Technik und Herrschaft, Frankfurt: Suhrkamp, 1977.
Wenke, K.E., Natur – mehr als ein Produktionsfaktor?, in: Die Mitarbeit, 23. Jg., 1974, 348–353.
Weinberg, A.M., Social Institutions and Nuclear Energy. Wiederabdruck in: Francis, J., Abrecht, P. (Hrsg.), Facing up to Nuclear Power, Edingburgh: The Saint Andrews Press, 1976, 21–39.
Weizsäcker, C.F. von, Die Einheit der Natur, München: Hanser, 1971.
Weizsäcker, C.F. von, Wege in der Gefahr, München: Hanser, 1976.
Westermann, C., Genesis, 1. Teilband, Neukirchen: Neukirchener Verlag, 1974 (a).
Westermann, C., Bebauen und Bewahren, in: H. Aichelin/G. Liedke (Hrsg.), Neukirchen: Neukirchener Verlag, 1974 (b), 203 ff.

KRITIKEN

Editorische Vorbemerkung

Die Autoren der Kritikbeiträge beziehen sich im allgemeinen auf das in den „Texte und Materialien der Evangelischen Studiengemeinschaft Reihe A,Nr. 1" veröffentlichte Gutachten der FESt „Alternative Möglichkeiten für die Energiepolitik", das, wie im Vorwort der Herausgeber bereits erläutert wurde, nicht identisch ist mit den „Thesen" in diesem Band. Die Referenzen in den einzelnen Kritikbeiträgen beziehen sich jedoch auf den Text der hier abgedruckten Studie, wobei „E" die „Einleitung" und die römischen Ziffern die Teile I bis III der „Thesen" bezeichnen, während die in Klammern gesetzten arabischen Ziffern auf die entsprechenden Textziffern verweisen.

Friedrich-Karl Boese/Hermann Henssen

Kommentare zur Studie „Alternative Möglichkeiten für die Energiepolitik" der Forschungsstätte der Evangelischen Studiengemeinschaft (FESt)

Die hier zusammengestellten kritischen Bemerkungen zu dem „Gutachten" der FESt müssen gesehen werden vor dem Hintergrund einer grundsätzlichen Übereinstimmung in den tieferliegenden Motiven. Die Sorge um die Lebensbedingungen künftiger Generationen wird geteilt, und die Achtung vor der ganzen Natur als Schöpfung bejaht, ebenso die Verantwortung für die wirtschaftlich unterprivilegierten Völker oder Bevölkerungsteile. Unsere Kritik gilt vielmehr der im FESt-Gutachten dargestellten Analyse der Gegebenheiten und den darin enthaltenen Bewertungen sowie den daraus abgeleiteten Empfehlungen.

Bei der Fülle des dargestellten Materials und der angesprochenen Teilprobleme muß sich unsere Stellungnahme auf einige allgemeine Gesichtspunkte und wenige uns besonders wichtig erscheinende Einzelfragen beschränken. Auch werden wir uns eine gleichgewichtige Erwähnung derjenigen Passagen, wo wir mit dem Gutachten einig sind, versagen müssen. Die Kritik wird sich orientieren an dem Ziel einer unvoreingenommen, verantwortlich recherchierten Information, das sich die FESt selbst gesetzt hat (E (16)) und durch den Titel „Gutachten" für sich beansprucht.

Zunächst fällt auf, daß im Gutachten durchaus schon Bewertungen vorgenommen und Urteile ausgesprochen sind (siehe z.B. II (2), II (8), I (32)), die dem selbstgestellten Anspruch nur dann gerecht würden, wenn sie stringent aus den vorher dargestellten Prämissen folgen und diese als im wesentlichen unwidersprochen angenommen werden dürfen. Beide Forderungen sind an vielen Stellen nicht erfüllt. So sind wichtige Ausgangsinformationen zwar sehr vorsichtig formuliert und mit Einschränkungen versehen worden, aus denen dann nichtsdestoweniger harte Schlußfolgerungen gezogen werden. Es werden z.B. die Szenarien I und II zwar zunächst vorgestellt als ausgewählte Möglichkeiten aus einer Vielzahl denkbarer Entwicklungen, später jedoch Folgerungen daraus für den Einsatz der Kernenergie gezogen, die unausgesprochen die ausschließliche Wahl zwischen diesen Szenarien zur Voraussetzung haben. Die Mitnahme eines weiteren und der Realität näher kommenden Szenario mit einer Energiebedarfsentwirklung etwa nach Szenario II, aber mit der Annahme, daß die sog. regenerativen Energiequellen und auch die fossilen im betrachteten Zeitraum einen wesentlich kleineren Anteil liefern können, muß zu entscheidend anderen Urteilen führen. Das Gutachten will in der Tat mehr als nur den Rahmen für die weitere Diskussion ausarbeiten; es will zugleich innerhalb dieses Rahmens engagiert Stellung beziehen. Wir wünschten uns klarere Trennung dieser beiden Funktionen.

Aber auch die dargestellten Sachverhalte, die als Prämissen für die im Gutachten selbst gezogenen Folgerungen dienen oder dem Leser zur eigenen Bewertung angeboten werden, sind zu einem Teil bei sorgfältiger Betrachtung nicht haltbar. Dieses soll an einigen Punkten näher dargelegt werden.

1. Prämisse

Es besteht eine Uneinigkeit der Wissenschaftler über die Auswirkungen der Kernenergie, insbesondere in der Frage ihrer Sicherheit (E (4), E (5)). Die Experten haben noch wenig Erfahrung mit fächerübergreifenden Auseinandersetzungen (I (60)).

Stellungnahme

Hier muß in zweierlei Hinsicht stärker differenziert werden, sowohl bei den Aussagen der Experten als auch bei der Qualifikation der Aussagenden.

- Die meisten wissenschaftlichen und technischen Aussagen haben eine Bandbreite der Ungenauigkeit, einen gewissen Grad der Unsicherheit oder sind an bestimmte Voraussetzungen geknüpft. Diese sind häufig mit genannt, ergeben sich aus dem Zusammenhang oder können als bekannt vorausgesetzt werden. Einige Vorwürfe in bezug auf Widersprüche in den Aussagen der Kernenergiefachleute könnten mit diesem Hinweis geklärt werden. Sicher ist allerdings in der Öffentlichkeit auch nicht genügend darauf aufmerksam gemacht worden, paradoxerweise gerade weil man befürchtete, dadurch Vertrauen einzubüßen. In der Fachwelt ist es jedoch üblich, nach der Ungenauigkeit und Unsicherheit zu fragen, insbesondere bei den Sicherheitsanalysen der Kerntechnik spielt ihre Berücksichtigung eine fundamentale Rolle.
- Zweifellos hat ein Physiker aufgrund seiner fachlichen Qualifikation eher die Möglichkeit, sich in die komplizierten Zusammenhänge von kerntechnischen Sicherheitsanalysen hineinzudenken als die meisten seiner Zeitgenossen; zweifelslos hat

ein Mediziner oder Biologe ein besseres Verständnis für die zellschädigende Wirkung von Strahlen, ihre kritischen Anfragen müssen in jedem Fall ernst genommen werden. Man kann aber ihr wissenschaftliches Urteil in den genannten Sachgebieten nicht mit dem gleichen Gewicht belegen wie das eines Kollegen, der seine Arbeitszeit – dann ja auch meist hauptberuflich, und das sollte ihn nicht disqualifizieren – gezielt dem Studium der anstehenden Probleme widmet.

Unter Berücksichtigung dieser Bewertungsunterschiede dürfte das Gesamtbild der Aussagen von Wissenschaftlern zur Kerntechnik u.E. wesentlich einheitlicher erscheinen als im Gutachten dargestellt.

Nicht nur die Beurteilung der Kernenergierisiken, sondern schon die erfolgreiche Entwicklung kerntechnischer Anlagen setzt in hohem Maße eine fachübergreifende Zusammenarbeit voraus. Wir glauben, daß gerade hier in den letzten zwanzig Jahren im Rahmen der Projektforschung wertvolle Erfahrungen gemacht wurden. Es gehört zur Alltagsarbeit des Kerntechnikers, Ergebnisse der Kollegen aus anderen Fachgebieten bei eigenen Berechnungen zu verwenden. Die Frage nach dem gegenseitigen Vertrauen, die Schwierigkeit der unterschiedlichen Fachsprachen, die gemeinsame Verantwortung für das Ergebnis sind ihm vertraute Probleme.

2. Prämisse

Die Nutzung der Kernenergie bringt erstmals in der Menschheitsgeschichte schwerwiegende Risiken für viele künftige Generationen mit sich (z.B. E (4), E (6), E (7), I (63), II (9)).

Stellungnahme:

- *Jede* Entscheidung, die wir heute treffen, hat langfristige (säkulare) Folgen. *Allein* im Bereich der Naturwissenschaft sind Aussagen über langfristige Entwicklungen wenigstens prinzipiell möglich. Die Kenntnis eines über Generationen hinweg fortbestehenden Gefährdungspotentials eines Endlagers radioaktiver Stoffe sollte nicht den Blick auf die Tatsache verdecken, daß ein Energiemangel schon kurzfristig, erst recht aber langfristig, schwere Risiken mit sich bringen kann. Diese Risiken mögen zunächst materieller Art sein, langfristig sind aber schwere Folgen für das Wirtschafts- und Sozialgefüge und schließlich auch für gesundheitliche Grundbedürfnisse keineswegs auszuschließen. Eine Quantifizierung dieser Risiken ist nur sehr viel schwerer möglich als bei einem atomaren Endlager; das darf aber nicht dazu führen, sie einfach aus dem Bewußtsein zu verdrängen.
- Jede Kilowattstunde bzw. jede Kalorie, die nicht nuklear erzeugt wird, muß heute, und mit Sicherheit auch noch in einigen Jahrzehnten, vorwiegend mit Hilfe fossiler Brennstoffe erzeugt werden. Anstelle des Atommülls treten dann andere säkulare Risiken:

Am bekanntesten ist die CO_2-Emission, die möglicherweise schon in einigen Jahrzehnten schwere globale Auswirkungen haben kann, die dann über viele Generationen hinweg bestehen bleiben werden. (I (41))

Neben CO_2 verlassen fossil befeuerte Kraftwerke jedoch eine Vielzahl weiterer Stoffe, die langfristige Auswirkungen auf die Ökologie haben: Über den Kamin werden auch bei einer weitgehenden Entschwefelung eine Vielzahl für den Organismus gefährlicher Stoffe (z.B. Cadmium, Quecksilber, Vanadin, Benzpyren) in der Umgebung verteilt, die sich dort anreichern und, da sie z.T. stabil sind (Halbwertszeit unendlich), auch noch nach vielen Generationen dort anzutreffen sein werden. Eine Vielzahl weiterer Stoffe (z.T. langlebig oder sogar völlig stabil) verläßt das Kraftwerk eingebunden in die Schlacke, die irgendwo an der Erdoberfläche (also in der Ökosphäre) verkippt wird. Niemand hat bisher die Freisetzungsraten der darin locker gebundenen Gifte in das Trinkwasser späterer Generationen untersucht. Einzig und allein der Vergleich dieser Freisetzungsraten und des daraus resultierenden Risikos für Krebs bzw. genetische Schäden mit den maximalen Freisetzungsraten aus einem atomaren Endlager und dem damit verbundenen Risiko erlaubt jedoch einen Vergleich der Kernenergie mit ihren Alternativen in Bezug auf das *unmittelbare* gesundheitliche Risiko späterer Generationen.

Eine weitere „säkulare" Folge der Verbrennung von Erdöl, Erdgas und Kohle ist die, daß diese wertvollen Rohstoffe künftigen Generationen in einigen Teilen der Welt gar nicht mehr und in anderen nur noch zu sehr viel höheren Kosten zur Verfügung stehen werden.

- Die Kernenergie-Technik ist nur ein kleiner Teil der gesamten Technik, aus der wir heute Nutzen ziehen. Ein Verzicht auf ihre Nutzung wegen ihrer „säkularen Risiken" wäre nur dann rational, wenn gleichzeitig auf alle anderen Teilsysteme, bei denen vergleichbare säkulare Risiken bekannt sind oder sich bei ähnlich sorgfältiger Betrachtung wie bei der Kernenergie herausstellen werden, verzichtet würde bzw. verzichtet werden könnte. Ein Blick beispielsweise auf die chemische und pharmazeutische Industrie läßt diese Möglichkeit zumindest als fraglich erscheinen: Wegen ihres vielfältigen Nutzens ist ein Verzicht auf diese Industriezweige nicht wünschbar und bei der heutigen und erst recht zukünftigen Erdbevölkerungszahl auch gar nicht möglich. Wünschbar ist dagegen eine Verringerung ihrer negativen Seiten wie z.B. Arzneimittelmißbrauch und Belastung der Umwelt durch Schadstoffe. Die Entstehung solcher Schadstoffe ist aber nicht zu vermeiden. Sie müssen daher unschädlich gemacht werden. Bei einigen gelingt dies nur durch Endlagerung in Salzstöcke, wie es schon heute Praxis ist.
- Die bisherigen Bemerkungen gelten unabhängig davon, wie groß das säkulare Risiko der Atommüllagerung tatsächlich ist, insbesondere, was überhaupt in diesem Zusammenhang „säkular" bedeutet. An dieser Frage wird die häufig gefühlsmäßige Bewertung kerntechnischer Zusammenhänge besonders deutlich. Der Atommüll muß solange von der Ökosphäre ferngehalten werden, bis seine Aktivität auf ein ungefährliches Maß abgeklungen ist. Da dies einen Zeitraum von einigen tausend Jahren beansprucht, spricht der Mensch von einem „langen" Zeitraum. Ist dies aber wirk-

lich ein „langer" Zeitraum? Ein atomares Endlager bedarf, nachdem es gefüllt wurde, keinerlei Bewachung oder Wartung; es wird sich nach Beladung selbst überlassen werden. Der Mensch hat dann praktisch keinerlei Einfluß mehr darauf. Daher sind menschliche Zeitmaßstäbe unerheblich für die Frage, ob der Atommüll „lang" gelagert werden muß.

Entscheidend hierfür ist zum einen vielmehr, wie lange die radioaktiven Stoffe im Falle eines Unfalls brauchen, um aus dem Endlager in die Ökosphäre gelangen zu können. Zum anderen ist die Frage entscheidend, ob – gemessen an *geologischen* Zeiträumen – damit gerechnet werden muß, daß während des Zeitraums, in dem der Atommüll noch gefährlich ist, ein solcher Unfall eintritt.

Die erforderliche Einschlußzeit eines Endlagers in einen Salzstock ist im Vergleich zu dessen bisherigen Lebenszeit so lange wie einige Stunden im Leben eines Menschen. Die Zeit, die radioaktive Stoffe brauchen, um aus dem Endlager in unsere Lebenswelt zu gelangen, beträgt selbst bei einem Wassereinbruch um die tausend Jahre. Sie werden in diesem Fall außerdem sehr stark verdünnt. Alle bisherigen Erkenntnisse über ein atomares Endlager in einem Salzstock lassen das damit verbundene Risiko für künftige Generationen, gemessen an den Risiken unseres heutigen Lebens, als verschwindend gering erscheinen.

Sieht man die „säkularen" Risiken der Kernenergie in Relation zu den „säkularen" Risiken bei einem Verzicht auf diese Energiequelle, so scheint uns die folgende Wertung sehr viel realistischer als die Einschätzung der Erbschaft, die wir unseren Nachfahren hinterlassen, bei FESt: Viel gefährlicher als ein Atommüll-Lager dürften für künftige Generationen leichtfertige Spielereien mit der Versorgungsbasis einer jeden Gesellschaftsform sein. Schon eine geringfügige Änderung der ökonomischen Randbedingungen unserer heutigen Gesellschaft kann einschneidende langfristige Folgen haben. Jede Änderung, die voraussichtlich eine Verschlechterung dieser ökonomichen Bedingungen zur Folge haben wird, muß daher mit mindestens derselben Sorgfalt und Wachsamkeit betrachtet werden, wie das heute für ökologische Änderungen üblich geworden ist. Die Ökologie ist nur *einer* der wesentlichen Parameter unserer Existenz. Der heute zu beobachtende ökonomische Überfluß in unserem Land (allerdings auch hier nicht überall!) bei gleichzeitig deutlichen Zeichen einer belasteten Ökologie scheint zur Zeit den Blick dafür zu verdecken, daß der Weg vom Überfluß zur Unterdeckung der primitivsten Grundbedürfnisse sehr kurz ist (vom Leibeigenen zum Mallorcaurlauber sind es in unserem Land noch nicht einmal 200 Jahre).

3. Prämisse

Die Nutzung der Kernenergie wird von ihren Befürwortern mit weiter anhaltendem Wirtschaftswachstum begründet. Dieses Wachstum muß aber wegen seiner Auswirkungen auf die Ökosphäre gestoppt werden (z.B. I (7), I (9), I (16), I (21), II (5), II (6), II (7), II (8), II (11)).

Stellungnahme:

– Auch ohne Wirtschaftswachstum bei uns ist die Nutzung der Kernenergie notwendig, falls man das heutige Wirtschafts- und Gesellschaftssystem erhalten will:
  Die nutzbaren fossilen Energiequellen versiegen
  Rationelle Energienutzung kann den Bedarf nicht ausreichend senken
  Nichtnukleare und nichtfossile Techniken stehen aus heutiger naturwissenschaftlicher und technischer Sicht auf absehbare Zeit nicht zur Verfügung (vgl. hierzu auch Stellungnahme zu Prämisse 5).

  Darüber hinaus erscheint der weitere Ausbau der Kerntechnik nicht nur notwendig, sondern auch wünschbar:
  Die wissenschaftlich durchgeführten, quantitativen Risikovergleichsstudien zeigen, daß das Risiko von Kernkraftwerken bei weitem kleiner ist, als das Risiko anderer technischer Systeme. Die anderen Stationen des Brennstoffkreislaufs haben prinzipiell ein noch kleineres Gefährdungspotential. Dies gilt auch für die Wiederaufarbeitungsanlage, von der in der Öffentlichkeit, insbesondere durch Fehlinterpretation einer IRS-Studie[1], häufig ein größeres Gefährdungspotential angenommen wird. Eine neue Darstellung der entsprechenden Untersuchungen durch die GRS[2] erläutert ausführlich, warum eine solche Interpretation unrichtig ist.
  Kernkraftwerke sind im Vergleich zu fossil befeuerten Kraftwerken erwiesenermaßen sehr umweltfreundlich. Selbst die *radiologischen* Auswirkungen von Kohlekraftwerken liegen höher (für Verhältnisse in der Bundesrepublik Deutschland sind hierzu Rechnungen von Schmidtlein et. al., TH Aachen durchgeführt worden). Die bisherigen Erfahrungen und theoretischen Untersuchungen lassen auch für eine große Wiederaufarbeitungsanlage nur eine geringe Umweltbelastung erwarten.

  Selbst wenn *bei uns* Nullwachstum erreichbar wäre, so ist in den Ländern, die sich in der Industrialisierung befinden, auch in den nächsten Jahrzehnten mit einem anhaltenden Wachstum zu rechnen. Der Weltenergiemarkt wird von diesen Ländern sehr viel stärker inAnspruch genommen werden als heute. Aus diesem Grund wird es für uns immer schwerer werden, die von uns benötigte Energiemenge vom Weltmarkt zu bekommen. Auch ohne eigenes Wachstum ist daher eine Verringerung von Importen erforderlich (vgl. auch 4. Prämisse).

– Wirtschaftswachstum ist kein Selbstzweck. Es ist heute die Folge mehrerer Mechanismen. Entfallen diese Mechanismen oder ändern sie sich wesentlich, so hört „Wachstum" von selber auf. Bevor man künstliche Eingriffe verlangt, die das Wachstum bremsen sollen, muß man die Wachstumsmechanismen analysieren. In der FESt-Studie fehlt leider jeglicher Hinweis auf eine solche Analyse.

  Das Wirtschaftswachstum in den vergangenen Jahrzehnten ergab sich zunächst aus einer steigenden Nachfrage. Es wurde möglich durch eine ständige Steigerung der Produktivität. Wachstum hört auf, wenn diese Faktoren entfallen. Bei der Beurteilung künftigen Wachstums wird gerne übersehen, daß nicht nur die Nachfrage eine natürliche Grenze hat, sondern auch die Produktivitätssteigerung, da Rationalisie-

rung und Mechanisierung nur begrenzt möglich ist, insbesondere in einem dynamischen Wirtschaftsprozeß.
In jeder Volkswirtschaft existiert ein maximaler Rationalisierungsgrad. Dieser wird in der Praxis aber nie erreicht werden, da schon lange vorher eine Steigerung der Rationalisierung unattraktiv für die Unternehmer wird, da zunehmend höhere Aufwendungen damit verbunden sind. Dies führt zu länger werdenden Amortisationszeiten und damit zu einem steigenden unternehmerischen Risiko.
Ein Beispiel für eine schon sehr weit fortgeschrittene Produktivität ist z.B. die Vollmechanisierung im Kohlebergbau; sie liegt in der Gewinnung bei 97 % und im Strebausbau bei 75 %. Die Förderleistung pro Mann und Schicht hat hier schon fast einen Sättigungswert erreicht.
Die hier skizzierte „natürliche" Grenze der Produktivität und damit des Wachstums ist selbstverständlich durch eine Reihe „künstlicher" Randbedingungen beeinflußbar. Würde man z.B. die Freisetzung von Arbeitskräften durch Rationalisierungsprozesse verbieten und vollen Lohnausgleich bei Verminderung der Arbeitszeit vorschreiben, so entfiele eine Komponente des unternehmerischen Anreizes zur Rationalisierung (Senkung der Lohnkosten). Eine andere Möglichkeit, eine Produktivitätssteigerung über den Weg der Mechanisierung zu erschweren, bestünde in der Verteuerung von Strom, da dann statt Minderkosten bei den Löhnen Mehrkosten durch erhöhten Stromverbrauch anfielen. Solche „künstlichen" Beeinflussungen sind allerdings nur in dem Maße möglich, wie ein Wirtschafts- und Gesellschaftssystem sie verkraftet. Zu heftige Eingriffe (z.B. Verbot von Rationalisierung) würden das System zerstören. Hier ist natürlich ein reizvoller Ansatzpunkt für solche Kräfte, denen an der Erhaltung unseres Wirtschafts- und Gesellschaftssystem nichts liegt.
Bis hierher wurde die Frage offengelassen, ob die durch den maximalen Rationalisierungsgrad gekennzeichnete wirtschaftliche Tätigkeit nicht eine zu starke Belastung der Umwelt darstellen würde. Dies ist prinzipiell denkbar angesichts der schon heute in vielen Bereichen unserer Wirtschaft feststellbaren Sättigungstendenzen bei der Rationalisierung, einem weiter zunehmenden Dienstleistungssektor sowie der noch lange nicht ausgeschöpften Möglichkeiten, die spezifischen Umweltbelastungen je Bruttosozialprodukteinheit[3] zu senken, jedoch durchaus nicht von vornherein anzunehmen. Schließlich sei noch bemerkt, daß durch Rationalisierung nicht nur Wirtschaftswachstum angeregt, sondern auch eine wesentliche Verbesserung in Hinblick auf sparsameren Umgang mit wertvollen Rohstoffen (auch Energierohstoffen) erreicht wurde.[4] Es ist u.a. auch aus diesem Grunde falsch, Rationalisierung einseitig als Ursache von Wirtschaftswachstum zu verteufeln („Wegrationalisieren von Arbeitsplätzen" (I (49)).

4. Prämisse

Für die Kernenergienutzung ist von ihren Befürwortern ein Ausbau vorgesehen, der ihren überzogenen Wachtstumserwartungen entspricht (z.B. I (10), I (16), I (21), Szenario I).

Stellungnahme:

Wie in den Argumenten gegen Prämisse 3 dargelegt wurde, rechnen wir nicht mit einem langfristigen Wachstum, wie es im FESt-Gutachten in Szenario I enthalten ist. Darin wird noch weit bis ins nächste Jahrhundert hinein exponentielles Wachstum angenommen, nicht als rein theoretisches Modell, sondern es wird behauptet (I (7)), daß das Energieprogramm der Bundesrepublik davon ausgehe, daß sich dieser (exponentielle) Trend fortsetzt. Es wird zwar nicht *ausdrücklich* gesagt, daß die Bundesregierung diesen Trend auch über 1985 hinaus bis 2050 erwartet; genau dieser *Eindruck* wird aber mit den Formulierungen in Teil I und mit Szenario I erweckt. Hier muß widersprochen werden!

Jede Energiepolitik enthält kurz-, mittel- und langfristige Zielvorstellungen. „Kurzfristig" heißt in der Energiepolitik „einige Jahrzehnte", weil heute getroffene Entscheidungen in diesem Sektor erst nach einem bis mehreren Jahrzehnten wirksam werden. Für diesen Zeitraum müssen so genaue Prognosen wie möglich erstellt werden. Nur auf diesen Zeitraum beziehen sich die Eckwerte im Energieprogramm. Mittelfristig angelegte Energiepolitik bedeutet dagegen z.B. die Unterstützung bei der Errichtung von Versuchs- und Prototypanlagen sowie Förderung von Projekten zur rationellen Energienutzung. Langfristige energiepolitische Ziele werden in der Bundesrepublik z.B. dadurch verfolgt, daß die Fusionsforschung sowie Grundlagenforschung auf dem Gebiet der Solarzellen gefördert werden. Begleitet wird dies alles von sozial- und regionalpolitischen Maßnahmen (z.B. langfristige Standortvorsorge, Landesentwicklungspläne), von denen her schon heute deutlich Begrenzungen des Wachstums erkennbar werden. Es ist falsch, die Merkmale eines Teils der Energiepolitik, nämlich der auf kurzfristige Ziele ausgerichteten, auf lange Zeiträume zu extrapolieren. Die in Szenario I entwickelte Zukunftsvision ist sehr unrealistisch und wird weder von politischer Seite, noch von den EVUs, noch von Seiten der Kraftwerkshersteller für die jeweilige Planung unterstellt. Folgerungen, die von FESt aus der Betrachtung des Szenarios I gezogen werden, sind insofern auch gegenstandslos.

Sehr viel realistischer erscheint uns die dem Szenario II zugrundegelegte Entwicklung des Wachstums in Richtung auf eine Sättigung. Die darin angenommenen Beiträge der verschiedenen Energieträger zur Deckung des dann zu erwartenden Energiebedarfs entsprechen allerdings wiederum nicht den realistischen Möglichkeiten. (Darauf wird in den Argumenten gegen Prämisse 5 näher eingegangen.) Die Aufteilung der Beiträge wird von FESt sehr stark mit vermuteten nicht tragbaren Folgen bei Eintreten des Szenario I begründet. Würde FESt anstelle von Szenario I ähnliche Vorstellungen über die künftige Bedarfsentwicklung wie die Verantwortlichen in Energiepolitik und Energiewirtschaft zugrundelegen, würden sich die Bewertungsmaßstäbe erheblich ändern. Schon allein deswegen müßte das Gutachten dann – bei im übrigen unveränderten Prämissen – zu einer erheblich anderen Aufteilung der Energieträger in Szenario II gelangen.

5. Prämisse

Nichtfossile und nichtnukleare Energiequellen weisen die geringsten Nachteile auf und können in großem Umfang verfügbar gemacht werden (z.B. Szenario II, II (8), III (16), III (17), III (18), III (19), III (21)).

Stellungnahme:

In Szenario II wird ein „möglicher Weg" beschrieben, „dem eine alternative Energiepolitik folgen könnte". Zum einen wird darin gegenüber Szenario I – realitätsnäher – ein sehr viel geringeres Wachstum angenommen. Zum anderen entwirft Szenario II aber das Konzept einer Bedarfsdeckung, das uns aus heutiger Sicht nicht als „möglicher Weg" gangbar erscheint. Die wesentliche Fehleinschätzung liegt in einer erheblich zu optimistischen Annahme über die Verfügbarkeit nichtnuklearer Energiequellen. Obwohl nicht grundsätzlich ausgeschlossen werden kann, daß sich bei den entsprechenden Technologien in der Zukunft technische und wirtschaftliche Durchbrüche ereignen werden, liegen dafür heute keine konkreten Anhaltspunkte vor, die Hoffnungen darauf sind in den letzten Jahren oft enttäuscht worden. Je genauer man sich mit einer neuen Technologie beschäftigt, um so deutlicher treten ihre Probleme zutage. Eine Gegenüberstellung einer so weit entwickelten Technik wie der Kerntechnik mit technischen Hoffnungen für die Zukunft muß daher mit großer Vorsicht erfolgen. Das FESt-Gutachten läßt hier besonders deutlich die sorgfältige Recherche vermissen.

So ist für die meisten der sog. „Alternativen" weder die Hoffnung auf besondere Umweltfreundlichkeit, geringes Risiko, Möglichkeit einer dezentralen, kleintechnischen Nutzung erfüllbar, geschweige denn, dies alles gleichzeitig und zu tragbaren Kosten zu erreichen. Nur in wenigen Ausnahmefällen besteht Aussicht auf Erfolg, z.B. bei der Niedertemperaturwärme-Versorgung von Ein- und Zweifamilienhäusern durch Sonnenenergie. Selbst bei Ausnutzung der gesamten Dachfläche dieser Häuser in der Bundesrepublik (ca. 230 km^2) und nochmal derselben Fläche etwa in den Gärten sind auf diese Weise bei einem mittleren Jahreswirkungsgrad von 50 % nur knapp 30 Mio t SKE pro Jahr zu gewinnen, weniger als ein Zehntel unseres heutigen Primärenergieverbrauchs.

Die Möglichkeit der Stromerzeugung oder Wasserstoffgewinnung mit Hilfe von Sonnenenergie besteht zwar prinzipiell auch in unserem Land, sie ist aber nur zu extrem hohen Kosten realisierbar. Die vergleichsweise geringsten Kosten sind dabei nur mit einer großtechnischen Anlage zu erreichen, kleintechnische Lösungen treiben die Kosten vollends ins Utopische.

In Szenario II ist die solare Wasserstofferzeugung ins Ausland verlegt. Abgesehen davon, daß dadurch wieder eine Importabhängigkeit entsteht (Probleme vgl. übernächster Absatz) wird dies die Kosten für uns nicht verringern, eher im Gegenteil: Einsparungen bei der Erzeugung stehen erhebliche Transportaufwendungen gegenüber, da Wasserstoff im Vergleich zu Erdgas nur eine geringe Energiedichte aufweist und wegen seines tiefen Siedepunktes auch nur sehr kostenaufwendig zu verflüssigen ist. Hydridspeicher kommen schon wegen ihres Gewichts für einen Transport in großem Umfang nicht in Frage. Um ein Gefühl für die Größenordnung der Kosten zu vermitteln: Würde man unsere heutigen Öl- und Gasimporte durch in der Sahara solarthermisch erzeugten Wasserstoff ersetzen, so ergäben sich jährliche Mehrkosten für unsere Volkswirtschaft von mehreren hundert Milliarden Mark (!). Auch wenn es gelingen sollte, die Erzeugungskosten erheblich zu senken (was noch nichts über die Verkaufspreise des Exportlandes aussagt), so liegt diese Mehrbelastung in einer solchen Größenordnung, daß kein verantwortlicher Politiker heute seine Energiepolitik auf eine solche Versorgungsart ausrichten kann. Außerdem sei angemerkt, daß mit derart hohen Beträgen – angenommen die Volkswirtschaft kann und will sie bereitstellen – solche fossile und nukleare Energieerzeugungsstrategien entworfen werden könnten, daß Umweltbelastungen sowie maximale Schäden bei Unfällen noch unter die heutigen Grenzen in die Größenordnung kleintechnischer Anlagen gelangen. Dies wäre die extreme Fortsetzung der Entwicklung in den vergangenen Jahren, die bereits dazu geführt hat, daß z.B. für Reaktoren heutiger Bauart die maximal möglichen Auswirkungen bei einem Unfall deutlich niedriger liegen als von Rasmussen für zwei amerikanische Reaktoren älterer Bauart ermittelt (vgl. hierzu GRS-Fachgespräch, München, Nov. 1977).

Die Annahme eines Wasserstoffimports von bis zu 100 Mio t SKE in Szenario II erscheint uns aus den oben genannten Gründen nicht realisierbar. Als ebenso unrealistisch müssen die weiteren Werte in der Spalte „Sonstige" der Tabelle 4 angesehen werden. Hier scheint außerdem ein Umrechnungsfehler vorzuliegen: In der von FESt zitierten Quelle „Energiequellen für morgen" wird das wirtschaftlich nutzbare Potential regenerativer Energiequellen im Jahre 2000 mit maximal 20 Mio t SKE/a angegeben. Davon entfallen auf Niedertemperatur – Solarkollektoren ca. 12 Mio t SKE/a. Der Wert ist allerdings in TWh angegeben (80 TWh/a). Dieser scheint in die Tabelle übernommen worden zu sein. Für die Zeit nach 2000 macht die erwähnte Studie keine quantitativen Aussagen. Die Angabe im FESt-Gutachten, die Werte in Tabelle 4, letzte Spalte lägen nur wenig über den dort genannten Werten, ist insofern nicht richtig. Die FESt-Werte sind extrapoliert, wobei außer acht gelassen wurde, daß z.B. die Nutzung der gesamten Dachfläche aller Ein- und Zweifamilienhäuser nur – wie bereits erwähnt – einen maximal möglichen Energiebeitrag von ca. 30 Mio t SKE liefern würde. Nach Ausschöpfung dieses Potentials ist hier nur noch ein Zuwachs Null möglich! Es ist daher völlig unverständlich, wie Anfang des nächsten Jahrhunderts mit „sonstigen" Energieträgern über 100 Mio t SKE bereitgestellt werden sollen.

Auch die Angaben in Tabelle 4 zur Verfügbarkeit fossiler Energieträger muß mit großer Skepsis betrachtet werden: Die Wachstumsdiskussion in unserem Land übersieht nämlich allzugern das immer noch anhaltende Bevölkerungswachstum in vielen Ländern. Besonders in Verbindung mit der Industrialisierung in einem Teil dieser Länder führt dies zu einem weiter andauernden Anstieg des Weltenergiebedarfs. Die Gewinnung fossiler Energieträger wird mit diesem Energiehunger der Welt schon in Kürze nicht mehr Schritt halten können. Auch die an sich großen Reserven der Kohle werden nicht in erforderlichem Umfang zur Verfügung stehen. Dies gilt besonders für die Bundesrepublik, für die der Bergbau bis zum Jahre 2020 nur mit einer Ausweitung der Förderung um 20 % gegenüber heute rechnet (vgl. World Energy Conference, Istanbul 1977, Executive summary).

Noch ungünstiger als bei der Kohle sind jedoch die Versorgungsaussichten bei Erdöl und Erdgas. Nach Aussage aller Ölfirmen wird bereits Ende der 80-er Jahre das Fördermaximum von Mineralöl erreicht sein. Von da an ist sein Anteil an der Weltenergieproduktion rückläufig. Für Erdgas dürfte sich dieselbe Situation um die Jahrhundertwende ergeben. Vom Beginn des nächsten Jahrhunderts an muß also zunehmend mit ernsten Versorgungsengpässen unserer Energiewirtschaft gerechnet werden, wenn es nicht gelingt, uns von Importen erheblich unabhängiger zu machen.

Die einzige realistische Möglichkeit, eine schwere Versorgungskrise zu vermeiden und eine Entkopplung vom Weltenergiemarkt mit all seinen künftigen Risiken bis hin zu Verteilungskämpfen zu erreichen, stellt aus heutiger Sicht die Kernenergienutzung dar, zunächst auf der Basis von Leichtwasserreaktoren, dann unter schrittweiser Einbindung von Brütern als heimischer Energiequelle und von thermischen Reaktoren der 2. Generation (Hochtemperaturreaktoren). Die technische Realisierbarkeit von Brütern ist heute nachgewiesen, und es gibt keinerlei Hinweis darauf, daß sie nicht ebenso sicher gebaut und betrieben werden können wie die heutigen Leichtwasserreaktoren. Was heute noch aussteht, ist die großtechnische Erprobung, sind Betriebserfahrungen. Der Schnelle Brüter ist das einzige realistische Konzept, das eine praktisch unerschöpfliche Energiequelle erschließt und zugleich eine weiterhin preisgünstige Energieversorgung ermöglicht. Eine den realen Randbedingungen entsprechende Aufteilung der Energieträger in Tabelle 4 müßte daher für die Zeit nach 1985 einen erheblich größeren Anteil für die Kernenergie vorsehen, als dies geschehen ist.

Schlußbemerkung:

Abschließend sei nach dem Stellenwert der Energiediskussion selbst gefragt. Wir glauben nicht, daß dem Energieproblem im allgemeinen und der Kernenergiefrage im besonderen jene herausragende einzigartig erscheinende Bedeutung zukommt, die ihm im Gutachten eingeräumt wird (E (5)). Das Problem einer ausreichenden Energieversorgung und der damit verbundenen Belastung von Umwelt und Reserven ist eines unter vielen, neben dem des Bevölkerungswachstums und der Ernährung, der Begrenztheit von Rohstoffvorräten und des Problems der Abfallbeseitigung, nicht zuletzt des Problems der wachsenden Unüberschaubarkeit von Strukturen. Auch ist die friedliche Kernenergienutzung eine Technologie unter vielen, sie besitzt keine grundsätzliche andere Qualität, wie weiter oben gezeigt wurde.

Im Gutachten wird jedoch die Energiepolitik zur Schlüsselfrage für die Strukturprobleme der Industriegesellschaften (II). Hier, bei dem drängenden Problem der Wachstumsgrenzen, liegt wohl das eigentliche Engagement der Verfasser, und man fragt sich, ob eine gewisse Überbetonung des Kernenergieproblems nicht sogar gewollt ist, um den für notwendig gehaltenen Bewußtseinswandel voranzudrängen, wobei man die breite Sensibilisierung für dieses Thema als treibende Kraft nutzt. Dies ist in dem Gutachten mit dem Symbolcharakter der Energiefrage mehrfach angesprochen (E (3), E (13), II (5), II (9), I (63)). Ein solches Verfahren ist jedoch nicht unbedenklich, selbst wenn es einem guten Ziel dienen soll. Die mobilisierten Kräfte entwickeln ihre eigene Dynamik, und die gerufenen Geister wird man so leicht nicht wieder los.

Unseres Erachtens ist es für die Arbeit an einer sinnvollen Weiterentwicklung unseres gesellschaftlichen Systems sogar förderlicher, wenn sie künftig losgelöst von der emotional überfrachteten nuklearen Kontroverse betrieben wird. Denn auch unter den Bedingungen begrenzten Wachstums werden wir aus heutiger Sicht nicht auf die Nutzung der Kernenergie verzichten können. Die großen Herausforderungen der Zukunft wie

– Der Nachholbedarf in der Dritten und Vierten Welt im Pro-Kopf-Verbrauch zusammen mit dem zunächst mit Sicherheit anhaltenden Bevölkerungswachstum in diesen Regionen
– Die Notwendigkeit, die Lebensbedingungen zu erhalten, wobei eine Diversifikation der Energieerzeugungsarten von hohem Nutzen sein kann
– Die Notwendigkeit, international wie innenpolitisch Krisensituationen zu vermeiden, die zu einem Ausbruch überlokaler bewaffneter Konflikte führen können

lassen es geraten sein, *alle* realistischen Optionen zur Energiebedarfsdeckung zu nutzen oder noch zu erschließen. In der gegebenen Situation wäre es nicht weise gehandelt, einen Wandel unserer Denk- und Lebensgewohnheiten ohne dringende Not willkürlich über eine Einschränkung der Versorgungsbasis zu erzwingen.

Anmerkungen

1 IRS-290, Köln 1977
2 GRS-A-59, Köln 1977
3 Beispiel: Alte Kohlekraftwerke emittieren ca. 11 gr. SO_2 je kWh, moderne nur noch ca. 3 gr. SO_2.
4 Beispiel: Um eine Tonne Roheisen zu erzeugen wurde 1962 noch 748 kg Koks verbraucht, 10 Jahre später nur noch 486 kg.

Wolf Häfele

Stellungnahme zu der von der Forschungsstätte der Evangelischen Studiengemeinschaft vorgelegten Schrift: „Alternative Möglichkeiten für die Energiepolitik"

Die von der Forschungsstätte der Evangelischen Studiengemeinschaft vorgelegte Schrift wird als Gutachten bezeichnet. Das ist ganz im Sinne des Selbstverständnisses der Forschungsstätte, die sich als neutraler, wissenschaftlich fundierter Sachverwalter mit besonderem, weil christlich-kirchlichem Auftrag versteht.

Die vorgelegte Schrift ist kein Gutachten. Sie ist vielmehr eine einseitige, im Zeitgeist gehaltene, und in weiten Passagen unwissenschaftliche Streitschrift, die die These verficht: Soft[1] is beautiful.

Die Schrift ist unwissenschaftlich, weil sie sich in pauschalen Betrachtungen ergeht, nur sehr wenig quantitative und damit nachprüfbare Aussagen macht, und weil sie einseitig und unsauber andere Quellen heranzieht. Die neutrale, vermittelnde und klärende Funktion, die einer Forschungsstätte evangelischer Kirchen eigentlich zukommen sollte, geht darüber verloren.

Die Schrift ist sehr uneinheitlich gehalten und macht einen zusammengeflickten Eindruck. Besonders unangenehm fallen die zahlreichen Wiederholungen auf. Man hat den Eindruck, daß jeder der beitragenden Autoren je für sich dieselben Sachverhalte noch einmal argumentiert.

Im folgenden sollen drei größere Einzelbemerkungen gemacht werden:

1. Auch bei der Einleitung müssen manche Anmerkungen gemacht werden:

Beispielsweise wird behauptet, daß die Kerntechnik sich von anderen Großformen der Technik dadurch unterscheidet, daß sich bei ihr langfristige Probleme mit besonderer Intensität stellen (E (4)). Dem ist z.B. entgegenzuhalten, daß das CO_2 Abfallproblem fossiler Brennstoffe ähnlich langfristig und ebenso bedränglich ist. Weiter wird auf die lange Halbwertzeit des Plutoniums abgehoben. Dem ist z.B. entgegenzuhalten, daß das im großen Umfang zivilisatorisch genutzte und gesundheitsschädigende Blei eine unendlich lange Halbwertszeit hat.

Allgemeiner bezieht sich die Einleitung auf die Existenz ökologischer Grenzen, endlicher Ressourcen und kommt zu einer besonderen Bewertung von Bürgerinitiativen. Man vermißt dabei die Ausgewogenheit. Ist es so selbstverständlich, daß ganze Jahrhunderte das Wort „Machet Euch die Erde untertan" mißdeutet haben? Oder gibt es bei der Kritik an der bisherigen Deutung ein Durchschimmern von Positionen um die analogia entis? Könnte es nicht sein, daß Schlußfolgerungen bezüglich der sogenannten Endlichkeit der Ressourcen auf Denkfehlern beruhen? Gehören Christen, die Bürgerinitiativen kritisch gegenüberstehen, nun nicht mehr zur Kirche?

2. Die quantitativ bezeichenbaren Teile der Schrift sind bei den alternativ verstandenen Szenarien I und II zu finden. In I (10) wird Szenario I vorgestellt.

Es weist eher hohe Schätzungen des Gesamtenergieverbrauchs aus und beinhaltet demgegenüber hohe Kernenergieanteile. An solchem herausgestellten, hohen Kernenergieanteil wird dann die das ganze Gutachten durchziehende a priori-hafte Kernenergiefeindlichkeit dargestellt. Die Paragraphen (17) bis (81) des Teils I, der Teil II, sowie die Paragraphen (1) bis (13) des Teils III argumentieren solche Kernenergiefeindlichkeit qualitativ und vorwiegend auf der Basis neomarxistischen Gedankenguts. Die Argumentation gipfelt in der Vorstellung des Szenario II. Die einleitende These ist, nur so viel Energieverbrauch zu planen und einzusetzen, wie ökologisch vertretbar ist. Wer wollte dem widersprechen? Aber, wieviel ist ökologisch vertretbar? Wo ist eine begründete Zahl?

Im Szenario II ist vor allem jenseits des Jahres 2000 ein deutlich geringerer Energieverbrauch angesetzt, der bei 600 Mio to SKE (für die BRD) seine Sättigung findet. Diese Zahlen liegen tief, aber wohl nicht unvernünftig tief, jedenfalls nicht im Sinne eines Szenarios. Hauptcharakteristikum ist es dann, den Kernenergieanteil bei den Werten des Jahres 1985, d.h. 30 Mio to SKE zu belassen und auf regenerative Energiequellen wie Wind und Sonne auszuweichen. Eben dafür gilt weltweit die Kurzformel: Soft is beautiful, die unter Führung von Amory Lovins von den „Friends of the Earth" heute verfolgt wird. Nicht weniger als 250 Mio to SKE sollen so pro Jahr eingebracht werden, d.h. klein wäre das dann nicht mehr. Einzige Quelle, die solche Zahlen belegen soll, ist der von Hans Matthöfer herausgegebene Band des Umschau-Verlages „Energiequellen für moren". Liest man dort die angegebenen Seiten 130 ff nach, so findet man eine sehr vorsichtige, und bei dem sehr unvollständigen Wissensstand so sachlich wie möglich gehaltene Darstellung des Potentials solcher regenerativen Energiequellen für die Welt und für die BRD. Der Hauptbeitrag wirtschaftlich nutzbarer, regenerativer Quellen kommt dabei von der Sonnenenergie. Für 1975 weist der Umschauband in Tabelle 6/5 ein Potential von 93 TWh für die zunächst in Rede stehenden Niedertemperatur Sonnenkollektor-Anlagen aus, das sind etwa 3 % des heute anfallenden Gesamtbedarfs. Ein solcher Wert dürfte realistisch sein und stimmt mit dem Ergebnis anderer Studien überein. Für das Jahr 2000 werden 445 TWh als Potential angegeben. Der Fachmann weiß, daß die Nutzung solchen gesteigerten Potentials mit stark überproportionalen Kosten verbunden ist, d.h. die Investitionen pro kW dürften dann bei dem vielleicht fünffachen entsprechender Alternativen liegen. Demgemäß werden in Tabelle 6/8 des Umschaubandes auch nur 100 TWh für die Nutzung der Niedertemperatur Sonnenkollektor-Anlagen im Jahre 2000 ausgewiesen. Nimmt man alle Quellen zusammen, wie sie in Tabelle 6/8 aufgeführt werden, so ergeben sich 163 TWh für das Jahr 2000. Gemessen am Gesamtenergieverbrauch des Jahres 2000, des Szenario II, sind das wiederum 3,5 %, ein realistischer Wert. Im Umschauband wird auch sauber auf die Schwierigkeiten und Unsicherheiten hingewiesen. Die Schwierigkeiten sind hauptsächlich die folgenden: Sehr hohe Kapitalkosten, Bedarf an Energiespeichern, wie sie heute und morgen so nicht zur Verfügung stehen, sowie hoher Flächenbedarf. Je höher der Anteil dieser Quellen am Gesamtenergiebedarf wird, desto ausgeprägter werden diese Schwierigkeiten. Wie schon erwähnt, dürften die Kapitalkosten des

Gesamtsystems, also mit Energiespeichern, leicht bei dem fünffachen Wert der Alternativen liegen. Österreich, ein Land der Berge, hat heute eine Staudammspeicherkapazität von etwa 6 TWh. Andere Länder, ohne Alpen, sehr viel weniger. In Rede stehen aber bei dem Umschauband 100 TWh und mehr. Es kommen dann nur chemische Speicher in Frage wie Wasserstoff, etc. und diese führen, zusammen mit anderen Faktoren, zu den eben genannten Kapitalkosten. Auf technische Durchbrüche mag und soll man hoffen, man kann daraufhin aber nicht verantwortlich planen. Mit den 163 TWh der Tabelle 6/8 geht ein Flächenbedarf von etwa 500 km^2 einher. Das ist beträchtlich, mag aber noch angehen. In der Schrift der Forschungsstätte jedoch ist nicht von 163 TWh sondern von 750 TWh für das Jahr 2000 und 2000 TWh für das Jahr 2050 die Rede. Sie stellt weiter fest (III (17)), daß die für die regenerativen Energiequellen im Szenario II angenommenen Werte „nur wenig über den von der KFA Jülich als wirtschaftlich nutzbar errechneten Mengen" liegen! Woher soll das Kapital für diese Investitionen kommen, wenn einem Nullwachstum das Wort geredet wird? Es kann nur aus massivem Konsumverzicht kommen. Solch ein Preis für das Szenario II wird aber verschwiegen. Ebenso ist festzustellen, daß 2000 TWh etwa 7000 km^2 entsprechen. Wie sollen diese 7000 km^2 in der beengten BRD aufgebracht werden? Nur Landenteignungen großen Stils können diese 7000 km^2 aufbringen. Davon ist auch nicht die Rede, sowenig wie von anderen monetären und nicht monetären Kosten, die mit dem Szenario II einhergehen, die Rede ist. Auch wird die große Vorsicht der Darstellung des Umschaubandes weder zitiert noch übernommen. Es muß hier festgestellt werden, daß eine Verzerrung der in den zitierten Quellen dargestellten Sachverhalte vorliegt.

Noch mehr ist festzustellen. Im Szenario II wird für das Jahr 2000 ein Beitrag von 410 Mio to SKE an fossilen Brennstoffen antizipiert. Es heißt, in einem einzigen schlichten Satz, daß ein hoher Anteil durch heimische Kohle zu decken ist (III (17)). Mehr als etwa 150 Mio to SKE sind aber heimisch im Jahre 2000 kaum aufzubringen. Der Rest d.h. 260 Mio to SKE sind also gemäß Szenario II zu importieren. Das entspricht ziemlich genau den heutigen Öl- und Gasimporten, von denen die Bundesregierung durch den verstärkten Einsatz von Kernenergie zu Recht gerade runter möchte. Und Kohle wird im Jahre 2000 nirgendwo zu haben sein, denn die signifikanten Vorkommen sind in der UdSSR, in China und den USA und anders als die OPEC-Staaten, die auf den Verkauf ihrer Ressourcen angewiesen sind, liegt eine derartige Veranlassung für die Supermächte nicht vor. Nirgendwo in der vorgelegten Schrift der Forschungsstätte wird darauf eingegangen, ob unter weltweiten Gesichtspunkten die erhofften Importe zu haben sein werden. Verantwortliches Planen muß davon ausgehen, daß sie nicht oder nur zu sehr hohen Preisen zu haben sein werden. Deshalb ist es verantwortungsvolles Planen, Kernenergie sowie jede andere heimisch greifbare Energieform im höchstmöglichen Umfang vorzusehen. Dabei wird man immer noch von sehr niedrigen Erwartungswerten für den Energiebedarf auszugehen haben, weil es anders sowieso nicht zu schaffen ist. In Wahrheit muß man heute feststellen, daß nur ein niedriger Energiebedarf zusammen mit der Ausnutzung *aller* Energiequellen, einschließlich Kernenergie und Sonne, vielleicht zu einer eben noch tragbaren Lösung des Energieproblems führen kann.

3. Einige weitere, freilich nur exemplarische Klarstellungen sind erforderlich:

a. Das Problem der Abgabe großer antropogener, d.h. aus chemischer oder nuklearer Bindungsenergie stammender Abfallwärmemengen ist *nicht* eine bedrängende und letztliche Grenze des Wachstums am Energieverbrauch. Erstens sind die Größenordnungen der Wärmeabgaben zu klein, um global von Bedeutung zu sein. Nur lokal können sie Rückwirkungen haben, wie das ebenso auch für das Anlegen von Ackerland und Industriegebieten gilt. Zweitens könnte man dann, wenn man sich der Größenordnung von mehreren 10^{11} to SKE pro Jahr nähert, was überhaupt nicht in Sicht ist, immer die Abgabe solcher Wärmemengen durch großflächige Albedo Anpassungen kompensieren. Es ist beklemmend zu sehen, wie in der vorgelegten Schrift die Frage der Wärmeabgabe (in den Textziffern I (41), II (7), III (21)) in jeweils nur wenigen Sätzen knapp und falsch abgehandelt wird.

b. Die Bereitstellung von Energie ist eine notwendige aber keine hinreichende Bedingung für eine intakte Wirtschaft, die dann auch Vollbeschäftigung gewährleisten kann. Der Unterschied zwischen notwendig und hinreichend wird in der Schrift nicht bedacht. Ebensowenig wird der Zusammenhang zwischen überhöhten Lohnkosten und Arbeitslosigkeit auch nur erwähnt.

c. In I (27) wird behauptet, daß der Nachweis, Kernenergie sei langfristig eine vorsorgungssichere Energiequelle, kaum zu führen ist. Gemeint ist eine Kernenergiewirtschaft auf der Basis der Kombination von Leichtwasserreaktoren und Schnellen Brütern. Dazu gibt es ganze Bibliotheken, die diesen Nachweis führen. Nicht eine einzige dieser zahlreichen Arbeiten wird herangezogen oder auch nur zitiert.

Man sollte auseinanderhalten: Inhaltlich läßt sich zu beinahe jeder Behauptung der Schrift der Forschungsstätte die gegenteilige Behauptung aufstellen. Die somit notwendige Auseinandersetzung kann nur quantitativ und unter Bezeichnung der jeweils in Frage kommenden Alternativen geführt werden. Die Schrift bleibt aber hauptsächlich im Qualitativen. Sie behauptet und postuliert. Die Auseinandersetzung steht also noch aus, die klärende Arbeit ist noch nicht getan.

Schlimmer freilich ist das mangelnde wissenschaftliche Niveau und die mangelnde Sorgfalt der Argumentation. So leistet die Evangelische Studiengemeinschaft nicht den Dienst unter dem hohen Anspruch, von dem in der Einleitung die Rede war.

Anmerkung

1 „Soft" führt sich im Augenblick weltweit als Begriff für dezentralisierte Kleintechnik ein.

Otto Kimminich

Stellungnahme zur Studie „Alternative Möglichkeiten für die Energiepolitik"

1. Vorbemerkung

Es gibt zwei Kategorien von Lesern, denen die Stellungnahme zum obengenannten Gutachten leichtfällt: 1. Die Experten der einzelnen von dem Gutachten berührten Sachgebiete; sie kennen die Materie aus gründlichem Studium und langjähriger Erfahrung, haben Zugang zum relevanten Tatsachenmaterial, können die Angaben mühelog nachprüfen und sind deshalb in der Lage, die Aussagen des Gutachtens mit der Autorität ihrer Sachkenntnis zu bestätigen, zu widerlegen oder zu ergänzen. 2. Der absolute Laie, der an den Problemen als Energie-Konsument interessiert ist und sich deshalb mit gesundem Menschenverstand bereits eine eigene Meinung zurechtgelegt hat; er kann – und wird – ohne Zögern auf dieser Grundlage über das Gutachten urteilen.

In einer schwierigen Lage befindet sich dagegen derjenige, der die Entwicklung auf einzelnen Gebieten eine mehr oder minder lange Zeit aufmerksam verfolgt hat, aber wegen seiner anderweitigen beruflichen Beanspruchung nicht in der Lage ist, seine Materialsammlung auf dem laufenden zu halten. Er ist weder Experte noch Laie, sondern Dilettant. Er kennt zwar die Zusammenhänge und verfügt über das erforderliche Grundwissen, ist aber nicht in der Lage, die Angaben nachzuprüfen und eigene Modelluntersuchungen anzustellen, weil ihm der dazu erforderliche wissenschaftliche Apparat fehlt. Aber die in dem Gutachten angesprochenen Probleme gehen jeden an, und das Gutachten präsentiert sie so, daß sich niemand, der die Grundlage dieser Studie bejaht – nämlich das Bewußtsein der Verantwortung als Christ –, einer eigenen Stellungnahme entziehen kann.

Bei dieser Stellungnahme genießt der Angehörige der dritten Kategorie von Lesern sogar einen gewissen Vorteil. Man kann von ihm nicht erwarten, daß er die von Experten zusammengetragenen Daten bestätigt oder widerlegt und ergänzt, oder gar, daß er eigene Modelle und Lösungsvorschläge entwickelt. Aber er ist immerhin in der Lage, die Deduktionen zu überprüfen, die aus den Daten abgeleitet werden, und dazu nicht nur auf Grund vorgefaßter Meinungen Stellung zu nehmen. Doch wäre es unfair, wenn sich ein solcher Autor im kritischen Moment auf seinen Dilettantenstatus beriefe. (Als Dilettant darf er nicht sprechen, sondern muß schweigen und sich belehren lassen.) Jeder, der einen Beruf erlernt hat, ist Experte auf einem bestimmten Gebiet. Das Gutachten behandelt so viele Gebiete, daß es wahrscheinlich Mühe bereiten würde, jemanden zu finden, der nicht wenigstens auf einem von ihnen selbst Experte ist. Jeder, der zu dem vorliegenden Gutachten Stellung nimmt, muß dies auf „seinem" Gebiet als

Experte tun. Doch wäre es sinnlos, aus diesem Grunde die Stellungnahme auf einen winzigen Ausschnitt zu beschränken. Ein Hauptanliegen des Gutachtens war es sicherlich, nicht nur die breite uninformierte Öffentlichkeit zu interessieren, sondern auch diejenigen, die sich bisher nur mit Ausschnitten aus der Gesamtproblematik beschäftigt hatten, zu einem Durchdenken aller Zusammenhänge zu zwingen. Dieses Ziel hat das Gutachten in vollem Umfang erreicht.

2. *Der Ansatz des Gutachtens*

Das Gutachten ist so angelegt, daß praktisch jeder, der dazu Stellung nimmt, auf Grund seiner eigenen Betrachtungsweise einen anderen Gesamtansatz des Gutachtens hervorheben kann. So mag der Theologe den einleitenden Hinweis auf die Verantwortung des Christen loben, der Ökologe die Sorge um die Erhaltung der Umwelt, die das ganze Gutachten durchzieht, usw. Hier soll jedoch nicht von einem fachspezifischen Ansatz gesprochen werden, sondern von der Zielrichtung und der erkenntnistheoretischen Methode, mit der die Autoren des Gutachtens an die Problematik herangehen. Einer der diesbezüglichen Kernsätze steht in II (13): „Neue Prioritäten ergeben sich nicht aus Sachzwängen, sondern sind das Ergebnis politischer Entscheidungen, die ihrerseits einen präzisen Überblick über die Sachprobleme voraussetzen.“ Damit ist der einzige Weg aufgezeigt, auf dem der Teufelskreis der technischen Sachzwänge und der (angeblich) auf ihnen beruhenden, zu Rechtsnormen erstarrten politischen Entscheidungen durchbrochen werden kann. Dieser Weg mag für die Politiker zunächst hart erscheinen, weil die Berufung auf technische Sachzwänge ihnen die Rechtfertigung von Entscheidungen stets erleichtert hat. Aber er entspricht wahrscheinlich am ehesten den Realisäten, denn alles spricht dafür, daß – wie das Gutachten in I (62) ausführt – „die öffentliche Bereitschaft, technische Entwicklungen als Sachzwänge hinzunehmen, noch weiter zurückgeht.“

Dieser Ansatz stellt das Gutachten von vornherein auf eine realistische Grundlage. Es ist alles andere als eine Gedankenspielerei. Ganz konkret wird das Ziel bereits in E (15) genannt: „Der heute noch bestehende Handlungsspielraum muß genutzt werden, um eine alternative Energiepolitik durchzusetzen, bevor durch forcierten Ausbau der Kernenergie vollendete Tatsachen mit weitreichenden Folgen geschaffen werden.“ Stünde ein solcher Satz am Anfang des Gutachtens und folgten ihm nur Argumente gegen den Ausbau der Kernenergie, so könnte man ihn als Einleitung eines polemischen Pamphlets brandmarken. Der Zusammenhang mit den vorzitierten Ausführungen zeigt aber bereits, daß dieser Satz auf einer objektiven Würdigung der gegenwärtigen Situation beruht, den Realitäten entspricht und kein Ergebnis vorwegnimmt.

Das gleiche gilt selbst dort, wo das Gutachten Aussagen über erwartete künftige Entwicklungen macht. Hier zeigt sich deutlich, wie vorsichtig die Autoren des Gutachtens vorgegangen sind. Von besonderem Interesse ist der Hinweis darauf, daß der Primärenergieverbrauch in der Bundesrepublik Deutschland in der Vergangenheit insgesamt exponentiell gewachsen ist (I (7)). Das exponentielle Wachstum scheint kennzeichnend für jedes Wachstum von quantitativ erfaßbaren Größen zu sein, und zwar sowohl im Bereich der Natur als auch in demjenigen der Technik und Kultur. Kulturhistoriker sprechen vom „Gesetz der Exponentialzunahme".[1] Jeder Kulturfaktor, der sich in quantifizierter Form ausdrücken läßt, zeigt – nach bisherigen Erfahrungswerten – dieses exponentielle Wachstum. Nun sagt uns aber schon der gesunde Menschenverstand, daß ein solches Wachstum nicht unbegrenzt fortgesetzt werden kann. Ein einfaches Beispiel möge dies verdeutlichen: Es ist bekannt, daß auch die Zahl der Wissenschaftler seit 300 Jahren, dem ungefähren Beginn dessen, was man als Wissenschaft bezeichnen kann, exponentiell wächst. Da die Exponentialkurve dadurch gekennzeichnet ist, daß ihre Steigung sich beschleunigt – was in zeitlicher Dimension als „historische Akzeleration" in Erscheinung tritt und das gesamte Bildungssystem vor fast unlösbare Aufgaben stellt[2] –, ist auch die Zahl der Wissenschaftler dermaßen gestiegen, daß gegenwärtig etwa 80–90 % aller Wissenschaftler, die es jemals gegeben hat, noch am Leben sind. Die Dichte der Wissenschaft in unserer Kultur vervierfacht sich während jeder Generation, und wenn dieses Wachstum so weiter geht, müßte schon in relativ kurzer Zeit die gesamte Weltbevölkerung nur aus Wissenschaftlern bestehen. Die Weiterführung anderer exponentieller Wachstumskurven in die Zukunft führt zu ähnlich absurden Ergebnissen. Deshalb ist es nicht verwunderlich, daß ganz unabhängig vom Wachstum des Primärenergieverbrauchs, das nicht nur in der Bundesrepublik Deutschland in der Vergangenheit ebenfalls exponentiell zugenommen hat, die These aufgestellt worden ist, daß jede Wachstumskurve nach einer Periode des exponentiellen Wachstums abflacht und eine sigmoide Kurve bildet. Der Übergang vom reinen Exponentialwachstum zum „saturierten Exponentialwachstum" tritt dann ein, wenn die logarithmische Kurve nur einige Prozent unter die erwartete, normale Exponentialkurve gerät. Es wird behauptet, daß bereits drei Verdoppelungsperioden später die Abweichung etwa 50 % beträgt, so daß die sigmoide Kurve nur die Hälfte ihrer erwarteten Höhe erreicht und von da an flach wird.[3] Ob und unter welchen Voraussetzungen eines Tages die historische Akzeleration neu beginnt und zu einem erneuten Exponentialwachstum führt, ist dann eine andere Frage. Der vorstehend zitierte Autor meint, daß in der Geschichte der Menschheit bereits mehrere solche sigmoide Kurven zu beobachten seien. Das letzte Exponentialwachstum habe in der Renaissance begonnen und sei offenbar soeben im Begriff, in das Stadium der Saturiertheit überzugehen. Es ist interessant, daß die These, wir erlebten in der Gegenwart das Ende desjenigen Zeitalters, das in der Renaissance begonnen hat, auch von Autoren vertreten wird, die sich niemals mit jener mathematischen Wachstumstheorie beschäftigt haben.

Doch kann dieser Gedanke hier nicht vertieft werden. Wichtig ist, daß das Gutachten auf das bisherige Exponentialwachstum des Primärenergieverbrauchs hinweist und die Unmöglichkeit der Fortsetzung eines solchen Wachstums exakt darlegt. Beunruhigend sind insbesondere die in I (15) wiedergegebenen Zahlen. Die Feststellung, „daß ein Wachstum des Primärenergieverbrauchs langfristig nicht nur zu einem forcierten Ausbau der Kernenergie, sondern auch zu verstärkten Anstrengungen bei der Ausbeutung der Vorräte an fossilen Energieträgern nötigt", ist einleuchtend und entspricht den Vorstellungen des Energieprogramms der Bundesregierung. Auf dieser Basis sollte sich ein Konsens finden lassen. Das Gutachten ist realistisch genug, an keiner Stelle eine Senkung des Primärenergieverbrauchs zu fordern. Es kommt vielmehr immer wieder zu dem Ergebnis, daß die Wachstumskurve flacher werden muß. Soweit uns überhaupt die Bestimmung unseres eigenen historischen Standorts möglich ist, wird man sagen müssen, daß diese Forderung den Gegebenheiten der Gegenwart und der uns möglichen Prognose voll entspricht.

Gerade deshalb aber ist die wiederholt getroffene Feststellung (z.B. in I (22)), daß sich der Anteil fossiler Energieträger allenfalls relativ verringern läßt, höchst beunruhigend. Unter dem Eindruck des Ölschocks im Herbst 1973 hatten Bundesregierung und führende Kreise der Wirtschaft in der Öffentlichkeit den Eindruck erweckt, als könnte der Importbedarf an Öl und Gas zumindest langfristig gesenkt werden. Daß dies gerade langfristig nicht möglich ist, muß als eine bedeutsame Erkenntnis angesehen werden.

Ob allerdings die daraus im letzten Satz von I (27) gezogene Schlußfolgerung richtig ist, mag bezweifelt werden. Sicher ist es schwierig, den in Szenario I vorgesehenen Ausbau der Kernenergie zu realisieren. Die Tatsache, daß der Schnelle Brutreaktor 10 bis 20 Jahre benötigt, um das Erstinventar an Plutonium für einen weiteren Reaktor zu produzieren, zwingt doch wohl am ehesten dazu, den Bau der Reaktoren zu beschleunigen, damit die Energiewirtschaft jene Durststrecke möglichst bald überwindet. Allerdings bleibt es eine allbekannte Tatsache, daß die Kernenergie „langfristig", d.h. über das Jahr 2050 hinaus, ohnehin nicht in der Lage ist, die zu erwartende Energielücke zu schließen. Die Kernenergie ist in diesem Sinne nur eine mittelfristige Lösung, die für eine oder zwei Generationen unumgänglich ist. Dahinter steht die Frage, ob diese Generationen berechtigt sind, die folgenden Generationen, die sich ohnehin nicht mehr auf Kernenergie werden verlassen können, mit den Folgeproblemen zu belasten. Diese Frage soll hier nicht in voller Breite aufgerollt werden, obwohl darauf hinzuweisen ist, daß es moralisch durchaus vertretbar ist, die Existenzsicherung auch nur einer einzigen Generation mit Belastungen künftiger Generationen zu erkaufen; denn in der Kette der Generationen darf kein einziges Glied fehlen. Für den vorliegenden Zusammenhang aber kommt es nur darauf an, daß die nicht ganz schlüssige Beweisführung im letzten Satz von I (27) den richtigen Gesamtansatz des Gutachtens unberührt läßt.

Schließlich ist noch darauf hinzuweisen, daß das Gutachten mit Recht von einem erweiterten Sicherheitsbegriff ausgeht (I (43)). In der Tat läßt sich Sicherheit nicht auf die Betriebssicherheit der Anlagen reduzieren. Die Einbeziehung der Fragen der Umweltverträglichkeit in alle Entscheidungen, die beim Vollzug von Gesetzen in Rechtsprechung und Verwaltung sowie bei der Schaffung von Rechtsnormen gefällt werden, ist ein bisher noch nicht zufriedenstellend gelöstes Problem.[4] Es im Bereiche des Energierechts mit dem Begriff der Sicherheit zu lösen, erscheint als ein gangbarer Weg.

In Bezug auf die Betriebssicherheit (d.h. die Sicherheit im engeren Sinne) ist das Gutachten mit Recht zurückhaltend. Der am Ende I (43) enthaltene Hinweis darauf, daß die Probleme schneller gewachsen sind als die Lösungsmöglichkeiten, wird mit dem Zusatz versehen, es scheine so. Die Autoren neigen wohl zu dieser Auffassung, viele Techniker bestreiten sie. Dem etwas abseits stehenden Beobachter fällt aber auf, daß die Reaktorsicherheit jedenfalls zu denjenigen Gebieten gehört, auf denen nicht nur die Technik rasch fortschreitet und innerhalb kurzer Zeit Probleme löst, die zunächst für unlösbar gehalten worden sind – wie z. B. der Flugzeugabsturz auf ein Kernkraftwerk –, sondern auch das Recht flexibel genug ist, um die neuesten Errungenschaften der Technik rasch einzusetzen.[5] Der Hinweis auf Ereignisse, an die man bisher noch nicht gedacht hat (I (44)), ist ohne Aussagewert. Kernkraftwerke werden mit Blick auf den größten anzunehmenden Unfall ausgelegt. Damit werden Kernkraftwerksbauer und Genehmigungsbehörden gezwungen, an alle vorstellbaren Störfälle zu denken. Auf das, an das bisher noch niemand gedacht hat, kann sich weder die Technik noch das Genehmigungsverfahren einstellen. Die Sicherung gegen mutwillige Eingriffe ist ein Problem, das keine Besonderheit der Kernkraftwerke darstellt und im Genehmigungsverfahren nur insoweit Berücksichtigung finden kann, als neben der fachlichen Zuverlässigkeit auch die charakterliche Zuverlässigkeit des Betriebspersonals zu prüfen ist und diese Prüfung in periodischen Abständen wiederholt werden muß. Mit Recht weist das Gutachten darauf hin, daß sich diese Situation auch durch weitere Studien nicht verbessern läßt und es aus methodischen Gründen prinzipiell ausgeschlossen ist, derartige Faktoren in Wahrscheinlichkeitsberechnungen hinreichend zu berücksichtigen. Wieder erweist sich das Gutachten als realistisch, indem es daran nicht die Forderung knüpft, vom Reaktorbau prinzipiell abzusehen.

3. Wirtschaftliche Erwägungen

Aus dem Bereich der wirtschaftlichen Erwägungen soll nur ein Punkt herausgegriffen werden, dessen Behandlung nach der hier vertretenen Meinung ein besonderes Verdienst des Gutachtens ist: das Argument, ein kontinuierliches Wachstum des Energieeinsatzes sei zur Senkung der Arbeitslosigkeit unbedingt erforderlich (E (2)). Dieses Argument widerspricht den Grundregeln wirtschaftlichen Denkens. Zwar ist es richtig, daß zusätzliche Arbeitsplätze auch zusätzlichen Energiebedarf zur Folge haben – wobei der Energiebedarf pro Arbeitsplatz sehr unterschiedlich ist und ein Mittelwert nicht gebildet werden kann –, aber die Forcierung der Energieerzeugung zum Zwecke der Arbeitsplatzbeschaffung ist volkswirtschaftlich sinnlos. In einer Marktwirtschaft ist die Produktion nur dann sinnvoll, wenn die Produkte verkauft werden, und zwar zu einem Preis, der den Einsatz aller an der Herstellung des Produkts beteiligten Produktionsfaktoren lohnt. Der Anreiz für die Ausweitung der Produktion – und damit die Schaffung von Arbeitsplätzen – muß daher vom Markt kommen. Inwieweit dabei der Markt durch staatliche Lenkungsmaßnahmen beeinflußt werden kann, ist seit langem Gegenstand von Kontroversen, an die hier nur erinnert zu werden braucht. Die Energiepolitik gehört jedenfalls nicht zu diesen Lenkungsmaßnahmen; denn ein reichliches Angebot an Energie kann selbst dann, wenn die Energie billig ist – was angesichts der im Gutachten zutreffend geschilderten Lage der Weltwirtschaft im allgemeinen und der deutschen Wirtschaft im besonderen künftig nicht mehr erwartet werden kann –, nur in sehr geringem Maße die Produktionskosten senken und auf dem Umweg über niedrige Preise die Nachfrage nach bestimmten Gütern verstärken. Dies war in der Vergangenheit bei einigen (volkswirtschaftlich nicht allzusehr ins Gewicht fallenden) Produkten der Fall. In der Zukunft kann nicht einmal mehr dieser minimale Effekt erwartet werden. Die Wirtschaft läßt sich nicht durch eine erhöhte Energieproduktion in Schwung bringen. Dies sollte durch das vorliegende Gutachten endgültig als geklärt gelten.

Mit Recht weist das Gutachten darauf hin, daß zusätzliche Arbeitsplätze in erster Linie durch Erweiterungsinvestitionen für neue Produkte geschaffen werden. Da die Wiederherstellung der Vollbeschäftigung nach wie vor das erklärte Ziel nicht nur der Arbeitsmarktpolitik, sondern der gesamten Wirtschaftspolitik unseres Landes ist, und da mit dem Eintreten geburtenstarker Jahrgänge in das Erwerbsleben bei gleichzeitiger fortschreitender Rationalisierung die Wirtschaft in sehr erheblichem Maße angekurbelt werden muß, ist das Argument der Energiewirtschaft, sie müsse für den Fall des Erfolgs dieser Wirtschaftspolitik entsprechende Energiekapazitäten zur Verfügung stellen, durchaus plausibel. Hingegen ist es nicht ohne weiteres einleuchtend, daß „sich die Wettbewerbsfähigkeit deutscher Güter auf den Weltmärkten nur durch eine ständige Erhöhung der Arbeitsproduktivität" erhalten läßt, wie das Gutachten in I (5) ausführt. Die ständige Erhöhung der Arbeitsproduktivität ist vielmehr erforderlich, um die Lohnsteigerungen zu finanzieren. In der Diskussion früherer Jahre wurden die Zusammenhänge allerdings anders ausgedrückt: die durch den technisch-wissenschaftlichen Fortschritt ermöglichte Erhöhung der Arbeitsproduktivität sollte nicht nur denjenigen Produktionsfaktoren (bzw. deren Eigentümer) zugute kommen, die diese Erhöhung der Arbeitsproduktivität herbeigeführt hatten, sondern allen Arbeitnehmern. Nach den Vorstellungen der Theoretiker der Marktwirtschaft war somit die Erhöhung der Arbeitsproduktivität zugleich der Maßstab für die Lohnerhöhung. Dieser Zusammenhang ist kein Automatismus, sondern beruht auf politischen Entscheidungen, die über den Mechanismus der reinen Marktwirtschaft hinausreichen und dem wirtschaftspolitischen System der Bundesrepublik Deutschland die Bezeichnung „Soziale Marktwirtschaft" eingebracht haben.

Mit Recht weist das Gutachten darauf hin, daß die Erhöhung der Arbeitsproduktivität die Nachfrage nach Energie zusätzlich, d.h. über die quantitative Erhöhung der Produktion hinaus, erhöht hat. Niemand kann aber fordern, daß im Interesse der Energieeinsparung die Arbeitsproduktivität wieder gesenkt wird, d.h. daß Energie und Maschinen durch menschliche Arbeitskraft ersetzt werden. Unter Beibehaltung des gegenwärtigen Lohnniveaus würde dies die Preise der Fertigwaren dermaßen in die Höhe treiben, daß die gesamte Wirtschaft zusammenbrechen müßte. Eine Senkung des Lohnniveaus zu fordern, ist aber ebenso unrealistisch. Zwar enthält das Grundgesetz keine Garantie für die Erhaltung eines bestimmten Lohnniveaus. Aber das Sozialstaatsgebot des Grundgesetzes beschränkt insofern den politischen Spielraum einer jeden Wirtschaftspolitik, wie das Gutachten in I (46) mit Recht ausführt. Nicht ganz eindeutig ist jedoch der letzte Satz dieses Absatzes. Der Hinweis darauf, daß die freie Berufswahl sich nicht ohne weiteres verwirklichen läßt, sondern einer Wirtschafts- und Arbeitsmarktpolitik bedarf, ,,die hinreichende Beschäftigungsmöglichkeiten sichert", erinnert an die Rechtsprechung des Bundesverfassungsgerichts zu Art. 12 GG. Im Urteil vom 18. Juli 1972 hat das Bundesverfassungsgericht zwar den Anspruch eines jeden Abiturienten auf Zulassung zum Universitätsstudium bejaht und aus dem Grundrecht des Art. 12 GG abgeleitet, dann aber hinzugefügt, zur Realisierung dieses Grundrechtes bedürfe es bestimmter staatlicher Leistungen (Schaffung von Studienplätzen), so daß der Zulassungsanspruch ein „Teilhaberecht" sei, das „unter dem Vorbehalt des Möglichen" stehe.[6] Diese Rechtsprechung ist in der Literatur auf erhebliche Kritik gestoßen.[7] Die Verwandlung von Grundrechten in Teilhaberechte ist verfassungspolitisch gefährlich. Will man „ hinreichende Beschäftigungsmöglichkeiten" verfassungsrechtlich besser absichern als durch das Sozialstaatsprinzip, so empfiehlt es sich, die Schaffung eines Grundrechts auf Arbeit zu erstreben.

Doch schmälern diese Einwände nicht das Verdienst des Gutachtens, das darin liegt, die falschen Vorstellungen vom Zusammenhang zwischen Energiewachstum und Arbeitsplatzsicherung gründlich zu beseitigen. Das gilt nicht zuletzt für die Ausführung über den Zusammenhang der deutschen Wirtschaft mit dem Weltmarkt. Es ist zu begrüßen, daß das Gutachten im I (51) betont: „Für die Konkurrenzfähigkeit auf dem Weltmarkt ist vielmehr die Entwicklung der Lohnkosten einschließlich der Sozialleistungen entscheidend. Zweifellos würde es der Versachlichung der energiepolitischen Diskussion dienen, wenn hier sorgfältig differenziert und die Frage der Lohnkosten nicht mit der der Energiekosten vermengt würde."

4. *Rechtliche Erwägungen*

Schon in der Einleitung weist das Gutachten auf einen tief wurzelnden Zusammenhang mit Grundproblemen des Rechtsstaates hin, wenn dort vom „Anspruch der Bürger auf Mitsprache" und von „wachsenden Zweifeln an der Funktionsfähigkeit des Rechtsstaates" gesprochen wird (E (3)). Ausgangspunkt für die rechtlichen Erwägungen soll hier das Verwaltungsverfahren sein, wobei jedoch von vornherein darauf hinzuweisen ist, daß Verfassung und Verwaltung nicht getrennt betrachtet werden dürfen und der Vorrang der Verfassung stets beachtet werden muß. Die Besonderheiten des Genehmigungsverfahrens bei technischen Großanlagen sind zahlreich. Das Gutachten tut gut daran, sich nicht in den Einzelheiten dieser Spezialprobleme zu verlieren, sondern zunächst einmal das Kernproblem herauszuarbeiten, das wiederum im Bereich des Umweltschutzes liegt: das Genehmigungsverfahren betrifft jeweils eine einzelne Anlage, der Bürger aber ist von den Folgen einer Vielzahl von Anlagen betroffen, „deren unkoordiniertes Zusammenwirken nur unzureichender verwaltungsgerichtlicher Nachprüfung unterliegt" (I (56)). Warum die verwaltungsgerichtliche Nachprüfung unzureichend ist, bleibt an dieser Stelle allerdings unerörtert. Im Zuge des Gegeneinwands könnte darauf hingewiesen werden, daß das moderne Umweltschutzrecht gerade jenen Mangel auszugleichen versucht, indem es die Genehmigungsbehörden zwingt, bei jeder Genehmigung von Anlagen nach dem Bundesimmissionsschutzgesetz die Auswirkungen der von der einzelnen Anlage ausgehenden Emission auf die Atmosphäre bzw. den Wasserhaushalt einer bestimmten Region – deren Umfang weit über das hinausgeht, was nach herkömmlichem Gewerberecht vom Nachbarschutz erfaßt wurde – zu prüfen. Diesem Zweck dienen die Richtwerte in den sogenannten Technischen Anleitungen (TA Luft, TA Lärm) und die regionalen und überregionalen Wasserreinhaltungspläne (Wärmelastpläne). Erfreulicherweise widmet das Gutachten dem Problem der Gewässererwärmung (I (38)) und der Luftverschmutzung (I(39)) durch Kernkraftanlagen besondere Aufmerksamkeit. Die geltenden Gesetze bieten ein ganzes Arsenal von Maßnahmen zur Vermeidung dieser Gefahren bzw. Wiedergutmachung der Schäden. Das Vollzugsdefizit in diesem Bereich ist allerdings groß. Doch wäre es ungerecht, hier die Schuld allein bei der Verwaltung zu suchen. Es sind auch nicht immer nur die Politiker auf kommunaler Ebene, die aus fiskalischen Gründen den strengen Vollzug der umweltschützenden Normen behindern. Kürzlich ging durch die Presse die Nachricht: „Industrieanlagen sollen künftig auch in Gebieten mit starken Luftverschmutzungen gebaut werden können. Das Bundeskabinett hat jetzt das Innenministerium beauftragt, bis zum 31. März 1978 entsprechende Rechtsänderungen beim Emissionsschutz vorzubereiten. Staatssekretär Hartkopf ließ keinen Zweifel daran, daß der Druck auf das Immissionsschutzgesetz aus Nordrhein-Westfalen kommt und daß Ministerpräsident Kühn im Kanzleramt schließlich offene Ohren für Änderungsvorschläge fand."[8] Es ist sehr zu begrüßen, daß das Gutachten an zahlreichen Stellen die Verantwortung der Politiker unterstreicht.

Trotzdem bleibt es eine Tatsache, daß die Kontroverse um den Ausbau der Kernenergie nicht zuletzt die Frage aufgeworfen hat, ob das Verwaltungsverfahren auf der Grundlage der geltenden Gesetze mit diesen Problemen fertig werden kann. Eine sorgfältige Erörterung dieses Problemkreises würde den für eine kurze Stellungnahme zur Verfügung stehenden Raum bei weitem übersteigen. Das Gutachten enthält hierzu zahlreiche Einzelhinweise, denen der Verwaltungsrechtler zustimmen muß. Einige von ihnen bedürfen jedoch der Ergänzung. Im folgenden soll dies nur bezüglich eines einzigen, gegenwärtig besonders umstrittenen Spezialproblems getan werden.

Gemeint ist die Frage der sofortigen Vollziehbarkeit, die im Gutachten in I (61) behandelt wird. Hierzu ist anzumerken, daß Wesen und Funktion der sofortigen Vollziehung in der Kernkraftdiskussion häufig mißverstanden worden sind. Zwar handelt es sich bei der Frage der sofortigen Vollziehung um eine der kompliziertesten Fragen des öffentlichen Rechts,[9] aber im folgenden soll versucht werden, die Situation wenigstens stichwortartig zu klären.

Verwaltungsakte bedürfen keiner Vollziehbarkeitserklärung. Die sofortige Vollziehbarkeit eines jeden Verwaltungsaktes ist die Grundregel. Der Suspensiveffekt, der infolge der Einlegung eines Rechtsbehelfs eintritt, ist nur gesetzestechnisch als „Grundsatz" normiert. Schon die zahlreichen Ausnahmen, die § 80 VwGO vorschreibt oder zuläßt, beweisen, daß ein Grundsatz im rechtsdogmatischen Sinn nicht vorliegt. Die Anordnung der sofortigen Vollziehung ist daher als Ausnahme von der Ausnahme zu begreifen und stellt den Regelfall her, der das ordnungsgemäße Funktionieren der Verwaltung im Auge hat. Die echte Ausnahme von der Regel ist dagegen die Wiederherstellung des Suspensiveffektes durch das Gericht der Hauptsache gemäß § 80 Abs. 5 VwGO. Grundsatz bleibt, daß der Verwaltungsakt auch ohne Vollziehungsanordnung sofort vollziehbar ist. Die Praxis, die sofortige Vollziehung zugleich mit dem Erlaß des Verwaltungsakts anzuordnen, ist „nur eine vorsorgliche Maßnahme, deren rechtliche Bedeutung sich erst mit der Einlegung des Rechtsbehelfs aktualisiert".[10]

Die Grundfunktion der sofortigen Vollziehung ist der ordnungsgemäße Gesetzesvollzug im Interesse der Rechtsstaatlichkeit. Das Argument, ohne Suspensiveffekt fehle dem Anfechtungsschutz die Effizienz, ist nicht stichhaltig. Eine generelle Praxis der Genehmigungsbehörden, bei einer bestimmten Verfahrensart die sofortige Vollziehung unter keinen Umständen anzuordnen oder im Falle des Widerspruchs die sofortige Vollziehung stets auszusetzen, würde der Grundfunktion der sofortigen Vollziehung widersprechen. Da diese Grundfunktion im Rechtsstaatsprinzip verankert ist, wäre eine solche Praxis – die häufig für das Verfahren bei Kernkraftanlagen gefordert wird – verfassungswidrig.

Maßgeblich für das Recht und die Pflicht der Genehmigungsbehörde, die sofortige Vollziehung anzuordnen, ist die Intensität des öffentlichen Interesses an der Herbeiführung der mit dem Verwaltungsakt bezweckten Lage, oder, wie der Bayerische Verwaltungsgerichtshof ausgeführt hat, das „Gewicht der Dringlichkeitsgründe für den Erlaß des Verwaltungsakts".[11] Deshalb ist es nicht zu lässig, die Anordnung der sofortigen Vollziehung generell bei bestimmten Verwaltungsakten zu versagen. Die Entscheidung über einen Antrag gemäß § 80 Abs. 2 Nr. 4 VwGO oder gemäß § 80 Abs. 4 VwGO erfordert eine auf den Einzelfall zugeschnittene Begründung.

Das öffentliche Interesse im Sinne von § 80 Abs. 2 Nr. 4 VwGO ist ein unbestimmter Rechtsbegriff. Die behördliche Entscheidung über das Vorliegen des öffentlichen Interesses an der sofortigen Vollziehung unterliegt der verwaltungsgerichtlichen Nachprüfung; sie ist keine Ermessensentscheidung. Wird das öffentliche Interesse bejaht, so ist die sofortige Vollziehung anzuordnen. Die Einräumung eines Ermessensspielraums für diesen Fall würde der Rechtslogik und dem Sinn und Zweck von § 80 VwGO widersprechen.

Auch wenn der Ausgang des verwaltungsgerichtlichen Verfahrens im Zeitpunkt der Entscheidung über die sofortige Vollziehung unsicher ist, hängt die Entscheidung über die sofortige Vollziehung nicht etwa von einer Abwägung der Interessen des Betroffenen und der Allgemeinheit ab. Wesentlich bleibt vielmehr auch in diesem Fall die Intensität des öffentlichen Interesses an der sofortigen Vollziehung. Das Verwaltungsgericht darf den Inhaber einer Genehmigung nicht darauf verweisen, den Ausgang des Verfahrens in der ersten verwaltungsgerichtlichen Instanz abzuwarten. Die Schaffung einer gesetzlichen Grundlage für eine derartige Pflicht würde auf verfassungsrechtliche Bedenken (Verstoß gegen das Prinzip der Gewaltenteilung) stoßen.

Gewandelte Verhältnisse, vor allem die Zunahme der „Verwaltungsakte mit Doppelwirkung" (d.h. der Verwaltungsakte, die den Antragsteller begünstigen, andere aber belasten) sowie die steigende Prozeßfreudigkeit der Bürger, mögen dazu geführt haben, daß § 80 VwGO, der die Anordnung der sofortigen Vollziehung regelt, heute schwerer zu vollziehen ist als noch vor wenigen Jahren. Das bedeutet aber nicht, daß die Genehmigungsbehörden eine von § 80 VwGO nicht gedeckte und verfassungsrechtlich bedenkliche Praxis einführen dürfen. Vielmehr erfordert die gegenwärtige Krisensituation, daß die Behörden in stärkerem Maße als bisher von der Möglichkeit der sofortigen Vollziehung Gebrauch machen. Jede andere Verwaltungspraxis würde nicht nur ein Kapitulieren des Rechtsstaats vor augenblicklichen Vollzugsproblemen bedeuten, sondern fände auch im Gesetz keine Grundlage. Wenn auf einem bestimmten Gebiet alle Verwaltungsakte angefochten werden und die Behörden von dem Mittel der Anordnung der sofortigen Vollziehung keinen Gebrauch machen, werden die Verwaltungsakte zu einer bloßen formalen Voraussetzung für ein späteres Klageverfahren: der Staat verzichtet auf seine eigene Exekutive.

Jedoch kann nicht geleugnet werden, daß die Verwaltungsbehörden – ganz gleich, auf welcher Ebene das atomrechtliche Genehmigungsverfahren durchgeführt wird – offenbar überfordert sind, und zwar nicht nur wegen der technisch-wissenschaftlichen Kompliziertheit der zu genehmigenden Anlagen, sondern auch wegen der großen Zahl von Einwendungen, die auf Grund der geltenden Vorschriften zulässig sind. Hier weisen übrigens die Vorschriften eine Widersprüchlichkeit auf, die dem Bürger stets unverständlich bleiben wird, und für die auch der Jurist keine plausible Erklärung hat: Die Befugnis, Einwendungen gegen eine geplante Kernkraftanlage zu erheben, ist nur durch die Festsetzung einer Frist von einem Monat, gerechnet vom Tag der Bekanntmachung der Auslegung, begrenzt. Jeder, der Einwendungen erhoben hat, hat auch das Recht, gehört zu werden und einen Bescheid zu erhalten. Das Recht, gegen die einmal erteilte Genehmigung Widerspruch und anschließend Klage zum Verwaltungsgericht zu erheben, steht dagegen nur denjenigen zu, die die Verletzung eines eigenen Rechts geltend machen können. Das entspricht zwar dem gesamten System des verwaltungsgerichtlichen Rechtsschutzes,[12] führt aber zur Verdrossenheit bei der großen Zahl derjenigen, die Einwendungen erhoben haben und sich mit einem formularmäßigen Ablehnungsbescheid begnügen müssen. Anders aber kann die Genehmigungsbehörde mit einer so großen Flut von Einwendungen (bei einem Kernkraftwerk ist die Zahl von 100 000 überschritten worden) nicht fertigwerden.

Die Verlagerung der eigentlichen Entscheidung von der Genehmigungsbehörde auf die Verwaltungsgerichte – konkret: die letzte Instanz der Verwaltungsgerichtsbarkeit– ist kein Ausweg aus diesem Dilemma. Denn auch die Verwaltungsgerichtsbarkeit ist, wie das Gutachten zutreffend ausführt (I (57) und (58)), überfordert. Die gleiche Versuchung, der die Genehmigungsbehörde nur allzuleicht erliegt, ergibt sich auch für den Verwaltungsrichter, nämlich die Entscheidung „nach oben" zu verlagern. Der Vorlagebeschluß des OVG Münster vom 18.8.1977 zeigt deutlich, wie problematisch es ist, die in einem bereits seit längerer Zeit geltenden Gesetz zum Ausdruck gekommene Entscheidung des Gesetzgebers nachträglich in Frage zu stellen und den Versuch zu unternehmen, den Gesetzgeber zum erneuten „Nachdenken" zu zwingen.[13] Zur Erörterung dieser Problematik fehlt hier der Raum. Jedoch sei darauf hingewiesen, daß die Frage, „wie weit in Verwaltungsentscheidungen die Auswirkungen auf künftige Generationen berücksichtigt werden müssen" (I (58)) in dieser Formulierung wahrscheinlich auch vom parlamentarischen Gesetzgeber nicht beantwortet werden kann. Die Exekutive steht unter dem Grundsatz der Gesetzmäßigkeit der Verwaltung. Dadurch übt der parlamentarische Gesetzgeber die allgemeine Kontrolle über die Exekutive aus. Parlamentarische Untersuchungsausschüsse kontrollieren in Ausnahmefällen direkt. Im Regelfall aber trifft der parlamentarische Gesetzgeber keine unmittelbaren Verwaltungsentscheidungen.

Unklar ist ferner die im gleichen Absatz des Gutachtens enthaltene Formulierung, daß „die Sicherung des Überlebens kommender Generationen eine Schranke dagegen bilden (sollte), daß Rechtstitel in einer Weise in Anspruch genommen werden, welche dieses Ziel gefährden". Wenn damit gemeint ist, daß Verwaltungsakte, die in ordnungsgemäßer Weise zustandegekommen und von den Verwaltungsgerichten nicht beseitigt worden sind, trotzdem nicht vollzogen werden sollen, würde dies die Preisgabe des

Rechtsstaatsprinzips bedeuten. Eine solche weittragende Forderung kann den Autoren des Gutachtens nicht unterstellt werden. Wenn sie aber lediglich darauf hinweisen wollen, daß veränderte Umstände ein erneutes Verwaltungshandeln rechtfertigen können, das einen früheren Verwaltungsakt obsolet macht, so ist dazu zu sagen, daß das geltende Verwaltungsrecht solche Möglichkeiten bietet. Im Gegensatz zu Gerichtsurteilen erwachsen Verwaltungsakte nicht in Rechtskraft. Allerdings steht auch das erneute Verwaltungshandeln unter dem Grundsatz der Gesetzmäßigkeit der Verwaltung, d.h. es bedarf seinerseits einer gesetzlichen Grundlage. Ferner ist zu berücksichtigen, daß immer dann, wenn durch einen Verwaltungsakt eine von Art. 14 GG geschützte Rechtsposition entstanden ist, wegen der Junktimklausel des Art. 14 Abs. 3 GG die Frage der Entschädigung auftaucht. Sie mit dem Hinweis darauf zu umgehen, daß die Eigentumsgarantie des Art. 14 GG „relativiert werden" muß, wie es in dem bereits genannten Absatz des Gutachtens heißt, kann nicht hingenommen werden. Art. 14 GG normiert in seinem Abs. 2 die Sozialgebundenheit des Eigentums und bietet daher dem Gesetzgeber wie auch der Verwaltung und Rechtsprechung einen weiten Spielraum für die Berücksichtigung der gemeinnützigen Funktionen bestimmter Eigentumsobjekte, ohne damit in allen Fällen die Entschädigungspflicht auszulösen. Die Rechtsprechung der letzten Jahre zeigt auch, daß die Grenze zwischen der entschädigungslos hinzunehmenden Sozialgebundenheit des Eigentums und der mit der Entschädigungsfolge verbundenen Enteignung immer mehr zugunsten der ersteren verschoben wird.[14] Die Energieversorgung, die auch bei privatwirtschaftlicher Organisationsform in der Nähe des öffentlichen Rechts steht, wird hiervon in besonderer Weise betroffen.[15]

Aber gerade weil diese Möglichkeit besteht, muß jede Relativierung vermieden werden, damit das Grundrecht nicht ausgehöhlt wird. Dies hat das Bundesverfassungsgericht in ständiger Rechtsprechung betont und dabei hervorgehoben, daß auch der Gesetzgeber bei der Ausübung seiner Befugnisse, die ihm Art. 14 GG einräumt, die grundsätzliche verfassungsrechtliche Wertentscheidung zugunsten des Privateigentums zu beachten hat.[16] Warum das so ist, hat das Bundesverfassungsgericht ebenso deutlich ausgeführt: ,,Das Eigentum ist ein elementares Grundrecht, das in einem inneren Zusammenhang mit der Garantie der persönlichen Freiheit steht. Ihm kommt im Gesamtgefüge der Grundrechte die Aufgabe zu, dem Träger des Grundrechts einen Freiheitsraum im vermögensrechtlichen Bereich sicherzustellen und ihm damit eine eigenverantwortliche Gestaltung des Lebens zu ermöglichen."[17] Ebenso klare Worte hat der Bundesgerichtshof gesprochen: „Der in den Staat eingegliederte einzelne bedarf, um unter seinesgleichen als Person, d.h. frei und selbstverantwortlich leben zu können, und um nicht zum bloßen Objekt einer übermächtigen Staatsgewalt zu werden, also um seiner Freiheit und Würde willen, einer rechtlich streng gesicherten Sphäre des Eigentums."[18] Eine Aushöhlung dieses Grundrechts liegt sicher nicht in der Absicht der Autoren des Gutachtens, die in I (63) zutreffend ausführen: „Die immer weitere Lebensbereiche erfassende Abhängigkeit aller Bürger von den gesamtgesellschaftlichen Einrichtungen der Daseinsvorsorge und Lebenssicherung hat bewirkt, daß die Chancen des einzelnen, relativ unabhängig von diesem Sachzusammenhang ein Leben einzurichten, immer weiter beschnitten werden." Gerade diese Situation ist für den Juristen

Anlaß, die Freiheitsgrundrechte zu verteidigen. Wenn die Lösung der Energieprobleme nur zum Preis der Freiheit möglich wäre, hätte das Recht seine Funktion bereits verloren.

Auf den gleichen verfassungsrechtlichen Erwägungen beruht die Forderung nach einer stärkeren Beteiligung der Öffentlichkeit am Genehmigungsverfahren, die im Gutachten überzeugend begründet wird. Die Hauptfunktion dieser Beteiligung ist nicht die Beratung der Behörden, sondern der Rechtsschutz des Bürgers. Die Forderung nach einer stärkeren Beteiligung der Öffentlichkeit am Genehmigungsverfahren ergibt sich aus den Leitprinzipien des Grundgesetzes.[19]

Diese verfassungs- und verwaltungsrechtlichen Probleme stehen, wie die Autoren des Gutachtens mit Recht betonen, im Mittelpunkt kritischer Entwicklungen des demokratischen Rechtsstaats. Sie sind keine Besonderheiten des Vollzugs derjenigen Gesetze, die im Zusammenhang mit der Energieplanung anzuwenden sind, aber sie müssen bei jeder Alternative der Energiepolitik gelöst werden. Regierung und Verwaltung des demokratischen Rechtsstaats sind ohne das Vertrauen der Bürger nicht möglich. Vertrauensbildende Maßnahmen gehören daher auch zu demjenigen Konzept der Energiepolitik, das die Autoren des vorliegenden Gutachtens vorschlagen. Die bessere Ausgestaltung des Genehmigungsverfahrens, die Entlastung der Verwaltungsgerichte und die verfassungsgemäße Erfüllung der politischen Verantwortlichkeit bilden die flankierenden Maßnahmen für dieses Konzept.

Anmerkungen

1 De Solla Price (1967(S. 380.
2 Berger (1963) S. 25 ff.
3 De Solla Price (1967) S. 385 f.
4 Kimminich (1974) S. 12 ff.
5 Kimminich (1974) S. 93 ff.
6 BVerfGE 33, S. 326.
7 Vgl. Abelein (1977), S. 11 ff; Häberle (1972), S. 729 ff.
8 Zit. nach Frankfurter Allgemeine Zeitung vom 19.11.1977, S. 5.
9 Vgl. Kopp (1976), S. XXXI.
10 Löwer (1963), S. 173.
11 Beschluß vom 29.7.1976, BayVBl. 1976, S. 690 f.
12 Vgl. Weyreuther (1975), S. 67 ff.
13 Vgl. Beschluß des OVG Münster vom 18.8.1977, Die Öffentliche Verwaltung 1977, S. 854 ff.
14 Vgl. Kimminich (1976), S. 94 ff.
15 Vgl. Kimminich (1972), S. 19 ff.
16 Beschluß des Bundesvervassungsgerichts vom 12.1.1967, BVerfGE 21, 83. Ebenso Beschluß vom 18.12.1968, BVerfGE 24, 389.
17 BVerfGE 24, 389; ebenso Beschluß vom 16.3.1971, BVerfGE 30, 292.
18 Beschluß des Bundesgerichtshofs vom 10.6.1952, BGHZ 6, 276.
19 Vgl. Blümel, Bender, Wiedemann, Kimminich und de Witt in: Lukes, Hrsg. (1977), S. 223 ff.

Literaturverzeichnis

Manfred Abelein, Die Grundrechte als Teilhaberechte, in: Festschrift für Hermann Raschhofer, Kallmünz 1977, S. 11 ff.

Gaston Berger, Die Akzeleration der Geschichte und ihre Folgen für die Erziehung, Arbeitsgemeinschaft für Forschung des Landes Nordrhein-Westfalen, Natur-, Ingenieur- und Gesellschaftswissenschaften Heft 95, Köln und Opladen 1963, S. 25 ff.

Peter Häberle, Das Bundesverfassungsgericht im Leistungsstaat, Die Öffentliche Verwaltung 1972, S. 729 ff.

Otto Kimminich, Atomrecht, München 1974.

Otto Kimminich, Das Recht des Umweltschutzes, 2. Aufl. München 1974.

Otto Kimminich, Eigentum – Enteignung – Entschädigung, Hamburg 1976.

Otto Kimminich, Eigentum und Energieversorgung, Frankfurt 1972.

Ferdinand O. Kopp, Verwaltungsverfahrensgesetz, München 1976.

Kurt Löwer, Zur Anordnung der sofortigen Vollziehung, Die Öffentliche Verwaltung 1963, S. 173 ff.

Rudolf Lukes, Hrsg., Fünftes Deutsches Atomrechtssymposium, Köln-Berlin 1977.

Derek J. de Solla Price, Die Wachstumskrise der Wissenschaft, in: Hans Peter Dreitzel, Hrsg., Sozialer Wandel, Neuwied und Berlin 1967, S. 377 ff.

Felix Weyreuther, Verwaltungskontrolle durch Verbände?, Düsseldorf 1975.

Heinz-Jürgen Schürmann

Grundlagen einer marktwirtschaftlich orientierten Energiepolitik als Kontrastprogramm

1. Ausgangspunkt: Ein Kontrastprogramm als Stellungnahme

Im folgenden ist darauf verzichtet worden, einzelne Passagen des vorgelegten Beitrags „Alternative Möglichkeiten für die Energiepolitik" kritisch zu analysieren, weil dies einen wesentlich größeren Umfang erfordert hätte. Grundsätzlich ist allerdings von vornherein zu fragen, ob die präsentierte Darstellung unserer Energiepolitik nicht ein „Zerrbild" ist und inwieweit die aufgezeigten „Alternativen" nicht bereits in den „klassischen" energiepolitischen Konzeptionen[1] integriert sind. Angesichts der gebotenen Kürze einer kritischen Bestandsaufnahme erscheint es mir am sinnvollsten, die wirtschaftspolitischen Voraussetzungen für die Energiebedarfsdeckung vom marktwirtschaftlichen Leitbild her zu hinterfragen und die Ausführungen zu einer „alternativen" Energiepolitik auf diese Weise für den Leser zu ergänzen. Im Anschluß an Vorüberlegungen über die gesamtwirtschaftliche Bedeutung der Energiewirtschaft wird zunächst die grundsätzliche Entscheidungssituation im Energiesektor dargelegt; abschließend wird die Rolle des Staates bei der Formulierung adäquater Anpassungsstrategien untersucht.

2. Künftiges Wachstum sinnvoll – aber wieviel?

Wir befinden uns seit 1973/74 in einer gesamtwirtschaftlichen Schwächeperiode. Die dynamische Entwicklung ist eindeutig umgeschlagen; der gesamtwirtschaftliche Trend deutet auf ein wesentlich verringertes Wirtschaftswachstum und auf zunehmende Labilitäten im unternehmerischen Umfeld hin: weltweit abgeschwächte Nachfrage mit verringerten Exportzuwachsraten, Rohstoffengpässe, leicht rückläufige Bevölkerungsentwicklung in der Bundesrepublik, langsamer ansteigende Produktivität in allen Wirtschaftsbereichen in Verbindung mit verschärften Umweltschutzauflagen. Das reale gesamtwirtschaftliche Wachstum wird nach allen vorliegenden Prognosen deutlich abflachen: von 3 bis 4 % (1976/1985) auf 2 bis 3 % (1985/2000) nach 7,9 % (1951/9), 4,8 % (1961/9) und 4,4 % (1970/3) in der Vergangenheit. Beträchtliche strukturelle Wandlungen kennzeichnen gleichzeitig diesen gesamtwirtschaftlichen Entwicklungstrend: allmählicher Übergang von einer vorwiegend industrieproduktionsbestimmten zu einer dienstleistungsorientierten Wirtschaftsstruktur. Bis Mitte der 80er Jahre dürfte dieser generelle Strukturwandel allerdings nur abgebremst wirksam werden können,

weil der volkswirtschaftliche Kapitalstock bei sei Anfang der 70er Jahre stark verringerten Zuwachsraten in seiner überkommenen bzw. bestehenden Struktur diese Verschiebungen nur begrenzt zuläßt.
Den Rationalisierungsinvestitionen kommt heute die entscheidende Bedeutung zu, nur ein Viertel der industriellen Investitionen sind z.Zt. noch echte Kapazitätserweiterungen. Der künftige Anstieg der Arbeitsproduktivität dürfte kurz- bis mittelfristig etwa bei jährlich 3 bis 3,5 % liegen. Berücksichtigt man die Notwendigkeit, knapp 1 Mio Arbeitslose wiedereinzugliedern, so muß die gesamtwirtschaftliche Wachstumsrate zunächst deutlich über 3,5 % liegen, um ein gleichgewichtiges Wachstum mit Vollbeschäftigung ansteuern zu können.[2]

Neben diesen Beschäftigungsaspekten sind noch eine Reihe weiterer Faktoren von Relevanz, welche die positiven Effekte eines stetigen Wirtschaftswachstums eindeutig aufzeigen: beispielsweise schnellere Umstellung des Kapitalstocks auf umweltschonende Verfahren sowie Produkte, Erleichterung der künftigen Verteilungskämpfe, der Finanzierung unseres Sozialversicherungssystems, von Entwicklungshilfen etc.[3]

Die Bundesregierung hat in ihren Absichtserklärungen bislang als untere Wachstumsgrenze einen 4 %igen Sozialproduktszuwachs postuliert. Es erscheint allerdings zur Zeit sehr fraglich, ob diese Zielgröße erreicht werden kann.

Die meisten Prognosen beziehen sich heute auf die vor uns liegenden 80er Jahre (1985 bzw. 1990). Dieser Zeitraum erscheint jedoch zu kurz, wenn man den Anpassungszeitbedarf der Energiewirtschaft auf die seit 1973/4 stark veränderten Planungsdaten und die Lebensdauer der neu installierten Kapazitäten berücksichtigt (vgl. Schaubild I). Diese energiewirtschaftlichen Kapazitätseffekte werden nämlich erst Mitte bis Ende der 80er Jahre wirksam und binden die Investoren bis über 2000 hinaus. Für die folgenden Überlegungen ist der ökonomisch relevante Planungszeitraum auf das Jahr 2000[4] abgestellt worden. Der wachstumspolitische Spielraum selbst soll durch zwei Varianten abgebildet werden: relativ hohes Wirtschaftswachstum mit durchschnittlich 3,4 % (d.h. 4,5 % für 1976–1985 und 2,8 % für 1985–2000) und relativ niedriges Wirtschaftswachstum mit durchschnittlich 2,2 % (d.h. bis 1985 2,5 % und anschließend 2,1 %). Hierbei dürfte nur der Fall des relativ hohen Wachstums auch mit einem hohen Beschäftigungsstand kompatibel sein, während die – zur Zeit allerdings realistischeren – niedrigen Wachstumsannahmen beträchtliche Beschäftigungsprobleme aufwerden würden. *Was bedeuten diese gesamtwirtschaftlichen Perspektiven aber für den künftigen Energiebedarf? Und worauf sollten sich die energiepolitischen Entscheidungsträger einstellen?*

3. *In gewissem Umfang Entkopplung von wirtschaftlichem Wachstumstempo und Primärenergieverbrauchszuwächsen*

Die Zusammenhänge zwischen Sozialprodukts- und Energieverbrauchswachstum sind in der Vergangenheit sehr eng gewesen. Elastizitätskoeffizienten in der Nähe von 1 (Längs- wie Querschnittsvergleiche) haben zu der Hypothese geführt, daß Primärenergieverbrauch und Bruttosozialprodukt sogar linear miteinander korrelieren. Eine detail-

Schaubild I: Bereitstellungszeiten von Energieinvestitionen

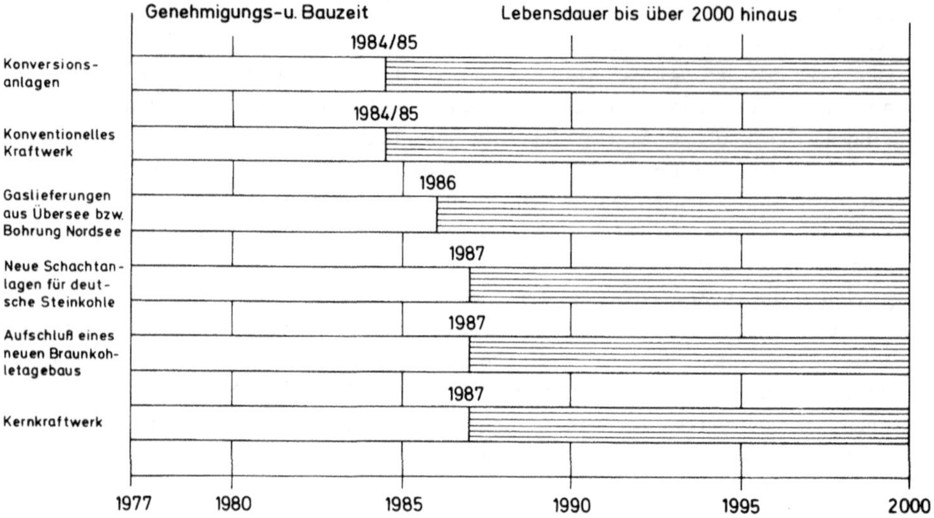

Quelle: Deutsche Shell AG

lierte Analyse der vorliegenden Daten macht aber bereits deutlich, daß die Kopplungsstrukturen komplexer Natur sind (Schwankungen im Zeitablauf[5], internationale Unterschiede[6]) und die sog. linearen Zwangsläufigkeiten auch in der Vergangenheit bereits Resultat sich überlagernder Effekte gewesen sind[7]. Bis zur Ölkrise 1973/74 hat sich die lineare Zuordnung zwischen gesamtwirtschaftlichen Wachstumsraten und Energieverbrauchszuwächsen allerdings für Trendprognosen relativ bewährt, wobei sich innerhalb der Energieverbrauchsstrukturen selbst beträchtliche Verschiebungen ergeben haben. (Vordringen von Öl, Gas, Strom und Rückgang der Kohle). Entscheidend für künftige Energiebedarfsprojektionen ist der Tatbestand, daß die enge Korrelation von Energieverbrauch und wirtschaftlichem Wachstum kein Naturgesetz ist, sondern historisches Resultat aus verschiedensten Verhaltensweisen und Rahmendaten gewesen ist.

Die Energiegüter waren in der Vergangenheit insgesamt relativ billig (kostenorientierte Preisbildung ohne Knappheitsrenten, z.T. bewußte staatliche Verbilligung wie im wichtigsten Verbraucherland, nämlich den USA). Die seit 1973/74 eingetretene überproportionale Energiepreissteigerung (beim Rohöl für den Zeitraum 1973/76 immerhin von rd. 1,50 \$/b auf über 12 \$/b mit direkten Preiseffekten auf das Erdgas (sog. Preisklauseln mit bestimmten Mineralölprodukten) sowie den Strom oder die Fernwärme (Öl hier jeweils Kostenfaktor) und im Sog davon z. B. bei der Kesselkohle von 91 DM/t auf etwa 150 DM/t (frei Zeche) oder beim Natururan von 6 \$ auf rd. 30 \$ (1C 1 l U_3O_8) etc.) dürfte in jedem Fall beträchtliche energie- wie gesamtwirtschaftliche Folgewirkungen implizieren, die allesamt eine Verlangsamung des spezifischen Energieverbrauchs induzieren. Ein internationaler Vergleich solcher spezifischer Energieverbräuche macht deutlich, daß die konkreten Ausprägungen sehr unterschiedlich sind, also die Anteile des Energieeinsatzes pro Sozialprodukteinheit stark variieren

Schaubild II:
Vergleich der Entwicklung der Elastizitätskoeffizienten USA, F, GB und BRD
(Verhältnis der Wachstumsraten von Energiebedarf und BIP, jeweils auf 1969 bezogen)

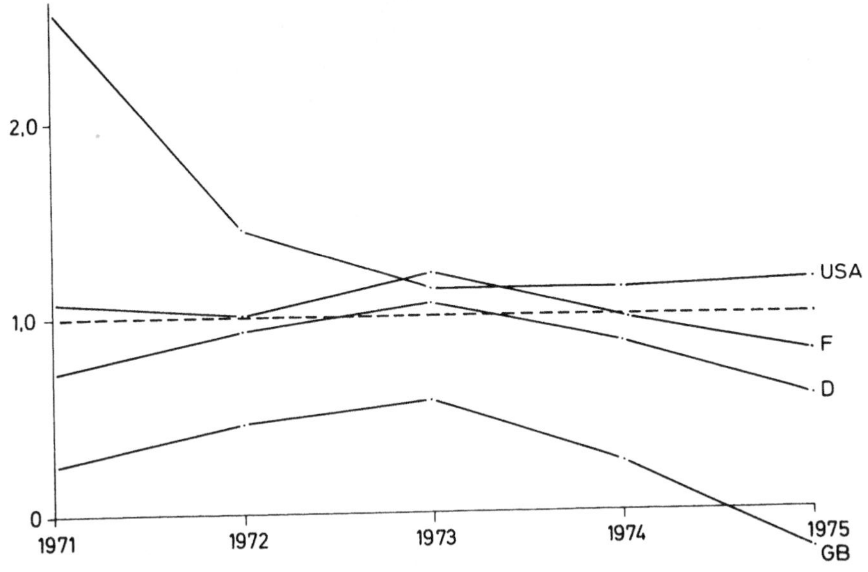

(z.B. 1975 [SKE je 1000 $ BIP] von 717[Frankreich], 821 [BRD], 942 [Japan] auf 1573 [USA]). Prognostisch bedeutet dies, daß die plausiblen Bandbreiten möglicher Energiebedarfshöhen als Ergebnis bestimmter Wirtschaftswachstumsannahmen zumindestens bei längerfristigen Vorausschauen (wie z.B. bis 2000) relativ groß erscheinen. Kurz - bis mittelfristig (etwa bis 1985) sind auftrund des bestehenden Kapitalstocks und gewisser Verfestigungen in den Verhaltensweisen der Wirtschaftssubjekte die Wahrscheinlichkeiten jedoch wesentlich geringer einzuschätzen, daß sich der Elastizitätskoeffizient von (für die Bundesrepublik Deutschland) in der Vergangenheit im Trend nahe 1 mit nachhaltigen Sprüngen stetig nach unten entwickelt; vielmehr dürften gewisse „Zeitkonstanzen" wirksam bleiben. Weiteres Wirtschaftswachstum ist nur möglich, wenn das Energieangebot auch vergrößert werden kann. Hierbei erscheint es zwar für die Bundesrepublik Deutschland durchaus möglich, daß der Energieeinsatz pro Sozialprodukteinheit aufgrund von Strukturwandlungen und rationellerer Energienutzung (verbesserte Energieumwandlungs- und Nutzungstechnologien angesichts des gestiegenen Niveaus der Energiekosten sinnvoll) bis zum Ende der 80er Jahre um 20–25 % und bis 2000 um rd. 40 % reduziert werden kann.[8] Selbst bei optimistischen Einsparannahmen ist es aber völlig unrealistisch, eine zukünftige Planung auf Energienullwachstum einrichten zu können. Die Verringerung des spezifischen Energieeinsatzes wird nämlich auf keinen Fall genügen, um den aus dem höheren Sozialprodukt resultierenden Mehrbedarf an Primärenergie zu kompensieren.

Das Energiewirtschaftliche Institut hat unter Berücksichtigung dieser Tatbestände – insbesondere von längerfristigen Strukturverschiebungen, sog. Sättigungsniveaus und bestimmten Energieeinsparprogrammen – für das Jahr 2000 folgende Energieverbräuche abgeleitet: beim durchschnittlichen Wachstum von 3,4 % von heute 370 Mill t auf 690 Mill t, beim Wachstum von 2,2 % noch auf 580 Mill t. Es kommt also in jedem Falle zu einem kräftigen Anstieg des notwendigen Primärenergieverbrauchs. Unterstellt man ein wirtschaftspolitisch gewünschtes Vollbeschäftigungswachstum, ergibt sich immerhin (auch unter Berücksichtigung der Anpassungsprozesse auf die neuen Marktdaten[9]) ein Anstieg des Primärenergieverbrauchs bis zum Jahre 2000 um über 85 %. Die Zusammenhänge sind in der folgenden Abbildung I verdeutlicht worden.

Abbildung 1:
Entwicklungsperspektiven des Primärenergieverbrauchs in der Bundesrepublik bis zum Jahre 2000 (in Mio t SKE)

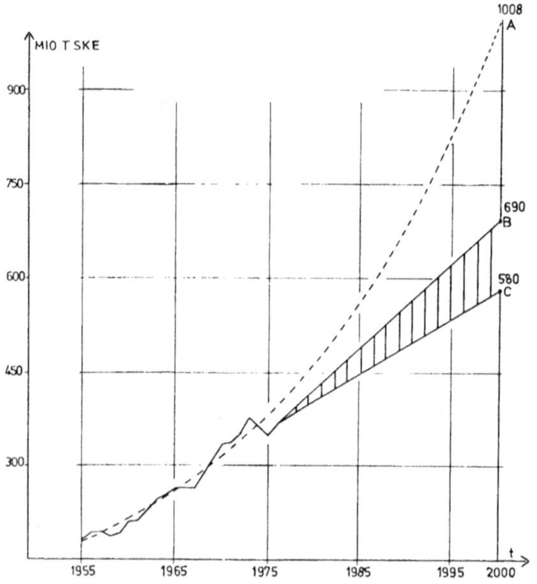

A: Fortschreibung in den letzten 20 Jahren durchschnittlich realisierten Wachstumsraten des PEV

B: Ölpreisanstieg real um 50 % bis 2000
– relativ hohes Wirtschaftswachstum (3,4 %/a 1976–2000)
– forcierte Energieeinsparpolitik

C: Ölpreisanstieg real um 50 % bis 2000
– relativ niedriges Wirtschaftswachstum (2,2 %/a 1976–2000)
– forcierte Energieeinsparpolitik

4. *Schlußfolgerungen für eine in die gesamte Wirtschafspolitik integrierte Energiepolitik*

Die künftigen Energiebedarfsprojektionen sind mit erheblichen Schätzunsicherheiten verbunden. Für den politischen Akteur empfiehlt sich in dieser Situation, seine energiepolitischen Entscheidungen so auszulegen, daß die volkswirtschaftlichen Kosten von Fehleinschätzungen möglichst gering gehalten werden („Strategie des minimalen Bedauerns"). Dies würde bedeuten, daß man sich auf die höheren Wachstumsannahmen für die Gesamtwirtschaft in den energiepolitischen Programmplanungen einstellen sollte. Energiemangel würde nämlich in jedem Fall eine Vergeudung von Wachstumspotentialen bedeuten, d.h., die künftige Vollbeschäftigung mit relativ hoher Wertschöpfung verhindern. Die volkswirtschaftlichen Kosten eines vorübergehenden Ener-

gieüberflusses sind demgegenüber relativ niedrig zu veranschlagen; beispielsweise könnten Kapazitätsüberhänge durch geringes Ausnutzen oder schnelleres Ausscheiden älterer, teuerer Anlagen bereits abgebaut werden.
Die zentrale Ausgangsthese lautet also: die künftigen Energieprogramme sollten mit dem für die Rückgewinnung der Vollbeschäftigung kompatiblen Wirtschaftswachstum abgestimmt werden. Die Weichenstellungen für die Ausdehnung des Energieangebots müssen angesichts des beträchtlichen Zeitbedarfs für die Energieinvestitionen möglichst rasch erfolgen. Die Hauptaufgabe für die energiepolitischen Gestalter innerhalb einer marktwirtschaftlichen Grundordnung läuft für den Fall einer wachstumspolitischen Rollenzuweisung darauf hinaus, die Rahmenbedingungen für dezentrale, selbstverantwortliche Entscheidungsträger so zu setzen, daß genügend Energie in den vom Verbraucher gewünschten Formen zu langfristig volkswirtschaftlich günstigen Kosten bereitgestellt werden kann. Zu den Funktionsvoraussetzungen eines leistungsfähigen Energiemarktsystems gehören insbesondere:

- Anlastung der Umweltkosten auf die einzelwirtschaftlichen Verursacher und Orientierung über längerfristige Umweltstandards;
- Informationsvermittlung der langfristig gewinnbaren Energieressourcen (unterschiedliche Knappheiten, Expansionsgrenzkosten, Umwelteinwirkungen, Länderkonzentrationen);
- Standortversorgeplanung;
- Offenhaltung der Energiebezugs- und -absatzmärkte;
- Installation von staatlichen Kontrollsystemen in den Bereichen, wo Wettbewerbsstrukturen mit hohen volkswirtschaftlichen Folgekosten verbunden sind.

Dies sind allerdings lediglich ordnungspolitische Leitsätze, die der Operationalisierung bedürfen. Ich kann auf die Ausgestaltungsgesichtspunkte hier nur bedingt eingehen.[10]

Im folgenden sollen die Anpassungsprobleme für eine wachstumsorientierte Energiewirtschaft zunächst analysiert werden. Erst wenn die künftigen Problemlagen bei der Energieversorgung identifiziert worden sind, erscheint es sinnvoll, konkrete Handlungsanweisungen für eine optimale Aufteilung der Entscheidungsaufgaben auf private und/oder öffentliche Träger zu entwickeln.

5. *Perspektiven der künftigen Energieversorgung*

5.1 Ausgangsbedingungen für die Bundesrepublik Deutschland

Energieverbraucherregionen und Energieförderregionen fallen zunehmend auseinander. Der Grad der Importabhängigkeit der westlichen Staaten weist beträchtliche Unterschiede auf (vgl. Schaubild III[11]), nationale Energieautarkiepolitiken sind für die „reifen" Volkswirtschaften unrealistische Alternativen. Internationaler Energiehandel ist notwendige Voraussetzung für eine weitere Steigerung des Angebots an Primärenergien. Eine ausreichende und relativ preisgünstige internationale Energieversorgung ist gerade für die Bundesrepublik die entscheidende Stellgröße, um die energiewirtschaftlichen Bedingungen für ein stetiges und angemessenes Wirtschaftswachstum in der gewünschten Größenordnung von drei bis vier Prozent zu schaffen. Die inländischen Vor-

aussetzungen – begrenzte Mengen, überproportional steigende Expansionskosten, Restriktionen zeitlicher wie ökologischer Art – sind so gestaltet, daß heimische Energieanbieter nur einen begrenzten, relativ sinkenden Versorgungsbeitrag leisten können. Es sind im Grunde nur sehr begrenzte Spannbreiten vorhanden, wo die versorgungssicheren Inlandsenergien innerhalb volkswirtschaftlicher Kosten-Nutzen-Analysen gegenüber Auslandsenergien präferenziert werden können.[12]
Bei den unterstellten Angebotsszenarien wächst die Importabhängigkeit von heute 64 %[13] auf entweder 71 % (Fall des relativ niedrigen Wirtschaftswachstums) oder auf 76 % (Annahme des Vollbeschäftigungswachstums). Zukunftsorientierte Energiepolitik muß also in Rechnung stellen, daß der Grad der internationalen Eingebundenheit auch dann ansteigen wird, wenn relativ günstige Annahmen über die volkswirtschaftliche Vorteilhaftigkeit inländischer Energieförderung getroffen werden. Die differenzierten Strukturen für alternative Primärenergieträger und deren spezifische Inlands- und Auslandsbeiträge sind für den Zeitraum 1950/2000 in der Tabelle 2 zusammengestellt worden.

Welche energiewirtschaftspolitischen Implikationen sind nunmehr mit dieser wachsenden Importabhängigkeit verbunden? Für einen Ökonomen ist zunehmende weltwirtschaftliche Integration entsprechend den jeweiligen komparativen Kostenvorteilen doch sogar eine wünschenswerte Zielausrichtung! Für die Bundesrepublik kommt hinzu, daß gerade gegenüber den großen Energieanbieterstaaten (OPEC-Block) sogar günstige „terms of trade“ vorliegen.[14]

Schaubild III: Verhältnis von Energieimporten zu Energiebedarf (in v.H.)

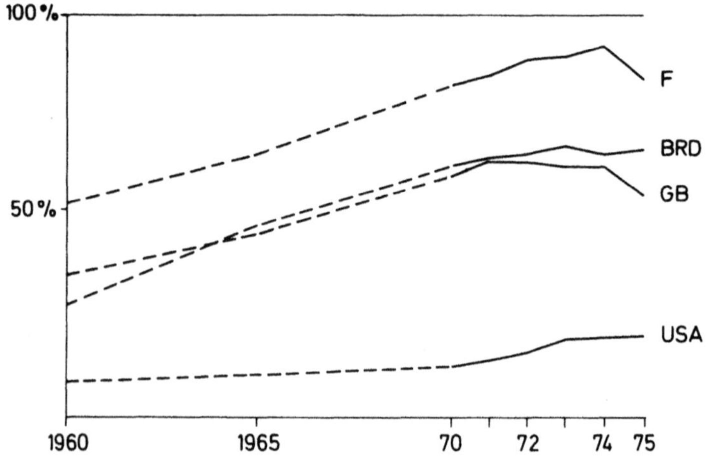

5.2 Internationale Energieangebotsstrukturen und ökonomische Konsequenzen

Es liegen eine Reihe von Tatbeständen vor, die normale konkurrenzgesteuerte Koordinationsprozesse auf den Weltmärkten von vornherein illusorisch erscheinen lassen. Ich möchte hierfür nur stichwortartig anführen:
– Konzentration der Energierohstoffe in politisch instabilen Zonen (Öl, Erdgas insbesondere)

- Kartellierung und Politisierung wichtiger Teilmärkte (Öl, Uran)
- Keine kostenorientierte Preisbildung
- Erschöpfung konventioneller Energieträger

Der Energieverbrauch der Welt wird heute etwa zu 95 % aus sich nicht regenerierbaren Energiequellen gedeckt. Die Konservierungsproblematik stellt sich bei den einzelnen Energieträgern sehr unterschiedlich dar. Die globalen Vorausschätzungen weisen für die Restnutzungsdauer der für die Bundesrepublik relavanten Energieressourcen erhebliche Differenzen auf. Entscheidend für die Beurteilung der Marktergebnisse und der Versorgungsperspektiven sind die jeweils sehr unterschiedlichen Restnutzungsdauern der heute eingesetzten Energieträger, weil die Energieträger sich zwar im Prinzip gegenseitig substituieren können, hiermit aber erheblich zeit- und kapitalbeanspruchende Anpassungsprozesse verbunden sind. Unter den fossilen Energieträgern dominiert die Kohle eindeutig gegenüber den Kohlenwasserstoffen, wenn man die Reserverelationen betrachtet. Besonders bedeutsam ist heute, daß zwei wichtige Energieträger, nämlich Rohöl und Erdgas längerfristig zunehmend zu substituieren sind und daß Nachfolgeenergien erst bereitgestellt werden müssen.

Diese Substitutionsaufgabe sollte gemäß dem energiepolitischen Hauptziel so gelöst werden, daß die Mehrkosten für die Volkswirtschaft ein Minimum erreichen. Marktwirtschaftliche Koordinationsmechanismen sind im Prinzip durchaus in der Lage, die notwendigen Anpassungsprozesse in die Wege zu leiten; sie haben sich in der Vergangenheit sogar als höchst wirksam erwiesen, dynamische Anpassungsformen und Suchprozesse erst zu ermöglichen. Es kommt hinzu, daß beträchtliche Unsicherheiten über nahezu alle für die künftige Energieentwicklung relavanten Daten (tatsächliche Reserven, alternative Technologien, jeweilige Reifezeiten sowie Kosten usw.) bestehen. Gerade Planungsaufgaben mit sich kumulierenden Unsicherheiten machen sogar weitgehend dezentralisierte Entscheidungsmechanismen sinnvoll, um sich in gewissem Umfang gegen massive Fehlentscheidungen von zentralisierten Lenkungssystemen zu immunisieren (rasche, flexible Korrekturen, unbürokratisches Durchsetzen von Zukunftsalternativen). Die im Gegensatz zu staatlichen Entscheidungsträgern postulierte „nur kurzfristige Rationalität des Marktes" wird ganz und gar zu einem Scheinargument, wenn man die tatsächlichen Entscheidungsprozesse untersucht. Meines Erachtens ist es also keineswegs damit getan, einfach die privaten Entscheidungsträger durch öffentliche Investitionsstellen abzulösen, um damit die volkswirtschaftlichen Kosten der langfristig notwendigen Umstellungsprozesse möglichst in Grenzen zu halten. Diskutiert werden sollte allerdings, ob und inwieweit die marktwirtschaftlichen Mechanismen ergänzt und verbessert werden können. Es geht darum, die unterschiedlichen internationalen Energieträgerknappheiten für die einzelwirtschaftlichen Kalkulationen rechtzeitig, vorhersehbar und allmählich entscheidungsrelevant werden zu lassen. Hierfür sind eine Reihe von Vorschlägen bereits entwickelt worden: abgestimmte internationale Energiesteuern[15] (allgemeiner Sachverständigenrat) oder Mengenziele[16] (Internationale Energie-Agentur). Alle diese Strategien zielen darauf hin, mehr oder minder verbindliche Orientierungshilfen anzubieten, um abrupt notwendige Anpassungsprozesse zu vermeiden. Daß plötzliche Datenänderungen auf den internationalen Energiemärkten konkrete Gefährdungstatbestände darstellen, haben wir 1973/4 erfahren müssen. Z.Zt. sind weltweit noch die rezessiven Folgewirkungen spürbar. Die internationale Arbeitsgruppe „WAES" hat eindringlich auf die notwendigen Substitutionsprozesse für Mineralöl hingewiesen.[17] Wir müssen uns bereits heute auf den bevorstehenden Rückgang der Welterdölförderung einstellen. Planungen auf die langfristigen Trends einzurichten, ist vor allem deshalb erforderlich, weil die heutigen Preissignale angesichts der aktuellen Überkapazitäten in der Ölförderung „verzerrte" Informationsdaten über die künftig zu kalkulierenden Energiepreise (Ölpreise sind Preisführer) liefern können. Wie dramatisch die Zuspitzung bei bestimmten Annahmen werden kann, zeigt die folgende Darstellung, die ex ante bestimmte Ölversorgungslücken bei gewissen Preisannahmen identifiziert und damit die Zwangsläufigkeit steigender Ölpreise nachhaltig dokumentiert.

Abbildung 2: Internationale Ölmarktperspektiven bei bestimmten Preisannahmen

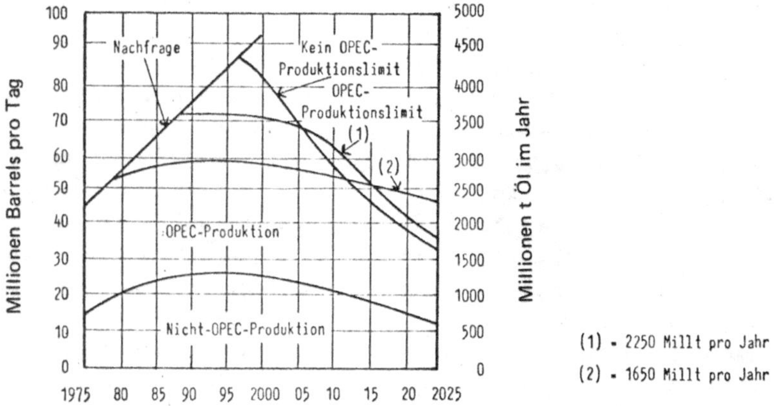

Für die internationale Entwicklung ergibt sich hieraus die logische Folgerung: klassische Optionen (Kohle) auszubauen und neue Optionen fortzuentwickeln bzw. zu erschließen (Kernenergie, Sonnenenergie, Methanol, Wasserstoff usw.).

Welche Optionen werden aber bis 2000 – zu welchen Mengen?, mit welchen Kosten? – marktwirksames Angebot werden können? Konkretisierungen der Übergangsphase sind beim derzeitigen Informationsstand sehr schwierig. Die Wirtschaftlichkeitsbetrachtung muß beträchtliche externe Effekte (Umweltkosten, Überwachungsprobleme usw.) in Rechnung stellen. Sicher ist jedenfalls, daß wir auf den beträchtlichen Ausbau der Kernenergienutzung nicht verzichten können, und daß dieser Ausbau angesichts der weltweiten Reservesituationen auch sinnvoll ist. Zwingend ist auch, daß ein nie erreichter Grad an internationaler Kooperation notwendig ist, um die gewaltigen Umstellungskosten für die Übergangsphase zu begrenzen und nicht noch durch „unwirtschaftliche Alleingänge" zu erhöhen. Es stellt sich dann aber auch die Frage, ob und inwieweit eine nationale Energiepolitik überhaupt sinnvoll ist.

6. *Energiewirtschaftspolitische Optionen und Weichenstellungen in der Bundesrepublik Deutschland*

Vorweg ist zunächst zu bemerken, daß wir von einer internationalen Abstimmung selbst in der Politik der westlichen Energieverbraucherstaaten[18]) noch sehr weit entfernt sind und es vermessen wäre, nationale Energieprogramme nicht auf das Umfeld unkoordinierter einzelstaatlicher Politiken auszurichten. Es kommt aber hinzu, daß auch angesichts der international unterschiedlichen Ordnungssysteme, des differenzierten Technologiestandes, der historisch entstandenen Versorgungsstrukturen und unterschiedlicher Zielgewichtungen die Strategieempfehlungen voneinander abweichen können. Die Anpassungsformen werden in den einzelnen Volkswirtschaften sehr unterschiedlich aussehen können. Dies dürfte insbesondere für die Beurteilung der verschiedenen Kernenergiekonzeptionen, d.h. heute: Leichtwasserreaktor, Schneller Brüter, Hochtemperaturreaktor, gelten. Die nationalen Verbundstrategien (Kohle/Hochtemperaturreaktor) und Verfügbarkeitsproblematiken von einsatzfähigem Uran lassen sogar erwarten, daß die einzelnen Staaten aus rationalen Abwägungen zu unterschiedlichen Vorteilhaftigkeiten kommen.[19]

Unsere Energiepolitik ist in der Vergangenheit weitgehend Steinkohlepolitik geblieben, und erst seit 1973 beginnen sich die Konturen einer abgestimmten sektoralen Wirtschaftspolitik abzuzeichnen. Die konzeptionelle Ausrichtung ist hierbei eindeutig:

- Es soll eine marktwirtschaftliche Energiepolitik sein, d.h.: möglichst Beachtung der Konsumenten- und Produzentensouveränität.[20]
- Staatliche Energieprogramme bieten primär Orientierungshilfen, indem die Zielprojektionen der Bundesregierung unterbreitet werden.[21]
- Es werden (gesamtwirtschaftlich) leistungsfähige Konkurrenzstrukturen angestrebt. Soweit internationale und natürliche Marktunvollkommenheiten die volkswirtschaftlichen Kosten von Wettbewerbslösungen zu hoch erscheinen lassen, werden möglichst marktkonforme Kompensations- und Kontrollsysteme als sinnvoll erachtet.[22]
- Staatliche Forschungspolitik wird eingesetzt, um Energieentwicklungen mit hoch eingeschätzten volkswirtschaftlichen Vorteilen in Gang zu setzen oder zu beschleunigen (z.B. Kernenergie, Kohleveredelung).

Die bisherige Steuerung des Energiesektors ist also keineswegs eine Ordnung des laissez faire, sondern ein Mischsystem gewesen. Seit den Ereignissen von 1973 und angesichts der potentiellen Versorgungsengpässe im internationalen Bereich beim Öl und (möglicherweise aus politischen Gründen auch zeitweise) beim Uran stellt sich im politischen Raum aber immer drängender die Grundsatzfrage, ob eine zukunftsorientierte Energiepolitik marktwirtschaftlichen Typs nicht eine ordnungspolitische Utopie mit großen volkswirtschaftlichen Folgekosten darstellt. Diese Notwendigkeit eines ordnungspolitischen Kurswechsels wird aufgeworfen, ohne daß der Nachweis der größeren Leistungsfähigkeit alternativer Lenkungskonzeptionen bislang empirisch[23] überhaupt angegangen worden ist und ohne zu berücksichtigen, daß marktwirtschaftliche Ordnungsmuster lernfähig sind. Ich werde mich im folgenden bemühen, einige Etappen für die *Weiterentwicklung marktkonformer Energiepolitik* zu skizzieren.

== Informationsbasis für private sowie öffentliche Entscheidungsträger verbessern und Teilaspekte der Energiepolitik stärker integrieren!

Das Energiewirtschaftliche Institut hat die Schaffung eines unabhängigen Sachverständigenrats für Energie vorgeschlagen, um insbesondere auf der Grundlage alternativer Energieszenarien über langfristige internationale Verknappungen und steigende Angebotspreise zu informieren und Optionen für die Vermeidung potentieller Engpässe mit ihren jeweiligen volkswirtschaftlichen Implikationen transparenter zu machen. Gleichzeitig sind die Gefahren des punktuellen Interventionismus (zwangsläufige Interventionsspiralen) und von unkoordinierten Einzelpolitiken (Bundesimmissionsschutzauslegungen und Zielsetzungen des Dritten Verstromungsgesetzes beispielsweise) immer wieder einer breiten Öffentlichkeit sichtbar zu machen (Politikkontrolle durch mehr institutionalisierte Öffentlichkeit).

== Schrittweise Einführung des Verursacherprinzips!

Hierbei sollten pretiale Maßnahmen dominieren (z.B. Gebühren, ersteigerte Lizenzen).[24] Bei irreversiblen bzw. sehr hohen volkswirtschaftlichen Umweltkosten durch einzelne Energieaktivitäten sind allerdings administrative Lenkungseingriffe (konkrete Verhaltensauflagen) nicht zu umgehen. Bessere Umweltqualität verursacht volkswirtschaftliche Opfer (Bindung von Produktionsfaktoren); Umweltschutz sollte nicht verabsolutiert, sondern gegenüber konkurrierenden Nutzungen von knappen Produktionsfaktoren und natürlichen Ressourcen abgewogen werden. Angesichts der vorliegenden Abstimmungsprobleme zwischen energiewirtschaftlichen Interessen und Umweltschutzbedürfnissen empfiehlt sich ein Novellierung des Bundesimmissionsschutzgesetzes, die einerseits möglichst klare Orientierungsdaten für Investoren setzt, andererseits aber auch regionale Sonderprobleme im Prinzip gerichtlich bewertbar macht (Einführung von sog. Abwägungsklauseln bei Einsprüchen, die eine gleichrangige, dem konkreten Fall angepaßte Abwägung von Umweltschutzforderungen und energiewirtschaftlichen Versorgungsaufgaben sicherstellen soll).

== Durchführungsphase für Investitionen der Energiewirtschaft beschleunigen!

Die Anpassungsflexibilität des Energiesystems wird angesichts der zunehmenden Marktausreifungszeiten für neue Energieträger und -technologien immer stärker reduziert. Hinzu treten z.Zt. politisch verursachte Verzögerungen, welche die Umstellungsgeschwindigkeit bei Datenänderungen noch weiter verringern. Es ist zu überprüfen, inwieweit stärker normierte Genehmigungsverfahren und besser koordinierte Standortplanungen die „selbstverschuldeten" Verzögerungen künftig geringer halten können. Die diskutierten Moratorien sind ein Extremfall der Verzögerungen. Dieser Stillstand induziert erhebliche volkswirtschaftliche Kosten (gebundene Produktionsfaktoren, nicht rechtzeitige Anpassung) und bringt uns technologisch nicht weiter. Eine Scheinlösung besteht ebenfalls darin, entsprechend einer „beggar my neighbour-policy" sog. „free rider-Positionen" bei der Schließung von Brennstoffkreisläufen einnehmen und die Restrisiken der Endlagerung längerfristig exportieren zu wollen. Administrative Beschleunigungsstrategien setzen voraus, daß die jeweiligen Konsequenzen von Investitionsentscheidungen längerfristig durchdacht worden sind (mehr langfristige Rationalität für das staatliche Entscheidungssystem).

== Keine Abschottung der nationalen Energiemärkte, sondern bewußte internationale Ausrichtung in unserer Energieversorgung!

Die Bundesrepublik ist auf einigermaßen funktionsfähige Weltenergieversorgungsstrukturen angewiesen. Unsere Energiepolitik sollte allen Absichten, den internationalen Austausch zu regulieren, entgegenwirken, denn größere, integrierte Energiemärkte sind insgesamt elastischer, erleichtern die künftigen Anpassungsprozesse und erhöhen die „Erpressungskosten" von internationalen Energieanbietern. Bei internationalen Handelsgesprächen (z.Zt. beispielsweise im euro-arabischen Dialog) sollte die Bundesrepublik auf multilaterale wirtschaftliche Kooperation statt auf bilaterale Barterabkommen drängen. Den Nachfragern von Energierohstoffen für den deutschen Markt sollten möglichst keine Hemmnisse bei ihren Verträgen staatlicherseits verordnet werden. Die Sicherung der Energieimporte erfordert angesichts bestimmter Weltmarktunvollkommenheiten flankierende energiepolitische Hilfen: Investitionsschutzabkommen, gewisse Bürgschaftshilfen für deutsche Energieunternehmen.[25] Die Importfreigabe für ausländische Steinkohle[26] ist längerfristig sinnvoll; sie setzt allerdings voraus, daß zuvor eine dauerhafte Entscheidung über den Versorgungsbeitrag heimischer Steinkohle gefällt worden ist.

== Keine Importmengenfixierungen oder nationalen Sondersteuern für bestimmte Energieträger, aber Bevorratungsauflagen und gezielte Subventionsstrategien bei einer fehlenden internationalen Abstimmung sinnvoll!

Eine isolierte nationale Verteuerung der Energiegüter (durch Energieverbrauchssteuern oder feste Energieimportquoten) würde bedeuten, daß die Bundesrepublik einen überproportionalen Anpassungsbeitrag in der künftigen Übergangsphase leistet, während andere Energieverbraucherstaaten sogar von dem tendenziell dann sinkenden internationalen Energiepreisniveau profitieren könnten. Um eine solche Strategie politisch durchsetzen zu können, müßten von vornherein in sehr erheblichem Umfang Befreiungen toleriert werden (starke Unterschiede in der Energiekostenbelastung bei einzelnen exportorientierten Industrien bzw. Produkten). Es kommt hinzu, daß Energieverbrauchssteuern im Haushalts- und Verkehrsbereich die unteren Einkommensschichten relativ am stärksten treffen; dies impliziert wieder die Forderung nach staatlichen Transfers als Verteilungsregulativ. Nationale Alleingänge bei der – im Prinzip längerfristig richtigen – Anhebung des Energiepreisniveaus (schrittweises Anpassen an die langfristig steigenden Knappheitspreise bzw. Expansionskosten für Energie) sind ökonomisch teuer (überproportionale Opfer), in ihren Folgewirkungen schwer abschätz- und kontrollierbar (geringe Preiselastizitäten, hohe Einkommenselastizitäten, stark unterschiedliche Kostenintensitäten) und politisch z.Zt. kaum durchsetzbar.

Es empfiehlt sich statt dessen, mit der begonnenen Strategie gezielter Bevorratungsauflagen für besonders versorgungsunsichere Energieträger fortzufahren. Die Kosten der „sicherer" gewordenen Energieträger sind den Energienachfragern und nicht dem Staat anzulasten. Die privaten Entscheidungsträger sollen ja ausdrücklich mit der jeweiligen Versorgungsunsicherheit konfrontiert werden. Die tendenzielle Erhöhung des Preisniveaus wird dann auch erreicht. Zudem stehen kalkulierbare Ausgleichsmengen bei künftigen Embargos zur Verfügung. Bevorratungsstrategien bieten sich heute für

Mineralöl und Uran an. Bei der konkreten Ausgestaltung der Bevorratungspolitik ist darauf zu achten, daß alle Anbietergruppen des betroffenen Energieträgers im Inland vergleichbare Kosten tragen.
Eine besondere Investitionsproblematik kann sich für die Übergangsphase (Ablösung des Öls) dadurch ergeben, daß die Ölanbieter mit ihrer Preispolitik, die ja nicht durch Konkurrenzkräfte kostenorientiert bestimmt wird, die Investitionsplanungen für Alternativenergien immer wieder durchkreuzen. Hier empfiehlt es sich, daß der Staat verläßlichere Rahmendaten setzt. Im IEA- wie im EG-Raum hat man bestimmte Mindestpreise vereinbart, die für Energieanbieter garantiert werden. Diese Mindestpreisstrategie ist ein Kompromiß unterschiedlichster Interessen und entspricht nicht unbedingt den nationalen Schutzbedürfnissen bzw. langfristigen Entwicklungsabsichten.
Für die nationale Energiepolitik stellen sich heute solche komplexen Fragen wie: Welche Versorgungsbeiträge sollen inländische Energieressourcen leisten? Welche Kapazitäten sollen aufrechterhalten bzw. mit welchem Tempo sollen neue entwickelt werden? Die OPEC-Öl-Alternativen, die in der Bundesrepublik längerfristig nennenswerte Beiträge leisten können, sind in der Regel (mit Ausnahme der Braunkohle) wesentlich teurer, ihre Wirtschaftlichkeit ist erst bei noch erheblichen Preissteigerungen gegeben.[27] Da wir heute nur die allgemeine Richtung, nicht aber Umfang und Tempo der Preisanpassungen nach oben prognostizieren können, ergibt sich ein beträchtlicher Unsicherheitsbereich. Normalerweise übernehmen private Investoren dieses Risiko und werden durch Gewinne für richtiges Antizipieren belohnt. Heute besteht aber eben die Sorge, daß man sich nicht rechtzeitig und ausreichend auf die kommenden Engpässe einrichtet. Und sind die Verknappungen allgemein sichtbar in den Marktpreissignalen, dann sind flexible Anpassungen angesichts der Investitionszeiträume nicht mehr möglich. Die politische Aufgabe besteht darin, im allgemeinen Budgetierungsprozeß darüber zu befinden, was uns „mehr Zukunftssicherung im Energiesektor" heute wert ist. Ist das Subventionspotential bestimmt, ergibt sich die ökonomische Aufgabenstellung, die Mittel so zu verteilen, daß im Prinzip die noch am relativ vorteilhaftesten Projekte zunächst vorangetrieben werden. Angesichts der großen Informationslücken ist darauf zu achten, daß die privaten Entscheidungsträger, deren Informationsbasis noch relativ günstig zu beurteilen ist, am Investitionsrisiko beteiligt bleiben. Um die Anpassungsprozesse kurz- bis mittelfristig möglichst stetig ablaufen zu lassen, bieten sich als Schwerpunktbereiche für gezielte Subventionen die deutsche Steinkohle, die Weiterentwicklung alternativer Kernenergiekonzeptionen, aber auch der Komplex einer rationelleren Energieausnutzung an. Während die angebotsorientierten Bereiche schon seit längerem subventionspolitische Priorität genießen[28], laufen die finanziellen „incentives" für verstärkte Energieeinsparung erst an.[29] Längerfristige Bedeutung haben bis 2000 die Programme zur Veredelung klassischer Inlandsenergien (Kohlevergasung, Kohleverflüssigung).
Bei der Ausgestaltung der zukünftigen Subventionspolitik ist darauf zu achten, daß die private Wirtschaft mit geringerer Entfernung von der Markteinführung grundsätzlich immer stärker risikobeteiligt wird und daß eine Konzentration auf einzelne Unternehmen vermieden wird, statt dessen privatwirtschaftliche Gemeinschaftsaktionen unterstützt bzw. stimuliert werden. Je mehr die Wirtschaftlichkeitsphase gegeben ist, um so globaler sollten die Förderungsinstrumente im Prinzip wirken können. Die rationel-

lere Verwertung von Energieträgern, für die es beispielsweise sehr viele Möglichkeiten gibt, sollte generell mehr durch indirekte Formen (Steuergutschriften, Abschreibungserleichterungen etc.) begünstigt werden. Große Forschungsprojekte, die erst in Dekaden Marktreife erlangen können, bedürfen allerdings auch weiterhin der (in der Regel) ausschließlich staatlichen Finanzierung. Dies erscheint bei den weitreichenden positiven externen Effekten volkswirtschaftlich vertretbar.[30] Für diese Förderungsmittel kommen von vornherein nur wenige Großforschungseinrichtungen bzw. Großunternehmen infrage.

== Kernenergie ist mittelfristig notwendig und aus gesamtwirtschaftlichen Überlegungen kurzfristig bereits sinnvoll!

Die langfristige Sicherstellung der Energieversorgung zu möglichst günstigen volkswirtschaftlichen Kosten verlangt den weiteren Ausbau von Energiekapazitäten auf der Basis der Kernenergie.

In den vorgelegten Verbrauchsszenarien wird sichtbar, daß in jedem Fall – selbst bei relativ geringem Wirtschaftswachstum und optimistischen Kohleannahmen – der Beitrag der Kernenergie von heute 7,9 Mio t SKE auf mindestens 121 Mio t, bei Vollbeschäftigungsannahmen sogar auf 271 Mio t zunehmen dürfte, wenn gravierende Engpässe in der Primärenergieversorgung verhindert werden sollen. Über die konkreten Zahlen kann man streiten, nicht aber über die zentrale Aussage eines deutlich überproportionalen Zuwachses für den Fall weiteren Wirtschaftswachstums!

Es stellt sich heute die Frage, ob man nicht wenigstens kurzfristig eine weitere Expansion der Kernenergie verhindern sollte. Hierzu ist in aller gebotenen Kürze folgendes zu sagen: Restrisiken werden bleiben und nicht durch Denkpausen zu beseitigen sein. Die vorliegenden Gutachten der Reaktorsicherheitskommission sowie der Strahlenschutzkommission kommen aber übereinstimmend zum Ergebnis, daß das in Gorleben geplante Entsorgungszentrum realisierbar sowie sicher sei. Damit ist der Brennstoffkreislauf zu schließen. Für einen Ökonomen werden nunmehr die Kostenaspekte primär entscheidungsrelevant, und hier gilt eindeutig: Die niedrigsten volkswirtschaftlichen Gesamtkosten zur Deckung des wachsenden Strombedarfs ergeben sich dann, wenn der überwiegende Teil der neuen Kraftwerksleistung auf Kernenergiebasis erstellt werden kann! Der Kostenvorsprung ist so beträchtlich, daß, wie Sensitivitätsanalysen belegen, auch sehr ungünstige Annahmenkonstellationen daran nichts ändern.[31] Es kommt hinzu, daß bei heute aufgeschobenen Entscheidungen zugunsten der Kernenergie die verfügbaren Stromerzeugungsalternativen bereits Ende der 80er Jahre die potentiellen Versorgungsengpässe nicht mehr (bei realistischen Annahmen über das Auslandsangebot) aufschieben können.[32]

Volkswirtschaftlich nicht vertretbar ist es außerdem, auf den Bau von Prototypanlagen (wie den Schnellen Brüter oder den Hochtemperaturreaktor) heute einfach zu verzichten. Neue Technologien sind erst im Betrieb zu erproben. Es fehlen andernfalls rationale Entscheidungsgrundlagen in einer späteren Phase, wo der Großeinsatz diskutiert werden kann.

Die folgenden Gesichtspunkte möchte ich nur noch stichwortartig umreißen:

== Staatseingriffe in die Preisbildung unterlassen! Gewisse Abweichungen von kostenorientierten Preisbildungsprinzipien bei unvollkommenen Randbedingungen unter Umständen sinnvoll!

Es gilt, eine wettbewerbsorientierte Preisbildung zu ermöglichen. In den Bereichen der leitungsgebundenen Energiewirtschaft sind aufgrund gewisser Marktunvollkommenheiten preispolitische Spielräume gegeben, welche allerdings durch die Substitutionsenergien mehr oder minder stark begrenzt und durch staatliche Kontrollmechanismen bereits heute beeinflußt werden können. Soweit die bestehenden Tarifsysteme kostenorientierte Preissetzungen verhindern, sind Modifikationen angebracht. Abzulehnen sind aber die Forderungen, grundsätzlich sog. progressive Stromtarife einzuführen! Die in der Gaswirtschaft übliche Preisbildung (Anlegbarkeitsprinzip, Heizölpreisbildung), die eine Abweichung von kostenorientierten Prinzipien bedeutet, kann aus dynamischen Wettbewerbsgründen befürwortet werden.

== Bestehende Marktorganisationen und Versorgungsstufen nicht tabuisieren – aber auch keine einseitige Privilegien für bestimmte Energiesysteme!

Meines Erachtens ist es für eine marktwirtschaftlich orientierte Energiepolitik nicht vertretbar, den Energieträger Fernwärme durch einen administrativ verordneten Anschluß- und Benutzungszwang oder durch ganz massive staatliche Subventionierung zu privilegieren. In diesem Zusammenhang stellt sich auch die Frage, ob und inwieweit die heimischen Energieproduzenten z.T. seit 1973/74 einfach „zugeschwemmten windfall profits" abgeschöpft werden sollten. Hier empfiehlt sich eine konzessionspolitische Umgestaltung: Abschöpfung der „windfall profits" durch entsprechend gestaffelte Förderzinsen.[33]

== Kein generelles Verbot weiteren Wachstums für etablierte Energieträgerkonglomerate, aber kritisches Überprüfen mit der Entflechtungsmöglichtkeit in Einzelfällen!

In den USA und – seit dem 1. Hauptbericht der Monopolkommission auch – in der Bundesrepublik wird zunehmend diskutiert, ob nicht bestimmte Entflechtungen durchgeführt oder zumindest weitere Wachstumsformen für Energiekonglomerate untersagt werden sollten. Aus verschiedenen Gründen erscheint diese wettbewerbspolitische Empfehlung als (*generelle*) Handlungsanweisung zu weitgehend.

Der verstärkte Schutz der Substitutionskonkurrenz und die Ermöglichung „unabhängiger" Energieträgerentwicklungen kann aber für (*spezielle*) künftige energiepolitische Problemstellungen (Rolle und Bedeutung der deutschen Braunkohle unter Berücksichtigung ihrer einseitigen Abhängigkeit) relevant werden.[34]

Anmerkungen

1 Vgl. H.K. Schneider, Zur Konzeption einer Energiewirtschaftspolitik, in: Ordnungsprobleme und Entwicklungstendenzen in der deutschen Energiewirtschaft, Festschrift für Th. Wessels, Essen 1967, S. 19ff.; D. Schmitt, H.-J. Schürmann, Grundlagen einer zukunftsorientierten Energiepolitik, in: Marktwirtschaft, hrsg. von P. Harbusch, D. Wiek, Stuttgart 1975, S. 95 ff.

2 Die vielfach diskutierte Möglichkeit, über eine allgemeine Verkürzung der Arbeitszeit das Angebot an Arbeitsplätzen auf mehr Beschäftigungwillige zu verteilen, ist ein sehr gefährliches Experiment, denn die Friktionsprozesse könnten sogar noch verstärkt werden, wenn die nachgefragten Qualifikationen, induziert durch teilweise Freisetzung, nicht mit den angebotenen Fähigkeiten von Arbeitskräften übereinstimmen und die weniger beschäftigten Arbeiter Einkommenseinbußen nicht tolerieren werden.

3 Die Verteufelung des Wirtschaftswachstums ist sehr einseitig. Es sind auch die Opportunitätskosten reduzierten Wachstums, d.h. die zwangsläufigen Zielverzichte aufzudecken.

4 Dieser Planungszeitraum erscheint aus ökonomischer Sicht noch am sinnvollsten. Zum einen sind nachhaltige Veränderungen im Kapitalstock möglich, zum anderen sind die Wachstumsszenarien auch mit wirtschaftlichen Kenngrößen interpretierbar.

5 Vgl. die ungeglättete Entwicklung seit 1960 für die Bundesrepublik in Tabelle 1.

6 Siehe Schaubild II mit einem Vergleich für folgende Länder: USA, Großbritannien, Frankreich, Bundesrepublik Deutschland.

7 Die Betrachtung allein auf hochaggregierter Ebene ist prognostisch unzureichend. Die Art des Zusammenhangs zwischen Energieeinsatz und wirtschaftlicher Entwicklung muß für Teilbereiche vielmehr im einzelnen statistisch aufgeschlüsselt und interpretiert werden: z.B. Korrelation des Endenergieverbrauchs der Haushalte und Kleinverbraucher mit dem Einkommen sowie den Konsumausgaben der privaten Haushalte, Korrelation von Endenergieverbrauch der Industrie insgesamt (bzw. von jeweiligen Zweigen) mit dem Beitrag des (jeweiligen) warenproduzierenden Gewerbes zum Bruttoinlandsprodukt etc.

8 Dies würde bedeuten, daß der Elastizitätskoeffizient von heute im Trend knapp 1 auf 0,8 bis 0,6/0,5 absinkt.

9 Eine Fortschreibung der in den letzten 20 Jahren vorliegenden Trends würde immerhin bei einem Wirtschaftswachstum von jährlich 3,5 % zu einem Anstieg des Primärenergieverbrauchs auf über 1 Mrd t SKE, also knapp dem dreifachen heutigen Verbrauch führen.

10 Vgl. ausführlich D. Schmitt, H.K. Schneider, H.J. Schürmann, Mut zu marktwirtschaftlicher Energiepolitik, in: Zeitschrift für Energiewirtschaft, H. 1, 1977, S. 60 ff.

11 Mit knapp 90 % ist Japan besonders abhängig.

12 Im Prinzip sollten ja für die Energieversorgung möglichst wenig Produktionsfaktoren gebunden werden, um die benötigten Mengen bereitzustellen. Wir können selber direkt Primärenergiegüter fördern oder aber die Vorteile der internationalen Arbeitsteilung wahrnehmen, d.h. Primärenergien importieren und „veredelte" Produkte exportieren. Es kommt darauf an, wo der Nettoertrag der Produktionsfaktoren höher sein kann. Der heimischen Produktion von Energiegütern ist allerdings ein gewisser Sicherheitsaufschlag als volkswirtschaftlicher Zusatznutzen in Rechnung zu stellen.

13 Der Wertanteil der Energieimporte an den gesamten Importen beträgt z.Zt. allerdings erst 18,1 %.

14 Dies beweisen die vorliegenden Außenhandelszahlen seit 1973.

15 Hierdurch sollen die Energiepreise allmählich erhöht werden.

16 Die Energienachfrager erfahren, daß nur noch bestimmte Ölangebotsmengen im IEA-Raum marktwirksam werden sollen.

17 Alle vorliegenden internationalen Studien kommen im Prinzip zum selben Resultat, sie unterscheiden sich nur – entsprechend der Einschätzung der Versorgungsmöglichkeiten aus der UdSSR und China – hinsichtlich des drohenden Zeitpunktes.

18 Dies gilt sowohl für die Internationale Energie-Agentur als auch für die Europäische Gemeinschaft.

19 Die unterschiedlichen Einschätzungen (beispielsweise der USA und der Bundesrepublik) der Chancen der „Schnellen Brüter" und des „Hochtemperaturreaktors" haben neben der politisch-philosophischen Carterschen Anti-Proliferationsstrategie sehr reale brennstoffökonomische Kalkulationsgrundlagen. Aufgrund unserer vernachlässigbar kleinen Uranvorräte schätzen wir die Vorteile in der Brennstofföknomie bereits heute sehr hoch ein. Der Schnelle Brüter verwendet

bekanntlich Plutonium aus den abgebrannten Brennelementen der Leichtwasserreaktoren und reproduziert den notwendigen Input (wenigstens teilweise) wieder selbst; der Hochtemperaturreaktor erschließt mit Thorium einen zusätzlichen Energierohstoff.

20 Dies bedeutet als Grundsatz insbesondere: Wer über Investitionen entscheidet, muß auch ihr wirtschaftliches Risiko tragen. Eine Verlagerung der Entscheidungen im Energiesektor auf öffentliche Gremien würde z.B. bedeuten, daß die Steuerzahler Träger des Risikos werden.

21 Die Bundesregierung will sich auf keinen Fall auf Planzahlen für einzelne Energieträger festlegen, sondern betont schon die Notwendigkeit hoher Flexibilität in den Planungen und Absichtserklärungen der Politiker. Der Informationswert liegt in der Darlegung der Tendenzen und Größenordnungen der zu erwartenden bzw. angestrebten Energieentwicklungen.

22 Dies bedingt insbesondere die Sonderregelung für die deutsche Steinkohle (Verstromungsgesetze, Importkontingentierung) und für die leitungsgebundene Energiewirtschaft (Energiewirtschaftsgesetz, Kartellbestimmungen).

23 Die vorliegenden Materialien deuten vielmehr sogar auf eine relative Bewährung unseres Steuerungssystems innerhalb eines internationalen Leistungsvergleichs hin.

24 Vgl. H.-J. Schürmann, Ökonomische Ansätze zu einer rationalen Umweltpolitik u. wirtschaftspolitische Konsequenzen mit besonderer Berücksichtigung der Energiewirtschaft, Diss. Köln 1973, 2. überarbeitete Auflage, München 1978.

25 Die direkten Subventionshilfen zur nachhaltigen Stärkung der Wettbewerbsposition der deutschen Mineralölgruppe (Deminex-Programm zum Aufbau einer eigenen Rohölbasis) sollte im Zusammenhang mit der beabsichtigten Erhöhung der Risikoselbstbeteiligung der betroffenen Unternehmen fortgesetzt werden.

26 Hierbei ist besonders zu empfehlen, daß sich auch deutsche Kohleunternehmen noch verstärkter im Ausland direkt auf der Förderstufe engagieren.

27 Entscheidende marktliche Substitutionsprozesse für Mineralöl durch Technologiealternativen wie Kohlevergasung und -verflüssigung dürften erst einsetzen, wenn der heutige Rohölpreis sich etwa verdoppelt. Allerdings variieren die Kosten je nach Einsatzprodukt stark. Die Wirtschaftlichkeit der Kohlevergasung ist z.B. bei amerikanischer Steinkohle und deutscher Braunkohle wesentlich früher (17/18 $/b Äquivalenzölpreis) gegeben als bei deutscher Steinkohle (bis zu 25 $/b notwendig). Auch für die Kohleverflüssigung liegt der break-even-point deutlich über 20 $/b.

28 Der Kernenergie sind bisher insgesamt 19,7 Mrd, der Steinkohle seit 1964 immerhin auch 17,4 Mrd. zugeflossen.

29 Wichtigste Förderinstrumente sind bisher im Haushaltsbereich die Bestimmungen des § 82a EStDV, die 30 %igen Zuschüsse für energiesparende Investitionen in Altbauten (Konjunkturprogramm 1975) sowie im Industriebereich die Investitionszulagen im Rahmen des § 4a Investitionszulagengesetzes. Weitere Investitionszuschüsse und steuerliche Erleichterungen werden z.Z. (1977/78) beraten (4,35 Mrd DM-Programm mit Investitionszuschüssen u. Steuererleichterungen).

30 Grundsätzlich sollte also die „begründete“ Vermutung bestehen, daß solche Innovationen insgesamt Erträge erbringen, die in gesamtwirtschaftlicher Betrachtung höher als in unternehmerischer Rechnung ausfallen dürften.

31 Vgl. H.K. Schneider, Brauchen wir mehr Strom – aus Kernenergie?, „Informationsdienst Ruhr“, Nr. 12, 1977, sowie H. Junk, D. Schmitt, Parameterstudie zur Ermittlung der Stromerzeugungskosten aus Steinkohle und Kernenergie, München 1978.

32 Siehe D. Schmitt, Kohle statt Kernenergie?, in: Wirtschaftsdienst, 1977, S. 188 ff.

33 Vgl. D. Schmitt, H.-J. Schürmann, Windfall Profits (1), in: Wirtschaftswoche, 25.6.1976, S. 59 ff.

34 Siehe W. Mönig, D. Schmitt, H.K. Schneider, H.-J. Schürmann, Konzentration u. Wettbewerb in der Energiewirtschaft, München 1977.

Literaturverzeichnis

Energy Global Prospects 1985–2000, New York 1977 (Workshop on Alternative Energy Strategies).

H. Junk, D. Schmitt, Parameterstudie zur Ermittlung der Stromerzeugungskosten aus Steinkohle und Kernenergie, München 1978.

W. Mönig, D. Schmitt, H.K. Schneider, H.-J. Schürmann, Konzentration und Wettbewerb in der Energiewirtschaft, München 1977.

D. Schmitt, Kohle statt Kernenergie?, in: Wirtschaftdienst, 1977, S. 188 ff.

D. Schmitt, H.K. Schneider, H.-J. Schürmann, Mut zu marktwirtschaftlicher Energiepolitik, in: Zeitschrift für Energiewirtschaft, 1977, S. 60 ff.

D. Schmitt, H.-J. Schürmann, Windfall Profits (1), in: Wirtschaftswoche, 25.6.1976, S. 59 ff.

D. Schmitt, H.-J. Schürmann, Grundlagen einer zukunftsorientierten Energiepolitik, in: Marktwirtschaft, hrgs. von P. Harbusch, D. Wiek, Stuttgart 1975, S. 95 ff.

H.K. Schneider, Brauchen wir mehr Strom – aus Kernenergie?. „Informationsdienst Ruhr", Nr. 12, 1977.

H.K. Schneider, Zur Konzeption einer Energiewirtschaftspolitik, in: Ordnungsprobleme u. Entwicklungstendenzen in der deutschen Energiewirtschaft, Festschrift für Th. Wessels, Essen 1967, S. 19 ff.

H.-J. Schürmann, Ökonomische Ansätze zu einer rationalen Umweltpolitik und wirtschaftspolitische Konsequenzen mit besonderer Berücksichtigung der Energiewirtschaft, Diss. Köln 1973; zweite überarbeitete Auflage: Ökonomische Ansätze zu einer rationalen Umweltpolitik und wirtschaftspolitische Konsequenzen, München 1978.

1976		2000 (B)[1]		2000 (C)[1]	
Mio t SKE	v.H. PEV	Mio t SKE	v.H. PEV	Mio t SKE	v.H. PEV
62,2	16,8	94	13,6	135,4[3]	23,3[3]
8,5	2,3	()[2]	()[2]	16,3	2,8[3]
70,7	19,1)	116,2[3]	16,8[3]	151,7[7]	26,2[3]
Kohle 108,3	29,3)				
36,1	9,8)	36,5	5,3	()[2]	()[2]
1,5	0,4)	()[2]	()[2]	()[2]	()[2]
37,6	10,2)	()[2]	()[2]	()[2]	()[2]
8,0	2,2	3,8	0,6	2,3	0,4
187,9	50,7	200,7	29,1	185,5	32,0
195,9	52,9	204,5	29,7	187,8	32,4
20,8	5,6	10	1,4	10,0	1,7
31,2	8,4	66,1	9,6	88,3	15,2
52,0	14,0	76,1	11,0	98,3	16,9
4,2	1,1	6,8	1,0	6,8	1,2
0,3	0,1	–	–	–	–
4,5	1,2	6,8	1,0	6,8	1,2
–	–	–	–	–	–
7,9	2,1	271,0	39,3	121,0	20,9
7,9	2,1	271,0	39,3	121,0	20,9
1,6	0,4	13,6	2,0	15,2	2,6
–	–	–	–	–	–
1,6	0,4	13,6	2,0	15,2	2,6
132,8	35,9	164,7	23,9	169,0	29,1
237,4	64,1	525,3	76,1	411,0	70,9
370,2	100,0	690,0	100,0	580,0	100,0

ıngen entstehen Rundungsfehler in der Addition.

:in- und Braunkohle spezifiziert wurde.

Dieter Smidt

Stellungnahme zur Studie „Alternative Möglichkeiten für die Energiepolitik" der Forschungsstätte der Evangelischen Studiengemeinschaft

Zur Frage der zukünftigen Energiepolitik sind inzwischen zahlreiche und teilweise widersprüchliche Stellungnahmen erschienen. Im vorliegenden Gutachten hat eine Gruppe offensichtlich engagierter Mitarbeiter versucht, sich in verhältnismäßig kurzer Zeit in ein komplexes neues Fachgebiet mit den Schwerpunkten Energietechnik, Energiewirtschaft und Reaktorsicherheit einzuarbeiten. Dazu wurden Sachverständige und Vertreter interessierter Gruppen gehört. Unzweifelhaft haben die Autoren hierdurch einen beachtlichen Wissensstand erreicht. Leider sind sie aber dann doch auf halbem Weg stehengeblieben, verbinden zum Teil unfertige Urteile mit willkürlichen oder unklaren Randbedingungen, so daß das Netz der logischen Argumentation nur scheinbar geschlossen ist.

Es ist ein bekanntes gruppendynamisches Phänomen, daß auf eine gewisse Lernphase ein euphorisches Stadium folgt, in dem das oft zitierte „brainstroming" stattfindet. Es ist zu kritisieren, daß das Gutachten hierüber nicht hinauskommt und die abgeleiteten Schlußfolgerungen deshalb nicht tragfähig sind. Damit möchte ich keinesfalls meine eigene Kompetenz über die Autoren des Gutachtens setzen. Wohl aber sollen einige Sachzusammenhänge aufgezeigt werden, die ich in 20 Jahren Umgang mit der Materie gelernt habe und die die Autoren entweder gar nicht oder nur einseitig behandeln und die unbedingt voll dazugehören. Das letzte Urteil muß sich dann der Leser selber bilden.

Ich möchte meine Aussage unter den folgenden Punkten begründen:

1. Wie sind Gutachten zu bewerten?
2. Das Wachstumsproblem
3. Das ökologische Problem der Kernenergie
4. Zusammenfassung.

1. Wie sind Gutachten zu bewerten?

„Kennzeichnend für die gegenwärtige Situation ist, daß die Auswirkungen der Kernenergie von verschiedenen Wissenschaftlern höchst unterschiedlich beurteilt werden" (E (4)). Befürworter und Gegner „übersehen leicht, daß auch jedes wissenschaftliche Urteil von geschichtlichen, sozialen und biographischen Voraussetzungen mitgeprägt ist" (E (4)).

Das ist sicherlich richtig. Aber soll man daraus schließen, „daß jede Gruppe, die hier Stellung bezieht, lediglich diejenigen Argumente berücksichtigt, die der Stärkung ihrer eigenen Position dienen" (E (6))?

Das Problem divergierender Gutachten ist nicht neu, jedes Gericht, in gewissem Umfang auch jedes Parlament hat sich damit auseinanderzusetzen. Es gibt Kriterien, nach denen Sachverständigenaussagen zu bewerten sind. Der wichtigste Gesichtspunkt ist die Gründlichkeit, mit der

- alle Randbedingungen abgesichert werden,
- Aussagen nicht pauschal getroffen, sondern im Detail nachgeprüft werden,
- Gedanken zu Ende gedacht und nicht vorschnell abgebrochen werden.

Diese Grundsätze sind nachprüfbar. Erfüllt sie ein Gutachten, so hat seine Aussage besonderes Gewicht.

Die Autoren des Gutachtens sind der Meinung, daß die Kirchen für die Problemanalyse nach ähnlichen wie den genannten Kriterien sorgen müssen (E (6)). Solange man sagt *„auch"* die Kirchen, ist dagegen sicher nichts einzuwenden. In der Folge wird dann allerdings die „Distanz des christlichen Glaubens zu allen politischen Programmen" (E (11)) und, müßte man wohl hinzufügen, zu allen Vorurteilen und Emotionen, die nun einmal, siehe oben, im menschlichen Handeln und Reden enthalten sind, zu sehr überhöht. Den möglicherweise verschiedenen Verantwortungshorizont von Christen und Nichtchristen nicht nur unterschwellig, sondern in (E (10)) auch unter offener Berufung auf den Willen Gottes zu einem größeren Gewicht der Aussage von solchen, die sich Christen nennen, umzufunktionieren, hat einen Geruch von Pharisäertum. Die im letzten Satz von E (10) gestellte Frage relativiert nicht das zuvor Gesagte. Unbestritten muß das Gebot der Nächstenliebe und dabei auch die Sorge um das Wohl der wirtschaftlich unterprivilegierten Völker und der kommenden Generationen ein wichtiger Bewertungsmaßstab für energiepolitische Entscheidungen sein. Aber das entbindet auch den Christen nicht von dem oben genannten Gebot der Gründlichkeit. Eine Politik des guten Glaubens hilft hier nicht, wenn der Glaube das konsequente Nachdenken ersetzen soll. Dies aber gerade unterläuft den Autoren, obwohl sie es möglicherweise selber nicht wollen.

Nun zum Inhalt des Gutachtens. Seine beiden wesentlichen Thesen sind:

1. Ein unbegrenztes Wachstum des Energieverbrauchs ist absurd und führt in eine ökologische Katastrophe.
2. a) Die Kernenergie ist aufgrund ihrer Gefährlichkeit und aufgrund ihrer ökologischen Auswirkungen abzulehnen.
   b) Diese Aussage wird verstärkt durch die Behauptung, daß ohne oder bei vernünftig begrenztem Wachstum Kernenergie nicht über das gegenwärtige geringe Maß hinaus benötigt wird und daß fossile Brennstoffe und die Sonnenenergie ausreichen, die Lücke zu füllen.

Bei pauschaler Betrachtungsweise kann, ja muß man der These 1 zustimmen. Bei einer etwas differenzierterer Analyse stellt man jedoch fest, daß wichtige Fakten ausgelassen, wichtige Zusammenhänge nicht berücksichtigt worden sind. Man kommt deshalb bei Erweiterung des Rahmens zu anderen Schlußfolgerungen, selbst wenn man ein begrenztes statt eines unbegrenzten Wachstums befürwortet.

These 2 ist auf Urteilen aufgebaut, die mehr aus schlagwortartig hingestellten Behauptungen, als aus einer in die Details der Probleme eindringenden echten Kritik und Gegenkritik kommen. In einer gewissenhaften Güterabwägung können sich die entgegengesetzten Schlußfolgerungen ergeben.

2. *Das Wachstumsproblem*

Im Gutachten werden zwei Szenarien mit unterschiedlichen Wachstumsraten verglichen:
Szenario I nimmt bis zum Jahre 2000 ein Wachstum des Primärenergieverbrauchs von jährlich 3 %, danach von jährlich 2 % an.
Szenario II zeigt bis zum Jahre 2000 den gleichen Anstieg, danach verlangsamt er sich und erreicht gegen Mitte des nächsten Jahrhunderts einen Sättigungswert.

Die Autoren lehnen Szenario I ab und befürworten Szenario II. Für die Beurteilung der daraus sich ergebenden Auswirkungen auf politische Stabilität und Arbeitslosigkeit fühle ich mich nicht kompetent. Ich lege aber ebenfalls Szenario II meiner Beurteilung zugrunde, weil auch andere als die im Gutachten genannten Gründe dafür sprechen.

Die Argumentation der Autoren beruht praktisch ausschließlich auf den ökologischen Auswirkungen des Energieverbrauchs. Diese werden gegeben durch Abwärme, ferner bei den Kohlekraftwerken durch das CO_2, bei den Kernkraftwerken durch betriebliche Radioaktivitätsabgaben, das Sicherheits- und das Entsorgungsproblem.

Das ganze Szenario I wird unter der Überschrift „Die gegenwärtige Energiepolitik der Bundesrepublik Deutschland" beschrieben. Das ist unfair, selbst wenn die Autoren nur von einer Trendfortschreibung (bis 2050!) sprechen. Denn das konkrete Energieprogramm der Bundesregierung reicht nur bis 1985, darüber hinaus und gar für das nächste Jahrhundert gibt es allenfalls Schätzungen ohne jede politische Verbindlichkeit. Und bis 1985 stimmen das Programm der Bundesregierung, Szenario I und Szenario II ja in den Zuwachsraten überein. Warum also solche Unterstellungen? Die Diskussion des Wachstumsproblems im Gutachten hat 4 wesentliche Mängel:

1. Man kann nicht über Energieverbrauch sprechen, ohne über die Aufteilung und das Gewicht der Endenergieträger privater Wärmeverbrauch, Industriewärme, Verkehr, Elektrizität usw. zu sprechen. Ohne eine Analyse deren sehr unterschiedlicher Entwicklungstrends und volkswirtschaftlicher Bedeutung besagt es ziemlich wenig, was man über den Gesamtverbrauch und seine zukünftigen Tendenzen behauptet. Darüber ist im Gutachten nichts gesagt. Mit wenigen Ausnahmen sagt das Gutachten Energie und meint die stromerzeugenden Kraftwerke, die ja in der Gesamtbilanz nur zu etwa 25 % teilhaben.
2. Im engen Zusammenhang damit wird auch das ökologische Problem zu pauschal betrachtet und ebenfalls nur auf die stromerzeugenden Kraftwerke bezogen. Das verzerrt die Optik. Wenn ich heute die Verursacher ökologischer Schäden in der Reihenfolge ihrer Bedeutung aufzählen sollte, sähe die Liste so aus:

a) Der Straßenverkehr mit Abgasen, Unfallrisiko und Geräusch sowie dem damit zusammenhängenden Straßenbau.
b) Die erst durch das Automobil ermöglichte Zersiedelung der Landschaft.
c) Bestimmte Industriezweige wie z. B. Papierindustrie, Zementindustrie, Stahlindustrie, chemische Industrie und Aluminiumindustrie.
d) Die moderne Landwirtschaft mit den neuartigen Anbaumethoden, Flurbereinigung und Trockenlegung von Feuchtgebieten.

Erst ziemlich weit unten auf der Liste folgen die Kohle- und Kernkraftwerke heutiger Bauart.

Einige der obenstehenden Verursacher, insbesondere aber der Straßenverkehr, sind dafür verantwortlich, daß etwa die Lungenkrebsrate in Ballungsgebieten fast doppelt so hoch ist als auf dem Lande und daß jährlich viele tausend Menschen vorzeitig sterben. Eine sehr viel detailliertere Diskussion der ökologischen Zusammenhänge hätte den Stellenwert der Kraftwerke in der allgemeinen energiepolitischen Debatte präzisiert und in ein anderes Licht gerückt.

Ähnliches gilt für die Auswirkungen der Abwärme auf das globale und lokale Klima. Global gesehen ist sicher Szenario II auch hier zu bevorzugen, nur ist *unser* Energieverbrauch und sind erst recht unsere Kraftwerke nicht der entscheidende Faktor. Das Lokalklima ist vor allem in größeren Städten gestört, hier allerdings zuerst durch die durch die Bebauung gestörte Ventilation, dann durch Speicherung der Sonnenenergie im Mauerwerk, dann durch die Heizwärme, dann durch die verkehrsbedingte Dunstglocke; am wenigsten durch Abwärme aus Kraftwerken. Für Kraftwerke gelten klare Regeln, Naß- und ggf. auch Trockenkühltürme (das Gutachten erwähnt sie nicht) sind technische Realisierungsmöglichkeiten.

3. Das Problem der *Verfügbarkeit* der Rohenergieträger wurde von den Autoren so gut wie gar nicht angesprochen, wenn man von einigen Äußerungen zur Importfrage absieht. Hier liegt in meinen Augen *der schwerwiegendste Mangel des Gutachtens*. Eine genaue Analyse der Vorräte an fossilen Brennstoffen, insbesondere des Öls, fehlt. Sie hätte gezeigt, daß hier voraussichtlich schon in den achtziger Jahren eine Krise zu erwarten ist. Das Ausmaß dieser Krise hängt nur wenig von uns ab; ausschlaggebend ist vielmehr, wie weit die großen Industrieländer, voran die USA, ihren Bedarf drosseln und wie weit andererseits die Entwicklungsländer zumindest eine bescheidene Industrialisierung, die sie dringend brauchen, vorantreiben können.

Das führt im Szenario II zu einer entscheidenden Fehleinschätzung. Hier steigt der Bedarf an fossilen Brennstoffen bis zum Jahre 2000 noch deutlich an und liegt um 2050 immer noch fast so hoch wie heute. Man muß wohl davon ausgehen, daß die Kohle davon nicht wesentlich mehr übernehmen kann als heute, weil die Förderkapazität begrenzt ist. Also bleibt das Öl, das ja schon jetzt doppelt soviel zur Energiebilanz beiträgt. Abgesehen davon, daß solch eine Politik gar nicht möglich sein wird ist sie auch im höchsten Grade unmoralisch. Denn sie treibt die Ölpreise in die Höhe und schädigt dadurch vor allem die Entwicklungsländer, die keine Alternativen haben, dem dringendsten Mangel abzuhelfen. Gleichzeitig schädigt sie die kommenden Generationen, weil sie schon bald nur noch ausgeräuberte Lagerstätten vorfinden werden von Stoffen, die sie für vielfältige Zwecke brauchen werden. Dies kann im Zusammenhang mit der Sorge um unsere Nachkommen ein weit ersthafteres Problem sein als das der Endlagerung radioaktiver Abfälle, für das es erfolgversprechende technische Lösungen gibt. Selbst wenn die Autoren anderer Auffassung sind, wäre eine vergleichende Diskussion beider Probleme und der Versuch einer Güterabwägung ein Gebot der wissenschaftlichen Gründlichkeit gewesen.

4. Als wesentliche alternative Energiequelle wird im Gutachten die Sonnenenergie angeführt. Dem stimme ich prinzipiell zu. Nach einer Studie des IIASA könnten bis 2000 ca. 16 Mi t SKE oder 3 % der Primärenergie substituiert werden. Die Arbeitsgemeinschaft Solarenergie hält bei Gewährung einer umfangreichen Förderung bis 1990 eine Deckung von 5 % des Primärenergieverbrauchs durch die Sonne für möglich. Diese von der interessierten Industrie stammende Abschätzung ist sicherlich optimistisch. Das Gutachten errechnet aber für das Jahr 2000 etwa 15 %. Hier gibt es erhebliche Diskrepanzen. Seriöse Befürworter der Sonnenenergie gehen davon aus, daß sie zur Zeit nur zum Heizen und zur Warmwasserbereitung verwendet werden kann. Damit ersetzt sie nicht den Strom. Sie kann sogar den Elektrizitätsverbrauch stimulieren, weil zur Überbrückung sonnenscheinarmer Perioden elektrisch betriebene Wärmepumpen vorteilhaft sein könnten.

   Wasserstofferzeugende Sonnenkraftwerke in Nordafrika aber gehören vorläufig in den Bereich der Utopie. Vor allem die Wartung der erforderlichen riesigen Flächenkollektoren unter den klimatischen Bedingungen (Sandstürme!) ist völlig ungelöst.

Aus allen diesen Gründen ist der Schluß des Gutachtens, im Szenario II, das ich als Ganzes bejahe, den Ausbau der Kernenergie auf dem 1977 erreichten Niveau einzufrieren, unrichtig. (Hier scheint außerdem ein Rechenfehler vorzuliegen: Die in Tab. 4 angegebenen 30 Mio t SKE sind mit der zugestandenen Kapazität von etwa 15 GW bei weitem nicht erreichbar.) Spätestens ab 2020 würde diese Kapazität ohnehin fortfallen, da das Ende der Lebensdauer der Anlagen erreicht wäre und eine Industrie für ihren Ersatz aus Mangel an Aufträgen nicht mehr existiert. Bei Bejahung aller Maßnahmen zum Energiesparen und beim weitestmöglichen Einsatz der Sonnenenergie werden die benötigten fossilen Brennstoffe so nicht zur Verfügung stehen. Hierfür wird die Kernenergie, auch über Heizkraftwerke benötigt.

Auch bei der Kernenergieverwertung durch die heutigen Leichtwasserreaktoren sind die Reserven begrenzt. In Form der schnellen Brüter gibt es aber realisierbare Lösungen, die, wenn man sie braucht, zur Verfügung stehen können.

Die Kernenergie kann nicht die einzige Versorgungsquelle sein, vielmehr ist eine weitgehende Diversifikation angebracht. Die Kernenergie ist auch keine vorübergehende Lösung, weil ihr Ersatz durch andere Technologien auch für die längere Zukunft noch völlig offen ist. Im Gutachten wied sie de facto und ohne weitere Diskussion durch Kohle, Öl und zu einem kleineren Teil durch einen optimistischen Ansatz der Sonnenenergie substituiert, ohne daß die Autoren prüfen, ob das möglich ist.

Es gibt in der politischen Arena Protagonisten der Kernenergie, die den Wachstumsgedanken allzusehr in den Vordergrund stellen, Das kann nur mit der Grobschlächtigkeit entschuldigt werden, mit der dort argumentiert wird. Die Autoren des Gutachtens haben neben diesem Aspekt, der eher untergeordnet ist, den Gesichtspunkt der Substitution knapp werdender und anderweitig benötigter Brenn- und Rohstoffe vernachlässigt. Auch bei gebremstem Wachstum, ja selbst bei völligem Wachstumsverzicht ist die Kernenergie eine notwendige Option.

3. Das ökologische Problem der Kernenergie

Das Gutachten zählt die folgenden Probleme auf:
1. Radioaktivitätsabgaben während des Normalbetriebs
2. Das Unfallrisiko mit besonderer Erwähnung des menschlichen Versagens und der sog. äußeren Einwirkungen (z.B. Erdbeben)
3. Die Entsorgung und Endlagerung
4. Sabotage und Terrorismus
5. Krieg.

Leider werden auch hier die Probleme nur sehr pauschal und argumentativ behandelt. Die Autoren scheinen die einzelnen Sicherheitseinrichtungen und -maßnahmen nicht zu kennen, sonst hätten sie sich damit auseinandergesetzt.

Der knappe, für meine Stellungnahme verfügbare Raum erlaubt nicht, die fehlenden Informationen nachzuliefern. So sollen lediglich die Sachkomplexe bezeichnet werden, deren gründliche Behandlung im Gutachten erforderlich gewesen wäre.

1. Es wird behauptet, Kernkraftwerke würden heute allgemein schon Dosisbelastungen in der halben Höhe der zugelassenen Werte in den Gewässern erzeugen.[1] Daraus wird, allerdings für Szenario I, gefolgert, der Ausbau der Kernenergie würde ein Überschreiten der zulässigen Dosis ergeben (I (38)). Die Prämisse ist in dieser Form für die modernen Anlagen nicht richtig (ersichtlich aus den regelmäßigen Berichten des Bundesgesundheitsamtes) und die Schlußfolgerung auch nicht. Vor der Genehmigung eines Kernkraftwerkes wird die Belastung von Luft und Wasser unter pessimistischen Annahmen und unter Berücksichtigung vorhandener Anlagen vorausberechnet. Sollte dabei eine Überschreitung der Norm herauskommen, würde keine Genehmigung erteilt werden. Die Daten zeigen, daß für einen vernünftigen Ausbau hieraus keine Einschränkungen erwachsen.
2. Die Diskussion der Reaktorsicherheit geht weder auf die Strategie der Unfallverhütung noch auf die einzelnen Sicherheitseinrichtungen selbst ein. Ich weiß nicht, ob sich die Autoren anhand der offiziellen Sicherheitsberichte und Sicherheitsgutachten und auch vor Ort darüber informiert haben, aus dem Gutachten geht dies jedenfalls nicht hervor. Wer Urteile über die Sicherheit von Kernkraftwerken abgibt, kommt nicht daran vorbei, sich mit Sachverhalten wie Konservativität der Auslegung, Dreiebenenkonzept, Redundanz, Diversität, fail-safe-Prinzip, Automation und räumlicher Trennung auseinanderzusetzen. Reaktorschutzsysteme, Notkühlsysteme, Notstromsysteme, Notspeisewassersysteme, Notstandssysteme, Sicherheitsbehälter und einige andere müssen schon im einzelnen kritisiert werden, wenn man nachweisen will, daß sie keinen ausreichenden Schutz der umwohnenden Bevölkerung gewährleisten.

Die Wahrscheinlichkeit eines Kernschmelzunfalls wird einfach als „kontrovers" hingestellt (I (44)), ohne überhaupt auf die sehr gründliche und sehr vorsichtige Rasmussenstudie einzugehen, die gezeigt hat, daß das Risiko aus diesem Unfall im Vergleich zu anderen natürlichen und zivilisatorischen Risiken klein ist. Natürlich dürfen und müssen auch solche Arbeiten einer sehr kritischen Analyse unterzogen werden. Aber vom Kritiker muß gefordert werden, daß er sich um das gleiche wissenschaftliche Niveau bemüht wie die Verfasser solcher Studien, die sich ihre Aufgabe nicht leicht gemacht haben.

Das Gutachten argumentiert mit dem Hinweis auf unvorhergesehene Ereignisse. Man kann zeigen, daß nur ein einziges Ereignis, ein Ungleichgewicht von erzeugter und abgeführter Wärme zu einer Freisetzung von Radioaktivität aus dem Reaktorkern führen kann. In einer Fehlerbaumanalyse kann man dies Ereignis auf wenige Vorläufer zurückführen, die man kennt, diese auf weitere, detailliertere Vorläufer usw. Unvorhersehbar sind nicht die Hauptereignisse, sondern ggf. spezielle vorangehende Detailereignisse. Diese werden aber durch das oben erwähnte umfassende Gesamt-Sicherheitskonzept aufgefangen. Dies hat sich auch bei einer Anzahl aufgetretener Störfälle, die in dieser speziellen Form natürlich nicht vorhergesehen waren, bewährt.

Ähnliches gilt im Hinblick auf das menschliche Versagen. Die Sicherheitsanalyse unterstellt dieses ausdrücklich in konservativer Weise, und ähnlich ist auch die Rasmussenstudie vorgegangen. Die meisten der bisher aufgetretenen Störfälle waren auf menschliches Versagen zurückzuführen. Sie wurden in jedem Falle durch die Gesamtauslegung beherrscht. Jeder Störfall hat zur Folge, daß auch im Detail weitere Verbesserungen vorgenommen werden. Aber man muß prinzipiell auch in Zukunft mit solchen Ereignissen rechnen, und darauf ist das Sicherheitskonzept bewußt abgestellt, wie die Vorfälle der Vergangenheit gezeigt haben. In der westlichen Welt sind inzwischen etwa 1000 Reaktorbetriebsjahre aufgelaufen, ohne daß auch nur ein Mensch aus der unbeteiligten Bevölkerung zu Schaden gekommen wäre. Das kann nicht von vielen Industriezweigen gesagt werden.

Im Gutachten werden auch die sog. Einwirkungen von außen wie z. B. Erdbeben (Meteoreinschlag ist in diesem Zusammenhang absurd) mit der Behauptung erwähnt, sie würden sicherheitstechnisch nicht beherrscht. Diese Aussage ist unrichtig. Erdbeben, Orkan, Hochwasser, chemische Explosionen in der Umgebung und Flugzeugabsturz müssen beherrscht werden. Bis zum Auslegungserdbeben muß die allgemeine Funktionsfähigkeit erhalten bleiben, beim Sicherheitserdbeben müssen die sicherheitsrelevanten Funktionen intakt bleiben. Erdbeben von der Größe des zugrunde gelegten Sicherheitserdbebens sind für den jeweiligen Standort in historischer Zeit nicht beobachtet worden.

3. Die Entsorgung und Endlagerung wird im Gutachten kurz als ungelöst erwähnt. In einer sehr detaillierten und ausführlich begründeten Stellungnahme haben die Reaktorsicherheitskommission und die Strahlenschutzkommission unter Hinzuziehung von Geologen festgestellt, daß das vorgesehene Entsorgungszentrum realisierbar ist und durch die speziell gewählte Form der Endlagerung langfristige Sicherheit gewährt. Die Stellungnahme wird Ende Oktober 1977 allgemein zugänglich,

es sei deshalb auf sie verwiesen. Eine genaue Analyse macht auch deutlich, daß die Endlagerung keinesfalls das Jahrtausend- oder gar Jahrzehntausendproblem ist, als das es häufig dargestellt wird. Der mir zugestandene Raum verbietet eine genauere Diskussion an dieser Stelle.

4. Auch zum Thema Sabotage und Terrorismus wird im Gutachten wesentlich nur mit Schlagworten hantiert. Sachverhalte wie räumliche Trennung, Widerstandszeitwerte, Notstandssysteme, technische Überwachungsmittel (nicht zu verwechseln mit Personenüberwachung) und gestaffelte Schutzzonen müssen hier diskutiert werden. Sie erhöhen das Risiko für Saboteure und Terroristen so weit, daß die Objekte für sie unattraktiv werden. Auch hier ist selbstverständlich eine fundierte Kritik erlaubt und erwünscht, sie muß dann aber spezifiziert sein.
5. Bei der Diskussion des Kriegsfalles werden im Gutachten nur die Argumente in der einen Richtung aufgeführt. Es ist wenig wahrscheinlich, daß dieses Szenario zutrifft. Dazu die folgenden Bemerkungen:
   a) Die Schutzmaßnahmen gegen Einwirkungen von außen helfen auch hier.
   b) Beide Parteien bauen Kernkraftwerke und sind im Prinzip gleich verletzlich.
   c) Die Kleinräumigkeit und die wechselhaften meteorologischen Bedingungen Mitteleuropas können starke Rückwirkungen auf den Angreifer haben.
   d) In Verbindung mit c) kann gerade die aus Kernkraftwerken freigesetzte langlebige Aktivität den Angreifer auf seinem Vormarsch behindern.

   Es wäre gut gewesen, wenn das Gutachten sich auch damit auseinandergesetzt hätte.

4. *Zusammenfassung*

1. Das Bemühen des Gutachtens um eine Energiepolitik des abgewogenen Wachstums ist anzuerkennen. Die Idee des Energiesparens ist vernünftig, wenn auch nicht neu und nicht im Widerspruch zur Politik der Bundesregierung. Einige der konkreten Vorschläge erscheinen sinnvoll und durchführbar, bei anderen sind die Folgen und Randbedingungen nicht genau genug untersucht worden.
2. Der Energieverbrauch wird zu pauschal behandelt, die Verteilung auf Umwandlungsprozesse und Endverbraucher wird nicht quantitativ untersucht.
3. Der Einsatz der Kernenergie wird nur unter der Randbedingung eines ungezügelten Wachstums für notwendig erachtet, weil das Problem der begrenzten Reserven an fossilen Brennstoffen, insbesondere Öl, nicht gesehen wird. Hier kommt es zu entscheidend falschen Schlußfolgerungen.
4. Die weltwirtschaftlichen Zusammenhänge, die das Ausmaß der verfügbaren fossilen Brennstoffe bestimmen, werden nicht gesehen.
5. Die Auswirkungen unserer Energiepolitik sowohl auf die Entwicklungsländer als auch auf die kommenden Generationen werden nur unter singulären Aspekten behandelt.
6. Die allgemeinen ökologischen Belastungen durch die moderne Industriegesellschaft unter Einschluß jeder Art von Energieerzeugung werden nicht differenziert gewertet.

7. Die ökologischen Auswirkungen der Kernenergie einschließlich der Sicherheitsfragen werden nur mit Schlagworten abgehandelt, die für eine echte Problemdiskussion unbrauchbar sind.

Schlußfolgerung: Die Energiepolitik in ihrer komplexen Verflechtung mit unserer Gesellschaft als Ganzem ist ein schwieriges Thema, das aber dringend einer wissenschaftlichen Aufhellung bedarf. Die Intention der Autoren ist deshalb verständlich. Leider waren sie zu ungeduldig, zu schnell mit ihrem Urteil fertig und blieben deshalb stellenweise auf ihren Vorurteilen sitzen.

Es kann nicht Aufgabe der Kritik sein, etwas Besseres anstelle des Kritisierten zu setzen. Aber zweierlei läßt sich sagen:

a) Die Durchführung einer Energiepolitik des abgewogenen Wachstums bedarf äußerster Behutsamkeit und Geduld, wenn wir unser gegenwärtiges gesellschaftliches System, von dessen Vorzügen wir überzeugt sind, nicht aufs Spiel setzen wollen.
b) Auch bei geringstem Wachstum läßt sich wegen der besorgniserregenden Versorgungssituation auf keine der Optionen, insbesondere auch nicht auf die Kernenergie verzichten.

Damit soll keine heile Welt gezeichnet werden; aber doch eine Welt, in der mit einiger Anstrengung für uns und unsere Nachkommen ein lebenswertes Leben möglich ist.

Anmerkung

1 Vgl. Alternative Möglichkeiten für die Energiepolitik. Ein Gutachten, Heidelberg, Mai 1977. Texte und Materialien der Forschungsstätte der Evangelischen Studiengemeinschaft, Reihe A, Nr. 1, S. 65, Tz 37.

Autorenverzeichnis

Roman Bauer, Dr. rer. nat., geb. 1938; wissenschaftlicher Mitarbeiter an der State University of New York in Buffalo; Studium der Biologie und Philosophie an der Universität Freiburg i. Br.

Friedrich-Karl Boese, Dr. rer. nat., Diplom Physiker, geb. 1943; Studium der Physik in Stuttgart und München, Arbeiten in theoretischer Physik (Festkörperphysik, nichtlineare Optik) und seit 1973 auf dem Gebiet neue Energietechnologie (Energiespeicherung und -übertragung, Sonnenenergienutzung, Wasserstofferzeugung, Systemstudien nukleare Prozeßwärme, nukleare Fernenergie, Brüter), seit 1975 im Geschäftsführungsstab bei INTERATOM.

Manfred Fischer, Dr., Physiker, geb. 1932; Studium der Physik und Mathematik in Berlin, tätig als Assistent an der Technischen Hochschule Göteborg/Schweden und an der Philipps-Universität in Marburg (Theorie der elektromagnetischen Wellen und der Phasmen). Seit 1969 in der Vertragsforschung tätig und vorwiegend mit systemtheoretischen Arbeiten zum Umweltschutz und zur Energie- und Rohstoffversorgung befaßt. Wissenschaftlicher Berater der Bundesregierung bei der Ausarbeitung des Umweltprogramms von 1971 und deutscher Delegierter auf der ECE-Conference über Non Waste Technology, Paris 1976; Lehrbeauftragter der Technischen Universität Karlsruhe; stellvertretender Leiter des Instituts für Systemtechnik und Innovationsforschung der Fraunhofer-Gesellschaft in Karlsruhe.

Wolf Häfele, Dr. rer. nat., geb. 1927, Honorarprofessor an den Technischen Universitäten Karlsruhe und Wien, Leiter des Projektes Energiesysteme und Vizedirektor am Internationalen Institut für Angewandte Systemanalyse (IIASA), Laxenburg bei Wien; Vertreter der Bundesrepublik Deutschland im wissenschaftlichen Beratungskomitee der IAEO, Wien.

Hermann Henssen, Dr. rer. nat., Diplom-Physiker, geb. 1929; Studium in Köln und Urbana/Illinois USA, seit 1958 bei der Firma INTERATOM, Bergisch Gladbach, im Kernreaktorbau tätig (Leiter der Hauptabteilung Kernauslegung und Mathematik), Mitglied der Landessynode der evang. Kirche im Rheinland und des Präsidiums der Deutschen Evangelischen Kirchentags (DEKT).

Otto Kimminich, Dr. jur., M.A. (Econ.), geb. 1932; Professor für Öffentliches Recht an der Universität Regensburg.

Gerhard Liedke, Dr. theol., geb. 1937; Studium der Theologie und Philosophie in Hamburg, Tübingen und Heidelberg; wissenschaftlicher Referent der Forschungsstätte der Evangelischen Studiengemeinschaft, Heidelberg.

Wolfgang Lienemann, geb. 1944; Studium der Theologie und Philosophie. Wissenschaftlicher Mitarbeiter der Forschungsstätte der Evangelischen Studiengemeinschaft, Heidelberg.

Bernhard Moltmann, Dr. phil., geb. 1945; Studium der Politikwissenschaft und Geschichte in Berlin und Rio de Janeiro, wissenschaftlicher Mitarbeiter der Forschungsstätte der Evangelischen Studiengemeinschaft, Heidelberg.

Ulrich Ratsch, Dr. rer. nat., geb. 1943; wissenschaftlicher Mitarbeiter der Forschungsstätte der Evangelischen Studiengemeinschaft, Heidelberg; Studium der Physik in Marburg, Göttingen und Karlsruhe, als Assistent an der Universität Karlsruhe.

Heinz Jürgen Schürmann, Dipl.-Volkswirt, Dr. rer. pol., geb. 1943; wissenschaftlicher Mitarbeiter am Energiewirtschaftlichen Institut der Universität Köln, Redakteur der „Zeitschrift für Energiewirtschaft".

Andreas Schuke, Dipl.-Volkswirt, Dr. rer. pol., geb. 1945; wissenschaftlicher Mitarbeiter der Forschungsstätte der Evangelischen Studiengemeinschaft, Heidelberg.

Dieter Smidt, geb. 1927; seit 1965 ordentlicher Professer für Reaktortechnik an der Universität Karlsruhe (TH), gleichzeitig Leiter eines Instituts im Kernforschungszentrum Karlsruhe; Hauptarbeitsgebiet: Sicherheitsforschung und Sicherheitsanalyse bei Leichtwasserreaktoren und Schneller Brutreaktoren. Seit 1968 Mitglied der Reaktor-Sicherheitskommission und von 1971–1974 deren Vorsitzender.

Friedhelm Solms, geb. 1935; Studium der Philosophie, Soziologie und Musikwissenschaft, wissenschaftlicher Referent der Forschungsstätte der Evangelischen Studiengemeinschaft, Heidelberg.

Siegfried de Witt, geb. 1944; Studium der Rechtswissenschaft, Soziologie und Geschichte; Rechtsanwalt in Freiburg i. Br.

GPSR Compliance

The European Union's (EU) General Product Safety Regulation (GPSR) is a set of rules that requires consumer products to be safe and our obligations to ensure this.

If you have any concerns about our products, you can contact us on ProductSafety@springernature.com

In case Publisher is established outside the EU, the EU authorized representative is:

Springer Nature Customer Service Center GmbH
Europaplatz 3
69115 Heidelberg, Germany

Batch number: 10809468

Printed by Printforce, the Netherlands